Robert Ornstein
Evolution des Bewusstseins

ROBERT ORNSTEIN

Die Evolution des Bewußtseins

Ursprünge und Perspektiven

Illustrationen von Ted Dewan

VAK Verlag für Angewandte Kinesiologie GmbH
Freiburg im Breisgau

Titel der amerikanischen Originalausgabe:
The Evolution of Consciousness.
Of Darwin, Freud, and Cranial Fire: The Origins of the Way We Think

Die erste Auflage erschien 1992 bei Touchstone Edition, New York
ISBN 0-671-76751-8
ISBN 0-671-79224-5 (pbk)

Die Deutsche Bibliothek – CIP-Einheitsaufnahme

Ornstein, Robert E.:
Evolution des Bewusstseins : Ursprünge und Perspektiven /
Robert E. Ornstein. Ill. von Ted Dewan. [Übers. Mayer,
Birgit]. - Freiburg (Breisgau) : VAK, Verl. für Angewandte
Kinesiologie, 1996
Einheitsacht.: The evolution of consciousness <dt.>
ISBN 3-924077-78-9

Übersetzung: Dr. Birgit Mayer
Lektorat: Regina Naumann
Umschlaggestaltung: Hugo Waschkowski
Druck und Herstellung: Friedrich Pustet GmbH & Co. KG, Regensburg
Printed in Germany
ISBN 3-924077-78-9

Inhalt

Für Alan, Rachel, Jessie, Jeanne und Sally
und zum Andenken an
Jack Mallam und David Ornstein

Danksagung

Ich würde gern sehr vielen Menschen an dieser Stelle danken, kann aber nur einige erwähnen. Sally Mallam Ornstein hielt mit mir zusammen durch während der angespannten Zeit, in der ich dieses Buch schrieb und sie half, den Entwurf zu kritisieren, anstatt ihn zu verbrennen. Sally bearbeitete auch die ersten Wiedergaben von vielen der anatomischen Zeichnungen. Ted Dewan, tat sehr viel mehr, als das Buch zu illustrieren: Er erschuf es in einer neuen Sprache.

So viele kritische Leser lasen dieses Buch, daß es schwer ist, an alle zu erinnern; jeder hatte etwas beizutragen. Unter ihnen sind Sallye Leventhal, Ramsay Wood, David Widdicombe, Brent Danninger, Evan Nielsen, David Sobel, Shane de Haven, Sally Mallam Ornstein, Fred Zlotnick und Linda Garfield, Christina Lepnis, Doris Lessing, Laura Carstensen, Alan Parker, Tony Cartlidge, Sara Forni, Alvin Mungo Thompson, Alan Ornstein und Rachel Hawk. Viele andere wünschten anonym zu bleiben – ich danke ihnen an dieser Stelle.

Das Buch hätte nicht geschrieben werden können ohne die großzügige Forschungsarbeit von Lynne Levitan und Christina Lepnis, die beide unter großem Zeitdruck sehr viel zum Gelingen des Werkes beitrugen.

Das Thema dieses Buchs sind die Zufälligkeiten des Lebens und ich bin dem Zufall dankbar, der mich zur Zusammenarbeit mit Prentice Hall führte. Gail Winston und ich unterhielten uns über ein anderes Thema und das führte uns zu einer Diskussion über laufende Projekte. Liz Perle stellte großzügigerweise ihre Zeit zur Verfügung und saß einem Telefon nahe, um die Einzelheiten unseres Vorhabens zu erörtern. Ich schätze mich wirklich glücklich, mit einem so bewundernswürdigen Verleger wie Gail und mit der vor Lebendigkeit sprühenden Liz zusammengearbeitet zu haben.

Für ihre Sorgfalt und ihre Begeisterungsfähigkeit bin ich sehr dankbar.

Vorwort

1971 schrieb ich „Die Psychologie des Bewußtseins", um im Lichte neuer Beweise die potentielle Leistungsfähigkeit des Bewußtseins und des bewußten Wandels darzustellen. Ich versuchte darin zu zeigen, daß das menschliche Bewußtsein seinen Ursprung in der Organisation des Gehirns hat, aber in jedem von uns entwickelt werden muß. Ich zeigte die Ähnlichkeiten auf zwischen unseren damals aktuellen wissenschaftlichen Analysen des menschlichen Geistes und jenen anderer Kulturen – in vielen Gesellschaften auf der ganzen Welt hatten Denker und Beobachter die gleichen Dinge über das Lebewesen Mensch herausgefunden. Mein Vorschlag lautete damals folgendermaßen: So wie wir wissenschaftliche Erkenntnisse überallhin exportieren, könnten wir vielleicht auch umgekehrt einiges an Wissen über uns selbst, unseren Geist und unsere Seele importieren, das in unserer eigenen Gesellschaft nicht vorhanden ist.

In den zwanzig Jahren seit dem Erscheinen dieses Buches hat sich die Haltung gegenüber dem menschlichen Handeln drastisch verändert. Hatten viele von uns einst das Gefühl, daß der technische Fortschritt zu einer Transformation der Welt beitragen könne, so haben wir mittlerweile erkannt, welch hohen Preis er fordert. Früher konnten wir noch frei atmen; heute würgen wir uns selbst die Luft ab. Wir kochen uns langsam zu Tode. Wir sind so viele geworden, daß nicht mehr alle genug zu essen haben. Wir verstehen andere Kulturen nicht genügend und haben nur mehr ein rudimentäres Verständnis von unserem eigenen traditionellen Erbe. Der Schleier, hinter dem unsere Zukunft liegt, ist viel undurchsichtiger geworden.

Die Welt hat sich verändert, in diesen zwanzig Jahren bereits, und auch der Platz, den wir darin einnehmen, ist ein anderer geworden. Wir müssen unsere Vorstellungen von der Entwicklung unseres geistigen Bewußtseins, seinen Schlüsselaspekten und der Art und Weise, wie wir es neu begreifen können, drastisch und sofort revidieren.

Dazu braucht es die revolutionären Erkenntnisse aus der Gehirn- und Bewußtseinsforschung, den kognitiven Wissenschaften, der Evolutionsbiologie und der Psychologie. Mit ihrer Hilfe entsteht zum ersten Mal ein Bild davon, wie sich der menschliche Geist aus den (unbewußten) Handlungsschablonen der anderen Lebewesen entwickelt hat, und wie viele davon in uns immer noch wirksam sind.

Diese nichtbewußten Programme lenken unser Denken automatisch, und daher unbewußt, in bestimmte Bahnen, ohne daß wir ihm je eine andere Richtung geben könnten. Unsere normalen und alltäglichen Aktionen und Reaktionen wurden in unseren Vorfahren angelegt und laufen in Mustern ab, die sich aus der Notwendigkeit der Anpassung an die Welt entwickelten. Ein lautes Geräusch – wir fliehen oder spitzen die Ohren in erhöhter Wachsamkeit. Eine reife Frucht – das Wasser läuft uns im Mund zusammen. Jemand sieht sexy aus – wir fühlen uns zu ihm oder ihr hingezogen. Die verschiedenen Zentren des menschlichen Geistes, die ich mit leicht scherzhaftem Unterton als „Geisterchen" oder „Schlichtlinge" bezeichne, führen ein Eigenleben mit ihren eigenen Gewohnheiten; jeder von ihnen hat im Rahmen der Entwicklung gelernt, mit einigen wenigen, ganz bestimmten Situationen fertigzuwerden. Gemeinsam bevölkern sie unseren Geist. Sie scheinen ihre eigenen Chefs zu sein – ohne unser Bewußtsein, oder zumindest jenseits davon.

Ich habe meine Ansichten über die Bedeutung und die Möglichkeiten des Bewußtseins nicht geändert. Die Veränderung des Bewußtseins aber ist eine schwierige Angelegenheit, wenn dafür gegen angepaßtes Verhalten angekämpft werden muß, das sich über Millionen von Jahren entwickelt hat. Warum sollen wir es denn überhaupt versuchen? Weil viele der wichtigen angepaßten Verhaltensweisen in eine Welt gehören, die es schon lange nicht mehr gibt. Die biologische Evolution hat uns die passende Gestalt für eine Welt gegeben, die bereits vor langer, langer Zeit verschwunden ist – und es gelingt uns nicht, uns an die moderne Welt anzupassen. Diese mangelnde Anpassung ist die Ursache für die ökologischen Katastrophen, die uns tatsächlich erwarten könnten, für die falsche Ausrichtung medizinischer und pädagogischer Bemühungen und das unverändert mangelnde Verständnis für andere Völker und Kulturen.

Die Signale in der Welt sind jetzt andere, die Gefahren größer; unser altes System der unbewußten Anpassung stößt an seine Grenzen. Bisher haben wir es nicht nötig gehabt, unseren Geist ganz bewußt zu lenken, und es ist uns auch noch nicht klar geworden – bisher jedenfalls noch nicht, – wie überlebensnotwendig dies für uns ist.

Januar 1991, Los Altos, Kalifornien

I.

Die Arbeit des Geistes

Geschwader von Schlichtlingen

1. Aristoteles ist eine Currywurst

Zu Beginn warst du Lehm. Vom Mineral wurdest du zur Pflanze. Von der Pflanze wurdest du zum Tier, und vom Tier zum Menschen. In diesen Phasen wußte der Mensch nicht, wohin es ging, aber ungeachtet dessen wurde er auf eine lange Reise geschickt. Und durch hundert verschiedene Welten mußt du noch gehen. Es gibt tausende Geistesformen.

Jallaludin Rumi

Der menschliche Geist ist ein Geschwader von Schlichtlingen. Er ist weder ein einheitliches noch ein rationales und auch kein wohldurchdachtes Gebilde – eigentlich ist er gar nicht durchdacht. Er entstand einfach so – als eine Ansammlung all der Weiterentwicklungen in den Organismen, die vor uns lebten. Unser Geist entwickelte sich – auf dem Weg über eine Kette unzähliger Lebewesen und unzähliger Welten.

Wie alles in der biologischen Evolution ist auch der menschliche Geist eine Collage von Anpassungsmechanismen (= Tendenz, das Richtige, Passende zu tun) für verschiedene Situationen. Unser Denken ist ein Sammelsurium festgelegter Programme – eine Horde von „Schlichtlingen“ eben. Wir brauchen sie. Es ist lebensnotwendig, zur richtigen Zeit die richtige Nahrung zu finden, sich mit einem passenden Partner zu paaren, für Nachkommen zu sorgen, sich Raubtiere vom Leib zu halten und in Notfallsituationen rasch reagieren zu können. Diese geistigen Programme haben sich über die

Jahrmillionen und in verschiedenen Abschnitten unserer Evolution entwickelt, wie Rumi erwähnt.

Unsere Vorstellung von uns selbst entspricht jedoch nicht diesen bescheidenen Ursprüngen. Die Triumphe in der kurzen Zeit seit der industriellen Revolution haben dazu geführt, daß wir ein völlig verzerrtes Bild von uns haben. Der Sieg der Menschheit, den wir so triumphierend feiern, ist der Sieg der Vernunft: der Fähigkeit, Ereignisse rational zu analysieren und logisch zu handeln, geschäftliche Abläufe zu organisieren, vorauszuplanen, wissenschaftlich zu arbeiten und neue Technologien zu erfinden. Ein einflußreicher Philosoph, Daniel Dennet, schrieb kürzlich: „Wenn jemand die Kriterien perfekter Vernunft nicht erfüllt, ist keine sinnvolle Beschreibung des wechselnden Geisteszustands dieses Menschen möglich."

Dennoch würde es dem menschlichen Geist nicht gerecht, wenn wir ihn als primär rational charakterisierten, das verkauft uns unter unserem Wert, führt dazu, daß wir uns mißverstehen, und verursacht ein einseitiges Verständnis von Intelligenz, Bildung sowie körperlicher und geistiger Gesundheit. Wichtiger noch – dieses Hochhalten der Rationalität und gefühlloser, logischer Gedankengänge als Modell des menschlichen Geistes hat uns den falschen Kurs in unsere Zukunft einschlagen lassen. Die Vernunft ist nicht die höchste aller Möglichkeiten, sondern nur eine in einem ganzen Konglomerat von Anlagen.

Der menschliche Geist ist im Laufe seiner Entwicklung sehr vielfältig geworden, ist aber seicht, denn er fertigt sehr rasche und flüchtige Skizzen von der Welt an. Durch diese grobe Wahrnehmung der Realität konnten unsere Vorfahren besser überleben. Unsere geistige Entwicklung zielte nicht darauf ab, uns die Welt oder uns selbst besser verstehen zu lassen. Einfach ausgedrückt hatten wir noch nie genügend Zeit, um wahrhaft vernünftig zu sein – und das wird sich auch nicht ändern.

Das vernünftige Denken ist eine Komponente des menschlichen Geists. Wir benutzen es aber nur selten und in einem sehr kleinen Bereich unseres Lebens. Es ist ohnehin unmöglich, rational zu sein. Der menschliche Geist hat nämlich keine Zeit für den Luxus, alle Alternativen zu überprüfen. Nehmen wir einmal die Standardmethode zur logischen Analyse von Aussagen, die Wahrheitstafel. Sie ist eine Checkliste, mit der eine Aussage als wahr oder falsch erkannt werden kann. Um herauszufinden, ob Aristoteles eine Currywurst ist, würde man in dieser Tafel einfach unter „Aristoteles“ oder „Currywurst“ nachsehen. Denken Sie jetzt einmal an die Vielzahl von Themen, über die Sie Bescheid wissen – was Jugoslawien ist, ob ein Skateboard zu einem formellen Abendessen gehört, wie ein Hühnersandwich schmecken sollte, was Ihre Frau beziehungsweise Ihr Mann heute morgen anhatte – und Sie sehen wahrscheinlich, daß ihre eigene Wahrheitstafel Millionen von Eintragungen hat, die nur darauf warten, abgerufen zu werden!

Wie lange würde es dauern, sich durch all die Behauptungen und Hinweise hindurchzusuchen? Stellen Sie sich den schnellsten Computer vor, den es theoretisch geben könnte – er wäre so schnell, daß er für die Suche nach einer Eintragung in der Wahrheitstafel nur so viel Zeit braucht, wie ein Lichtstrahl benötigt, um ein Proton in der Mitte zu durchdringen. Nehmen Sie an – wie das der Autor eines neuen Buches mit dem Titel *Minimal Rationality* („Minimale Vernunft“) tut – , daß nämlich: „... dieser Computer 20 Milliarden Jahre laufen durfte, so lange also, wie Schätzungen zufolge der Urknall her ist. Ein Glaubenssystem, das nur 138 voneinander unabhängige Aussagen enthält, würde die Möglichkeiten dieser Supermaschine übersteigen.“ Das ist zugegebenermaßen etwas übertrieben. 138 logisch voneinander unabhängige Aussagen würden nie in eine Überlegung einfließen – nicht einmal ein Dutzend. Andererseits ist die Wahrheit von gestern selten die von heute. Vor ein paar Jahren wäre die Aussage „Donatello ist eine Schildkröte“ genauso bedeutungslos gewesen wie „Aristoteles ist eine Currywurst“. In der Zwischenzeit sind allerdings die „Ninja Turtles” in der Popkultur gelandet. Sogar bei eindeutig als wahr zu klassifizierenden Aussagen würde dieser Supercomputer für die Untersuchung von Zweien davon 200 Millionen Jahre benötigen – einen Deut länger, als wir üblicherweise für Entscheidungen brauchen, in denen es um Leben oder Tod geht. Stellen Sie sich einen Organismus vor, der beim Herannahen eines Tigers die verschiedenen Hinweise einzeln überprüft. Was ist diese gelbe Fläche in meinem Gesichtsfeld? Ist sie freundlich? Sieh dir mal die Ohren an! – Solch ein Organismus würde mit seinen Genen kaum jemals zur Existenz kommender Generationen beitragen.

Ganz offensichtlich durchforsten wir nicht alle Alternativen, wenn wir etwas wissen wollen; wir benutzen statt dessen einige wenige einfache Strategien, mit denen wir alles analysieren. Diesbezüglich haben wir in unserem Geist ein sehr grobes und oberflächliches Beurteilungssystem. Ihm geht es in der überwältigenden Mehrheit der Fälle um Fragen des Tuns oder Unterlassens, um Sterben oder Überleben, nicht um Fragen der Vernunft oder der Hintergründe einer Angelegenheit. Die meisten unserer geistigen Reaktionen laufen automatisch ab; vielleicht nicht so automatisch, wie wir unsere Hand von der heißen Herdplatte zurückziehen, aber doch vergleichbar mit starren Programmen, gewohnheitsmäßigen Abläufen.

Wir wissen nur das, was wir für eine grobe Skizze von der Realität brauchen. Von den Dingen, die ständig um uns sind, haben wir keine Ahnung, weil es auch gar nicht nötig ist. Welcher Buchstabe ist der siebte im Alphabet? Welche Ziffer ist bei einem Tastentelefon über der Sieben? Solche Dinge behalten wir erstaunlich schwer, weil uns diese Art von Verknüpfung üblicherweise nicht nützlich ist. Sie kennen alle Buchstaben und Zahlen, aber ihre Kombination automatisch abzurufen ist nicht leicht. Das ist ganz normal. Ich nehme an, daß Ihnen die Monate eines Jahres bekannt sind und auch das Alphabet. Zählen Sie zuerst mal die Monate in ihrer Reihenfolge auf. Dazu brauchen Sie wahrscheinlich etwa zehn Sekunden oder etwas weniger. Versuchen Sie es nun in alphabetischer Reihenfolge. Wie gut und schnell gelingt Ihnen das?

Wir werfen einen flüchtigen Blick auf die Welt und errechnen einen groben und wahrscheinlichen Schätzwert. Wieviel gibt $8 \times 7 \times 6 \times 5 \times 4 \times 3 \times 2 \times 1$? Und jetzt: Wieviel gibt $1 \times 2 \times 3 \times 4 \times 5 \times 6 \times 7 \times 8$? Die beiden Reihen führen ganz offensichtlich zum gleichen Ergebnis. Wenn jemand aber das Ergebnis der ersten oder zweiten Reihe schätzen soll, liegt der geschätzte Wert für die erste bei 2250 und die zweite bei 512. Warum? Weil wir uns nur die ersten paar Zahlen ansehen, um das Ergebnis grob einzuschätzen. Üblicherweise funktioniert das auch gut.

Der menschliche Geist ist nicht das wohldurchdachte Werk eines Designers, noch entstammt er einer Reihe idealer oder idealisierter Programme. Wäre es so, würden wir Fehler wie den eben erwähnten nicht machen. Statt dessen entwickelte er sich wohl nach den gleichen Mechanismen der Anpassung wie der Rest der biologischen Vielfalt unter Verwendung von Prozessen der Mutation (Veränderung von Erbanlagen) und Selektion (Auswahl und Weitervererbung der am besten angepaßten Anlagen).

Die primäre Aufgabe des mentalen Systems liegt weder in der Selbsterkenntnis oder Selbstanalyse noch in der Vernunft, sondern in der Anpassung an die Umwelt, mit dem Ziel, Nahrung und Sicherheit zu finden und sich fortzupflanzen, also Nachkommen zu hinterlassen. Der menschliche Geist entwickelte großartige Anpassungsmechanismen, mit Hilfe derer er operieren und sich in die kleine Welt oder begrenzte Umgebung, in der wir uns jeweils befinden, einklinken kann. Er funktioniert so, daß er die Realität schnell einschätzen und entsprechende Handlungen veranlassen kann.

Diese Funktionsweise des mentalen Systems hat beziehungsweise hatte ihre Berechtigung; Handlungsfähigkeit hat darin Vorrang gegenüber Bewußtsein. Sie gibt uns allerdings den Blick auf die Handlungen „hinter der Bühne" nicht frei; sie teilt uns noch nicht einmal mit, welcher der Spezialisten gerade am Werk ist. Wenn alles seinen gewohnten Gang geht, besteht keine Notwendigkeit, die Aktivitäten des Geistes zu beobachten. Wir wissen höchstens, was uns gedanklich beschäftigt, und nur selten, wie und warum es uns beschäftigt.

Die Geschichte über die Ursprünge des menschlichen Geistes handelt von vielen Zufällen und vielen Funktionsänderungen. Sie beginnt vor langer Zeit mit den Nervenschaltkreisen der ersten Lebewesen. Später tauchte in der Evolution die Gehirnstruktur der Primaten auf, die sich beim Gespenstmaki ebenso findet wie beim Gibbon, Schimpansen, Gorilla und Orang-Utan. Man kann also sagen, daß viele der Einheiten des Gehirns in ihren Einzelheiten bereits ausgearbeitet waren und ihren festen Platz hatten, bevor die ersten Menschen das Licht der Welt erblickten. Der allgemeine Funktions- und Handlungsplan unseres Geistes „stand" also bereits, bevor die ersten Bauern in der Levante vor 11.000 Jahren so etwas wie Vernunft auch nur erahnen konnten.

Den letzten Schliff erhielt unser Geist mehrere zehntausend Jahre vor dem Aufstieg der modernen Wissenschaft, vor der amerikanischen Revolution 1776, vor der Dampfmaschine, vor der Entdeckung des elektrischen Stroms, vor Christus, Ägypten, den ersten eiszeitlichen Siedlungen in Jütland, vor den Höhlenzeichnern von Lascaux.

In unseren Vorfahren bildete sich ein System heraus, in dem viele der standardisierten Kurzschlußreaktionen des Geistes so organisiert wurden, daß Entscheidungen vereinfacht und die Anpassung an eine stabile Welt erleichtert wurden. Diese Welt war eine, in der Großeltern und Enkel den gleichen Problemen begegneten und zu ihrer Lösung die gleichen Werkzeuge zur Verfügung hatten. In dieser Welt, in der wir den letzten Schliff erhielten, war es wichtig, kurzfristige Veränderungen möglichst rasch zu bemerken und unmittelbar darauf reagieren zu können.

Die Menschen haben sich erstaunlich gut angepaßt – an den Himalaya, die Wüste, den Wald, die Meeresküste, an Sao Paulo und an Prag. Diese außerordentliche Mannigfaltigkeit ist der Grund dafür, daß der menschliche Geist so chaotisch, so widersprüchlich und konfliktreich ist – so vielfältig eben. Und sich einer einfachen Analyse so leicht entzieht.

Ich hoffe, daß dieses Buch mit seiner Besichtigungstour durch den menschlichen Geist etwas zu den gegenwärtigen Überlegungen beitragen kann, die sich viele Menschen über Erziehung und Bildung und die Anpassung unserer Gesellschaft an die Zukunft machen. Eine Voraussetzung ist, daß wir unser aktuelles Versagen im Bereich der Erziehung und Bildung, der Rechtsprechung und der Politik nicht als Scheitern der Vernunft oder des kulturellen Alphabetismus betrachten, sondern als gescheiterte oder mangelnde Anpassung.

Wenn wir uns weiterhin als Vernunftwesen betrachten, werden alle Verbesserungsvorschläge in falsche, wenn auch altbekannte Richtungen weisen. Einer besteht zum Beispiel darin, sich ein möglichst großes Faktenwissen anzueignen. Als ich E. D. Hirschs kürzlich erschienenes Buch „Cultural Literacy" („Kultureller Alphabetismus") aufschlug, stieß ich auf seine berühmte Liste dessen, was man wissen muß, um als kulturell gebildet zu gelten. Als erstes muß ich sagen, daß dieses Buch eine sehr gute Analyse dessen bietet, wie wir die Welt verstehen lernen, wie wir denken und handeln. Das Heilmittel allerdings, das Hirsch darin verschreibt, ist auf fast unheimliche Weise typisch für unser gegenwärtiges Denken.

Ich beschloß, das *T* herauszugreifen. Die Liste der ersten Seite lautet: Tabula rasa, Taktik / Strategie; Taft, William Howard; Taipeh; Taj Mahal; Tageslohn; Take me out to the Ballgame (ein Lied); Leuchtanzeige (*tell tale*); Tampa, Florida; Tangente; Tango; Tantalus; Taoismus; Pfahlwurzel (*taproot*). Keiner der Begriffe auf dieser Liste würde auch nur irgend jemanden darin unterstützen, sich gut an die Welt anzupassen, zu verstehen, was wir dem Planeten antun, oder seine Arbeit müheloser zu tun. Wenn wir uns die Anpassungsfähigkeit des menschlichen Geistes vor Augen führen, erkennen wir, daß jedes Baby mit der Muttermilch die Grundlagen des Lebens mitbekommt – die Sprache in all ihren Facetten, Bräuche, die regionalen Ernährungsgewohnheiten, die Vorstellungen darüber, was Familie bedeutet, das richtige Verhalten, die Identifikation mit einem bestimmten Geschlecht und einem Stamm. All das wird ohne jeglichen Einfluß der Vernunft aufgenommen, weil es dazu dient, das Individuum in eine sichere Welt einzuklinken.

Wenn wir uns dessen bewußt werden, daß die Umstände, an die sich die meisten Stämme anpassen mußten, für die moderne Welt nicht mehr gelten, wir aber trotzdem noch das gleiche System haben, dann könnte es gut sein, daß wir den menschlichen Geist viel leichter verändern können, als wir glauben. Dann müßten wir uns allerdings etwas ganz anderes verschreiben als ein Heilmittel wie kulturelle Bildung. Die Menschheit braucht eine neue Form der Anpassung an eine Welt, die es so noch nie gab.

Ich bin weit davon entfernt, das aristotelische Denken zu Hackfleisch machen zu wollen, aber es wird uns nicht gelingen, in uns und unserem Bildungssystem, unserer Medizin und Gesellschaft das Richtige zu verändern, wenn wir nicht wissen, woher wir kommen – das heißt, woraus wir uns entwickelt haben und wie wir zu dem geworden sind, was wir sind. Wir müssen wissen, wie es dazu gekommen ist, daß die Menschen so denken, fühlen, glauben und erkennen, wie sie es eben tun; und wir müssen uns dessen bewußt werden, daß ein großer Teil davon fest in Gewohnheiten verwurzelt ist, die sich aufgrund zufälliger Lebensumstände herausbildeten.

Als Menschen können wir unseren Geist bewußt in eine neue Richtung lenken; diese Fähigkeit muß allerdings wie das Lesen oder Rechnen erst erlernt werden. Sie muß genährt und gefördert werden. Erst müssen wir wissen, mit wem wir es überhaupt zu tun haben, bevor wir unseren Geist herumkommandiern können.

Der menschliche Geist ist kein einheitliches Gebilde. Wie jede Gesellschaft hat auch er seine Baumeister, Buchhalter, Dummköpfe, Handlanger, Freidenker und vor allem seine Träumer – die einzelnen „Geisterchen" oder „Schlichtlinge". Er beherbergt voneinander unabhängige Systeme des Denkens, der Emotionen und der Vorstellungen, die von einer Situation zur anderen übertragen werden. Sigmund Freud behandelte in seiner Analyse der Übertragung sehr ausführlich diese bedeutende geistige Gewohnheit; sie ist allerdings nicht nur auf den therapeutischen Rahmen beschränkt. Ständig dringen verschiedene „Ichs" ins Bewußtsein vor und übertragen Reaktionen von einer Situation auf eine andere. Diese Übertragungsreaktionen machen es unserem Bewußtsein schwer, zu erkennen, wann es ein neuer Gedanken ist, der unsere Handlungen bestimmt.

Dieses komplizierte innere System hätte uns Warnung genug sein sollen, daß der menschliche Geist nicht so angelegt ist, daß wir seine Funktionsweise genauso ergründen oder verstehen können wie ein Softwareprogramm. Im Grunde genommen ist er einfach ein weiteres hilfreiches Organ – durch ihn können wir in der Welt funktionieren, Probleme vermeiden, essen, schlafen und uns fortpflanzen. Warum also hätten die Menschen die Fähigkeit entwickeln sollen, die Funktionsweise ihres geistigen Systems zu verstehen? Oder mehr darüber zu wissen, als sie über die Bauchspeicheldrüse wissen? Und wir wissen auch tatsächlich nicht mehr darüber. Wir haben ein völlig verzerrtes Bild vom Wesen unseres geistigen Zustands.

Zu diesem Buch

Es ist an der Zeit, eine moderne Synthese zwischen der Sichtweise Rumis von der Funktion des mentalen Systems und der modernen wissenschaftlichen Information darüber zu schaffen, wie sich der menschliche Geist im Verlauf der Jahrmillionen entwickelt hat und wie seine vielen verschiedenen Einzelteile zusammenwirken. Wenn es uns wirklich gelingen soll, anders zu handeln, müssen wir uns erst einmal über die Entwicklungsgeschichte und die Grundlagen des menschlichen Geistes im klaren sein.

Dieses Buch besteht aus mehreren Abschnitten. Der nächste, der zweite Abschnitt, beginnt mit einem Blick zurück auf unsere biologische Geschichte. Die Lebensprozesse nämlich, die zur Entstehung des Flügels und des Auges führten, erschufen auch den Kortex (die Großhirnrinde) im Fisch und letztlich den menschlichen Geist. Durch ein besseres Verständnis der einfachen Evolutionsprozesse, die über Äonen abliefen, werden einige der Entwicklungsschritte des menschlichen Geistes klarer, denn er durchlief den gleichen Entwicklungsprozeß wie alles andere auf der Erde auch.

Als erstes widmen wir uns Charles Darwin, dessen Theorie im 19. Jahrhundert die religiös orientierte Betrachtungsweise des Menschen als eines bewußt erschaffenen Wesens verdrängte. Damals dachte man, daß Organismen so funktionieren, wie sie das eben tun, weil sie von einem „höchsten Wesen" zu den gemacht würden, was sie sind.

Später in diesem Abschnitt beschäftigen wir uns mit der Frage, ob der menschliche Geist vielleicht teilweise ein Zufallsprodukt ist. In der entwicklungsgeschichtlichen Forschung dreht sich alles um die eine zentrale Frage: Warum ist unser Gehirn so groß? Wozu sollte es gut sein, ein Gehirn zu haben, mit dem man bereits Schach spielen konnte, als es dieses Spiel noch gar nicht gab? Mehr noch: das sogar das Potential in sich trug, ferngesteuerte Raketen zu bauen, als weder die Metallbearbeitung noch die Chemie oder die Schrift erfunden waren. Das Gehirn (übrigens das „teuerste" Neuronenmaterial im Körper) blähte sich nämlich vor zwei Millionen Jahren drastisch auf, und die „üblichen Verdächtigen" scheinen an dieser Expansion nicht die Hauptverantwortung zu tragen. Es waren nicht die Sprache, nicht die Werkzeuge und auch nicht der aufrechte Gang alleine. Das Gehirn scheint an Größe zugenommen zu haben, bevor die organisierte Gesellschaft, Konzepte menschlicher Zusammenarbeit oder die Entwicklung der Sprache Anlaß zu solch einer Entwicklung gegeben hätten.

Das ist das zentrale Mysterium des Geistes: Warum sind wir, verglichen mit unseren nächsten Verwandten, so fortgeschritten? Wir sind nicht nur etwas höher entwickelte Schimpansen, und die Gründe dafür bleiben selbst bei tiefem Nachdenken eher im Dunklen. Dieses gigantische Großhirn ist für unsere allgemeine Anpassungsfähigkeit genauso verantwortlich wie für die zusätzliche Fähigkeit, sich an die Hochtäler des Himalaja, die Sahara, die Wildnis Borneos und sogar an ein Leben mitten in London anzupassen.

Während der Arbeit an diesem Buch stieß ich auf einige überraschende Erkenntnisse: Die körperlichen Veränderungen in unseren Vorfahren, die zur Anpassung an eine aufrechte Haltung nötig waren, scheinen ein Feuer im Gehirn entfacht zu haben, das der Funke für den modernen Geist war. Und es gibt Hinweise darauf, daß die verschiedenen „Ichs“ im Gehirn Machtkämpfe austragen und ohne unser Zutun entscheiden, wie wir dann handeln.

Im dritten Abschnitt mit dem Titel „Die innerbetrieblichen Geheimnisse des menschlichen Geistes“ sehen wir dem menschlichen Geist bei seiner Arbeit in den verschiedenen Welten zu, in denen die Menschen leben. Wir können deshalb auf der ganzen Erde leben, weil die „Verdrahtungen“ im Geist in verschiedenen Regionen verschieden ausfallen. Der menschliche Geist umfaßt eine Vielzahl von Reaktionen, die aus der Anpassung an Umstände stammen, von denen wir vielen nie ausgesetzt sein werden. Wir lernen eine Sprache, im allergünstigsten Fall vielleicht ein paar von den Sprachen, die es auf der Erde gibt. Wir ernähren uns von der Küche unseres Landes und lernen uns so zu benehmen, wie das in unserer Kultur üblich ist. Und wir verlieren dabei viele der potentiellen Fähigkeiten, die uns zu Beginn unserer persönlichen Entwicklung noch zur Verfügung standen. Unsere Evolution führt jeden einzelnen von uns durch mehrere „Welten“, wie Rumi sagt.

Durch dieses enorme Wachstum des Gehirns während der Evolution ist das menschliche Baby mit „tausend Geistesformen“ ausgestattet worden – also weit mehr, als ein einzelnes je braucht; in seiner Entwicklung brabbelt es alle Laute der Welt vor sich hin. Dann aber verliert es einige davon wieder, wenn seine individuelle Welt die Geistesformen auswählt, die es zum überleben braucht. Es handelt sich um voneinander getrennte, voneinander unabhängige Fähigkeiten, von denen in jedem Menschen nur einige wenige aktiviert werden. Ihre potentielle Fähigkeit, Togalog zu sprechen, liegt brach; ebenso wie die Fähigkeit, weitzuspringen oder auf einer Meereshöhe von 3.000 Metern zu leben; trotzdem aber besitzen Sie sie.

Wenn das Nervensystem organisiert wird, hat es ein großes Potential, sozusagen tausend Geistesformen. Im Verlauf unserer individuellen Entwicklung benutzen wir einige wenige der vielen potentiellen Fähigkeiten; die meisten verschwinden. Sichtbar wird das an den Fähigkeiten eines Kindes, zu tanzen, zu zeichnen, oft Erstaunliches zu tun – Dinge, an die wir uns dann als Jugendliche schon kaum mehr erinnern. Das ist das Ergebnis eines biologischen, kulturellen und sprachlichen Selektionsprozesses, der früh im Leben stattfindet. Die Erfahrungen, die wir in der Welt machen, in der wir leben, haben zur Folge, daß bestimmte Verbindungen im Gehirn entstehen und andere nicht. Die Welt wählt aus, was gebraucht wird. Zum Beispiel entwickeln wir die Fähigkeit, die Nahrung in unserer Gegend zu verdauen. Einer meiner Studienkollegen, ein geborener Japaner, mußte den Raum verlassen, wenn Velveetakäse auch nur geöffnet wurde, weil ihm vom Geruch verdorbener Milch furchtbar übel wurde. (Ich wollte ihm immer Blauschimmelkäse geben, um zu sehen, was dann passiert.) Der menschliche Geist wird zum Stammkunden eines bestimmten Ortes.

Dieser Abschnitt des Buches macht uns damit vertraut, wie die ganz frühen mentalen Programme und Gewohnheiten, die eigentlich dafür entwickelt wurden, schnell handeln zu können und dadurch zu überleben, in der Folge auch für Urteil und Einschätzungen herangezogen wurden. Deshalb beurteilen wir einen Krieg mit Hilfe der gleichen geistigen Mechanismen wie eine Ehe; deshalb verwenden wir die gleiche Strategie, ob wir winzigste Helligkeitsveränderungen einschätzen oder riesige Veränderungen in den Regierungsausgaben; und deshalb werfen Millionen von Menschen ihre Reisepläne wegen eines von Terroristen verübten Mordes um und sind sich nicht im geringsten dessen bewußt, daß jeden Tag in Amerika mehr Menschen mit Faustfeuerwaffen erschossen werden, als alles in allem je von Terroristen ermordet wurden. Wir haben immer noch das gleiche, uralte Gehirn.

Im vierten Abschnitt geht es darum, wie sich die speziellen Handlungszentren des Gehirns herausbildeten. Aus dem voluminösen Kortex entwickelten sich zwei spezialisierte Gehirnhälften, die unterschiedliche Denkweisen beherbergen. Die Spezialisierung geht sogar noch weiter. Gewisse Bereiche des menschlichen Geistes scheinen unabhängig von unserem Bewußtsein zu agieren. Das heißt zum Beispiel, daß irgend etwas in uns beschließt, wie und wann eine Bewegung ausgeführt werden soll, schon lange bevor es uns bewußt wird. Unser Bewußtsein scheint zu einem großen Teil nur die Möglichkeit zu haben, etwas zu verhindern – einen der Schlichtlinge also von einer Handlung abzuhalten.

Daran anschließend befassen wir uns mit der Rolle der Erfahrung und damit, wie der menschliche Geist sie erzeugt. Wir scheinen zwei verschiedene Programme entwickelt zu haben, um die Welt zu verstehen: Mit dem einen sammeln wir Informationen, mit dem anderen interpretieren wir sie.

Deshalb gehören Erinnerungen, Träume und die Vorstellung zum gleichen Prozeß. Konkreter heißt das, daß der menschliche Geist die gleichen Interpretationsmuster verwendet, ob er nun in der Nacht träumt, sich an Kindheitserlebnisse erinnert oder sich die neue Wohnung vorstellt. Was wir für unsere Erinnerung halten, ist eine Illusion. Das gilt auch für unsere Träume. Und – überraschenderweise – für das, was Sie gerade sehen.

Der Mensch ist insofern sehr vielseitig, als er an jedem beliebigen Ort leben kann. Gleichzeitig ist er aber sehr oberflächlich, denn er handelt immer gleich. Was und wie wir sind, verdanken wir der erstaunlichen Weite und mangelnden Tiefe unseres Geistes. Dieser Teil des Buches, in gewissem Sinne eigentlich das ganze Buch, befaßt sich mit diesem Traum von der Welt und den verschiedenen Träumern in unserem Geist.

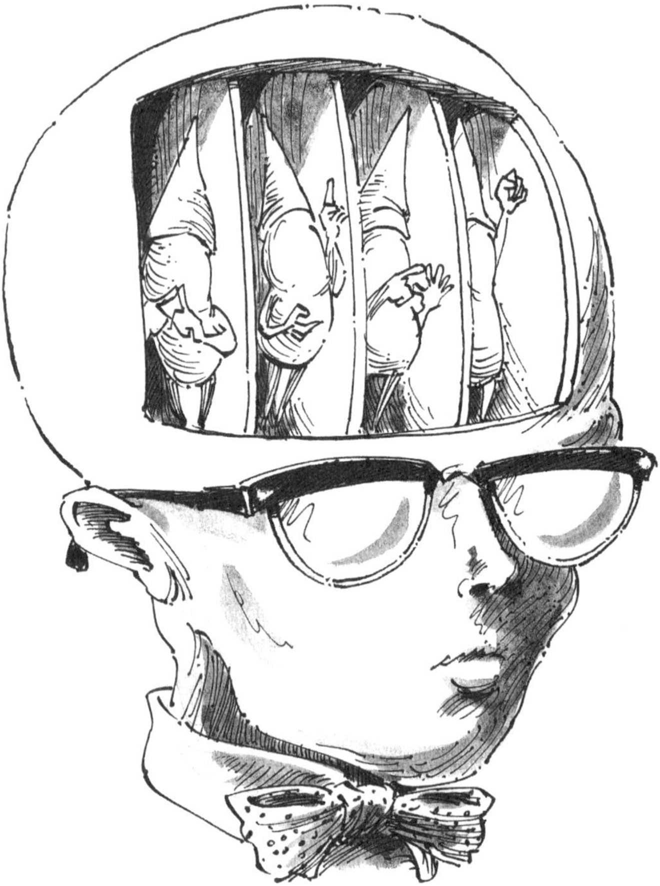

Parallelität

Im sechsten Abschnitt geht es um das „Ich" beziehungsweise „Selbst" als ein kleiner isolierter Teil des menschlichen Geistes, der gelegentlich von unserem Bewußtsein auf die Bühne geschickt wird, viel häufiger aber hinter den Kulissen ausharrt. Und wir als dieses Ich, das (wie zum Beispiel jetzt gerade Sie) ein Buch liest, versuchen die ganze

Zeit zu erkennen, ob es in unserer Geschichte, unserer Biologie oder unserer Entwicklung Ansichten und Einsichten gibt, die uns nützlich sein könnten. In diesem Teil versuche ich zu zeigen, daß und wie umfassendere Programme nicht nur in ihren angestammten, sondern auch in ihnen eigentlich fremden Bereichen zum Einsatz kommen. Die Suche nach Liebe macht uns empfänglich gegenüber Kulten und beeinflußt dadurch unseren Geist; das ist manchmal hilfreich, manchmal aber auch gefährlich.

Ich verwende das Bild von „Geisterchen im Dienst“ beziehungsweise „auf der Bühne“, um deutlich zu machen, wie wir mit Hilfe der gleichen Programme ganz unterschiedliche Situationen handhaben. Eine Gruppe von Geisterchen hat ihren „Auftritt“ und verschwindet dann wieder. Ein System bemächtigt sich des Bewußtseins, dann ein zweites und ein drittes. Einst für einen ganz bestimmten Zweck (für eine ganz bestimmte Rolle) engagiert, tu diese Geisterchen auf der Bühne ihre gewohnte Arbeit, als hätten sie in diesem Stück schon immer mitgespielt; dann treten sie zur Seite und werden von einem anderen „Schauspieler“ abgelöst. Der hat (aufgrund seines Einsatzes in einem ganz anderen Stück) wieder ganz andere Erinnerungen, Prioritäten und Pläne. Und wir, als das bewußte Ich, bemerken selten, was da gerade abgelaufen ist.

Das ist einer der Gründe dafür, warum wir uns oft nicht so verhalten, wie wir es uns wünschen würden. Da die Geisterchen einander ablösen, sind wir von einem Augenblick zum nächsten ein ganz anderes „Ich“. Die Vorstellung der meisten Menschen, sie wären über die verschiedenen Situationen ihres Lebens hinweg beständig, ist eine Illusion, die von der Struktur des Gehirns verursacht wird. Das Ich ist als solches auch nur einer der Schlichtlinge mit einer kleinen, klar umrissenen Aufgabe.

Im siebten Abschnitt geht es um die Frage, wie wir unseren Geist neu ausrichten können, wenn er doch aufgrund der Art und Weise seiner Entwicklung in der Welt ohnehin so gut funktioniert. In gewisser Hinsicht wird uns das leichter fallen, als wir glauben mögen, denn der menschliche Geist beherbergt viele verschiedene angepaßte Verhaltensweisen, die als Potential vorhanden sind. Sie warten nur darauf, erweckt zu werden – durch Erfahrungen und Erlebnisse der

Kindheit, durch neu zu Lernendes und durch die Informationen unserer Umgebung.

Der menschliche Geist ist, wie er ist, weil die Welt ist, wie sie ist. Die im Verlauf der Evolution entstandenen Systeme organisieren den Geist so, daß eine Verzahnung zwischen dem Organismus und der Welt stattfinden kann. Diese von unseren Vorfahren stammende Struktur angepaßter Verhaltensweisen kann da funktionieren, wo die Welt stabil ist. Aber gerade diese Stabilität findet sich in der heutigen Welt kaum noch. Die Welt, an die wir uns einst anpaßten, gibt es nun nicht mehr.

So kommt es zu Konflikten zwischen den angepaßten Verhaltensweisen und Mechanismen unserer Vorfahren und den Notwendigkeiten der „modernen" Welt – geprägt von einem Leben in der Stadt, den modernen Medien, bestimmten Erziehungs- und Bildungssystemen, dem Bedürfnis nach Information und Mobilität. Während wir für manche Konflikte, wie zum Beispiel einen sexuellen, viel besser vorbereitet sind, als es jetzt überhaupt noch nötig ist, besitzen wir keine geistige Grundlage dafür, eine Welt mit mehreren Milliarden von Menschen zu verstehen. Wie hätten wir je auf den Gedanken kommen können, daß unsere Kühl-, Transport- und Müllentsorgungssysteme zu einem Loch in der Ozonschicht des Planeten führen würden?

Wir gehen in der Beurteilung simpler Ereignisse gleich vor wie bei komplexen. Die Bauweise unseres Geistes schränkt uns ein, denn sie funktioniert in einer stabilen Welt am besten. Unfälle aktivieren unser System und bringen den Geist in Bewegung. Daher sind wir in der Vorgehensweise, wie wir persönliche und auch öffentliche Entscheidungen treffen, überaus anfällig für eine Überreaktion auf Unfälle und nicht besonders empfänglich für vernünftig-logische Analysen. Ein „unvorhergesehener" Tankerunfall in Alaska führt dazu, daß plötzlich die ganze Welt ihren Blick auf das richtet, was wir der Umwelt antun. Schon davor aber warnten Wissenschaftler vor genau dieser Art von Ölteppich im Meer. Wie viele immer folgenschwerere Unfälle müssen noch geschehen, bevor wir handeln? Ein Atomkrieg?

Wir können uns aus unserer mißlichen Lage nicht befreien, indem wir noch mehr Informationen sammeln, kritischer denken oder einer logischen Maschine noch ähnlicher zu werden versuchen. Das wären Anpassungsversuche, die zum Scheitern verurteilt sind; sie haben mit Vernunft nichts zu tun. Wir haben ein großes Veränderungspotential, wenn wir in die richtige Richtung schauen und die anderen im Verlauf der Anpassung entstandenen Mechanismen unseres Geistes zu Hilfe rufen.

Der letzte Abschnitt schlägt eine neue Sichtweise vor: So wie die Menschheit eine biologische, neurale und kulturelle Evolution durchlaufen und sich weiterentwickelt hat, müssen wir nun den Prozeß der bewußten Evolution einleiten. Im Bereich der modernen Spiritualität und Wissenschaft stoßen wir dabei auf unerwartete Verbündete. Wir brauchen eine neue Ethik, sagen viele; eine neue Religion, sagen andere. Es muß dazu kommen, daß sich jeder einzelne diese neue Sichtweise zu eigen macht, so daß sie nicht nur ein Thema für Sonntagsreden bleibt. Wir leben nicht mehr in Stämmen mit einem engen Horizont; im menschlichen Geist muß sich eine Sicht entwickeln, die bisher auf eine Elitegruppe beschränkt war: eine wahrhaft neuzeitliche Versöhnung von Wissenschaft und Spiritualität. Ich glaube daran, daß es möglich ist; wenn man genau hinsieht, erkennt man nämlich, daß es beiden Gebieten im Grunde um das Gleiche geht – nämlich um uns. Wir wollen im nächsten Jahrhundert keine Welt mit 15 Milliarden Menschen, wenn 75 Prozent von ihnen verhungern.

Wir wollen keine Welt, in der Verbrecher Atomwaffen besitzen. Wir wollen keine Welt, in der die Menschen keine Ahnung von der Funktionsweise des menschlichen Geistes haben, von wichtigen neuen Erkenntnissen über das Leben, von ihrer Identität, Gesellschaft oder vom Schicksal der Erde. Eine Ära des Umlernens ist angebrochen. Wir werden in dieser Zeit entweder unsere Evolution selbst in die Hand nehmen oder viel schlechter abschneiden, als wir es uns vorstellen können. Ohne bewußte Evolution wird es keine biologische Evolution mehr geben. Das hat nichts damit zu tun, daß die, die unsere Geschichte nicht kennen, dazu verdammt wären, die Fehler der Vergangenheit zu wiederholen. Unsere eigene Geschichte ist nämlich nicht einmal mehr der Auftakt zu unserer Zukunft. Der Prolog zu unserer Zukunft besteht vielmehr darin, daß wir verstehen, wer wir sind und wie wir uns neu anpassen können. Die Grundlage unserer Zukunft ist der menschliche Geist und eine bewußte Entwicklung.

Jetzt aber zur Vergangenheit.

II.

Ein langer Prozeß: Die physische Evolution des menschlichen Geistes

Das Zeichenbrett Gottes

2. Der menschliche Geist und sein Gestalter

Die Metaphysik so zu studieren, wie das bislang geschah, dünkt mir geradeso, als würde man sich über die Astronomie den Kopf zerbrechen, ohne die Mechanik mit einzubeziehen ... Die Erfahrung hat gezeigt, daß das Rätsel des menschliches Geistes nicht zu lösen ist, indem man auf die Zitadelle selbst losstürmt – der Geist ist eine Funktion des Körpers... Wir brauchen ein stabiles Fundament, auf dessen Grundlage wir argumentieren können.

Charles Darwin, The N Notebook

Üblicherweise ziehen wir eine begrenzte Anzahl von Kandidaten in Betracht, wenn wir erklären wollen, warum sich der menschliche Geist so verhält, wie er es eben tut: die Konflikte zwischen unseren Eltern; eine Liebesbeziehung; die Lehrerin der dritten Klasse, die uns inspirierte und unsere Begeisterung für die Erforschung der Ozeane weckte; die Tatsache, daß wir Deutsch lernten, und nicht Holländisch oder Sanskrit. Vielleicht ist es auch unsere Gesellschaft, weil sie die Männer zu einem anderen Verhalten ermutigt als die Frauen. Die Sozial- und Geschichtswissenschaften erweitern das Feld, indem sie gesellschaftliche Kandidaten ins Spiel bringen und sich fragen, welche Wirkung bestimmte Gegebenheiten auf uns haben – Gesetze, Regierungen, die Einstellung der Sexualität gegenüber, die Lebensweise, Koch- und Eßgewohnheiten, die Architektur, die Sprache. Wo wären wir heute ohne Mathematik, Magna Charta, die amerikanische Revolution, Gutenberg, Kepler, Kopernikus und die ganze Physik und Medizin?

Die Zivilisation hat unser Leben geprägt: Wir essen Dinge, die wir nicht mehr selbst produzieren, wir tragen Kleider von der Stange; wir lesen Weisheiten, die jemand anders zusammengetragen hat; oder wir gehen einfach nur ins Kino. Wir kommunizieren in Blitzesschnelle mit Menschen auf der ganzen Welt, ja, unsere hochentwickelte Technologie macht es sogar möglich, Jupiter und die Himmelswelten dahinter zu betrachten.

Sprache, Familie und Kultur leiten das Denken zu ganz bestimmten, klar definierten Zielen. Im Rahmen einer Vortragsreise in Frankreich, auf der ich über das Wesen des menschlichen Geistes und des Gehirns sprach, fragte mich eine Gehirnwissenschaftlerin, wie ich denn nur daran denken könne, eine Analyse des menschlichen Geistes vorzuschlagen, in der Verachtung keine zentrale Rolle spiele. Jemand anders erwähnte, daß es im Französischen kein Wort für Bewußtsein gebe, und fragte sich dann, warum es denn überhaupt eines geben solle. Keine dieser Bedenken oder Gedanken, nicht einmal annähernd ähnliche, waren in den 25 Jahren, in denen ich Vorträge vor englischsprachigen Zuhörern hielt, je an mich herangetragen worden. Allerdings stehen da auch Diskussionen über die Geringschätzung als zentrale Eigenschaft des Menschen selten auf der Tagesordnung.

Für uns ist zum Beispiel auch schwer verständlich, daß Amok als ein Zustand, in dem sich jemand eine Zeitlang verrückt verhält und dann wieder beruhigt, in der Gesellschaft Malaysias keinen Anlaß zu besonderer Besorgnis gibt; bei uns würde man eine Lithiumbehandlung vorschlagen. Die indische Vorstellung von Kühen als heiligen Tieren erscheint wie der Gipfel der Irrationalität. Der Anthropologe Marvin Harris erklärt in seinem ausgezeichneten Buch „Cows, Wars and Witches“ (deutsche Ausgabe: „Fauler Zauber – unsere Sehnsucht nach der anderen Welt“) den Platz, den die Kuh im indischen Ökosystem einnimmt. Die Bauern essen die Kuh nicht und verlieren dadurch „unvernünftigerweise“ den Wert des Fleisches. Würden sie sie essen, hätten die Armen aber keinen Dung mehr als Brennstoff und kein Zugtier für ihren Pflug – und beides wird in seinem Wert höher geschätzt als das Fleisch. Ohne auf die Vorlieben der Franzosen allzu sehr eingehen zu wollen, ist es erwähnenswert, daß sie ständige „crises de foie“ haben, „Leberkrisen“, die auch zum Tod führen können. Obwohl der Alkoholismus ein endemisches Problem ist, haben die Franzosen ganz eindeutig einen anderen Bezug zu ihrer Leber als wir. Ähnlich werden die chinesischen Akupunkturpunkte von westlichen Medizinern nicht als Teile von Kommunikationskanälen im Körper betrachtet.

Kultur, Familie und Erziehung sind zwar wichtig, aber ich möchte in der Zeit trotzdem einen Schritt zurückgehen; der Zeitrahmen, um den es mir geht, ist weder kurzfristig noch historisch, sondern eine Gesamtansicht des menschlichen Geistes, die eher geologischen Zeitbegriffen zuzuordnen ist. Aus dieser Perspektive sieht die Sache ganz anders aus, so wie wir durch einen Film, der die Jahreszeiten im Zeitraffer zeigt, ein anderes Verständnis für Wachstum und Transformation bekommen. Das Gehirn und der menschliche Geist sind gemeinsam mit dem Rest des Körpers in geologischen Zeitdimensionen gewachsen, nämlich über Millionen von Jahren.

All die Informationen, die wir über die menschliche Evolution, die Biologie, das Gehirn, das Bewußtsein und kognitive Funktionen haben, sollten uns zusammengenommen eine neue Sichtweise unserer wahren Geschichte ermöglichen. Der Mensch von heute, sogar die fortschrittlichsten Frauen und Männer, die ihre Aktien veräußern, ins Theater gehen, zwischen Arbeitsplatz und Wohnung pendeln, Computer konstruieren und an ihnen arbeiten, waren biologisch gesehen bereits vollendet, bevor die moderne Welt am Horizont auftauchte. Unser Gehirn erreichte seinen gegenwärtigen Entwicklungsstand bereits Jahrtausende vor dem Zeitraum, als die Menschen vor etwa 11.000 Jahren seßhaft wurden.

Die Struktur unseres Körpers und Nervensystems beruht auf einer viel, viel älteren Grundlage. Jeden Tag ziehen wir Programme des Nervensystems als dienstbare Geister heran, die so alt sind wie die ersten Tiere. Und die wiederum machten sich Nervenverbindungen zunutze, die lange vor dem Auftauchen der ersten Wirbeltiere entstanden.

Der größte Teil unserer Geschichte läßt sich nicht in dicken Wälzern in der Bibliothek nachlesen, auch nicht in illustrierten

Büchern über die Reihenfolge der einzelnen Dynastien im Mittelmeerraum oder die Entwicklung der perspektivischen Darstellung in der westlichen Malerei. Unsere eigene Perspektive aber hat Entwicklung nötig: Alles, was an Geschichte je aufgezeichnet wurde, macht weniger als ein Millionstel der Geschichte der Erde aus.

Vielleicht ist diese Betrachtungsweise aber auch viel zu extrem. Schließlich läßt sich nicht leugnen, daß sich eine Milliarde Jahre lang die Dinge nur so langsam veränderten, daß wenig des Weges kam, was sich auf unsere Struktur auswirkte. Gesetzt den Fall, es war so, dann können wir diese längste Zeit der menschlichen Entwicklung vernachlässigen und ganz nach vorne zu dem jüngsten Zehntelprozent Lebens auf der Erde gehen. Selbst wenn wir uns auf diese jüngsten fünf Millionen Jahre beschränkten , würden wir einen wesentlich weiteren Blick gewinnen.

Vor diesem Zeitabschnitt gab es keine Kühe, Ziegen oder Hirsche, sondern lediglich einen allen gemeinsamen Vorfahren. Und was die Menschheit betrifft – die ganze Geschichte, die wir gewissenhaft niedergeschrieben haben und in den Schulen lernen, die Archive all der Errungenschaften der zivilisierten (und unzivilisierten) Menschheit seit Ägypten umfassen weniger als zwei Zehntausendstel der Zeit, die vergangen ist, seit die ersten menschlichen Vorfahren auf der Bildfläche erschienen.

Während dieser 99,98 Prozent der Zeit der „modernen" Epoche erreichte das menschliche Gehirn seinen gegenwärtigen Entwicklungsstand – lange vor den Höhlenmalereien, lange bevor unsere Vorfahren wilde Tiere domestizierten oder Felder anlegten, lange vor dem Bau der Pyramiden. Die Nomaden jener Zeit waren wir, die Höhlenmaler jener längst vergangenen Zeit auch. Ihr Gehirn war unser Gehirn; unser gewaltiger Kortex war in unseren entfernten Vorfahren schon genauso massig. Ihr visuelles Wahrnehmungsvermögen war genauso hoch entwickelt, die für die Malereien nötigen feinmotorischen Fähigkeiten genauso ausgeprägt und entwickelt wie heute die unseren. Und auch ihr Geist war der gleiche wie unserer.

Die wahre Geschichte der Menschheit wurde in unser Blut, unsere Knochen und unsere Nervenschaltkreise geschrieben. Und das geschah, lange bevor die Menschen schreiben konnten. Die Anfänge des menschlichen Geistes liegen in einer verwirrenden Vielfalt von angepaßten Verhaltensweisen zahlloser Lebewesen in ihrem Streben

In einem Bücherregal, das die Geschichte der Erde umfaßt, wäre die Geschichte der Menschheit nur eine dünne Broschüre.

danach, auf der Erde zu überleben. Diese Verhaltensweisen sind Auswirkungen der Tatsache, daß sich ein Lebewesen seiner Umwelt anpaßt, um darin überleben zu können. Früher war es üblich, den menschlichen Geist zu analysieren, ohne seine Geschichte zu kennen; da aber fehlt dann, wie Darwin es so treffend beschreibt, die Basis des zugrundeliegenden Mechanismus. Wir müssen nun die lange Entwicklungszeit des Geistes betrachten. Und das führt uns in der Auseinandersetzung mit ihm zu ganz anderen Ereignissen als zu den üblichen, zu denen traumatische Erfahrungen, kulturelle Gegebenheiten oder die persönliche Biographie zählen.

Ein paar der wichtigsten neuzeitlichen Entdecker haben unsere konventionelle Sicht der Welt umgestoßen, obwohl bestimmte Sichtweisen auch heute noch logisch zwingend zu sein scheinen. Milliarden von Menschen beobachten zum Beispiel täglich, daß sich die Sonne um die Erde dreht. Nur – sie tut es nicht.

Ähnlich offensichtlich ist es, daß die biologischen Systeme in Pflanzen und komplexen Tieren von irgendeiner Art höchstem Wesen verursacht worden sein müssen. Im Magen-Darm-Trakt werden aus kaum aufbereiteter Nahrung die Nährstoffe extrahiert, die der Körper braucht; das Auge absorbiert aus den Strahlen des elektromagnetischen Spektrums ein paar Wellenlängen und überführt sie in ein sichtbares Bild; die kniffligen Mechanismen unserer Motorik verbinden sich zu gezielten Bewegungen; die zarten Knöchelchen im Mittelohr dienen dazu, die winzigen Schwingungen im Ohr zu verstärken, damit sie dann von spezialisierten Zellen im Kortex als Laute erkannt werden können. Es gibt so viele Teile, die alle so sorgfältig und genial zusammengefügt wurden!

Der Archidiakonus William Paley, ein britischer Theologe, liefert in seinem Buch *Natural Theology; or Evidences of the Existence and Attributes of the Deity collected from the Appearances of Nature* (1802) (zu Deutsch etwa „Naturtheologie oder Beweise für die Existenz und die Eigenschaften der Gottheit aus den Erscheinungen der Natur“) das durchschlagendste Argument für die Existenz eines höchsten Wesens, das ganz genau wußte, was es tat. Er schreibt: „Nehmen Sie an, ich stoße mir den Fuß an einem Stein, während ich so über die Heide gehe, und würde gefragt, wie der Stein denn dahin gekommen sei. Ich würde darauf wahrscheinlich antworten, daß er nach allem, was ich wisse, schon seit jeher dort gelegen habe; es wäre wahrscheinlich auch nicht ganz leicht, die Absurdidät dieser Antwort deutlich zu machen. Nehmen Sie nun aber an, ich hätte eine Uhr am Boden gefunden, und man müßte eine Erklärung dafür finden, wie sie denn an diesen Ort gekommen sei. Darauf würde mir wahrscheinlich nicht die gleiche Antwort einfallen wie zuvor – daß nach allem, was ich wisse, die Uhr schon seit jeher dort gelegen habe." Nachdem der Archidiakonus Paley feststellt, daß zwischen Uhren und natürlichen Gegenständen ein Unterschied besteht, fährt er fort: „Wenn wir auf die Uhr gestoßen wären, würden wir – selbst wenn wir gar nichts über sie wüßten – meinen, sie müsse von jemandem gemacht worden sein. Zu irgendeiner Zeit und an irgendeinem Ort müsse es einen oder mehrere Handwerker gegeben haben, die sie zu diesem Zweck geformt hätten, den sie unserer Beobachtung nach nun erfülle, die diese Konstruktion begriffen und eine bestimmte Verwendung für sie im Sinn gehabt hätten." Uhren passierten nicht einfach durch Zufall – in den alten Uhren greifen Zahnräder ineinander, um die Zeiger zu bewegen, die dann über die Ziffern gleiten. Wenn man sich nur das Zifferblatt ansieht, kann man daraus gar nichts erkennen; wenn man aber versteht, wozu es gut ist, ist es sinnvoll, sich damit zu beschäftigen, wie der Mechanismus funktioniert.

Seziert man ein Tier, so kommen laut Paley uhrenähnliche, nicht steinähnliche Merkmale zum Vorschein. Über das Auge sagt er: „Es gibt genau den gleichen Beweis dafür, daß das Auge zum Sehen gemacht wurde, wie dafür, daß das Teleskop dazu gedacht ist, das Auge dabei zu unterstützen." Und der menschliche Organismus ist weit komplizierter als jedes Teleskop. „Zu einer Konstruktion gehört ein Baumeister. Dieser Baumeister muß eine Person gewesen sein. Diese Person ist Gott", schrieb Paley 1802.

Dieses Modell von einem am Zeichenbrett konstruierten Wesen verwenden wir am häufigsten, wenn wir unsere alltägliche Welt verstehen wollen- alle Handlungen haben einen bestimmten Zweck. Es ist auch das Modell, mit dem die meisten Biologen bis Darwin die natürliche Welt zu verstehen suchten. Wir glauben immer noch, daß es im Geist von „Jemandem" einen Konstruktionsplan unseres Geistes gibt.

Die „Mensch-als-Roboter"-Hypothese

Aus Paleys Sicht machte uns der Schöpfer zu fixen Maschinen mit festen Abläufen, ähnlich einer Uhr. Aus moderner Sicht sind wir eine kreative Maschine, eine, die auch einen kleinen Zufallsgenerator eingebaut hat – wie ein Computer, den jemand in einem der Techno-Nirwanas in Silicon Valley gebaut hat, entworfen und konstruiert als paralleler Prozessor, als Nervennetz, das lernen kann – entworfen eigentlich als Verbindungsmaschine.

Folgen wir mal Paleys Gedankengängen und nehmen wir an, wir wären nicht auf einen Stein, auch nicht auf eine Uhr, sondern auf einen Computer am Boden gestoßen. Würden wir glauben, er sei zufällig dorthin geraten? Sicher nicht. Die „moderne", aus der Welt der Technik stammende Vorstellung ist die, daß der menschliche Geist mit einem Computer vergleichbar ist. Erst menschliches Wesen – dann mechanische Maschine – dann geistloser Roboter?

Gewiß kann man den menschlichen Geist mit einem Computer vergleichen: Er operiert nach dem binären System, verarbeitet Informationen, hat Input und Output, serielle und parallele Eingänge, frei wählbare und fixe Verbindungen. Wir berechnen Entfernungen, die wahrscheinliche Gestalt eines Gegenstands, die Ähnlichkeit des Rot, das die Tomate im hellen Sonnenlicht hat, mit dem, das sie beim Abendessen bei Kerzenschein im Salat hat, obwohl dieses Rot im Salat vielleicht „schwärzer" ist als ein schwarzes Buch um die Mittagszeit. Die Tatsache, daß der menschliche Geist Berechnungen anstellt, bedeutet aber noch lange nicht, daß er nicht mehr ist als ein Computer. Ein Auto dient der Fortbewegung. Ein Auto hat mehrere Computer (bis zu 36 verschiedene – um die Schaltpunkte des Getriebes zu bestimmen, um das Benzin-Luft-Gemisch zugunsten eines möglichst geringen Benzinverbrauchs zu optimieren, um Kontrolleuchten zu aktivieren). Trotzdem ist ein Auto kein Computer. Wo jemand an einem Samstagabend hinfährt, ergibt sich nicht logisch und automatisch aus dem Benzin-Luft-Gemisch, noch läßt es sich aus dem Serviceheft ablesen.

Aus der Sicht vorwissenschaftlicher Beobachtungen, wie zum Beispiel auch die der Beziehung zwischen Erde und Sonne, wirkt das Zeichenbrett-Argument überzeugend, sogar so, als könnte es gar nicht anders sein. Alles mit einem ähnlich ausgeklügelten Aufbau wie das Auge ist noch komplexer, als selbst Paley es sich vorstellte: Das Auge hat mehrere hundert Millionen Rezeptoren und noch viel mehr äußerst komplexe Verbindungen zwischen ihnen. Das nervliche Netzwerk, das von der Retina ausgeht, ist so fein, daß es immer noch nicht vollständig analysiert werden konnte – trotz tausender elektrophysiologischer Untersuchungen. Der Sehnerv ist, so scheint es, für seine Aufgabe genial konstruiert und gearbeitet; er verläuft entlang einer gut berechneten Route zum Gehirn und kommt dabei durch ganz bestimmte Nuklei im Großhirn, wo die Elemente, aus denen die Welt besteht, wie zum Beispiel Farbe und Form, verarbeitet werden.

Es ist verständlich, daß diese Komplexität und Zweckgerichtetheit die Vorstellung überzeugend erscheinen lassen, das Leben sei zu einem bestimmten Zweck von irgend jemandem oder irgendeiner Wesenheit, die wußte, was sie tat, ersonnen und entworfen worden. Selbst wenn man einräumt, daß manche Tiere mit Reflexen reagieren, so beweisen die wunderbaren Fähigkeiten der menschlichen Natur doch sicherlich, daß der Mensch von einem Schöpfer zu einem ganz bestimmten Zweck gestaltet wurde.* Es fällt einem eben nicht leicht, die Vorstellung zu akzeptieren, daß dieses äußerst feinsinnige Instrument durch puren Zufall und die Anpassung an zufällig vorhandene Gegebenheiten entstanden sein soll.

* Übrigens: Sollten Sie das für die Schöpfungstheorie halten – weit gefehlt; die ist noch mal eine ganz andere, undurchsichtige Angelegenheit mit einer wesentlich weniger schlüssigen Argumentation, die sie sogar zwei Jahrhunderte nach Paley weiter beibehält.

3. Wie die Evolution funktioniert: Die Entdeckung des Entwicklungsprozesses und der Beginn der modernen Ära

Wie lassen sich die Anfänge des Geistes erklären oder auch nur überzeugend beschreiben? Es ist tatsächlich schwierig, einen Anfang zu finden, also betrachten wir einmal unsere Uranfänge. Die zentralen Ereignisse der Revolution in der Biologie des 19. Jahrhunderts führen uns nicht durch Laboranalysen oder eine Reihe mathematischer Formeln, sondern durch Down House, ein elegantes Anwesen in Sussex in Südengland. Dort nämlich verbrachte Charles Darwin (1809 - 1882) vierzig Jahre seines Lebens.

Darwin litt an einer chronischen Krankheit; er war zu krank, um sich den Anstrengungen des Stadtlebens in London auszusetzen, geschweige denn den wissenschaftlichen Disputen. Also verbrachte er die produktivsten Jahrzehnte seines Lebens in der Abgeschiedenheit von Down House, machte Beobachtungen und dachte nach. Vielleicht war es einfach nur dieses zurückgezogene Leben, das es ihm ermöglichte, das Offensichtliche zu sehen. Vielleicht war es die Zeit, in der er begann, sich den Naturwissenschaften zu widmen, sowie die damals vorhandenen Wissensgrundlagen. Vielleicht war es seine eigene Genialität.

Vor Darwin beantworteten die meisten Biologen die Frage „Warum agieren Lebewesen zielgerichtet und zweckorientiert?“ normalerweise etwa so: „Gott erschuf alle Arten von lebendigen Kreaturen in perfekter Gestalt, und sie haben sich seit ihrer Erschaffung nicht verändert." Man nahm an, daß Lebewesen unabhängig voneinander für jeweils ganz spezifische, festgelegte Nischen erschaffen worden seien. Menschen hatte es demnach also schon immer gegeben, und sie hatten auch immer nur Menschen als Vorfahren; entsprechend stammen auch Gorillas nur von Gorillas ab; Faultiere wurden als Faultiere erschaffen. In dieser statischen Welt, die von einer Vielzahl lebender Wesen bevölkert wurde, änderte sich nie auch nur das Geringste. Mit den Aufzeichnungen über Ausgrabungen und archäologische Funde wollte man nicht den Fortschritt der Evolution veranschaulichen, sondern die Überreste noch fortdauernder Arten aussondern.

Im 18. und 19.Jahrhundert begannen die Archäologen auf Überreste von Wesen zu stoßen, die aussahen wie wir, aber ausgestorben waren. Das eine hatte einen Kopf, der in seinem Aussehen irgendwo zwischen dem eines Menschen und dem eines Affen lag; ein anderes hatte einen Beinknochen, der vermuten ließ, daß es ähnlich wie der heutige Mensch auf zwei Beinen ging; sein Schädel aber ähnelte dem eines Schimpansen. Welche Erklärungen hatten die Wissenschaftler für diese Funde?

Die große Mehrheit der Biologen wandte sich damals der Katastrophentheorie zu. Anstatt anzunehmen, daß die eine Art aus einer anderen hervorgegangen war und die Funde die Überreste ausgestorbener Lebewesen waren, stellten sich die Biologen vor, Gott habe die Welt mehrmals neu erschaffen. Die archäologischen Funde erzählten demnach die Geschichte dieser voneinander völlig getrennten Schöpfungen. (Diese Version bildet in etwas abgewandelter Form den Kern der modernen Schöpfungstheorie.) Man kann allerdings nur schwer glauben, daß Gott (oder vielleicht auch Göttin?) sich so oft anders besonnen haben soll. Wenn er doch so klug ist, warum sollte er dann so lange gebraucht und so viele Fehler gemacht haben? Es paßte einfach weder zu der Vorstellung von Gott noch zu den archäologischen Funden.

Heute wissen wir, daß dieses Modell von den bewußt entworfenen Geschöpfen nicht stichhaltig ist. Sogar die komplexesten Organe machten eine Entwicklung durch, wenn auch nur sehr langsam und über lange Zeiträume. Wir müssen die Dinge radikal anders sehen lernen, um dieses Konzept verstehen zu können. Die Lösung für das zentrale Rätsel des Lebens, die Antwort auf die Frage, wie denn verschiedene Arten von Lebewesen entstehen und dann wieder verschwinden könnten, tauchte auf, als Darwin 1859 sein Buch „On the Origin of Species" („Über die Entstehung der Arten") publizierte.Es sollte einen Wendepunkt markieren. Er stellte darin seine in mehr als dreißig Jahren entwickelte Theorie darüber dar, wie Lebewesen sich anpassen.

Es gab zwar auch etliche Ausnahmen, aber um die Mitte des 19. Jahrhunderts begannen die meisten Wissenschaftler anzuerkennen, daß alles Leben, das es gab, einst andere Formen gehabt hatte. Sie akzeptierten die von Rumi formulierte Prämisse: Es gab eine Evolution, und wir entwickelten uns aus früheren Lebensformen.

Einer der Gründe dafür, daß Darwins Theorie so zögerlich angenommen wurde, lag darin, daß kein Mechanismus identifiziert worden war, der erklären könnte, wie die Evolution hätte vonstatten gehen können. Wie konnten Organismen ihre Gestalt verändern und sich neue Organe wachsen lassen? Die Theorie der Vererbung erworbener Eigenschaften von Jean Baptiste Lamarck war die plausibelste. Sie ging von der Annahme aus, daß Tiere die Veränderungen, die sie erfahren hatten, an ihre Nachkommen weitergaben: die Vorfahren der Giraffe streckten den Hals, um zu Nahrung zu kommen; dieser gestreckte Hals wurde dann auch auf die Nachkommen vererbt. Muskeln, die sich durch Anstrengung und ständigen Gebrauch aufbauten, wurden in ähnlicher Weise an die Kinder weitergegeben. Das ist genau die Art von Geschichte, die Eltern ihren Kindern als Erklärung für etwas erzählen: Die Giraffe streckte und streckte ihren Hals, bis ... Und es könnte tatsächlich so gewesen sein.

Dennoch gelang es niemandem, einen Welpen mit stärkeren Muskeln zu züchten, egal, was seine Eltern taten. Nichts von dem, was mit einem Tier während seines Lebens gemacht wird, wirkt sich auf das Wesen der Brut aus. (Es gibt allerdings schon extreme Ereignisse, die sich in ihrer Wirkung auf die Nachkommen erstrecken – das Verschlucken von Gift zum Beispiel, oder in der heutigen Welt die Konfrontation mit bislang noch nie dagewesenen Gefahren wie zum Beispiel atomarer Strahlung.) Die so entstehenden

Geburtsdefekte gelten aber nicht als erworbene und weitervererbte Eigenschaften. Die Vererbung erworbener Eigenschaften gehört zu diesen perfekten und genialen Vorstellungen, die jeder versteht. Mehr noch, man kann sich total in sie verlieben. Ich glaubte jahrelang daran, als ich jung war. Als ich herausfand, daß sie nicht stimmen konnte, war ich dem Heulen nahe – was mir bei keiner der anderen Theorien je passierte.

Wenn Sie aber auf unsere übliche Art darüber nachdenken, stellt sich das Problem verwirrend dar: Wie kann sich der Mensch je aus dem Affen entwickelt haben? Wie können die Vorfahren der Affen in den Nagetieren, geschweige denn in den Reptilien zu suchen sein? Könnte das Auge nur einfach zufällig „passiert" sein? Oder der Flügel? Oder das Gehirn? Das klingt selbst heute noch für viele Menschen unmöglich. Es muß doch einen Entwurf geben, einen Konstrukteur, einen ganz eindeutigen Schöpfer. Wir sind zu großartig, als daß all dies nur Zufall gewesen sein könnte.

Die Evolution von Lebewesen blieb ein Rätsel, bis Darwin seine revolutionären Beobachtungen machte, die gemeinsam mit dem heutigen Wissensstand über die Genetik der heute gültigen Form der Evolutionstheorie und den modernen Biowissenschaften zugrundeliegen. „Die Entstehung der Arten" legt zwei bedeutende Grundsätze fest: Evolution findet auf der Erde statt, und die natürliche Auslese ist die treibende Kraft dahinter. Darwins Vorschlag ist wunderbar unkompliziert, vor allem, wenn man sich die Komplexität und Tiefgründigkeit der Natur vor Augen führt. Daß jemand auf solch eine Idee kommen konnte! Ich muß sagen, ich kann immer noch nicht ganz fassen, daß ihm das gelang.

Darwin erkannte, daß der dem Wachstum und der Veränderung zugrundeliegende Mechanismus weder in einem gottbefohlenen Entwurf noch in irgendeiner Art von Konstruktionsplan zu suchen ist. Vielmehr seien unzählige Organismen für ihn verantwortlich, die sich an ihre spezifische Umwelt anpaßten, in der sie über lange, lange Zeit lebten. Der Schlüssel zu dieser Vorstellung liegt in den riesigen Zeitspannen, über die hinweg solche Anpassungsprozesse vonstatten gehen.

Die grundsätzliche Erkenntnis, die auch den Dreh- und Angelpunkt der modernen Biowissenschaften und der menschlichen

Psychologie darstellt, liegt darin, daß dieser Anpassungsvorgang natürlicherweise Teil eines normalen Fortpflanzungszyklus sei. Vollziehen wir mal seine Logik nach: Damit die Population einer bestimmten Tierart gedeihen kann, muß sich jede Generation durch sexuelle Fortpflanzung selbst ersetzen. In eines seiner Notizbücher schrieb Darwin: „Der menschliche Geist ist um nichts perfekter als die tierischen Instinkte ... so ist der Ursprung unserer bösen Leidenschaften denn also in unserer Abstammung zu suchen!! – der Teufel in der Erscheinungsform des Pavians ist unser Großvater!" (The M Notebook, Seite 123).

Als Darwin gerade dabei war, diese Notizbücher zu beenden, las er zufällig Thomas Malthus' „Das Bevölkerungsgesetz" und begann dann seine Theorie der natürlichen Auslese zu entwickeln. In seiner Autobiographie schreibt er: „Im Oktober 1838, also fünfzehn Monate, nachdem ich mit meiner systematischen Untersuchung begonnen hatte, las ich zur Unterhaltung zufällig Malthus' Abhandlung über das Bevölkerungsgesetz. Da mir aufgrund meiner langen Beobachtungen von Tieren und Pflanzen die Vorstellung von dem überall stattfindenden Existenzkampf sehr nahe war, durchfuhr mich die Erkenntnis wie ein Blitz, daß unter diesen Umständen nützliche Abweichungen eher erhalten und ungünstige eher zerstört werden würden. Endlich hatte ich nun eine Theorie, mit der sich arbeiten ließ." Malthus zeigte auf, daß die Größe von Populationen geometrisch zunimmt, dem Wachstum jedoch immer von „feindlichen Faktoren der Natur" Grenzen gesetzt werden – von Hungersnöten, Kriegen, Krankheiten und anderen Schwierigkeiten. Hier gewann Darwin seine erste wichtige Erkenntnis: In einer natürlichen Umgebung, in der die Nahrung und andere Ressourcen begrenzt sind, muß der Existenzkampf heftig sein. Also müssen wir uns auf die speziellen Eigenschaften derjenigen konzentrieren, die überleben – eine Theorie, mit der sich arbeiten läßt.

Fast jeder Organismus erzeugt weit mehr Nachkommen als nötig sind, um ihn zu ersetzen. Ein Lachs legt mehrere tausend Eier ab; eine Katze kann in ihrem Leben mehrmals je sechs bis sieben Junge werfen; eine Frau kann zehn Kinder und mehr gebären. Tierpopulationen bleiben aber von einer Generation zur nächsten in ihrer

Größe relativ konstant. Irgendwie muß also ausgewählt werden, wer überlebt und wer nicht. Hier kommt das Prinzip der Auslese zum Tragen, Darwins zweites bedeutendes Konzept: Einzelne Menschen unterscheiden sich voneinander in Größe, Gewicht, Verdauungstätigkeit, Haar- und Augenfarbe, körperlicher Stärke und geistigen Fähigkeiten. Manchmal scheinen alle Menschen und sogar alle Tiere, die wir kennen, einzigartig zu sein – über Goldfische getraue ich mich nichts zu sagen, aber sind Sie schon einmal zwei Katzen mit der gleichen Persönlichkeit begegnet?

Diese Einzigartigkeit ist die Kraft, die sowohl hinter der Evolution als auch hinter der Vielfalt steckt. Denn wenn alle gleich wären, gäbe es keine Evolution mehr. Es muß einen geben, der es schafft, und einen, der verliert. Irgend jemand zeugt die Nachkommen mit den erfolgversprechendsten Eigenschaften. Die Organismen, die überleben sollen, müssen „tauglicher" sein, müssen sich besser an ihre Umgebung anpassen können. Anpassungsfähigkeit (der englische Begriff dafür ist *fitness*) hat in diesem speziellen biologischen Zusammenhang nichts mit körperlicher Stärke, Kraft oder geschmeidigen Muskeln zu tun, sondern meint das Ausmaß, in dem die Eigenschaften einer Population mit den Anforderungen der Umgebung zusammenpassen.

Wie geht das vor sich? Sexuelle Fortpflanzung und gelegentliche Mutationen führen zu Nachkommen, die eine Kombination von zwei verschiedenen Einzelwesen darstellen, also keine genaue Nachbildung sind. Unterschiede, die es den Nachkommen ermöglichen, sich besser anzupassen und fortzupflanzen, werden mit großer Wahrscheinlichkeit an die nächste Generation weitergegeben. Diese Generation verändert beziehungsweise entwickelt sich dann weiter. In Darwins Augen sind Populationen Ansammlungen einzigartiger Individuen, denn in der Welt der Biologie gibt es das typische Tier oder die typische Pflanze nicht. Ein Maiskolben ist nicht wie der andere, wie Sie sicher wissen, und auch die Ohren verschiedener Menschen sind verschieden groß; Tomaten kommen in den unterschiedlichsten Größen daher und Rothaarige ebenso.

Darwin beschäftigte sich damit, wie Tierzüchter gewisse Merkmale auswählen. Miniaturausgaben von Pudeln erzielte man, indem man aus jedem Wurf das jeweils kleinste Männchen und Weibchen auswählte, die beiden sich dann paaren ließ und mit ihren Nachkommen genauso verfuhr. (Wenn diese künstliche Auslese einige Male wiederholt wird, ist die nachfolgende Generation im Durchschnitt kleiner als die jeweils vorhergegangene.) Diese künstliche Auslese führt über einige Wiederholungen hinweg dazu, daß die jeweils nachfolgende Generation im Durchschnitt immer kleiner ist als die vorangegangene. Viele Charakteristika lassen sich auf diese Art und Weise auswählen: die lange Schnauze eines Collies, die Farbe, die das Fell eines Irish Setters hat, wie wild ein Hund mit Wolfsblut sein soll. Im Laufe der letzten beiden Jahrzehnte ließen die Züchter das Gesicht der burmesischen Katze zuerst spitz zulaufen und dann wieder zu einer bulldoggenähnlichen Erscheinungsform verflachen.

Hier hakte Darwin mit dem Mechanismus ein, der seiner Meinung nach für die Umgestaltung von Lebewesen im Lauf der Zeit verantwortlich gemacht werden konnte. Der wirkliche Vorteil hinsichtlich der Überlebensfähigkeit ergibt sich noch nicht für das Individuum selbst, sondern kommt erst in den nachfolgenden Generationen zum Tragen. Es funktioniert folgendermaßen: Gewisse Individuen werden mit Charakteristika geboren, mit deren Hilfe sie sich besser an ihre Lebensumstände anpassen können. Daher überleben sie länger und vermehren sich stärker. Ihren Nachkommen geben sie diese Merkmale weiter. Je angepaßter die Eltern, desto mehr überlebensfähige Nachkommen.

Die natürliche Auslese sorgt dafür, daß sich die Spezies immer besser an ihre Lebensumstände anpaßt. Raubtiere entfernen die Geschöpfe, die langsamer, weniger wachsam oder weniger gesellig sind (das heißt, nicht so stark Teil eines Rudels und daher verwundbarer sind), und mit der Zeit kristallisieren sich die „Schätze“ heraus. So geschieht es also, daß Organismen sich verändern, anpassen und in ihrer Welt einem Selektionsprozeß unterliegen. Die Auslese ist unpersönlich, langsam und natürlich.

Betrachten Sie doch einmal die Wunder der Physiologie im Lichte dieser Theorie von den kleinen Veränderungen, die danach ausgewählt werden, welche die bestmögliche Anpassung an die Umgebung gewährleisten – das Auge eines Säugetiers, die feinen Knöchelchen im Ohr, die Schallwellen übertragen, der Flügel, das Gehirn. Wie

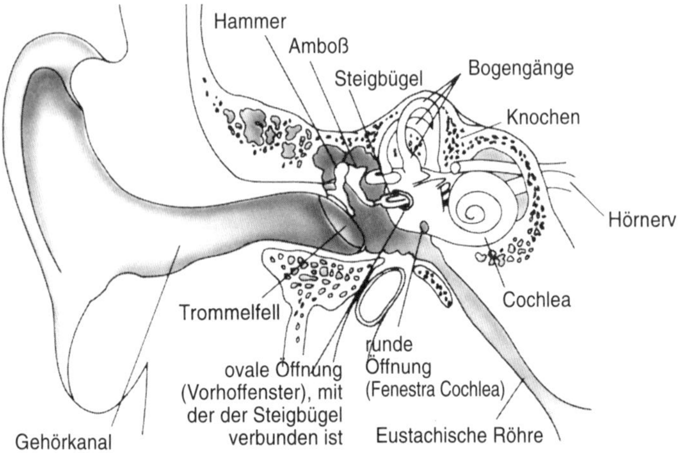

Schnitt durch das menschliche Innenohr

konnte das Auge mit seine mehreren hundert Millionen Neuronen entstehen? Wann müßte es begonnen haben? Wie mag es in einem Zwischenstadium ausgesehen haben? Womit könnte es begonnen haben? Ein Prozent Auge klingt sehr unwahrscheinlich. Wie könnte der Flügel entstanden sein? Das Mittelohr? Das Gehirn?

Klar ist allerdings, daß diese Strukturen nicht von einem göttlichen Uhrmacher nach einem großangelegten Plan speziell erschaffen wurden. Sie entwickelten sich über die Milliarden Jahre der Anpassung: nicht, um perfekt zu sein, sondern um unter bestimmten Bedingungen gedeihen zu können. Nehmen wir als Beispiel den Flügel. Machen Sie dieses Experiment bitte nicht zu Hause, aber denken Sie mal darüber nach: Schneiden Sie 90 Prozent von jedem der beiden Flügel eines Vogels ab. Damit würden Sie seine Flugfähigkeit zu hundert Prozent zerstören. Ein Zehntel Flügel bringt wenig, und sogar

* In diesem Zusammenhang bin ich Richard Dawkin für seine Analyse sowie für die Zeilen der Diskussion über Paley sehr dankbar.

mit 25 Prozent eines Flügels ist wohl nicht viel anzufangen. Selbst wenn der Vogel einen ganzen Flügel zur Verfügung hätte, mit dem er schlagen kann, würde ihn das kaum weiterbringen. Und so würde es auch uns kaum weiterhelfen, anzunehmen, daß ein einziger Flügel entstanden sein und sich zu einem zweiten gesellt haben könnte und dadurch die Fähigkeit zu fliegen entstanden sei. Aber die kleinen dinosaurierähnlichen Vorfahren der Vögel vollführten mit ihren vier Beinen wohl kaum einen Riesensprung, der sie plötzlich auf zwei Flügeln in die Lüfte emportrug. Sollte es sich doch genau so zugetragen haben, müßten wir unsere bisherigen Vorstellungen von Genetik und Evolution allesamt über Bord werfen.

Könnte der Flügel, so wie er ist, ganz plötzlich entstanden sein? An einem kleinen Dinosaurier einfach oben herausgeschossen sein, und der konnte dann durch die Lüfte sausen und alles fressen, was in Sichtweite war? Nein. Aber könnte er sich allmählich entwickelt haben? Sehr allmählich? Wenn ja, woraus denn? Es gibt viele Tiere,

Der erste Versuch eines Flügels

die in den Bäumen von Ast zu Ast springen. Besonders bei kleinen Tieren wird manchmal der ganze Körper von der Luft erfaßt. Das unterstützt das Tier in seinem Sprung. Wenn ein Tier seine Gliedmaßen ein klein wenig vergrößert, würde die dadurch gewonnene zusätzliche Oberfläche wie eine Tragfläche oder ein Segel wirken. Jedes Tier also, das seine Oberfläche im Verhältnis zu seinem Gewicht vergrößert, kann dadurch weiter springen. Im Lauf der Zeit könnten immer stärkere Erweiterungen, „Landeklappen" oder „Querruder" sozusagen, gewissen Tieren unter gewissen Umständen sehr wohl nützlich gewesen sein. Und diese ersten Ausbuchtungen und segelähnlichen Hautfalten könnten sich dann für noch größere Sprünge immer stärker herausgebildet haben. Und schon haben wir den Flügel in seinen Anfängen. Es muß ja nicht alles nach einem Zeitplan, wie wir ihn heutzutage kennen, ablaufen.

Darwin schlug vor, über die Entstehung von Organismen in entwicklungsgeschichtlichen Zeiträumen nachzudenken, nicht in persönlichen oder historischen. Wenn Sie sich das Wachstum einer Pflanze im Zeitraffer ansehen, können sie viel deutlicher sehen, wie sich ihre Form verändert – grundlegende Veränderungen, die Ihnen in einem normalen zeitlichen Rahmen verborgen bleiben würden. Wir nehmen die Entwicklung vom Schößling über die Knospen und Blüten, die Früchte, das Welken der Blätter bis zum Rückzug in die Ruhephase nicht als Zyklus, sondern als statische Stadien wahr, genauso, wie die Biologen früher die verschiedenen Spezies als statisch ansahen.

Wir können in unserer Vorstellung den Wachstumszyklus von uralten Bäumen wie zum Beispiel den riesigen, bis zu tausend Jahre alten Sequoias in der Sierra Nevada nicht nachvollziehen. Und die Geologie umfaßt noch größere, „geologischere", Zeiträume von mehreren hundert Millionen Jahren. In dieser Zeit spaltete sich der ursprüngliche Kontinent Pangea in die Landmassen der Erdkugel auf, die wir heute kennen. Da für den Menschen mit seiner Lebensspanne keine Notwendigkeit für solch eine Sichtweise besteht, können wir uns diese zeitlichen Dimensionen nicht einmal vorstellen; sie ähneln aber sehr stark den geologischen Zeitspannen, in denen sich die Menschheit sozusagen in Zeitlupe entwickelte. Die physische Evolution hatte mehrere Milliarden Jahre Zeit, „ihre Arbeit zu tun“ – über Tausende und Abertausende, teilweise auch Millionen von Generationen hinweg. Zwischen uns, den Menschen von heute, und Christus liegen hingegen weniger als hundert Generationen.

Dadurch, daß der Evolution so viel, ja, fast grenzenlos Zeit zur Verfügung steht, braucht sie nicht mehr als einen winzigen und dauerhaften Vorsprung an irgendeinem Punkt, damit es sich zu summieren beginnen kann. Wenn ein Tier durch eine geringfügige Vergrößerung der „Tragflächen“ ein wenig weiter springen und ohne zu fallen überleben kann, vielleicht an ein bißchen mehr Nahrung herankommt, ein paarmal mehr als sonst einem Raubtier entkommt und sich besser fortpflanzen kann, dann wären doch weitere Vergrößerungen vielleicht noch nützlicher. Diese körperlichen Auswirkungen der Anpassung bauen aufeinander auf, steigen also exponentiell an.

Im Laufe von Millionen von Jahren und bei einer Generationsspanne von fünf Jahren ist massenhaft Zeit dafür, daß sich angepaßte Verhaltensweisen in den vormenschlichen Lebewesen niederschlagen konnten. In Lebewesen, die sich rasch vermehren, kann es in nur ein paar tausend Jahren bereits zu großen Veränderungen kommen. Bei Tieren zum Beispiel beträgt die Generationsspanne nur etwa drei oder vier Jahre, und bei Bakterien gibt es praktisch gar keine. *Escherichia coli*, das in der Forschung so beliebte Bakterium, hat eine Generationsspanne von ein paar Stunden.

Es stand also jede Menge Zeit und auch die Möglichkeit zur Verfügung, ausschließlich nach nutzbringenden Aspekten auszuwählen. So hatten also all die biologischen Wunder genügend Zeit und genügend Möglichkeiten, zu geschehen. Schlußendlich entwickelten sich der Schimpanse und der Mensch in ein paar Millionen Jahren aus einem gemeinsamen Vorfahren. Wenn wir noch weiter zurückgehen, sehen wir, daß wir und die Bakterien die gleichen Wurzeln haben. Die Sprößlinge der Bakterien, die zur Entwicklung des Menschen führten, hatten Milliarden und Abermilliarden von Generationen Zeit für ihre Evolution, denn für die große Mehrheit von Lebensformen und Organismen auf der Erde war die Generationsspanne sehr kurz.

Können bedeutende Veränderungen wirklich so einfach geschehen, wenn man ihnen nur genügend Zeit läßt? Sehen wir uns anhand eines vereinfachten Beispiels an, wie sich Veränderungen in einem entwicklungsgeschichtlichen Zeitrahmen aufsummieren können. Lassen Sie uns ein so simples und lineares Merkmal wie die Körpergröße nehmen; größer zu werden mag zum Beispiel neben vielen anderen auch den Vorteil gehabt haben, weiter sehen zu können.

Gehen wir von einem sehr geringen Vorsprung aus. Stellen Sie sich eine Gruppe vormenschlicher Lebewesen vor, die langsam wächst, nämlich 1,0001 mal schneller als eine andere Gruppe, die gar nicht wächst. Wenn sich zwei „wachstumsresistente", einen Meter große Wesen paaren, zeugen sie Nachkommen, die ebenfalls einen Meter groß sind. Der Nachwuchs von zwei langsam wachsenden, einen

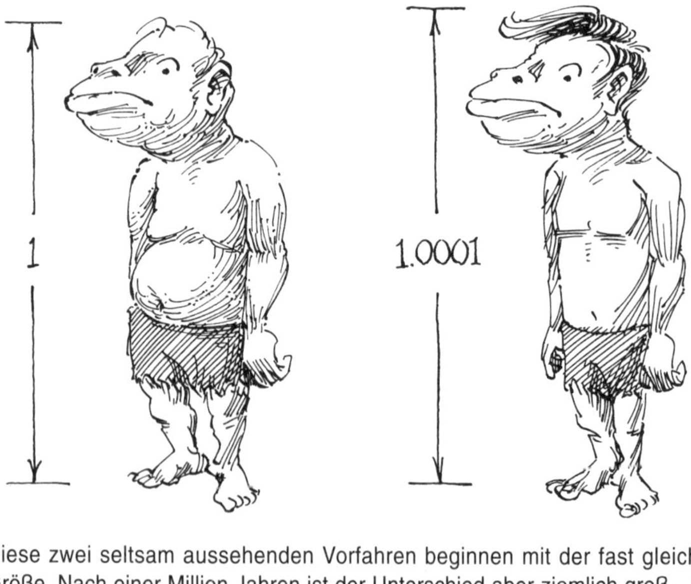

Diese zwei seltsam aussehenden Vorfahren beginnen mit der fast gleichen Größe. Nach einer Million Jahren ist der Unterschied aber ziemlich groß – der rechte ist dann nämlich 484 Millionen mal größer!

Meter großen Wesen ist im Durchschnitt einen Meter und ein Zehntausendstel Meter groß.

Nehmen wir der Einfachheit halber weiter an, daß sich jeweils nur langsam Wachsende und Wachstumsresistente untereinander paaren, und daß jede Generation auf die Veränderung der vorhergehenden aufbaut. Das soll folgendes heißen: Die erste Nachkommenschaft der langsam Wachsenden wäre dann 1,0001 Meter groß und die nächste 1,0001 mal 1,0001 Meter (also 1,00020001 Meter; nicht 1,0002 Meter, denn die Größe jeder Generation vervielfacht die Zunahme der vorangegangenen).

Jetzt das Ganze exponentiell: Innerhalb eines evolutionsgeschichtlich gesehen kurzen Zeitraums, zum Beispiel einer Million Jahre (ein Fünftausendstel der Erdgeschichte) und damit über eine Entwicklung von 200.000 Generationen (bei einer für die vormenschlichen Organismen recht typischen Generationsspanne von fünf Jahren) ergeben sich erstaunliche Größenunterschiede zwischen der langsam wachsenden und der wachstumsresistenten Gruppe.

In nur einer Million Jahren wären die langsam Wachsenden bereits 484 Millionen mal so groß wie die anderen. Dieses exponentielle Wachstum, das innerhalb einer Generation, selbst innerhalb von hundert Generationen noch unendlich gering ist, summiert sich. Wenn wir die zwei Gruppen im Zeitrafferverfahren filmen würden, würden wir über die Zeit ein langsames Wachstum erkennen, mehr als genug, um einen Flügel hervorzubringen, mit dem man auch tatsächlich fliegen kann, besonders angesichts einer Generationsspanne von weit weniger als fünf Jahren. Nach 125.000 Jahren wären die langsam Wachsenden zwölfmal, nach 250.000 Jahren etwa 148 mal und nach 500.000 Jahren etwa 22.000 mal so groß wie die anderen.

Durch das exponentielle Wachstum können geringe, aber beständige Unterschiede im Fortpflanzungserfolg in einer Gruppe von Tieren zu enormen Veränderungen führen. Bei einer linear ansteigenden Veränderung, also bei einem Wachstum von 0,0001 Meter pro Generation, wären die langsam Wachsenden immer noch 21 mal so groß – sicherlich ein beträchtlicher Anstieg, doch an den exponentiellen kommt er nicht heran.

Nehmen wir noch einmal das Auge als Beispiel. Es ist völlig klar, daß das Auge, wie wir es kennen, nicht einfach aus dem Nichts entstanden sein kann. Und welchen Nutzen hätte ein Teilauge? Möglicherweise gab es aber primitive Mechanismen, die den Lebewesen eine Hilfe waren und sie überlebensfähiger machten.

Für die Suche nach einer möglichen Antwort auf diese Frage müssen wir im Nahen Osten in den Untergrund gehen. Die Maulwürfe, die in diesem Teil der Welt unter der Erde leben und *Spalax ehrenbergi* heißen, sind aufgrund ihres Lebens in dunklen Höhlen blind. Die Augen des *Spalax* sind nur rudimentär vorhanden und unter Haaren und dicken Hautschichten tief verborgen. Wenn diese Tiere starken Lichtreizen ausgesetzt werden, registrieren im Gehirn implantierte Elektroden keine neurologische Reaktion. *Spalax* ist eben blind wie ein Maulwurf. Wozu sind seine Augen denn dann gut? Wenn er sie nicht hat, um etwas zu sehen, gibt es denn eine andere Verwendung für diesen Apparat des Auges, eine Verwendung vielleicht, die uns Hinweise auf frühe Adaptionen liefern könnte, aus denen das Auge entstanden sein könnte? Als Ausgangspunkt ist es ja nicht unbedingt nötig, die Welt so zu sehen, wie wir das heute tun. Jegliche Art von sinnlicher Wahrnehmung dessen, was in der Welt vorgeht, dient der Anpassung. Informationen über den Wechsel der Jahreszeiten sind wichtig, um zu bestimmen, wann Nahrung gesucht und wann sie aufbewahrt werden soll, und wann die Zeit des dauernden Aufenthalts unter der Erde angebrochen ist. Tag und Nacht voneinander unterscheiden zu können wäre sicher von großem Nutzen. Ein Organismus, der diese Fähigkeit hat, könnte seinen Feinden ausweichen und erfolgreicher nach Futter suchen. Zur Weiterleitung der entsprechenden Informationen wäre nicht viel Nervengewebe nötig.

Über seine Retina kann *Spalax* die Jahreszeiten unterscheiden; viel stärker als Temperaturveränderungen nimmt er nämlich Veränderungen davon wahr, wie lange es hell beziehungsweise dunkel ist. Bei Wirbeltieren gibt es die Zirbeldrüse, die tief im Inneren des Gehirns sitzt. Sie bekommt ihre Signale über die Retina und schüttet als Reaktion auf die Lichtintensität Melatonin aus (das Ausmaß an Helligkeit gibt ja einen deutlichen Hinweis auf die Jahreszeiten).

Dieses „Auge" scheint es dem Maulwurf also zu ermöglichen, Lichtveränderungen wahrzunehmen und sich dadurch an die Jahreszeiten anzupassen. Es könnte also durchaus ein Leben retten, oder einem Tier dabei helfen, sich anzupassen, dieses einprozentige Auge.

Es nützt auch nicht nur Maulwürfen. Blinde Menschen, die hell und dunkel noch unterscheiden können, können Gefahren ausweichen, durch eine Tür gehen und vermeiden, gegen Wände oder Gegenstände zu laufen. Menschen, die etwas besser sehen, aber nach dem Gesetz immer noch als blind gelten, kommen in der Welt trotzdem einigermaßen zurecht – und zwar mit einem Sehvermögen, das höchstens noch dreißig Prozent der Norm ausmacht. Demnach ist es nicht unlogisch anzunehmen, daß ein Tier mit einer simplen Hell-Dunkel-Wahrnehmung in einer frühen Evolutionsphase einen Vorteil gehabt haben könnte.

Auch in der Hell-Dunkel-Wahrnehmung könnte es allmähliche Fortschritte geben: Abstufungen zwischen hell und dunkel könnten wahrnehmbar werden, so daß zum Beispiel ein dunkleres Grau das Herannahen eines Feindes anzeigen könnte. Das Auge eines Froschs kann solche Veränderungen wahrnehmen. über große Zeiträume können sich immer mehr solcher Eigenschaften und Fähigkeiten anhäufen, wenn sie nützlich sind. Die Fähigkeit, Farben zu sehen, eine grundlegende Erweiterung des Sehvermögens bei Affen, Menschenaffen und Menschen, bringt zusätzliche Informationen, und die kommen der Anpassungsfähigkeit zugute. Wir und unsere Vorgänger können zum Beispiel effizienter nach Nahrung suchen: eine reife rote Frucht läßt sich mithilfe der Schwarz-Weiß-Wahrnehmung von dunkelgrünem Buschwerk nur schwer unterscheiden, sticht aber hervor, wenn man Farben sehen kann.

Hinzu kommt, daß in diesen langen Zeitabschnitten für die Entwicklung einiger unserer wichtigsten Merkmale Strukturen herangezogen wurden, die sich eigentlich zu einem ganz anderen Zweck entwickelt hatten. Wie auch beim Militär macht es nicht viel aus, wenn die neugewonnenen Rekruten ungeeignet sind; mit einer genügend langen Ausbildung kann man sie in Form bringen. Vögel und Fledermäuse „rekrutierten" die Knochen ihrer vorderen Gliedmaßen für die Entwicklung der Flügel. Ein großer Teil der Funktionen, die diese Gliedmaßen am Boden hatten – graben, kämpfen – wurde vom Schnabel übernommen. Der „Daumen“ des Pandabären ist eigentlich ein Handgelenksknochen, der zwangsrekrutiert wurde, um Bambusblätter von den Zweigen abzustreifen.

Diesen Prozeß gibt es auch im Alltag. Sie haben vielleicht einen Computer für Ihre Buchhaltung, aber Sie können auf ihm auch Spiele spielen. Jetzt spielen Sie vielleicht mal eines, sind völlig fasziniert, werden „süchtig“ und verwenden den Computer plötzlich hauptsächlich zum Spielen. Vielleicht entwickeln Sie sogar ein neues Spiel, geben Ihren Beruf auf und lassen sich von einem Softwarehersteller „rekrutieren“, um Spiele zu erfinden.

Genau so erging es auch unseren wunderbaren Mittelohrknöchelchen. Man könnte ganz leicht glauben, daß die geniale Konstruktion und die beeindruckende Funktionsweise des Ohrs gottgewollt sind, und daß sie das erstrebenswerteste Hörinstrument sind, wie es kein Besseres geben kann. Das Ohr ist ja auch tatsächlich ein wunderbares, äußerst komplexes physisches System. Es umfaßt eine Vorrichtung zur Analyse von longitudinalen Schwingungen, ein Verstärkungssystem, ein Zweiweg-Kommunikationssystem, eine Relais-Einheit, einen Mehrkanal-Signalwandler, der mechanische Energie in elektrische umwandelt und ein hydraulisch gesteuertes Gleichgewichtssystem. Und all das auf einem Raum von zwei Kubikzentimetern.

Die Schallwellen werden den Gehörgang entlang gegen das Trommelfell gedrückt und versetzen es in Schwingung. Diese Schwingung überträgt sich auf die drei Knöchelchen des Mittelohrs. Aufgrund ihrer Form werden sie als Hammer , Amboß und Steigbügel bezeichnet. Ihre Schwingung hat die gleiche Frequenz wie das ursprüngliche Signal, aber eine 25 mal so große Amplitude. Der Druck, der durch diese Verstärkung entsteht, preßt die Wellen in das Innenohr, wo sie in den Nervenzellen in elektrische Energie umgewandelt werden. Und im Gehirn hören wir Mozart, das Rauschen eines Wasserfalls, ein Gedicht oder die Beschwerden unserer Nachbarn.

* Für die Erörterung der Funktion des Auges des Spalax sowie dieses Daumens und des Ohrs bin ich Stephen Jay Gould für seine Arbeit zu großem Dank verpflichtet.

Diese großartigen Ohren hätten wir aber nicht, wenn unsere Reptilienvorfahren auf Schallwellen nicht mit ihrem Kiefer reagiert hätten. Fische „hören", indem sie Schallwellen über das Wasser, das an der Seite ihres Körpers entlangstreicht, erspüren beziehungsweise wahrnehmen. Als sich die Landbewohner zu entwickeln begannen, mußten die Schallwellen von da an über die Luft empfangen werden. Luft hat eine viel geringere Dichte als Wasser und kann daher Druck weniger gut weiterleiten.

Das andere Medium erforderte also eine neue Hörmethode: Fische brauchen die Schallwellen nicht wie wir zu verstärken. Bei an Land lebenden Wirbeltieren werden Schallwellen, die nur sehr schwach sind, an das Trommelfell gedrückt. Die Gehörknöchelchen – Hammer, Amboß und Steigbügel – leiten sie weiter an das Innenohr (und dann an das Gehirn).

Wie konnte es dazu kommen? Das ist eine lange Geschichte (mittlerweile ist Ihnen sicher klar geworden, daß ich das tatsächlich ernst meine!), kurz gesagt aber geschah folgendes: An den hinter dem Maul liegenden Kiemenöffnungen der frühen kieferlosen Wirbeltiere (der sogenannten Agnathen) entwickelten sich knöcherne Stützen, sogenannte Kiemenbögen – zwei durch ein Gelenk verbundene Knochen. Ein Kiefer braucht eine Verankerung. Also übernahm der obere Knochen des Kiemenbogens direkt hinter dem Kiefer die Funktion einer Stütze (und wurde zum Hyomandibular, dem Hauptstück des Zungenbeinbogens), wodurch auch eine Verbindung zwischen Kiefer und Schädel entstand. Einmal so „angeworben", wurde dieser Knochen dann im Verlauf seiner Entwicklung immer dicker und kräftiger.

Da das Hyomandibular so nahe am Innenohr liegt, wurde es für eine weitere Aufgabe herangezogen. Es lag an einer Röhre, die zum Ohr führte; Knochen leiten Schall weiter, und so begann es also, die Schallwellen zu verstärken. Als der sogenannte Steigbügel steht es nun im Dienste des Hörens.

In seiner Funktion als Stütze für den Kiefer war der Steigbügel hundert Millionen Jahre lang dick und robust. Als Schädel und Kiefer bei den Wirbeltieren dann irgendwann eine feste Verbindung eingingen, paßte sich der Steigbügel seiner neuen Aufgabe an (wie sich auch ein neuer Mitarbeiter an für ihn neue Umstände anpassen muß), diente fortan dem Hören und wurde feiner und dünner.

Auch das Gehirn hat und hatte seine aus anderen Bereichen angeworbenen Mitarbeiter. Bestimmte Strukturen entwickelten sich für einen bestimmten Zweck und änderten irgendwann ihre Funktionen. Das Kleinhirn begann vor hunderten von Millionen Jahren als Instanz der Bewegungssteuerung in gewissen Organismen wie zum Beispiel Krokodilen. Beim Menschen diente es dann einem anderen Zweck: das Erinnerungsvermögen für einfache Reaktionen, wie zum Beispiel der motorische Ablauf des Radfahrens, wurde in genau dieser Struktur gespeichert. Im gleichen Maß, in dem das Kleinhirn neue Aufgaben erhielt, kamen auch neue Strukturen hinzu. So entstand zum Beispiel die Pons (Brücke) unter dem Mittelhirn als Relais für den Informationsaustausch zwischen den höheren Gehirnstrukturen und dem Kleinhirn.

Wir haben eine Besichtigungstour der Evolution hinter uns. Ich wollte damit zwei Dinge deutlich machen: zum einen, wie die erstaunliche Komplexität des Lebens entstehen konnte; und zum anderen, wie die Sichtweise der Evolutionstheorie uns helfen kann bei der Betrachtung der Verflechtung zwischen uns als Menschen und unserer Welt – der Welt unserer Familie und der Welt, in die wir hineingeboren wurden. Diese Hilfestellung kann die Evolutionstheorie leisten, da sie uns deutlich macht, daß alle Lebewesen aufgrund der Notwendigkeit, sich anzupassen, so sind, wie sie sind.

Wie schon Darwin erkannte, gründet sich der menschliche Geist auf den Körper; er ist komplex, teilweise unverändert, und teilweise kam und kommt er in den Genuß einiger überraschender „neuer Mitarbeiter“. Wenden wir uns aber vorerst unserer tatsächlichen Geschichte zu.

4. Die Entwicklung von Körper und Geist: Ein sehr kurzes Zwischenspiel in der langen Geschichte der Menschheit

Ich habe mich dazu entschlossen, die Geschichte der Menschheit vor etwa fünf Millionen Jahren beginnen zu lassen. Damals lichteten sich die Wälder Ostafrikas, und viele Baumbewohner mußten sich einen neuen Lebensraum suchen. Diejenigen, die problemlos in den Bäumen wohnen bleiben konnten, entwickelten sich zu Schimpansen. Ein paar von denen, die gezwungenermaßen oder freiwillig auszogen, hatten Anpassungsprobleme und starben aus. Die restlichen aber, die lernten, ohne ihre Baumwohnung auszukommen, siedelten sich in den Steppen und Grasflächen der Umgebung an, überlebten und gediehen und wurden zu unseren prähistorischen Vorfahren.

In diesen ersten Wesen vermischen sich Menschen- und Affenmerkmale. Der winzige *Australopithecus*, der vor drei bis vier Millionen Jahren auftauchte, hatte eine Schädelkapazität von 450 Kubikzentimetern. Er ging als erster aufrecht auf zwei Beinen. Diese aufrechte Haltung führte wahrscheinlich zur Etablierung einer kooperativen Lebensweise; auf bis dahin unbekannte Art und Weise kümmerte sich die ganze Gemeinschaft um die Kinder und teilte sich die vorhandene Nahrung.

Ganz sicher galt das für den „geschickten" Menschen, den *Homo habilis*. Er stammt vom *Australopithecus* ab; seine Hochblüte erfuhr er vor 2,3 bis 1,3 Millionen Jahren. Der *Homo habilis* stand an der Schwelle zum frühen Menschen: Er richtete sich noch stärker auf, verwendete mehr Werkzeuge, das Gehirn war noch größer, und er schien noch gemeinschaftlicher zu leben. Diese Art von Anpassung – das Teilen von Nahrung und Werkzeugen sowie ein Leben in einer Gemeinschaft – scheint der Grundtenor der frühen menschlichen Entwicklung zu sein.

Ihre Werkzeuge steckten zwar noch in den Kinderschuhen, trugen aber trotzdem zu einer wesentlich höheren Effizienz bei und erleichterten den Bau einfacher Behausungen und Siedlungen. Vielleicht noch bedeutender ist allerdings die Tatsache, daß der *Homo habilis* in Gruppen jagte. Eine Gemeinschaft von Früchten und Beeren zu ernähren, ist schwierig; der größte Teil des Tages geht dabei für die Nahrungssuche drauf. Eine Gruppe von Jägern aber kann so viel Fleisch nach Hause bringen, daß mehrere Familien einige Tage davon leben können. Durch das Teilen der Nahrung konnte der *Homo habilis* damit beginnen, eine stabile Heimatbasis und eine permanente kooperative Gesellschaft aufzubauen. Überlegen Sie einmal, welche Fertigkeiten man für die Jagd braucht: Geschwindigkeit und Präzision sind offensichtlich; noch wichtiger aber ist die Fähigkeit, zu planen, zu kommunizieren und zusammenzuarbeiten. Diese Fähigkeiten weisen auf das Potential einer höheren Intelligenz hin: zu denken, logische Schlüsse zu ziehen, eine Sprache zu sprechen und eine Kultur zu erschaffen.

In dieser Zeit vergrößerte sich das Gehirn explosionsartig. Der Biologe J. B. S. Haldane weist darauf hin, daß die außergewöhnliche Vergrößerung des menschlichen Gehirns die rasanteste evolutionäre Umformung war, die uns bekannt ist. Die Entwicklungen vom *Australopithecus* zum *Homo habilis* und die vom *Homo habilis* zum *Homo sapiens* fanden über einen Zeitraum von jeweils etwa ein bis 1,25 Millionen Jahren statt, beziehungsweise über 75.000 bis 125.000 Generationen.

Auch die nächste Entwicklungsstufe des frühen Menschen, die auf der Erde auftauchte, machte hinsichtlich der gesellschaftlichen Komplexität große Schritte. Der *Homo erectus* (der „aufrechte" Mensch) war etwa 1,50 Meter groß; sein Skelett ähnelte vom Nacken abwärts dem des heutigen Menschen, wenn auch der Kopf noch stärker an einen Affen erinnerte.

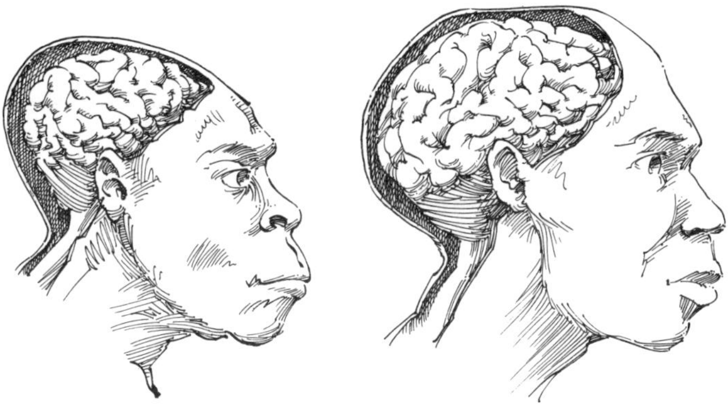

Der Schädel des Australopithecus und der des heutigen Menschen

Der *Homo erectus* verließ als der erste unserer Vorfahren die Grenzen Afrikas; entsprechende Funde wurden sowohl in Deutschland als auch im Fernen Osten gemacht. Er verwendete Töpfe zum Kochen, hantierte mit weiter entwickelten Werkzeugen und bearbeitete Tierhäute – all das sind Hinweise auf eine höherentwickelte Kultur. Er lebte in der Eiszeit und konnte Behausungen bauen. Er erfand die Kleidung, kannte bereits das Feuer und trug zu den Vorbereitungen für ein typisches menschliches Leben bei: ein Leben in Gruppen, die Fähigkeit, in neuen Welten zu überleben, und diese Welten an sich anzupassen. Die Verwendung des Feuers verlängerte den Tag, wodurch länger gearbeitet werden konnte. Feuer hat auch eine große Anziehungskraft, und so kauerten sich möglicherweise Gruppen des *Homo erectus* um ein Feuer und verwendeten als erste das größere Gehirn, um miteinander zu sprechen.

Die Herausforderungen des Lebens allein reichten wahrscheinlich als Ursache für die erstaunliche Geschwindigkeit nicht aus, mit der sich das Gehirn vergrößerte. Es muß auch noch andere Gründe gegeben haben. Beim *Homo habilis* umfaßte das Gehirn 600 bis 750 Kubikzentimeter; die Gehirnkapazität des *Homo erectus* wuchs auf 775 bis 1.225 Kubikzentimeter an (heutzutage beträgt sie zwischen 1.000 und etwa 1.400 Kubikzentimetern). Diese Entwicklung fand lange vor jeder organisierten Gesellschaftsstruktur, der Verwendung von Sprache, und auch lange vor jeglicher Technologie statt. Es handelt sich dabei also um einen erstaunlichen plötzlichen Wachstumsschub in der kompliziertesten Struktur, die die Biologie je hervorgebracht hat.

Von der Form her bildete der Kopf des *Homo erectus* auch eine höhere Kuppel als der des *Homo habilis*, der ähnlich dem Affen eine

Das Wachstum des Gehirns

fliehende Stirn hatte. Damit will ich nicht behaupten, daß ein *Homo erectus* in moderner Kleidung aus der Menschenmenge an der U-Bahn-Station nicht hervorstechen würde, aber waren Sie schon mal in der Dunkelheit da?

Der *Homo erectus* hatte seine Blütezeit mehr als eine Million Jahre lang und begann sich dann vor 300.000 bis 500.000 Jahren zum frühen *Homo sapiens* weiterzuentwickeln. Wie in der gesamten Klassifikation der Evolution sind auch hier die Grenze fließend. Der frühe *Homo sapiens* lebte weit verstreut auf der Erde und war genauso vielgestaltig wie wir heute; teilweise unterschied er sich sehr stark von uns heute, und teilweise war er genau wie wir.

Der *Homo erectus* verschwand offenbar, als die ersten Vertreter des *Homo sapiens* (die Neandertaler) in Europa auftauchten; der *Homo sapiens neandertalensis* hatte außerhalb Europas etwa das gleiche Verbreitungsgebiet wie der *Homo erectus.* Obwohl die Neandertaler in der Vergangenheit einem Seitenzweig des entwicklungsgeschichtlichen Hauptstammes zugeordnet wurden, der letztlich zu den Menschen führte, ist es wahrscheinlich, daß sie mit anderen Unterarten des *Homo sapiens* verschmolzen. Sie lebten in organisierten Gesellschaften und hielten Zeremonien ab; eine, von der wir wissen, ist eine rituelle Bestattung in einem aufwendigen Grab, die vor 60.000 Jahren stattfand. Archäologen machten diese Entdeckung in einer Höhle nahe des heutigen Shanidar im Irak.

Dieser und andere Beweise für rituelle Handlungen können wohl als Anzeichen für die Anfänge eines spirituellen Lebens gelten. Die Schädelkapazität des Neandertalers betrug stolze 1.500 Kubikzentimeter – mehr als die durchschnittliche Kapazität heutzutage. Kulturell gesehen waren sie hoch entwickelt und lebten in echten Gesellschaften. Da sie während der Eiszeit auftauchten, paßten sich die Neandertaler an die Kälte an, hatten eine bessere Kleidung, bauten bessere Unterkünfte und stellten komplexere Werkzeuge her. Mit fortschreitender Entwicklung ihrer sozialen Organisation bildeten sich nach Erkenntnissen von Archäologen gar nicht überraschenderweise auch Gewalt und kriegerische Aktivitäten als deutliche Elemente in ihrem Leben heraus – wie das bei uns ja auch der Fall ist.

Die Neandertaler waren nicht die ungeschickten und grotesken „Prolos", für die sie wir ihrer Stirn wegen oft halten. Zu dieser falschen Auffassung kam es, weil einer der ersten Neandertaler, den man fand, ein älterer Mann war, dessen Schädel aufgrund einer schweren Arthritis Verdickungen aufwies. In Wahrheit gibt es nur einen geringen bis gar keinen Unterschied zwischen dem Gehirn des Neandertalers und dem des heutigen Menschen.

1868 sprengten Eisenbahnarbeiter den Weg durch eine Hügelkette in Südfrankreich frei, als sie auf vier menschliche Skelette stießen. Sie wirkten, als entstammten sie unserer Zeit, nicht aber das, was neben ihnen lag: Steinwerkzeuge, Muscheln, Tierzähne, in die Löcher gebohrt worden waren, offensichtlich, um sie zur Zierde auffädeln zu können. Diese Skelette sind die ältesten, etwa 50.000 Jahre alten

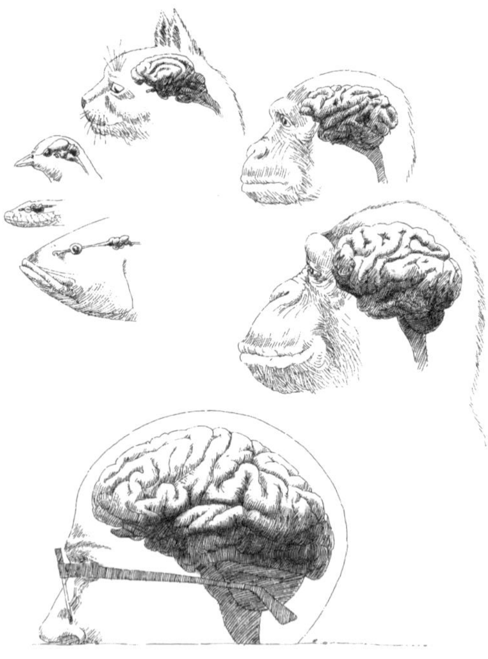

Das Gehirn im Lauf der Geschichte

Überreste des *Homo sapiens sapiens* (des „intelligenten Menschen").

Man nannte sie nach dem Ort, an dem man sie gefunden hatte, die Cro-Magnon-Menschen. Zwischen dem Schädel eines Cro-Magnon und dem eines Neandertalers gibt es entscheidende Unterschiede. Zwischen diesen beiden Epochen veränderte sich die Gesichtsform völlig, und der physiologische Apparat für die Produktion einer großen Palette von Lauten entwickelte sich stark weiter. Die Größe des Gehirns veränderte sich nicht sehr, aber das Gehirn selbst stieg im Schädel nach oben. Der Gaumen vergrößerte sich, wodurch es möglich wurde, präziser zu sprechen.

Mit der Entstehung der Sprache wurde die Evolution immer schneller. Alles, was die Neandertaler gemacht hatten, machten die Cro-Magnon besser. Die physiologischen Veränderungen kamen

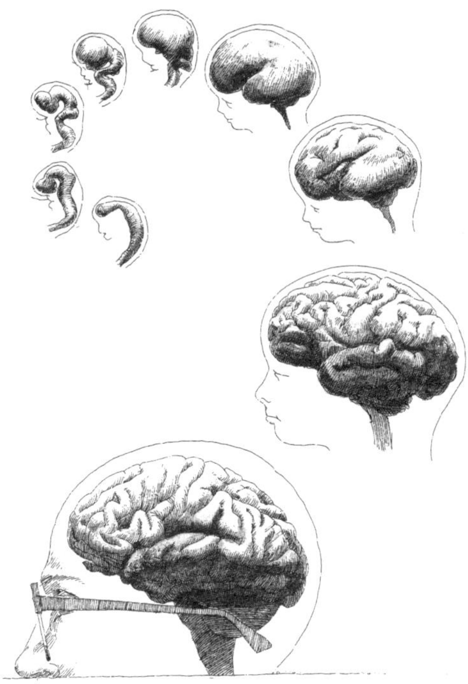

Das Gehirn im Lauf der lebensgeschichtlichen Entwicklung

ihnen zugute; der größere Gaumen zum Beispiel verfeinerte ihre Sprechfähigkeit und die wiederum ermöglichte es ihnen, effizienter zu planen, zu organisieren und zusammenzuarbeiten. Die Werkzeuge der Cro-Magnon-Menschen waren feiner gearbeitet als die der Neandertaler. Auch ihre Behausungen und Siedlungen waren vielfältiger.

Kunst und Sprache sind ganz wesentliche Meilensteine in der menschlichen Evolution, weil sie Hinweise auf ein Bewußtsein sind, das zu Abstraktionen, Symbolen und Erfindungen fähig ist. Ein Kunstwerk beziehungsweise seine Herstellung ist eine Abstraktion einer Welt, die nicht präsent ist, und repräsentiert häufig eine Weltsicht oder ein spirituelles System. Die Höhlenmalereien von Lascaux zeugen von den ersten zarten Knospen des Bewußtseins im Cro-Magnon. Dadurch kam auch vor rund 15.000 Jahren ein neuer Schwung in die Evolution, sowohl biologisch als auch kulturell gesehen; im Grunde genommen entstand da der heutige Mensch. Der Boden für ihn kann gut und gern schon davor bereitet worden sein, aber wir haben wenige bis gar keine Aufzeichnungen darüber.

Unsere jüngste biologische Geschichte ist wichtig, weil es ein- und dieselben Lebensprozesse sind, die den Flügel und das Auge, den Fisch und das Eichhörnchen, den Kortex im Fisch und letztendlich auch den menschlichen Geist hervorbrachten. Wenn uns klar wird, daß wir das Produkt dieser über Äonen wirksamen simplen Prozesse sind, können wir einige der Abläufe im menschlichen Geist besser verstehen. Der menschliche Geist hat sich nämlich weiterentwickelt, wie alles andere auf der Erde auch; und er entwickelte sich weiter, um sich immer besser an die Welt anpassen zu können. Im nächsten Kapitel beschäftigen wir uns mit einigen der zentralen Mysterien unseres Wesens.

5. Die Entstehung des Geistes – eine Zäsur in der Evolution

Was den Geist betrifft, ist die Kluft (zwischen uns und unserem nächsten lebenden Verwandten, dem Affen) am größten und äußerst schwer zu erfassen.

Richard Gowlett

Der Naturforscher Alfred Russel Wallace, ein Zeitgenosse Darwins, entwickelte ebenfalls eine Theorie der natürlichen Auslese. Er war der Meinung, daß sich der menschliche Intellekt nicht entwickle. Zu seiner Ehrenrettung muß man sagen, daß es tatsächlich einige auffallende Anomalien gibt. Eines der wesentlichen Geheimnisse der menschlichen Evolution betrifft den riesigen Sprung zwischen dem Gehirn des *Homo habilis* und dem des *Homo erectus*. Das Gehirn des früheren Hominiden war nur wenig größer als das eines Affen; der *Homo erectus* hingegen hatte bereits einen Kortex, der so groß wie der des heutigen Menschen war.

Für diesen Unterschied scheint es fast keine plausible Erklärung zu geben. Welche Aufgabe kann das Gehirn im *Homo erectus* nur zu erfüllen gehabt haben, daß dazu eine solche Größe erforderlich war? Wozu zum Mond fliegen können, wenn noch nicht einmal klar ist, wie man Eisen macht? Wozu sollte es gut sein, ein Gehirn zu haben, das mit Mikroprozessoren umgehen kann, wenn es doch nur für die grobe Bearbeitung einiger weniger Steinwerkzeuge verwendet wurde? Wallace behauptete, das Gehirn sei im Vergleich zu den primitiven Aufgaben, die es erfüllen mußte, übermäßig ausgestattet gewesen. Daraus folgte für ihn, daß es nicht das Ergebnis einer natürlichen Auslese gewesen sein könne. „Das Prinzip der natürlichen Auslese hätte einen primitiven Wilden mit einem Gehirn ausgestattet, das dem eines Affen gerade ein wenig überlegen ist; Tatsache aber ist, daß er eines hat, das dem eines Philosophen gerade ein wenig unterlegen ist." Und er argumentierte weiter: Wenn nun aber im Gehirn dieser „Wilden" (der Begriff, den er sowohl für unsere Vorfahren als auch für primitive Menschen von heute verwendet) so viele potentielle Fähigkeiten angelegt gewesen seien, die noch gar nicht genutzt werden konnten, dann müsse doch eine höhere Macht dahinterstecken, die große Pläne für die Zukunft hatte. Sogar für einen der Begründer der evolutionstheoretischen Sichtweise sind offenbar das rationale und das aristotelische Denken so zwingend, daß es hier zum Zug kommt.

Die Gründe für die schrittweise Entwicklung des Gehirns bei Gott oder irgendwelchen sozialen Kräften zu suchen, führt allerdings zu keinen befriedigenden Ergebnissen. Wenden wir uns einer ganz anderen Möglichkeit zu: Wie wäre es, wenn wir den menschlichen Geist als ein weiteres Mosaiksteinchen auf der sich entwickelnden Erde betrachten – als ein Paket von speziellen, angepaßten Verhaltensweisen und für neue Aufgaben eingesetzte „alte" Mechanismen also? Das ist zugegebenermaßen weder schmeichelhaft noch offensichtlich, wenn man auf die übliche Art darüber nachdenkt.

Diesen schweren Schlag gegen das Ego gab es schon einmal: Den meisten westlichen Menschen des 16. Jahrhunderts fiel es schwer zu glauben, daß sich die Sonne nicht um die Erde dreht. Die Auffassung von der Menschheit als Nabel des Universums wurde 1543 zum ersten Mal angegriffen. Damals legte der polnische Astronom Nikolaus Kopernikus eingehend dar, daß nicht die Planeten um die Erde kreisen, sondern die Erde einer von vielen Planeten ist, die ihre Bahn um die Sonne ziehen. Viele Jahre lang betrachtete die katholische Kirche diese Theorie als Ketzerei, bis die Beweise dafür nicht mehr länger zu leugnen waren und akzeptiert werden mußten. Und dennoch brachte die kopernikanische Theorie den Glauben daran nicht ins Wanken, daß die Menschen einzigartige Geschöpfe wären, speziell dazu erschaffen, über die Erde zu herrschen.

Dann kam Darwin, der mit seiner Theorie die Menschen den gleichen Lebensregeln unterstellte, wie sie auch für alle anderen Lebewesen gelten. Alle Organismen, so behauptete er, haben einen gemeinsamen Vorfahren. Und damit noch nicht genug – der Mensch stamme direkt vom Affen ab. Die viktorianische Welt war verletzt, beleidigt und entsetzt. Es ist eben etwas völlig anderes, ob man sich als Geschöpf Gottes begreift, erschaffen nach seinem Ebenbild, oder als Nachkomme eines Affen. Die sprichwörtliche „viktorianische Dame" reagierte auf die Theorie Darwins mit den Worten: „Ich bete zu Gott, daß es nicht wahr sein möge, aber falls es doch so ist, bete ich darum, daß es sich nicht allzusehr herumspricht."

Darwin wurde lächerlich gemacht, war Gegenstand satirischer Bildwitze und wurde in Predigten, Diskussionen und Leitartikeln angegriffen. So bemerkte die *London Review* mit einem süßlich-ironischen Lächeln: „Sehen Sie sich den gebildeten Engländer und den australischen Ureinwohner an. Der eine wird immer mehr zum Meister über die Gesetze, die in seiner Welt herrschen; der andere hingegen ist ihnen fast ebenso hilflos ausgeliefert wie die Tiere um ihn herum. Nirgendwo sonst als beim Menschen sehen wir im Reich der Natur solch eine immense Kluft zwischen verschiedenen Individuen der gleichen Art, denn nur er konnte als einziger der gesamten Schöpfung frei zwischen seinem Aufstieg und seinem Fall wählen."

Die Theorie Darwins ist auch heute noch Gegenstand wissenschaftlicher Auseinandersetzungen. 1925 wurde der Biologielehrer John Scopes von seiner Schule in Tennessee in den USA gefeuert – er hatte die Grundlagen der Evolutionstheorie unterrichtet und damit gegen ein bundesstaatliches Gesetz verstoßen. Der Rechtsstreit endete mit dem berüchtigten *Scopes monkey trial* („Scopes Affen-Prozeß"). Heutzutage protestieren viele christliche Fundamentalisten dagegen, daß die Evolutionstheorie an öffentlichen Schulen unterrichtet wird, wenn der Lehrplan nicht zumindest gleichzeitig auch die Schöpfungstheorie vorsieht – das Konzept von der Erschaffung der Welt durch Gott, wie es in der Bibel geschrieben steht.

Und wo bleibt der menschliche Geist in dieser ganzen Evolution? Wieder soll eine gewisse Absicht und elegante Konstruktion dahinterstechen. Während das religiöse Argument des göttlichen Plans zwar der gelehrten Gesellschaft nicht mehr fein genug ist, besteht das theologische Denkmuster aber weiter, in seinem Glauben an einen guten planerischen Entwurf, der wenigstens logisch und vernünftig

In der Zeit vor Darwin waren wir der Nabel der Welt.

ist, wenn schon nicht mehr göttlich. Der menschliche Geist ist aber nicht sauber konstruiert und wohldurchdacht; er ist eine Ansammlung von Entwicklungen, die auf dem beruhen, was vor uns geschah, und was sich in der Welt unserer Vorfahren als vorteilhaft erwies.

Es ist ja bei weitem nicht so, daß das Gehirn nur in den letzten paar Jahrtausenden größer geworden wäre. Vor 60 Millionen Jahren, im *Eozän*, lebten die *Prosimiae* (Vorfahren der Affen) in den Bäumen, und das Gehirn wurde langsam größer. Wahrscheinlich war die Notwendigkeit, besser sehen zu können, dafür verantwortlich. Ein besseres Sehvermögen ist von zentraler Bedeutung für die Fähigkeit, sich durch den Raum zu bewegen, und erfordert eine zusätzliche Datenanalyse im Gehirn.

In 20 Millionen Jahren, bis zum Ende des Eozäns, vergrößerte sich das Gehirn der *Prosimiae* um 65 Prozent. Später dann, im *Oligozän* und *Miozän* (also in der Zeit von vor 35 bis vor fünf Millionen Jahren) wuchs auch das Gehirn der Affen und Menschenaffen weiter, wodurch die Wahrnehmung von Farben möglich wurde und das motorische Geschick sich erhöhte; so ließ es sich noch besser in den Bäumen leben.

Im Gegensatz zu den meisten Säugetieren leben die Primaten in Gruppen. Die soziale Intelligenz ist das langjährige Vermächtnis davon. Das hat seine Nachteile, wie den Wettbewerb innerhalb der Gruppe um Nahrung, Sexualpartner und Schlafplätze. Aber es ist auch ein Segen damit verbunden – der Schutz vor Raubtieren, die Möglichkeit, die Nachkommen gemeinsam aufzuziehen und eine organisierte Nahrungssuche. Die sozialen Fähigkeiten der Primaten sind erstaunlich; sie erkennen ihresgleichen, gehen Familiengemeinschaften und Freundschaften ein und tragen Blutsfehden aus. Eine soziale Intelligenz, die teilweise von einem guten Gedächtnis für soziale Beziehungen charakterisiert ist, ist von zentraler Bedeutung dafür, daß all das in geordneten Bahnen ablaufen kann. Täglich kann irgendein Ereignis das Wesen einer Beziehung verändern, und das Gehirn des Primaten muß dazu in der Lage sein, ihn immer auf dem laufenden zu halten.

Diese soziale Wahrnehmungsfähigkeit ist allerdings nicht das einzige auffallende Charakteristikum der Primaten. Sie haben außerdem die für Täuschungsmanöver nötige Intelligenz. Ein Fall sei als Beispiel dafür erzählt. Ein jugendlicher Pavian (beobachtet von Andrew Whiten und Richard W. Byrne aus Schottland) begegnete zufällig einem erwachsenen Weibchen, die knollige Stengel schmauste, ein Leckerbissen für Paviane. Der Jugendliche stieß einen Hilferuf aus, obwohl er nicht in Gefahr war. Seine Mutter tauchte umgehend auf und vertrieb das fälschlicherweise beschuldigte Weibchen. Der junge Pavian verspeiste dann den Rest der begehrten Mahlzeit.

Es gibt sogar Täuschungsmanöver, die denen in Seifenopern vom Typ „Dallas“ um nichts nachstehen: Die Anthropologin Shirley

Strum beobachtete, wie sich ein Pavianweibchen mit einem gesunden Appetit einem Männchen näherte, das gerade eine Antilope gefangen hatte. Offenbar war sie sich dessen bewußt, daß er nicht zu den großzügigsten zählte; also kraulte sie ihn, bis seine Wachsamkeit nachließ und machte sich dann mit der toten Antilope schnellstens davon.

In Gruppen lebt es sich erfolgreich; daher entstanden in den Hominiden- und frühen Menschengruppen auch Probleme, die zur Bewältigung herausforderten. Anstatt der feindlichen Kräfte der Natur war der Hauptgegner des frühen Menschen er selbst. Also beeinflußte wahrscheinlich die natürliche Auslese die Fähigkeiten unserer Vorfahren dahingehend, daß sie Möglichkeiten finden mußten, mit ihren Mitmenschen zurechtzukommen. Die notwendigen sozialen Fähigkeiten und Fertigkeiten, die in den Anfängen der Menschheit gefragt waren, gab es so noch nicht – was den Anpassungsdruck verschärfte.

Unser Gehirn ist im Verhältnis zur Körpergröße größer als das irgendeines anderen an Land lebenden Säugetiers. Allerdings ist es weniger die Größe, die es so bemerkenswert macht, als vielmehr die anders geartete Struktur. Die Anatomie unseres Gehirns ähnelt größtenteils der eines Primatengehirns mit der Ausnahme der Hirnrinde. Diese äußere Schicht des Gehirns ist im Menschen wesentlich komplexer und höher entwickelt. Sie ist für die höheren geistigen Fähigkeiten wie zum Beispiel das Lernen und Planen zuständig.

Es gibt mehrere Merkmale, die den Menschen von den anderen Primaten unterscheiden. Ich stelle sie hier nun grob in der Reihenfolge dar, in der sie sich herausbildeten, aber man stellt sich diesen Prozeß der menschlichen Anpassung besser als eine gleichzeitige Entwicklung all dieser Eigenschaften vor, die einander auch gegenseitig beeinflußten.

Der Mensch ist ein Zweibeiner: Wir gehen auf zwei Beinen statt auf vier. Schimpansen und Gorillas können gelegentlich aufrecht stehen, aber wenn sie sich bewegen, tun sie das typischerweise auf allen Vieren. Die erste unserer Vorfahren, von der man annimmt, daß sie auf zwei Beinen ging, war Lucy, eine *Australopitheca*, die von Don Johansen entdeckt wurde. Ihr genaues Alter ist zwar umstritten, aber sie dürfte vor etwa 3,75 Millionen Jahren zum ersten Mal aufgetaucht sein, also etwa eine Million Jahre vor den ersten Werkzeugen.

Der aufrechte Gang ist effizient: Wir sind die einzigen Lebewesen, die auf einen Baum klettern, einen breiten Fluß überqueren und dreißig Kilometer an einem Tag zu Fuß zurücklegen können. Durch den aufrechten Gang konnten unsere Vorfahren neues und bis dahin unerforschtes Gebiet betreten; und das wiederum führte dazu, daß sie in neue und oft gefährliche Situationen gerieten.
Mit dem Gesicht nahe am Boden kann man nicht sehr viel sehen; erst aufrecht stehend kann man sowohl auftauchende Gefahren als auch günstige Gelegenheiten auf eine größere Entfernung ausmachen.

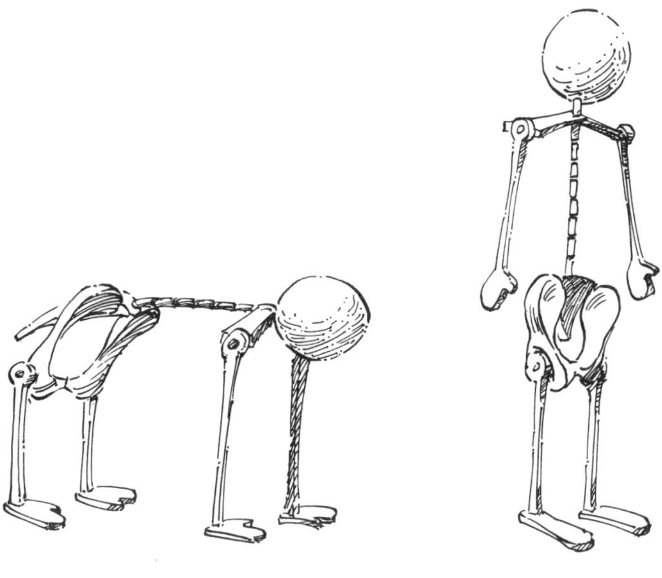

Beckenveränderungen durch den aufrechten Gang

Die aufrechte Haltung brachte auch eine Verfeinerung des Sehvermögens mit sich. Die Hände mußten das Gewicht nicht mehr mittragen und waren nun frei für die Verwendung von Werkzeugen.

Auch im Bereich der Sexualität und in den sozialen Systemen kam es durch den aufrechten Gang zu tiefgreifenden Veränderungen. Obschon es keine sicheren Beweise dafür gibt, ist anzunehmen, daß diese Faktoren, die mit dem aufrechten Gang zusammenhängen, dem Anpassungsvermögen sehr große Vorteile brachten.

Durch die Befreiung der vorderen Gliedmaßen wurde den hinteren Gliedmaßen das gesamte Körpergewicht übertragen. Der menschliche Rücken war ursprünglich nicht dazu gedacht, einen aufrechten Körper zu stützen (was zum Teil die häufigen Klagen über Rückenschmerzen erklärt). Um das zusätzliche Gewicht stützen zu können, wurde das menschliche Becken dicker als das des Affen; dadurch wurde der Geburtskanal, die Öffnung, durch die ein Baby geboren wird, wesentlich enger. Und das wiederum führte zu einer Beschränkung der Kopfgröße – und damit der Gehirngröße – eines Neugeborenen und zu einer Verlängerung der Abhängigkeitsphase bei Kleinkindern. Menschliche Babys brauchen mehrere Jahre für ihre Entwicklung und sind extrem lange abhängig. Katzen sind innerhalb von ein paar Wochen selbständig. Versuchen Sie jedoch einmal, einen bereits zweijährigen Menschen sich selbst zu überlassen.

Menschen aber brauchen diese sozialen Bindungen, denn in dem Zeitraum, in dem sich das Gehirn des Kindes entwickelt, würde es einem alleinstehenden Elternteil (meist weiblich) nicht leichtfallen, für das Kind (und sich selbst) für Nahrung, Schutz und ein Dach über dem Kopf zu sorgen und es gleichzeitig durch seine Kindheit zu begleiten. Die Zusammenarbeit mit anderen – Freunden und Verwandten – war wichtig, um dem großen Gehirn die Möglichkeit zu geben, sich über einen genügend langen Zeitraum hinweg entwickeln zu können. Bei den Erwachsenen, die zusammenblieben, erhöhte die sexuelle Verbindung die Überlebenschancen ihrer Nachkommen.

Aufgrund der langen Entwicklungsperiode in der Kindheit und der erstaunlichen Anpassungsfähigkeit des menschlichen Gehirns mit Millionen von Zellen, die bei der Geburt noch an keine spezifische Funktion gebunden sind, kann man sagen, daß die Welt dem menschlichen Gehirn zu seiner Entwicklung verhilft. Und weil die Umwelt jedes Menschen völlig anders ist, unterscheiden sich auch die Fähigkeiten beträchtlich voneinander, die sich im Einzelnen herausbilden. Das beginnt bereits im Mutterleib. Menschen entwickeln sich auf einer Höhe von 4000 Metern, in einer Höhle, einer hügeligen Gegend, einer Wüste, einem Wolkenkratzer, der armseligen Hütte eines Landbesetzers und einem Zeltlager. Wir haben, so scheint es, eigentlich keine ökologische Nische.

Als unsere Vorfahren anfingen, aufrecht zu gehen, wurden die vorderen Gliedmaßen als Hände ausgebildet. Ihr größeres motorisches Geschick machte die präzisen Bewegungen möglich, die für die Anfertigung und Handhabung spezialisierter Werkzeuge nötig sind. Die Vorfahren des Menschen begannen nämlich bereits vor drei Millionen Jahren mit der Herstellung von Werkzeugen. Die Entwicklung von Spezialwerkzeugen zum Spalten, Graben, Töten, Kochen, Waschen und Abhäuten führte zu einer Spezialisierung der Arbeit.

Wir haben zwar die Bäume verlassen, nicht aber unsere Angepaßtheit an das Leben im Wald verloren. Die Fortbewegung in den Bäumen erforderte Handlungsabläufe und die Fähigkeit, eine Reihe von aufeinanderfolgenden Bewegungen zu koordinieren. Diese „neurologische Grammatik" als Grundlage für die geschickten Bewegungen unserer Primatenvorfahren in den Bäumen entstand in den Abschnitten des Gehirns, die sich dann im frühen Menschen vergrößerten und noch später die Sprache zu beherbergen begannen.

Ein Hinweis auf ein erhöhtes motorisches Geschick sind die Änderungen, die an den Werkzeugen selbst vorgenommen wurden. Die Herstellung der Werkzeuge des *Homo erectus* vor etwa einer Million Jahren erforderte 35 Hiebe. Die Messer des Cro-Magnon Menschen, die vor etwa 20.000 Jahren gemacht wurden, waren bereits sehr fein gearbeitet – mit mindestens 250 einzelnen Hieben. Obwohl das vierhundert Kubikzentimeter große Gehirn des *Australopithecus* das Ergebnis von hunderten Millionen Jahren Evolution war, brauchte es nur mehrere Millionen Jahre, um die dreifache Größe zu erreichen und die Fähigkeit des abstrakten Denkens zu entwickeln – das Sprungbrett für weitere Anpassungen. Kein anderes menschliches Organ entwickelte sich derart schnell weiter. Das Gehirn gab uns die Mittel und Möglichkeiten, mit verschiedenen geographischen und

Damit sich unsere Vorfahren durch die Bäume bewegen konnten, waren verschiedene, aufeinanderfolgende Bewegungen nötig.

klimatischen Bedingungen fertig zu werden, als wir bald nach unseren Anfängen unsere afrikanische Heimat verließen.

Der größere Kortex brachte unseren Vorfahren große Vorteile, von der Steuerung der Feinmotorik bis hin zur Entwicklung der Sprache und letztlich des geschriebenen Worts. Daß die Entwicklung in die-

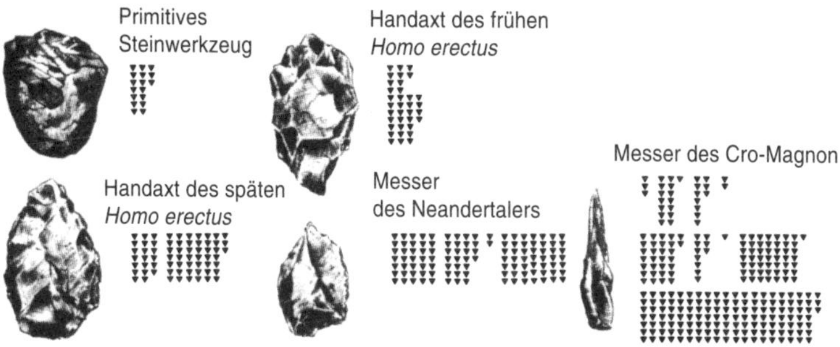

Die wachsende Komplexität in der Herstellung von Werkzeugen. Die fortlaufende Verfeinerung der menschlichen Steinwerkzeuge und ihrer Anfertigung ist hier dargestellt. Die Symbole stehen für die Anzahl der Hiebe, die für die Herstellung des jeweiligen Werkzeugs notwendig waren; ihre Anordnung stellt die verschiedenen Operationen während der Anfertigung dar (nach Campbell, 1979).

ser Reihenfolge stattfand, hat viele Wissenschaftler dazu gebracht, nach der Hauptantriebskraft der menschlichen Evolution zu suchen: Warum wurde das Gehirn so groß, wo doch eine solche Größe noch überhaupt nicht gebraucht wurde? Oder wurde sie für etwas benötigt, von dem wir keine Ahnung haben? Mit fast jeder Erklärung hat man es schon versucht: Veränderungen des Sehvermögens, die Verwendung von Werkzeugen, das Werfen, Malen, die soziale Organisation, Nacktheit, Bekleidung, das Laufen, Gehen, Pirschen, Schleudern, Arbeiten, Sich-Drücken, vielleicht das Grinsen und weiß der Himmel, was noch alles. Mit an Sicherheit grenzender Wahrscheinlichkeit gab es nicht eine Hauptantriebskraft, sondern eine zufällige Anhäufung komplexer Faktoren, die sich miteinander verbanden.

Im Zentrum der Verwirrung, die bezüglich der Natur des menschlichen Geistes herrscht, steht folgende Überlegung: jeder kann sehen, daß die Übergänge zwischen den meisten Spezies fließend sind. Wenn wir unsere eigene Ahnenlinie betrachten, so haben der Schimpanse und der Gorilla viele Merkmale gemeinsam, und beide sind dem Gibbon ähnlich. Das sind Menschenaffen, aber es besteht keine Kluft zwischen ihnen und den Affen (sie verwenden ihre vorderen Gliedmaßen, um sich von Ast zu Ast zu schwingen).

Dann kamen wir.

Oberflächlich betrachtet scheinen wir uns nicht groß zu unterscheiden. Bei Bluteiweißanalysen zeigt sich, daß der genetische Unterschied nur einige wenige Prozent beträgt. Unser Aussehen unterscheidet sich nicht allzu sehr von dem der Affen, wir essen, atmen, verdauen, schlafen und sehen im großen und ganzen gleich, aber unsere geistigen Fähigkeiten lassen sich nicht mit denen der Affen vergleichen. Wir befinden uns einfach in einer anderen Welt – wohingegen die Schimpansen in der gleichen Welt leben wie unsere Vorfahren und wenig erschaffen haben.

Daß es solch eine Riesenkluft zwischen uns und dem Schimpansen gibt, steht außer Frage. Das wahre Rätsel steckt in der Frage, warum sich der menschliche Geist so weit über den seiner Vorfahren hinaus entwickelt hat. Warum ist das Tier, das sich vom Schimpansen abgespalten hat, nicht einfach etwas angepaßter und besser organisiert, hat vielleicht noch eine höhere soziale Organisation, kann besser planen und ist mobiler? Warum haben wir uns so weit über unsere „Nachbarn" hinausentwickelt? Was hat unsere Vorfahren derartig nach vorne katapultiert? Kam es von innen, aus der Gesellschaft oder von außen? Dazu kommt noch die Tatsache, daß all das vor etwa einer Million Jahren geschah, irgendwann während der „Amtszeit" des *Homo erectus* – zwei Millionen Jahre, nachdem die ersten unserer Vorfahren begannen, aufrecht zu gehen, und wahrscheinlich noch lange vor dem Auftauchen einer einigermaßen organisierten Sprache. Ich glaube, daß diese höchst unwahrscheinliche, sprunghafte Vergrößerung der Hirnkapazität, für die es auch keine Erklärung gibt, die Entstehung unserer Schöpfungsmythen förderte – daß die Götter (bezüglich der Details gibt es Unterschiede) uns nach ihrem

Ebenbild anfertigten; sie machten uns aus Wasser, formten uns aus Lehm. Wir stiegen aus dem Weltall herab. Ich glaube, daß für derartige Erklärungen nicht nur unsere Fähigkeit verantwortlich ist, Geschichten zu erfinden, sondern daß sie auch eine universelle und tiefgreifende Antwort auf die scheinbare Unmöglichkeit darstellen, daß es so etwas wie den menschlichen Geist überhaupt geben kann.

Welche Kräfte versetzten dem menschlichen Gehirn einen derartigen Schub? Die meisten Analysen haben diese Frage ignoriert, sich gescheut, sie zu stellen, oder sich zu einer Version des 2001-Szenarios entschlossen: Eindringlinge aus dem All befruchteten uns und damit den menschlichen Geist mit einer höheren Intelligenz. Ich bin kein Experte für Weltall-Szenarien, einschließlich dieser geheimnisvollen, wie von riesenhaften Wesen erschaffenen Zeichnungen auf dem Boden, die nur aus einer Höhe von mehreren Kilometern zu sehen sind; also kann ich nicht mit absoluter Sicherheit behaupten, daß Außerirdische nie ihre Hand im Spiel hatten. Vielleicht war es so. Aber diese Analyse übersteigt meine Fähigkeiten.

Als ich aufwuchs (und mich in den späten Fünfziger- und frühen Sechzigerjahren mit wissenschaftlicher Literatur befaßte), hielt man die Herstellung von Steinwerkzeugen für die zentrale Triebkraft hinter dem Wachstum des Gehirns. Aber gerade während der einen Million Jahre des *Homo erectus*, als das Gehirn am stärksten wuchs, verlangsamte sich die frühe Werkzeugherstellung. Darüber hinaus hat man seither entdeckt, daß Schimpansen sehr häufig Werkzeuge verwenden. Damit wird das Szenario, das sich auf die Werkzeugverwendung stützt, recht unwahrscheinlich.

Die bezauberndste Theorie ist das Szenario von Owen Lovejoy (der Name bedeutet in der wörtlichen Übersetzung „Liebesfreude"), der damit seinem Namen gerecht wird. Sie basiert nämlich auf der Hypothese, daß der aufrechte Gang und die lange Kindheit eine Auslese zugunsten einer liebevollen Bindung und Zuneigung bewirkten, die den Boden für die Entwicklung von Liebe und Zusammengehörigkeitsgefühl bereiteten. Dadurch konnten die Männer weit weg von zu Hause auf die Jagd und Nahrungssuche gehen und das, was sie gesammelt und erlegt hatten, zu Hause mit der Frau teilen, die sich so ihrem Kind über einen längeren Zeitraum seiner

Entwicklung widmen konnte. Solch ein Szenario ist zwar sehr attraktiv, aber es gibt keine Hinweise darauf, daß in dieser Zeit Nahrung mit anderen geteilt worden wäre. Außerdem scheint diese Phase der Hilflosigkeit über ein Jahrzehnt, die allen Eltern so vertraut ist, evolutionsgeschichtlich gesehen erst ab einem späteren Zeitpunkt aufzutreten. Sie ist kennzeichnend dafür, daß in dem großen Gehirn die Schaltverbindungen im Kontakt mit der Außenwelt geschaffen werden. Holly Smith aus Michigan analysierte die Muster, in denen der Nachwuchs zahnte, und schloß daraus, daß der verzögerte Reifungsprozeß erst Millionen von Jahren später einsetzte.

Theoretisch mögliche Szenarien gibt es im Überfluß. Dem aufrechten Gang kommt sicher eine zentrale Bedeutung zu, denn er befreite die Hände und förderte so die Jagd und das spätere Wachstum des Gehirns. Die Jagd wiederum bewirkt eine Auslese nach den Kriterien der Kooperation und Kommunikation und führt zu einem stark erhöhten Fleischkonsum, einer bedeutenden Eiweißquelle.

Andere Wissenschaftler, darunter Mary Leakey, glauben, daß wir aufrecht zu gehen begannen, um den großen Herden auf ihren jahreszeitlichen Wanderungen zu folgen. Mit den frei gewordenen vorderen Gliedmaßen könnten die Jungen getragen worden sein, während man darauf wartete, daß einem der vielen Tiere ein Unglück geschah und es auf natürliche Weise starb. Die Zahnfunde aus dieser Zeit lassen allerdings nicht darauf schließen, daß der *Australopithecus* und die Hominiden, die nach ihm kamen, mehr Fleisch zu sich nahmen als heutzutage die Schimpansen.

Interessante neuere Spekulationen konzentrieren sich auf die Bedeutung, die die Neurobiologie des Werfens auf die Entwicklung des Gehirns hat. Schnelle und präzise Würfe müssen für die frühen Jäger sehr wichtig gewesen sein, weil sie sich in ihrer Ernährung viel stärker auf das hoch proteinhaltige Fleisch als auf die je nach Jahreszeit verfügbaren eßbaren Pflanzen stützten.

In der Werkzeugkiste des frühen Menschen lassen sich Hinweise darauf entdecken, daß er werfen konnte. Handäxte aus dem *Acheuleen* (Teil des *Altpaläolithikums*, Anm. d. Red.), die auf ein Alter von 1,5 Millionen Jahren geschätzt werden und an den Fundorten des *Homo erectus* häufig entdeckt wurden, haben keinen Griff und sind rundum scharfkantig; daraus läßt sich schließen, daß sie viel eher geworfen wurden als dazu dienten, etwas zu behämmern. Außerdem sind sie flach, also aerodynamisch günstig, und passen gut in die Handfläche. Wenn sie über den Kopf in die Höhe geschleudert werden, eignen sie sich gut für die Vogeljagd, wobei die Tropfenform bei Verwendung einer bestimmten Wurftechnik einen guten Drall erzeugt. Diese Praxis ist alt – vor zwei Millionen Jahren schon wurden Steine über bestimmte Entfernungen transportiert und als frühe Werkzeuge verwendet.

Unsere weiblichen Vorfahren, nicht unsere männlichen, könnten die neurologische Basis geschaffen haben, die es uns ermöglicht, etwas zu werfen. Obwohl der erste erwähnenswerte Versuch, einen Gegenstand absichtlich zu werfen, wahrscheinlich von einem Hominiden oder einem frühen Menschen unternommen wurde, hat die grundlegende Fähigkeit dazu tiefere Wurzeln. Den evolutionären Anfängen des Werfens liegt wahrscheinlich genau die gleiche Fähigkeit zugrunde, die es den Schimpansen ermöglicht, Nüsse aufzuschlagen – nämlich rasch hintereinander verschiedene Muskeln zu betätigen.

In mehr als 92 Prozent der Fälle führen die Schimpansenweibchen diese geschickte hämmernde Bewegung aus. Sie dient allem Anschein nach hauptsächlich dem Aufschlagen von Nüssen, und die Weibchen sind darin geschickter. Sie verletzen sich nicht dabei wie die Männchen und nehmen sich auch schwierigere Nüsse vor als die männlichen Schimpansen. Bevor es Werkzeuge gab, verwendeten die frühen Hominiden wahrscheinlich die gleiche Methode, um Nüsse aufzuschlagen. Die männlichen Hominiden verfeinerten zwar diese neurologische Basis für manuelle Fertigkeiten, aber das Schimpansenweibchen und analog dazu unsere weiblichen Vorfahren legten wahrscheinlich überhaupt erst mal den Grundstein dafür.

Die Schimpansenweibchen widmen sich auch häufiger und länger der Termitenjagd als die Männchen; sie verwenden dazu Zweige, deren Blätter sie zuerst entfernen, und stochern damit in Termitennestern rum. Die Stöckchen werden zwar von Weibchen und Männchen gleichermaßen präpariert, aber die Weibchen verwenden diese „Werkzeuge“ häufiger.

Die verbesserte Fähigkeit, mit Steinen zu werfen, ist auf neurologische Veränderungen im Gehirn zurückzuführen und schürte das Feuer der natürlichen Auslese. Wenn innerhalb einer bestimmten Zeitspanne doppelt so weit geworfen werden soll, müssen die Entscheidungen fast achtmal so schnell getroffen werden. Je größer die Zahl von Neuronen, die an einer Bewegung beteiligt sind, desto schneller und regelmäßiger die Steuerung dieser Bewegung. Je präziser der Wurf sein soll, desto mehr synchronisierte Nervenzellen sind dafür nötig. So fand die Auslese also zugunsten eines Gehirns mit parallelen Schaltkreisen statt, womit eine verbesserte zeitliche Synchronisation und zusätzliche Neuronen an wichtigen Stellen möglich waren.

Das ist ein typisches Erklärungsmodell. Es ist detailliert ausgearbeitet und hat zweifellos eine gewisse Bedeutung. Ich bin mir sicher, daß sich die Entwicklung des Werfens auf das Gehirn auswirkte. Aber die Szenarien, die das eine oder andere Verhalten zur Grundlage haben, sind für eine modellhafte Erklärung des schnellen Hirnwachstums nur beschränkt brauchbar. Angesichts der Tatsache, daß diese Ereignisse so lange her sind, verwirrt mich manchmal diese ganze Geschichtenerzählerei. Ich bin sicher, daß mir genauso viele Argumente für das Steinewerfen als bedeutende Antriebskraft der menschlichen Evolution einfallen wie für das Horten von Schätzen. Das Anhäufen von Reichtümern würde zwangsweise zu Veränderungen in der sozialen Organisation führen und auf eine gut entwickelte Hierarchie, gesellschaftliche Organisation und Wettbewerb hindeuten und eine Auslese zugunsten immer größerer Genialität bewirken; und all das würde das Gehirn anregen, so daß es ...

Wir wissen sicherlich mehr als noch vor einem Jahrzehnt, und im Zentrum des Ganzen steht zweifellos der aufrechte Gang; trotzdem fürchte ich, daß diese Szenarien wie die Schöpfungsmythen einer paläolithischen Religion klingen können. Hier nun mein eigener Traum von einem Ausschuß ungöttlicher, aber dafür durchschnittlicher bürokratischer Konstrukteure, die versuchen, die ideale Form für die Menschheit zu finden und sich dabei entscheiden müssen, ob sie die Menschheit auf dem Affen aufbauen oder eine gänzlich neue Konstruktion wählen sollen.

Aus einem Papyrusfragment, das ich irgendwie in Los Altos, Kalifornien, fand:

„... wenn nicht sogar eine ziemlich wahrscheinliche Katastrophe. Im Augenblick wären dadurch enorme Kosteneinsparungen zu erwarten, mehr als fünfhundert Wasserbüffel, aber das wird sich meiner bescheidenen Meinung nach als Illusion erweisen.

In ein paar hunderttausend Jahren werden sich diese Ausgaben mehrfach amortisiert haben. Vergessen Sie nicht, meine Herren, wir schicken ein unfertiges und nicht getestetes Produkt hinaus.

In vielerlei Hinsicht ist es eigentlich noch gar nicht entwickelt, doch es kann mit den vorderen Gliedmaßen Nahrung tragen und sie mit seinesgleichen teilen, wenn auch nur für einige wenige [unleserlich].

Einer der möglichen Entwürfe für den menschlichen Körper

Wir können nicht alles vorhersehen, was mit diesem neuen Tier geschehen wird, denn wenn es sich seine eigene Umgebung schaffen und sich anpassen kann, dann kann es möglicherweise neue Gruppen bilden und seine eigenen Lebensbedingungen zu verändern beginnen. Ich muß folgendes klar aussprechen: Es ist gut möglich, daß wir die Kontrolle über diesen neuen hybriden Affen verlieren. Ein neuer Entwurf, wie Hjurtil bereits erwähnte, ist kostenintensiver (sechs Gliedmaßen erfordern auch eine neue Stützverstrebung) und macht aufwendige innere Neugestaltungs- und Entwicklungsarbeiten nötig – zu einer Zeit, in der für neue Entwürfe wenig Geld da ist. Wir sind uns alle dessen bewußt, daß das Geld, das in die Entwicklung des Dinosauriers floß, am rechten Ort eingesetzt wurde, aber da die veranschlagte Summe bereits überschritten ist, wird es schwer sein, sie schnell wieder hereinzubekommen; wir sind jedoch davon überzeugt, daß Gelder in vergleichbarer Höhe für dieses neue Tier sich lohnen.

Diese neuen technischen Entwicklungen werden allerdings die Schwierigkeiten und Kompromisse verringern, die eine kostengünstige Überarbeitung des Orang mit sich bringen würde. Wenn es länger als 24 Jahre lebt, wird die Belastung, der das Herz ausgesetzt ist, weil es das Blut nach oben pumpen muß, zu einem Herzversagen führen. Darf ich Sie daran erinnern: Dieser Aufwärtsruck der vorderen gegenüber den hinteren Gliedmaßen bei den „Bipedalistas", zugegebenermaßen eine kostengünstige Lösung, stellt eine radikale Änderung dar. Bisher wurde das Gehirn – noch dazu ein stark vergrößertes – noch nie so weit über dem Herzen plaziert. Das ist bei weitem zu gefährlich!

Wenn sich dieser sogenannte „Aufrecht Bewegliche Affe" (ABA) eine neue Umgebung schaffen kann, wird die alte Hirnstruktur nicht ausreichen, um sich anzupassen – das Tier wird verwirrt werden und ..."

Der Titel des nun folgenden zweiten Fragments könnte lauten: „Der neue Entwurf: QDV-6", obwohl sich das nicht mit absoluter

Sicherheit behaupten läßt. Ein Teil davon ist unleserlich, aber er scheint weitere Kommentare über die Mängel der „Bipedalista Billigversion" zu enthalten; es ist allerdings unwahrscheinlich, daß diese Übersetzung ganz korrekt ist.

> „Bei dem neuen und überarbeiteten Entwurf, dem quadrapedalen dextralen sechsgliedrigen Modell (QDV-6), würden langfristig gesehen solche Probleme nicht auftreten; kurzfristig gesehen allerdings, das muß ich zugeben, ist die ABA-Version kostengünstiger. Allein die Stoffwechselersparnis, die sich aus der Plazierung des Gehirns neben der Leber und damit nahe dem Herzen ergibt, würde die Entwicklungskosten in ein paar Millionen Jahren wieder wettmachen.
>
> Es ist völlig offensichtlich, daß der radikale, auf den hinteren Gliedmaßen basierende und aufwärts geruckte Entwurf der „Zweifüßler" ernste Mängel aufweist. Abgesehen von den Herz- und Lungenproblemen wird es auch zu Problemen mit anderen Systemen wie zum Beispiel der unteren Knochenmasse kommen sowie zu Beschränkungen der Intelligenz und Anpassungsfähigkeit dieser alten Version. Natürlich lassen das ohnehin knappe Budget und die zusätzlichen Kürzungen diesen Entwurf angesichts der limitierten Geldmittel günstig erscheinen, aber langfristig kann uns das weit mehr kosten.
>
> Wenn der komplett überarbeitete Entwurf auch viele neu zu entwickelnde Teile notwendig macht, so ist es bei ihm doch so, daß der zusätzliche Raum für Organe, der durch die Anordnung der vier unteren Gliedmaßen unter dem zentralen Rumpf entsteht, dazu führt, daß ein bedeutender Entwicklungszyklus beginnen kann: Die dadurch verringerte innere Beanspruchung der Beine macht dünnere Knochen und weniger Gewicht möglich, wodurch mehr Platz für das Gehirn und die Organe zur Verfügung steht, die dann als Einheit entwickelt werden können und ..."

Das ist zwar natürlich eindeutig kein echtes Dokument, aber es läuft auf die Feststellung hinaus, daß die Menschen nicht in den Genuß eines völlig neuen Entwurfs kamen, der sie zu einem logisch durchgeplanten Geschöpf gemacht hätte. Die Evolution führte bei den Tieren, die uns vorausgingen, zu angepaßten Entwicklungen und verhalf uns so zu unserer Existenz. Ein schnelles Urteilsvermögen und Emotionen gab es bereits vor uns. Die meisten Tiere auf der Erde verbringen ihr ganzes Leben in einem bestimmten Lebensraum; für sie waren und sind die einzelnen, voneinander unabhängigen Anpassungsreaktionen daher auch nützlich. Nicht aber für den Menschen, der unter sehr unterschiedlichen Bedingungen lebt.

6. Das „Feuer“ im Schädel

Eines Sommers machten meine Frau und ich einen Ausflug zu den Höhlen der Modoc Indianer. Sie liegen im Nordosten Kaliforniens, wo die Landschaft der im Südwesten der Vereinigten Staaten stark ähnelt. Und, wie im Südwesten auch, war es heiß. Die Landschaft und der Besuch der Höhlen waren schon ein Erlebnis für sich; darüber hinaus gewann ich durch diesen Ausflug aber auch ein neues Verständnis dafür, wie das Gehirn im Kopf funktioniert.

Wenn man aus den kühlen unterirdischen Höhlen wieder an die Oberfläche kommt, bemerkt man, wie furchtbar heiß es direkt am Boden ist. Wenn man dann aber oben steht, nimmt die Hitze wieder ab. Je weiter man nach oben kommt, desto kühler wird es. Ganz eindeutig ist einem Kopf zwei Meter über dem Boden kühler als einem nahe dem Boden.

Ein Zweibeiner steht aufrecht und hat es dadurch kühler. Und trotzdem ist es, wie jedes Kind weiß, unter steppenähnlichen Bedingungen draußen in der Sonne immer noch heiß. Also ließ ich mir vor diesem Ausflug ein Gerät schicken, von dem behauptet wurde, daß es während des heißen Sommers für Kühlung sorge. Es handelt sich dabei um eine Kappe mit einer Solarzelle; sie läßt eine ständige Brise über die Stirn streichen und kühlt so den Kopf. Es funktioniert! Die Brise am Kopf kühlt einen besser als eine Brise irgendwo anders am Körper. Ich fing an, darüber nachzudenken. Die Muskeln, die die Arbeit tun und die Wärme erzeugen, befinden sich nicht im Kopf. Trotzdem schwitzen wir am Kopf sehr stark. Läufer tragen häufig ein Stirnband, damit ihnen der Schweiß nicht in die Augen läuft. Wir sind so konstruiert, daß wir die Hitze im Kopfbereich wieder loswerden. Tatsächlich ist es so, daß ein Mensch auf der Stirn drei- bis viermal so viele Schweißdrüsen pro Hauteinheit hat wie irgendwo sonst am Körper.

Unsere Vorfahren paßten sich so an, daß sie Körperwärme verlieren konnten. Um besser schwitzen zu können, verloren sie die Körperbehaarung. Haare behindern des Luftzug über die Haut, so daß die Wärme durch Schwitzen nicht reduziert werden kann. Sogar Organe wie das Ohr dienen dazu, die Wärme vom Kopf abzustrahlen, wobei der Elefant das seine zur höchsten Perfektion entwickelte.

Ein früher Jogger?

Warum ist es überhaupt notwendig, den Kopf so gut zu kühlen? Weil übermäßige Wärme für den Kortex ein größeres Risiko als für das Innere des Gehirns darstellt. Die tieferliegenden Bereiche des Gehirns haben sogar eine höhere Temperatur als die Hirnrinde. Logisch gesehen liegt die Vermutung nahe, daß es für uns sehr wichtig ist, einen kühlen Kopf zu bewahren. Einige bedeutende neuere

Forschungsarbeiten unterschiedlichen Inhalts – von Studien über die Durchblutung im Lauf der Evolution bis hin zu neuen Analysen der wärmereduzierenden Eigenschaften des aufrechten Gangs – lassen darauf schließen, daß die Notwendigkeit, die im Gehirn entstehende Wärme zu reduzieren, möglicherweise einer der Hauptgründe für das Gehirnwachstum war.

Eine sprunghafte Vergrößerung des Gehirns brachte auch die Bildung neuer Hirnsubstanz mit sich, die in der Folge gut für neue Funktionen herangezogen werden konnte. Bei allem Respekt vor Blaise Pascals Wort *La creveau a ses raisons que la raison ne connait pas* („Das Herz hat seine Gründe, die sich der Vernunft entziehen“) – das Gehirn hatte seine Gründe, warum es größer wurde, und die Erhöhung der Rationalität war nicht darunter.

Der menschliche Geist – purer Zufall?

Es mag vielleicht zynisch erscheinen, den Intellekt nicht als eines der wichtigsten Ziele der Evolution zu betrachten; dennoch kam er bestenfalls als günstiger Nebeneffekt einer anderen Anpassungsreaktion zustande. Da die frühen Menschen für ihr Leben als Jäger kein großes Gehirn brauchten, ist es unwahrscheinlich, daß irgendeine kulturelle Anpassungsnotwendigkeit für diese neue anatomische Komplexität verantwortlich war. Wozu ein Gehirn bauen, das größer ist, als man es zum Überleben braucht? Die Frage lautet also: Welcher Umstand machte eine Anpassungsreaktion nötig, die zu einer Vergrößerung des Gehirns führte? Und was sagt uns das heute über den menschlichen Geist?

Wir haben ein Gehirn, das viermal so groß ist wie das unserer nächsten „Nachbarn“, und potentielle Fähigkeiten, die weit über die ihren hinausgehen. Es ist nur natürlich, daß wir uns für etwas Besonderes halten. In mancherlei Hinsicht sind wir auch tatsächlich etwas Besonderes. Wir können überall leben, sind anscheinend an die ganze Erde vor-angepaßt, an Gesellschaften, die es bisher noch nicht gab. Erweckt das nicht den Anschein, als gäbe es da einen kolossalen, viel zu großen „Vorrat“ an Gehirn?

Ganz offensichtlich trugen all die verschiedenen Faktoren, wie zum Beispiel der aufrechte Gang, die Entwicklung der Sprache und andere, die bereits als Hypothesen formuliert wurden, zu dieser Veränderung bei. So bedeutend diese Ereignisse auch sicherlich waren, rechtfertigen sie dennoch nicht den großen Sprung, der vom Affen zum Menschen stattfand. Vielleicht ist eine der zentralen Triebkräfte weder in sozialen noch kulturellen Bedingungen zu suchen, sondern in den physiologischen Zwängen, denen das Gehirn unterlag – eingeschlossen im Kopf, wie es ist.

Im Vergleich zum Schimpansen befindet sich beim Menschen ein größerer Teil der Körpermasse über dem (heißen) Boden (frei nach Peter Wheeler).

In einigen Veröffentlichungen der Jahre 1989 und 1990 findet sich der überraschende Gedanke, daß verfahrens- und verpackungstechnische „Überlegungen" eine treibende Kraft hinter dem Hirnwachstum gewesen sein könnten. In der Folge gesellten sich zu dieser Vergrößerung des Gehirns andere Einflüsse hinzu und bewirkten weitere Veränderungen. Auch das ist zwar reine Spekulation; ich glaube aber dennoch, daß nicht-soziale Faktoren dieses sprunghafte Wachstum des Kortex anstachelten, denn es fand statt, bevor die Charakteristika auftauchten, die wir mit dem Mensch-Sein assoziieren.

Einen Hinweis liefert uns die Tatsache, daß dem Kopf heiß ist und er gekühlt werden muß. Da das Gehirn Schutz vor Hitze braucht, muß es ein wirksames Kühlsystem geben. Das menschliche Gehirn wie auch die das Gehirn umgebende Struktur paßten sich so an, daß die Wärme wieder abgegeben werden kann.

Das Wundernetz, die Zellen der Hirnrinde und der „Radiator des Gehirns“

Das Gehirn ist besonders wärmeempfindlich. Durch einen Hitzschlag kann es sehr schnell Schaden nehmen. In der Umgebung, in der unsere Vorfahren lebten, führte die Fähigkeit, zu gehen, sich zu bewegen und Entfernungen zurückzulegen, zu einem Temperaturanstieg im Gehirn.

Andere Tiere haben entsprechende Möglichkeiten, mit dieser zu großen Wärme im Körper fertig zu werden. Sie haben sicher schon einmal einem Hund an einem heißen Sommertag zugesehen, wie er hechelt und dadurch die aufgestaute Wärme abgibt. Die offene Schnauze leitet über einen speziellen Blutkreislauf kühle Luft an das Blut weiter. Die meisten Fleischfresser haben ein arterielles Labyrinth, das sogenannte *Rete mirabile* oder „Wundernetz“, mit dem sie die Temperatur im Gehirn niedrig genug halten können, auch wenn sie sich bewegen. Dieses Netz verläuft auch durch die Schnauze, und wenn das Tier das Maul öffnet und hechelt, kühlt die Luftzirkulation das Blut.

Das arterielle Blut fließt also durch dieses Netzwerk und wird gekühlt, bevor es das Gehirn erreicht. (Die kühlende Wirkung entsteht über die Verdunstung von Flüssigkeit an der feuchten Innenschicht der Nasenkammer.) Dadurch können sich diese Tiere ein kühles Gehirn bewahren, selbst wenn sie der Sonne stark ausgesetzt sind. Im Gegensatz zu unseren Haustieren und anderen Steppentieren haben wir dieses Netz nicht mehr. Der Mensch reagiert besonders empfindlich auf hohe Temperaturen, denn im Gehirn reicht ein Temperaturanstieg von nur ein oder zwei Graden Celsius über den Normalwert aus, um die Gehirnfunktionen zu beeinträchtigen; zu einem Hitzschlag kann es bereits bei einem Anstieg von nur vier Grad Celsius kommen.

Als die Wälder Ostafrikas sich zu lichten begannen, waren unsere Vorfahren „plötzlich", in evolutionären Zeitdimensionen gesprochen, mit weniger Schatten und höheren Temperaturen konfrontiert. Da sie weite Strecken zurücklegen mußten, führte der Verlust von Schatten zu der Notwendigkeit, zusätzliche Kühlungsmöglichkeiten zu schaffen. Die Anforderungen, die ein Leben in einer wärmeren Umgebung stellte, machten einige bedeutende körperliche Veränderungen nötig, die in der Folge dazu führten, daß sich das Gehirn so plötzlich vergrößerte. Der aufrechte Gang war die erste Anpassungsreaktion an die Belastung durch die erhöhten Temperaturen.

Der Radiator in der Schnauze (frei nach Peter Wheeler)

Einige unerwartete Hinweise auf die Ursprünge des menschlichen Geistes stammen aus der Idee, das Gehirn aus der Sicht eines Bautechnikers bezüglich seiner Lage im Kopf zu betrachten. Die aufrechte Haltung führt dazu, daß sich die der Sonne ausgesetzte Oberfläche verringert. Ein aufrecht stehendes Lebewesen absorbiert um die Mittagszeit 60 Prozent weniger Wärme als eines auf allen

Vieren. In dichter, fünfzig Zentimeter hoher subtropischer Vegetation wird außerdem ein Zweibeiner die Wärme um ein Drittel schneller wieder los als ein Vierbeiner. Der Entwicklungssprung des Gehirns wurde in hohem Maße durch die Notwendigkeit beeinflußt, „drüber zu stehen“ und „cool“ zu bleiben.

Die Jagd stellte eine verläßlichere Form der Nahrungsbeschaffung dar als die Nutzung der Pflanzen in der Savanne, weil es letztere nur beschränkt gab, sie von den Jahreszeiten abhängig waren und weniger Energie lieferten als Fleisch. Die frühen Formen der Jagd waren viel eher ein Wettkampf, geprägt von Ausdauer und Durchhaltevermögen, als die Anwendung von Gewalt. Als unsere Vorfahren mobiler wurden, hielten sie länger durch als ihre Beute und hetzten sie irgendwann zu Tode. Das hieß laufen und wieder laufen, ihr nachjagen und warten, bis eine Antilope in der Hitze vor Erschöpfung umfiel. Sich als einzelner Jäger viele Stunden lang unter der heißen Sonne an das Wild anzupirschen und ihm nachzulaufen, führte zu einem derartigen Anstieg der Körpertemperatur, daß der Tod einiger Gehirnzellen unvermeidlich war.

Unsere Vorfahren, so scheint es, paßten sich dahingehend an, daß sie auch bei großer Hitze „ihren Mann stehen“ konnten – indem sie sich sowohl ihrer entledigten als sie auch vermieden. Es ist gut möglich, daß dieser Kühlungsbedarf das Wachstum des Gehirns beeinflußte, da die frühen Anpassungsreaktionen der Zweibeiner nur bis zu einem bestimmten Punkt ausreichten. Als wir uns aufrichteten, sank natürlich der Druck in den Arterien, die zum Kopf führen, so wie das auch passiert, wenn man einen Wasserschlauch nach oben richtet. Solange sich nichts daran änderte, würde das in unserem Fall dazu führen, daß weniger Blut zu einem heißeren Kopf fließt. Da in verschiedenen Bereichen des Gehirns unterschiedliche Temperaturen herrschen können, starben die Zellen nach dem Zufallsprinzip ab. Eine Möglichkeit, die Gehirnfunktionen aufrecht zu erhalten, bestand darin, mehr Neuronen zu produzieren.

Dieses schnelle und plötzliche Gehirnwachstum fand allerdings erst mehr als eine Million Jahre nach der Entwicklung des aufrechten Gangs statt. Worauf wartete das Gehirn? Ein bedeutender physischer Auslöser des Gehirnwachstums kann möglicherweise die durch die aufrechte Haltung verursachte Veränderung der Durchblutung gewesen sein. Eine größere Entfernung zwischen dem Kopf und dem Herzen erfordert eine stärkere Durchblutung. Die Schwerkraft, die eine Neuorientierung der Venen zum Schädel hin bewirkte, veränderte möglicherweise auch den Blutkreislauf. Die Giraffe hat natürlich etliche Ventile im Hals, damit das Blut nach oben fließen kann. In den Vorfahren der Menschen änderte der Blutfluß im Schädel sein Muster; das Blut floß vermehrt über die Venen des Wirbelkanals ab statt über die Kehlader.

In der Linie unserer Vorfahren kam es zu tiefgreifenden Veränderungen der Blutverteilung im Gehirn. Es entwickelte sich ein weitverzweigtes Netz von Venen, den sogenannten Emissarvenen, die zum Gehirn und von ihm weg führten. Das umfangreichere Netz ging bei diesen Wesen Hand in Hand mit einer Vergrößerung des Gehirns; bei jenen Vertretern des *Australopithecus* hingegen, die dieses weitverzweigte Netz nicht entwickelten, vergrößerte sich auch das Gehirn nicht. Dem größeren Hirn mit seiner anderen Verteilung der Zellen ging also eine erhöhte Blutversorgung voraus, wenn es nicht sogar dadurch überhaupt erst möglich gemacht wurde.

Es gibt ein paar neuere Entdeckungen in der Gehirnanatomie und -physiologie, die vermuten lassen, daß es spezifische Veränderungen in unserer entwicklungsgeschichtlichen Vergangenheit gab. Es mögen Anpassungsreaktionen aus rein biomechanischen Gründen gewesen sein, die dem Gehirn zu seinem kräftigen Wachstumsschub verhalfen. Der Anthropologe Dean Falk weist darauf hin, daß ein spezifischer Kühlmechanismus für das menschliche Gehirn mit Hilfe der Emissarvenen eine der wichtigsten Anpassungen sein könnte, die dann zu einem größeren Kortex führte. Diese Venen entstanden noch vor der ballonartigen Vergrößerung des Gehirns vor zwei Millionen Jahren, und zwar in dem Vertreter des *Australopithecus*, der zu unseren Vorfahren zählt.

Das Gehirn erwärmt das Blut; in einem normalen Blutkreislauf leiten die Emissarvenen das erwärmte Blut hinaus an die Oberfläche des Schädels, wo es abkühlt. Wenn das Gehirn sich aber zu stark erwärmt, kommt der „Radiator“ ins Spiel: Der Blutstrom in diesen Venen kehrt sich um. Bei körperlicher Bewegung strömt Blut rasch

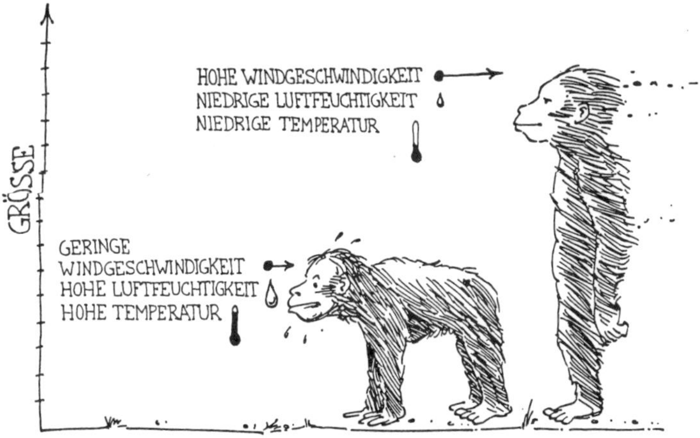

Weiter oben ist es kühler (frei nach Peter Wheeler)

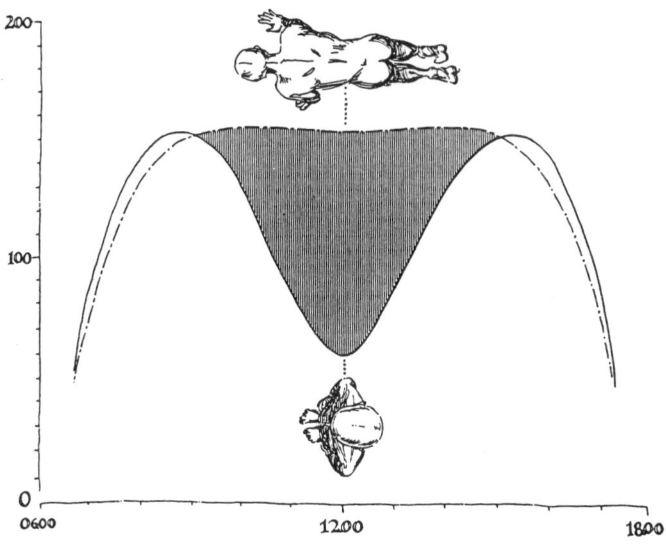

Es ist auch kühler, wenn man aufrecht steht (frei nach Peter Wheeler)

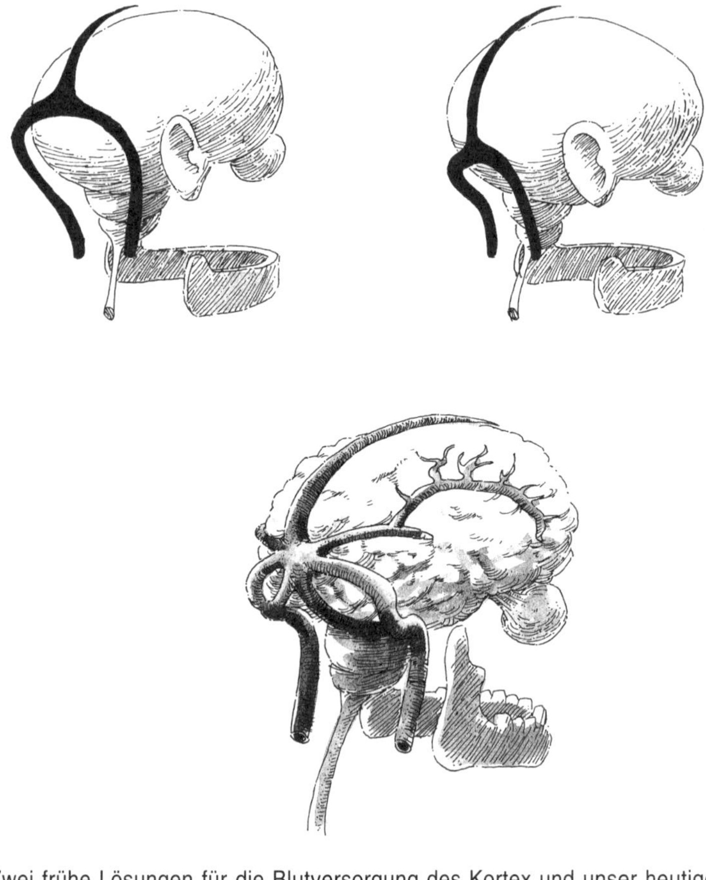

Zwei frühe Lösungen für die Blutversorgung des Kortex und unser heutiges Kühlungssystem.

von der Haut in die Schädelhöhle. Bei Wärmebelastung, die durch Bewegung entsteht, leiten die Emissarvenen dann also das inzwischen abgekühlte Blut zurück in den Gehirnschädel, um den Kortex zu schützen. Das ist laut Falk der Grund dafür, daß der Kortex überleben kann, selbst wenn die Temperatur im Kern stark ansteigt.

Die Wärmehypothese führt möglicherweise zu einem besseren Verständnis dafür, warum der aufrechte Gang der sprunghaften

Vergrößerung des Gehirns voranging. Es scheint, als hätte die „Radiatorlösung“ die Wachstumsbeschränkung des Gehirn aufgehoben und damit diesen erstaunlichen Sprung vom *Homo erectus* zum *Homo sapiens* ermöglicht.

Der polnische Anthropologe Konrad Fialkowski liefert einen weiteren erkenntnisträchtigen Beitrag: Das rapide Wachstum des menschlichen Gehirns ist vorwiegend auf die Notwendigkeit zurückzuführen, die Hirnzellen vor zu großer Wärmebelastung zu schützen. Die Veränderungen in der Blutzufuhr ermöglichten das Gehirnwachstum, indem sie für erhöhte Zuverlässigkeit und besseren Schutz bei einer größeren Anzahl von Zellen sorgten. Das führte dazu, daß das menschliche Gehirn in parallelen Schaltkreisen organisiert wurde – das Merkmal, das wir mit unserer Fähigkeit des komplexen Denkens in Verbindung bringen.

Also bewirkten der aufrechte Gang und die menschliche Fähigkeit zu rennen eine Auslese zugunsten einer stärkeren Blutversorgung und eines größeren Kortex, um das Gehirn vor Hitze schützen und kühlen zu können. All das wirkte zusammen, um einen Organismus zu entwickeln, der unter Bedingungen überleben konnte, in denen er großer Hitze ausgesetzt war, weit laufen mußte und mit Extremen konfrontiert war. Dieser große Kortex mit seiner Fähigkeit, übermäßige Wärme abzugeben, wurde später auch mit anderen Funktionen betraut. Da sie keine bestimmte informationsverarbeitende Aufgabe hatten, konnten sich die Gehirnzellen an verschiedene Umstände anpassen. Diese Konstruktion beinhaltet die tausend potentiellen Formen des Geistes.

Die Vielseitigkeit und Redundanz des menschlichen Gehirns

Es ist überraschend, wie homogen die Hirnrinde ist; fast jedes Stückchen des Kortex sieht wie alle anderen aus. Und das menschliche Gehirn sieht aus wie das Gehirn von fast allen Tieren. Ob Maus, ob Mensch – der Kortex besteht aus den gleichen Zellen und Schaltkreisen. Das Mehr an Neuronen im menschlichen Gehirn ist auf den größeren Umfang, nicht auf eine größere Dichte, zurückzuführen. Menschen haben nämlich nur 1,25 mal mehr Neuronen pro

Kubikzentimeter als Schimpansen. Pro Quadratmillimeter kortikaler Oberfläche finden sich etwa 146.000 Neuronen. Das menschliche Gehirn hat eine Fläche von rund 2.200 Quadratzentimetern mit etwa 30 Milliarden Neuronen (mehr als noch bis vor kurzem angenommen). Schimpansen und Gorillas haben eine Gehirnoberfläche von etwa fünfhundert Quadratzentimetern mit ungefähr sechs Milliarden Neuronen.

Das Volumen des menschlichen Gehirns ist hauptsächlich deshalb so viel größer (bis zu viermal so groß), weil die Neuronen darin großzügig verteilt sind. Teilweise ist das Volumen auch für die stärkere Verbindung der Neuronen untereinander durch Stütz- und Hilfszellen verantwortlich. Diese größere Zahl an Verbindungen führt zu größerer Zuverlässigkeit, weil ein Schaltkreis die Aufgaben eines anderen übernehmen kann, falls er nicht funktioniert.

Es gibt aber auch noch andere und häufig übersehene Folgen dieses Überangebots an Stützzellen (Glia). Analog zu den voneinander isolierten Innenteilen einer Maschine konnten die Neuronen, von Glia und anderen Zellen umgeben, mehr Verbindungen eingehen. Das größere und komplexere Gehirn kommt von der Zahl von Hilfszellen. Die Glia ernähren die Neuronen und ermöglichen ihnen untereinander mehr Verbindungen, weil sie die Zwischenräume füllen.

Führen Sie sich diese evolutionäre Veränderung im menschlichen Gehirn einmal vor Augen: Die Neuronen sind voneinander und auch vor Wärme besser isoliert. Zusätzliche Zellen, die die Neuronen umgeben, fungieren als „Füllmaterial“ und sorgen so dafür, daß im menschlichen Gehirn ein viel höherer Grad der Vernetzung von Nervenzellen möglich ist als in dem des Schimpansen. Die üblichen Erklärungen klingen in diesem Zusammenhang nicht sehr plausibel – die soziale Komplexität, das Werfen, der Aufbau einer gemeinsamen Welt und ähnliche.

Sie gossen allerdings, wie es so schön heißt, sicherlich Öl ins Feuer der Evolution. Es ist schon lange bekannt, daß im menschlichen Gehirn die strukturellen Elemente im Übermaß vorhanden sind. Das unterstützt die folgende Argumentation: Wenn man (durch körperliche Anstrengung in der Hitze) Gefahr läuft, Gehirnzellen zu verlieren, dann ist es besser, vorsichtig zu sein und zusätzliche Zellen zu haben, damit man welche erübrigen kann. So ungewöhnlich ist das gar nicht. In unserer DNS zum Beispiel herrscht eine ganze Menge Redundanz. Jede Zelle des Körpers enthält all die Informationen, die nötig sind, um zumindest bei der Geburt alle anderen Zellen des Körpers entstehen lassen zu können.

Bei Schädigungen des Gehirns kann es zu Funktionsänderungen kommen. Bei tauben Menschen werden Teile des Schläfenlappens für die Verarbeitung visueller Information verwendet. Blinde hören besser als Menschen, die sehen können, wahrscheinlich, weil der visuelle Kortex zum Hören überläuft. Beim Erlernen einer zweiten Sprache kann die erste in einen anderen Bereich des Gehirns wandern. Wenn das Gehirn durch einen Schlaganfall geschädigt wird, können andere Abschnitte die entsprechenden Funktionen übernehmen. Diese Plastizität, wie diese Art von Anpassungsfähigkeit genannt wird, ist sehr nützlich, wenn wir Angriffen ausgesetzt sind.

Ich schreibe dieses Buch an einem Computer. Es ist Sommer, und es ist heiß. Einer meiner Computer hat in der Hitze bereits seinen Geist aufgegeben, aber ich habe einen zweiten, also kann ich weiterarbeiten. Ist es so abwegig anzunehmen, daß das Gehirn ein ähnliches Sicherungssystem hat – daß Zellen im Kortex also verschiedene Funktionen übernehmen können ? Mit ein oder zwei Sicherungssystemen kann man auch unter schwierigen Bedingungen funktionieren, insbesondere dann, wenn sie parallel geschaltet sind.

Die Evolution traf ihre Wahl also zugunsten einer höheren Zahl von Neuronen, isolierte sie mit Gliazellen und schuf damit die Möglichkeit einer größeren Zahl von Nervenverbindungen. Und siehe da – ein größeres Gehirn war entstanden. Die enorme und plötzliche Erweiterung des Gehirns führte zu einem zusätzlichen Sicherungspotential mit mehr parallelen Abläufen und einer komplexeren Verknüpfung der Neuronen. Die verfeinerte Weiterentwicklung des menschlichen Gehirns hat mit diesen beiden Faktoren zu tun.

Die Frontallappen wuchsen im frühen *Homo sapiens* am schnellsten und leisteten dadurch wahrscheinlich einen bedeutenden Beitrag zum Gehirn des Menschen von heute. Unsere hohe Stirn verdanken wir dieser Entwicklung. Die beiden englischen Begriffe *highbrow* (mit hoher Braue) und *lowbrow* (mit niedriger Braue) für intellektuelle beziehungsweise geistig eher anspruchslose Menschen spiegelt die allgemeine Vermutung bezüglich eines Zusammenhangs zwischen der Physiognomie und der menschlichen Intelligenz wider.

Diese Sichtweise des aufrechten Gangs, der Gehirngröße und des Entwicklungssprungs, den der Kortex gemacht hat, ist neu. Sie basiert auf Arbeiten, die erst in den späten Achtziger- und frühen Neunzigerjahren von Peter Wheeler in England, Dean Falk in den Vereinigten Staaten und Konrad Fialkowski in Polen veröffentlicht wurden. Es ist daher anzunehmen, daß sie lediglich als Spekulation betrachtet und sehr umstritten sein wird. Viele werden ihre eigenen Gedanken zu diesem ungewöhnlichen Erklärungsmodell beizutragen haben; möglicherweise stellt es sich mit der Zeit auch als unhaltbar heraus. Dennoch bietet es einen neuen Blickwinkel für die Betrachtung der erstaunlichen, durch Anpassung entstandenen Fähigkeiten des Gehirns.

Zusammenfassend läßt es sich folgendermaßen darstellen: Die Organismen paßten sich der Belastung durch die Hitze an, indem sie sich aufrichteten. Die Blutzufuhr zum vormenschlichen Gehirn veränderte sich aufgrund der aufrechten Haltung; dadurch wurde das Gehirn noch besser gekühlt; das wiederum öffnete der Entwicklung eines größeren Kortex Tür und Tor; die Erweiterung des Kortex ging Hand in Hand mit weiteren Veränderungen im „Blutableitungssystem", damit diese hochaktiven Zellen es kühl hatten. Der Zufall besteht darin, daß sich der Kortex eigentlich lediglich aus „verfahrenstechnischen" Gründen vergrößerte, in der Hauptsache deshalb, damit das Gehirn auch bei einem unerwartet hohen und plötzlichen Anstieg der Temperaturen und der damit verbundenen physiologischen Belastung weiterhin verläßlich funktionieren konnte. Diese zusätzlichen Zellen konnten dann für andere Funktionen herangezogen werden, wie das ja auch mit dem Steigbügel im Ohr der Fall war.

Die Reihenfolge lautet: sich aufrichten → Belastung des Gehirns durch die Hitze → Radiator zur Kühlung → Veränderungen in der Blutversorgung des Gehirns → größeres Gehirn mit zusätzlichen, redundanten Zellen → ungebundene Zellen im Gehirn → ein Gehirn, das für damals noch nicht absehbare Zwecke verwendet werden konnte. An diesem Punkt sind Oper, Wissenschaft, künstlerische Metallgestaltung, Mikrochips und Marketingpläne nämlich noch weit entfernt.

Von welcher Seite auch immer man diesen Schöpfungsmythos mit seinen Bildern vom aufrecht stehenden, nackten und schwitzenden Menschen betrachtet, eine wirklich befriedigende Erklärung liefert auch er nicht. Diese Erklärung für die Grundlage unserer Leistungen führt auch nicht gerade zu einem Gefühl der Erhabenheit. Wir dürfen uns nicht auf nur eine einzige und einzigartige Lebensweise stützen, um Beweise für eine der paläoanthropologischen Thesen zu finden, obwohl es wahrscheinlich ist, daß viele der Veränderungen in Richtung Nahrungsteilung und Werkzeugherstellung die Anpassung verstärkt haben. Unsere Intelligenz aber ist möglicherweise nichts anderes als die angenehme Nebenwirkung der wärmedämmenden Verpackung des Gehirns.

Die „verfahrenstechnischen“ Änderungen haben möglicherweise zu diesem enormen Wachstum des Kortex geführt, ohne daß soziale, beziehungsweise – im modernen Jargon – informationsverarbeitende Gründe dahintersteckten, die uns mit dieser Sicht versöhnen könnten. Sie können aber sehr wohl die Grundlage für die Art von geistigem Bewußtsein bilden, die wir haben: verästelt, nicht von vornherein spezialisiert und erstaunlich plastisch, mit einer Menge Zellen, die bei der Geburt an keine spezifische Aufgabe gebunden sind und daher viele verschiedene Funktionen übernehmen können. Dieses mannigfaltige Potential ist die Basis für alle mentalen Vorgänge und für den Triumph der Menschheit.

Daß diese Hypothese sich als perfekte Rekonstruktion lange zurückliegender Ereignisse erweisen wird, ist natürlich sehr unwahrscheinlich. Ich glaube allerdings, daß wir uns dessen bewußt werden müssen, daß wahrscheinlich unabhängige Kräfte unsere Evolution maßgeblich vorantrieben – Zufälle in den Uranfängen der Menschheit. Meiner Meinung nach wird sich die Erkenntnis durchsetzen müssen, daß die Gründe für das Gehirnwachstum in einem anderen Bereich der Anpassung zu suchen sind. Irgendeine Kraft, so scheint es, hat das Wachstum unseres Gehirns veranlaßt, bevor es irgendeinen intellektuellen Bedarf dafür gab, und schuf damit das Rohmaterial für später auftauchende Funktionen, wie zum Beispiel die Sprache.

Um welche Faktoren auch immer es sich handeln mag, ob sie die zuvor erwähnte rein technische Notwendigkeit für ein größeres Gehirn nun einschließen oder nicht – fest steht, daß unsere Evolution dazu geführt hat, daß wir mit einer großen Anzahl von Gehirnzellen ausgestattet sind, die bei unserer Geburt noch kaum für spezifische Aufgaben verantwortlich sind.

Diese noch nicht festgelegten Zellen können dann individuelle Bedürfnisse wahrnehmen, um ganz verschiedene Lebensweisen und Welten zu ermöglichen – die unerbittliche Kälte des Himalaja, ein Beduinenleben in der Wüste, ein Aufwachsen in einem Armenviertel von New York City, sogar die Fähigkeit, verkehrt herum lesen zu lernen, weil man zu zweit ein Buch benutzt, oder eine der vielen tausend menschlicher Sprachen und kultureller Verhaltensweisen zu erlernen. Dieser geistige Entwicklungssprung ließ in unseren Vorfahren ein Gehirn mit unzähligen neuen und frei verfügbaren Zellen entstehen; er trug uns weit über unsere nächsten Nachbarn hinaus und macht uns zu einem einzigartigen Lebewesen, das die Fähigkeit erbt, über sein Erbe weit hinaus zu gehen.

7. Der Darwinismus im Zentrum der neuzeitlichen Wissenschaften

Der Ursprung des Menschen nun bewiesen. – Die Blütezeit der Metaphysik steht an. – Wer den Pavian versteht, würde sich um die Metaphysik weit verdienter machen als Locke.

Charles Darwin, August 1838

Darwins entwicklungsgeschichtliche Sicht der Dinge steht in krassem Gegensatz zu der Mehrzahl der philosophischen Strömungen und hat in den Verlauf unserer Geschichte eingegriffen. Wie Darwin wohl wußte, kehrte sein Werk in der westlichen Philosophie das Unterste zuoberst. Er zeigte darin nämlich auf, daß sich Tiere und Menschen weiterentwickelten, um sich an die Welt anzupassen, und daß viele unserer Reaktionen dadurch in unser Nervensystem eingebaut sind und nicht durch die Interaktion mit der Gesellschaft erlernt werden. Deshalb hatte er das Gefühl, daß die Metaphysik mehr mit dem zu tun habe, was unsere Vorfahren so erlebten, als unsere Philosophen dächten – welch gute Absichten auch immer dahintergesteckt haben mögen.

Das Problem liegt immer in der umstrittenen Frage, wie sehr unsere Umwelt uns denn nun tatsächlich beeinflußt. John Locke versuchte demokratische Gesellschaften zu entwickeln, indem er den Gedanken vertrat, daß alles Wissen aus Erfahrung stamme, was die Aufmerksamkeit wieder dahin lenken würde, allen bessere Möglichkeiten zur Verfügung zu stellen. Locke und die anderen britischen Empiristen, David Hume und John Stuart Mill, schrieben, daß einzig durch die „Assoziation von Ideen“ (also eine Empfindung oder einen Gedanken) Erfahrungen miteinander verknüpft würden. Aus dieser Sicht gibt es keinen einzigen Teil in uns, der das Licht der Welt erblicken und an diesem Punkt auch nur das Geringste bereits wissen würde. „Ideen“ werden miteinander assoziiert, wenn sie in einer bestimmten zeitlichen oder räumlichen Nähe auftreten. Locke schrieb 1670:

> „Ein Mann hat an einem bestimmten Ort Schmerzen erlitten oder war dort krank gewesen; er sah seinen Freund in solch einem Zimmer sterben. Obwohl das im Grunde nichts miteinander zu tun hat, ist es doch so, daß die Idee des Ortes (nun, da die Eindrücke vorhanden sind) Hand in Hand geht mit der von Schmerz und Unwohlfühlen. Er vermischt sie im Geiste und kann das eine ebenso wenig ertragen wie das andere.“

Die Empiristen, die einen bedeutenden Einfluß auf die wissenschaftliche Sicht des menschlichen Geistes hatten, waren der Meinung, alles Wissen stamme aus Erfahrungen. Sie nahmen an, der Geist sei „ein weißes Blatt Papier, zur Gänze unbeschrieben, ohne jegliche Ideen. Wie wird es beschrieben? Wodurch erlangt es diesen riesigen Vorrat, den die geschäftige und grenzenlose Phantasie des Menschen in einer ungeheuren Vielfalt darauf gemalt hat? Woher kommt all das Material für Vernunft und Wissen? Darauf antwortete ich mit einem Wort: aus Erfahrung.“

Nehmen wir einmal Lockes erste Behauptung. Sie klingt banal, weil sie so offensichtlich ist. Wenn Sie in einem Krankenhaus Schmerzen hatten, assoziieren Sie diesen Ort natürlich mit den Schmerzen. Pollenallergiker, die niesen, wenn sie einen Film sehen, in dem Pollen über ein Feld hinweggeweht wird, tun das aufgrund ihrer Assoziation. Was aber fehlt, ist der zugrundeliegende Mechanismus: Man braucht einen Geist, der dafür vorbereitet ist, diese Assoziationen herstellen zu können.

Die Vorstellung vom menschlichen Geist als unbeschriebenes Blatt ist lächerlich, und darüber hinaus einer der Gründe, warum wir so lange gebraucht haben, das angeborene Geflecht zu verstehen, das sich entwickelte, als sich der Geist an die Welt anpaßte. Um Lockes

Vorstellung zu überprüfen, kaufte ich mir in einem Bürobedarfsladen ein Blatt Papier und ließ es ein paar Wochen lang auf meinem Schreibtisch liegen. Und ich sprach mit ihm und sang ihm etwas vor. Ich bat es, alles mögliche zu tun. Ich gab ihm zu essen, ich gab ihm zu trinken, ich las ihm aus den Werken von Descartes vor, gab ihm die Werke von Freud, ich versuchte es zum Sprechen zu bringen, ich versuchte, es auf einen Spaziergang mitzunehmen. Ich legte es in mein Auto, um zu sehen, ob es das Meer und die Berge erkennen könne.

Das Blatt konnte nichts von alledem. Und schon seit Jahrhunderten wissen alle, wie dumm es wäre, zu behaupten, der menschliche Geist bestünde aus nichts anderem als Assoziationen. Trotzdem schrieb Pawlow noch 1928: „Jedes beliebig ausgewählte natürliche Phänomen läßt sich in einen bedingenden Reiz verwandeln ... jeder visuelle Reiz, jedes beliebige Geräusch, jeder Geruch und die Stimulierung jedes beliebigen Teils der Haut." Neuere Forschungsarbeiten zeigen, daß das nicht stimmt. Babys sind eindeutig darauf vorbereitet, auf Geräusche aus der einen oder anderen Richtung zu reagieren, die Mutter zu suchen und ihr Lächeln zu erwidern, und die Entwicklung der Emotionen in ihrer zeitlichen Reihenfolge bestimmt maßgeblich die Handlungen von der Kindheit bis ins Erwachsenenalter.

Die menschliche Evolution wählte auch gewisse Formen des Lernens aus. Ein Beispiel für eine stark vorprogrammierte Lerntendenz ist die Geschmacksaversion. Eines Abends ging ein Psychologe mit seiner Frau in die Oper. Er aß eines seiner Lieblingsgerichte, ein Filet Mignon mit Sauce Bearnaise, zum Abendessen. Mitten in der Nacht wurde ihm sehr übel. Das Ergebnis war eine Aversion gegen das, was einst seine Lieblingssauce war, obwohl er wußte, daß er nicht von ihr krank geworden war – er hatte eine Grippe erwischt. Außerdem entwickelte er keine Aversion gegen die Oper, seine Frau oder den Freund, bei dem er sich angesteckt hatte. Ähnlich kann es passieren, daß Schiffsreisende das Essen, das sie zu sich genommen hatten, bevor ihnen vom Wellengang übel wurde, mit dieser Übelkeit assoziieren, obwohl sie wissen, daß ihnen von der Bewegung des Schiffes und nicht vom Essen schlecht ist. Die Tendenz, eine

Verbindung zwischen Übelkeit und dem Geschmack des vorangegangenen Essens herzustellen, ist in uns so fest angelegt beziehungsweise vorprogrammiert, daß sie jeder Vernunft trotzt. Selbst die bewußte Kenntnis der Gründe für solche Assoziationen führt kaum zu anderen Ergebnissen.

Auf der gleichen Grundlage können auch Phobien entstehen. Ein kleines Mädchen spielt im Park und sieht eine Schlange. Ein paar Stunden später schlägt es sich die Wagentüre auf die Hand. Das Ergebnis? Angst vor Schlangen! Offensichtlich sind Menschen stärker darauf vorbereitet, sich vor Schlangen zu fürchten als vor Autos, unter Mißachtung jeder Logik. Der menschliche Geist ist eindeutig auf die Welt vorbereitet – er ist keine *Tabula rasa.*

Und doch hat sich ein großer Teil der modernen Wissenschaft jahrhundertelang auf die Sichtweise Lockes gestützt. Obwohl es mir nicht gelang, ein Blatt Papier zu beeinflussen, steht außer Frage, daß unsere Umgebung eine Wirkung auf unsere Gedanken und Neigungen hat. Ein Extrembeispiel für Lockes Erbe stellen die Ansichten des Behavioristen John Watson dar, der 1925 folgendes schrieb:

> „Geben sie mir ein Dutzend gesunde Kleinkinder, wohlgeformt, und meine eigene, nach meinen Vorstellungen gestaltete Welt, um sie großzuziehen, und ich garantiere Ihnen, daß ich irgendeines von ihnen nehmen und jeden beliebigen Spezialisten aus ihm machen kann, für den ich mich entscheide – Arzt, Rechtsanwalt, Künstler, einen Inhaber eines Handelsunternehmens, und ja, sogar einen Bettler oder Dieb, völlig ungeachtet seiner Talente, Vorlieben, Neigungen, Fähigkeiten, Eignung und Rasse seiner Vorfahren.“

Das Anpassungsvermögen des menschlichen Geistes

Widerlegt wurde die Ansicht, der menschliche Geist sei ein völliger Ignoramus, in der Hauptsache durch Darwin. Er war es, der die moderne Ära in der Biologie einleitete, die einen starken Einfluß auf die Psychologie hatte: die psychoanalytischen Theorien Siegmund Freuds, die entwicklungspsychologische Arbeit Jean Piagets und die Untersuchungen der Emotionen waren samt und sonders eine Folge der Evolutionstheorie. Da Mensch und Tiere von einem gemeinsamen Vorfahren abstammen, ließen sich aus Tierbeobachtungen sehr viele weise Erkenntnisse gewinnen. Die vergleichende Psychologie und die Verhaltensforschung sind Darwin somit ebenfalls zu Dank verpflichtet.

Einige seiner Ideen kamen Darwin rein zufällig. Als er mit seinem kleinen Sohn den Londoner Zoo besuchte, war er erstaunt darüber, wie sehr sich der Junge vor den großen Tieren fürchtete. Wahrscheinlich führte Darwin das zu der Vermutung, daß Kindheitsängste sich als Vorbereitung für die Vermeidung gewisser Situationen entwickelten. Freud griff seinerseits auf Darwin zurück, als er argumentierte, daß viele Kindheitsängste, insbesondere neurotische Phobien, eine phylogenetische Mitgift seien.

Wieder andere wurden von Darwins Theorien dazu angeregt, Kinder zu beobachten, und so nahm die Kinderpsychologie ihren Anfang. Die Betonung des Fortpflanzungserfolgs erhöhte die Bedeutung der Sexualität. Die Erkenntnis, daß das Leben im Grunde genommen ein Anpassungsprozeß ist, legte allen, die die moderne Menschheit verstehen wollten, den Gedanken nahe, daß Anpassungsreaktionen aus der Vergangenheit einen Schlüssel zur Gegenwart darstellen könnten.

Darwin lieferte nicht nur Erkenntnisse bezüglich des Evolutionsprozesses (die in der Folge von anderen modifiziert und erweitert werden sollten); er veröffentlichte auch die erste Babybiographie, in der er seine Beobachtungen der Entwicklung des Kleinkindes aufzeichnete. Sein „Expression of the Emotions in Man and Animals" (deutsche Ausgabe: „Der Ausdruck der Gemütsbewegungen beim Menschen und den Tieren") war so fortschrittlich, daß die Psychologie seiner Studie bis noch vor ein paar Jahrzehnten wenig hinzuzufügen hatte. Darwin lieferte die grundlegende Erkenntnis für die moderne biologische Evolutionstheorie, die in den letzten Jahrzehnten unter dem Begriff der „Gesamteignung" entwickelt wurde, und sein entwicklungsgeschichtlicher Ansatz bildet den Kern der konfliktpsychologischen Theorie Freuds.

Die Evolutionstheorie rief großes Interesse an der Unterschiedlichkeit der mentalen Fähigkeiten hervor. Wenn das Überleben von der Anpassung an die Umgebung abhängt, dann – so dachte man – müsse die überlegenere Intelligenz der Menschen in der menschlichen Evolution eine bedeutende Rolle gespielt haben. Die natürliche Auslese habe dann wohl zugunsten der intelligentesten Menschen aufgrund ihrer höheren Anpassungsfähigkeit entschieden. Diese neuen Ideen stachelten das Interesse an der Messung der Intelligenz an. Sowohl die Entwicklung von Intelligenztests als auch die Arbeiten von Piaget wurden davon angeregt.

Als Darwin einer ungläubig staunenden viktorianischen Gesellschaft verkündete, die „Schöpfung" sei nicht erschaffen worden, sondern habe sich durch blinde Mechanismen entwickelt, versetzte er damit dem Glauben an die besondere Position der Menschen auf dem Planeten einen vernichtenden Schlag. Er trug wahrscheinlich auch mehr als irgend jemand anders zu den Gedanken hinter den Werken Freuds bei. Ernest Jones bezeichnete Freud sogar als den „Darwin des Geistes". In seinem bedeutenden Werk „Das Unbehagen in der Kultur" klingt Freud gerade so wie Darwin, wenn er sagt:

> „Der schicksalhafte Prozeß der Zivilisation setzte demnach mit dem Beginn der aufrechten Haltung des Menschen ein. Ab diesem Punkt setzt sich die Kette der Ereignisse fort – von der geringeren Bedeutung olfaktorischer Reize und der Isolation der Menstruationsperiode bis hin zu der Zeit, als visuelle Stimuli stark an Bedeutung gewannen und die Genitalien sichtbar wurden, und so zur Kontinuität der sexuellen Erregung, der Gründung der Familie, und dadurch an die Schwelle der modernen Zivilisation führten."

Freuds Genialität bestand in seiner atemberaubenden Fähigkeit, eine Beziehung zwischen den alltäglichen Konflikten und ihrer Verwurzelung im Erbe unserer Vorfahren herzustellen. Mit großem fachlichen Geschick, wenn auch nicht durchgängig plausibel, versuchte Freud, eine Beziehung zwischen erlittenen Traumata und der Kluft herzustellen, die sich zwischen der von unseren Vorfahren ererbten Spezialisierung des Geistes und dem modernen Leben von heute aufgetan hat. Ohne die „Abstammung des Menschen“ hätte solch einer Analyse jedoch jede Grundlage gefehlt. Der „Darwin des Geistes“ ist Darwin.

Die zentrale Botschaft von „Die Abstammung des Menschen“ ist, daß der biologische Erfolg an der Fortpflanzung zu messen sei und nicht am Überleben. Denn wenn die Anpassungsfähigsten sich nicht vermehren, was soll das Ganze dann überhaupt? Darwin führte auf die für ihn typische gelehrte und akribisch genaue Art Tausende von Beispielen dafür an, wie Tiere verschiedene sexuelle Merkmale aufgrund ihrer Interaktion entwickelten, wobei er dafür unter anderem den langen Schwanz des Pfaus erwähnte. Diese Merkmale entwickelten sich gemeinsam mit dem Gehirn.

> „Wer das Prinzip der sexuellen Auslese anerkennt, kommt zu dem bemerkenswerten Schluß, daß das Nervensystem nicht nur die meisten bestehenden Körperfunktionen steuert, sondern indirekt auch die Weiterentwicklung verschiedenster körperlicher Strukturen und bestimmter mentaler Eigenschaften beeinflußt hat: Mut, Kampfbereitschaft, Ausdauer, Körperstärke und -größe, Waffen aller Art, lautbildende Organe sowohl vokaler als auch instrumentaler Art, leuchtende Farben und schmückende Zugaben wurden alle von dem einen oder anderen Geschlecht durch die Nutzung der Wahlmöglichkeit, unter dem Einfluß von Liebe und Eifersucht und durch die Würdigung des Schönen in Ton, Farbe oder Form indirekt erworben; und diese Kraft des Geistes hängt augenscheinlich von der Entwicklung des Gehirns ab.“

Darwins Schriften ermutigten Freud stark zum Studium der Biologie und Medizin. Die Evolutionstheorie war zu der Zeit, in der Freud seine Ausbildung genoß, überall so stark präsent, daß es unmöglich wäre, ihren Einfluß isoliert betrachten zu wollen – genauso unmöglich wie der Versuch, sich das Leben heutzutage ohne Computer vorzustellen.

Darwin waren durch die Zeit, in der er lebte, Grenzen gesetzt, und so fehlte es ihm an einem umfassenden genetischen Verständnis. Er übernahm die damals herrschende Annahme, daß die Leistungsfähigkeit auf dem Gebiet der Fortpflanzung der einzige Schlüssel zum evolutionären Erfolg sei; folglich nähmen bewußte und unbewußte Gedanken an die Fortpflanzung eine zentrale Stellung im menschlichen Geist ein. Diese Betonung der Rolle der Psyche in der Sexualität übernahm Freud von Darwin.

Die modernen Weiterentwicklungen der Evolutionstheorie haben unser Verständnis vom Überleben verändert. Man nimmt nun an, daß ein großer Teil unseres Sozialverhaltens das Ergebnis davon ist, daß die Gene mit Hilfe temporärer Gastgeber (also der Menschen) versuchen, ihr eigenes Überleben zu sichern; oder anders ausgedrückt: über eine Henne sorgt das Ei dafür, daß es weitere Eier gibt. Anstatt den Blick nur auf das Individuum zu richten, beziehen wir nun auch die Prioritäten der Gene mit ein.

So kommt es zu dem bedeutenden Konzept der „Gesamteignung“ Das „Überleben der Anpassungsfähigsten“ konzentriert sich als Konzept auf die Maximierung der Nachkommenschaft. Es gibt aber viele menschliche Verhaltensweisen, die die Chance auf Fortpflanzung verringern. Warum in einen kalten Fluß springen, um jemanden zu retten? Warum begehen Eskimos Selbstmord, wenn sie nicht mehr lebensfähig sind? Warum werden Kinder von ihrer Familie getötet?

Darwins Theorie schien nicht in der Lage, altruistisches Verhalten zu erklären – das Phänomen, daß einem anderen Lebenwesen Hilfe angeboten wird, selbst wenn das auf Kosten des Helfers gehen kann. Wenn ein Altruist seinen sicheren Hafen verläßt, um ein anderes Wesen vor einem Raubtier zu retten, sinkt die Chance auf einen Fortpflanzungserfolg, weil er damit ein gewisses Risiko eingeht. Warum sollten wir so handeln, wo doch unser einziges Motiv angeblich nur die erfolgreiche Vermehrung ist?

Mit einer immer größeren Zahl von Beweisen häuften sich auch die Seitenhiebe. 1927 scherzte der berühmte englische Biologe J.B.S. Haldane: „Ich würde mein Leben für drei meiner Kinder oder acht meiner Cousins und Cousinen geben.“ In beiden Fällen erhöht sich die Anzahl der eigenen Gene. Ähnlich kann die Tötung eines Kindes (wenn die Familie in Armut lebt) dazu führen, daß andere eher überleben können.

1964 präsentierte der Biologe William Hamilton einen Vorschlag, der einen Schlüssel zur Modifikation des Neo-Darwinismus darstellte. Abgesehen von den Eltern und Kindern tragen auch alle anderen Blutsverwandten eine Kopie derselben Ahnengene in sich: Kinder haben die Hälfte davon, Enkelkinder ein Viertel. Das Maß für die Anpassungsfähigkeit und Eignung eines Individuums (die überlebende Anzahl an Kopien ihrer oder seiner Gene) liegt also nicht nur in der Fortpflanzung, sondern drückt sich über die sogenannte Gesamteignung aus – die Gesamtzahl aller überlebenden gleichen Gene. Damit gäbe es eine genetische Parteilichkeit zugunsten von Verwandten. Hamilton fand Hinweise darauf, daß Tiere einander in fast direktem Verhältnis zu der Zahl ihrer gemeinsamen Gene helfen; damit sorgen sie dafür, daß die gemeinsamen Gene in späteren Generationen überleben beziehungsweise fortleben. Selbstmord und andere Handlungen, die den Fortpflanzungserfolg des einzelnen ganz klar vermindern, können die Gesamteignung erhöhen.

Dieses Konzept erweitert die frühe Darwin'sche Beschreibung: Ein Individuum handelt so, daß es nicht nur für so viele Nachkommen wie möglich sorgt, sondern auch für die höchstmögliche Zahl von Kopien des genetischen Materials. Solch eine Theorie würde Handlungen erklären, die den Familienmitgliedern und den nächsten Verwandten zugute kommen. Auch nicht-sexuelle Motive spielen in der Evolution eine Rolle, und ihre Bedeutung für die Psyche müßte noch genauer untersucht werden; viele von Freuds Nachfolgern taten genau das. Das Konzept der Leistungsfähigkeit auf dem Gebiet der Fortpflanzung kann weder alle Verhaltensweisen erklären noch die Entscheidungen, die nach der Empfängnis getroffen werden. Manchmal steht ein Elternteil vor der Frage, ob es besser ist, einem einzigen Kind ein gutes Leben zu bieten oder mehreren Kindern ein weniger gutes; gelegentlich ist es auch nötig, die Bedürfnisse des einen Kindes abzuwägen gegenüber denen des anderen. Unter „elterlicher Investition“ versteht man jede Maßnahme (in Form von Fürsorge, Nahrung, Unterstützung, Risiko, Ressourcen), die die Überlebenschancen der Nachkommenschaft erhöht.

Ist die elterliche Investition gering, indem dem Kind zum Beispiel wenig tägliche Fürsorge zuteil wird, kann das zum Tod des

Sprößlings führen. Wenn die elterliche Investition sehr hoch ist, wenn also fast alle Ressourcen einem einzigen Kind zugute kommen, können die Eltern nur begrenzt in ein zweites Kind „investieren“. Eine so hohe Investition liegt also möglicherweise eigentlich nicht im genetischen Interesse der Eltern, denn es wäre besser, mehr Überlebende zu produzieren.

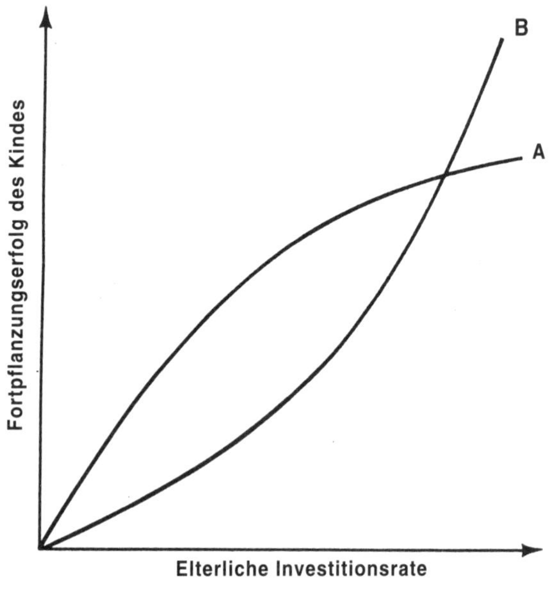

Elterliche Investition. Der Nutzen (Kurve A) und die Kosten (Kurve B) der Gesamteignung als Funktionen der elterlichen Investitionsrate (horizontale Achse)

Je höher die elterliche Investition, desto nützlicher ist das für das Kind, denn die Handlungen des Kindes zielen darauf ab, die Überlebenschancen seiner eignen Gene zu maximieren. Viele der üblichen Konflikte zwischen Eltern und Kindern und unter Geschwistern haben also regelrecht eine biologische Grundlage. Für ein Kind würde demnach die Regel folgendermaßen lauten: Sorge dafür, daß möglichst viel in dich investiert wird, sogar auf Kosten deiner

Geschwister. Wenn man dann eigene Kinder hat, zeigt sich die Kehrseite der Medaille; die wollen dann nämlich auch höhere Investitionen, als man zu geben bereit ist. Verschiedene Lebensabschnitte bringen verschiedene Verhaltensweisen mit sich. Auch Männer und Frauen haben unterschiedliche Prioritäten. Die Gedanken Darwins eröffneten einen völlig neuen Blick auf einen Großteil unseres Verhaltens, einen Blick, dem man langsam immer mehr Glauben schenkt.

Evolutionstheoretische Erklärungen – ihr Nutzen und ihre Grenzen

Darwins Arbeit hat die Welt mehr als schockiert. Sie ordnete die Menschen dem Tierreich zu und behauptete, sie seien den gleichen Kräften unterworfen wie alle anderen Organismen auch. Und stärker als jeder andere Beitrag setzte sie die wissenschaftliche Untersuchung der menschlichen Natur in Gang. Sie bewirkte eine andere Sicht des Menschen und seiner Rolle im Universum. Darwin ist dafür verantwortlich, daß wir die Komplexität der Welt nun nicht mehr als Musterbeispiel göttlichen Wirkens betrachten, sondern als ein System, das sich ohne Richtung und Ziel entwickelte. Falls es eine alles steuernde Kraft gibt, dann ist das, wie es auch im Titel eines Buches von Richard Dawkins heißt, der „Blinde Uhrmacher".

Die angepaßten Reaktionen und Verhaltensweisen des Menschen basieren auf Strategien der Vergangenheit, die vielleicht die ganze Zeit und auch für die meisten Menschen funktioniert haben, aber in einer Welt, die es schon lange nicht mehr gibt. Das ist eine wichtige Feststellung, eine, die Freud stark beeinflußte, und die nun auch das moderne Denken zu beeinflussen beginnt.

Mehr als 99,99 Prozent unserer Zeit verbrachten wir als Jäger und Sammler in Umgebungen und Welten, die dem Pleistozän (Diluvium) zuzuordnen sind und paßten uns an sie an. Im Grunde genommen kam unsere biologische Evolution irgendwann in der Zeit von vor 40.000 bis vor 20.000 Jahren zum Stillstand. Wir sind darauf spezialisiert, mit den Umständen zurechtzukommen, denen unsere Vorfahren ausgesetzt waren. Und so hinken wir uns ständig selbst hinterher, passen uns an, um mit einer Welt Schritt zu halten, die es schon lange nicht mehr gibt. Wir sind wie Tiere, die im Boden verwurzelt sind und sich nach den Sternen strecken. Wen wundert es, daß wir gestreßt sind und in der Mitte auseinanderbrechen, wenn sich unsere Regeln darüber, wie man sich anzupassen hat, ständig ändern.

Jeder Organismus besitzt angeborene Fähigkeiten, die durch die Umwelt an die Oberfläche gelockt, entwickelt und verfeinert werden; das steht außer Frage. Aber natürlich gibt es Grenzen: Sprechen Sie einmal mit einer Orange – da wird das Echo gering sein. Ihre Antwort beschränkt sich auf das aufgeklebte „Sunkist“ oder „Jaffa“.

Das Problem besteht darin, konkret anzugeben, was ein Organismus denn nun lernt und was nicht. Ein Universalmechanismus, der mit so etwas herausplatzt wie: „Mach’ einfach das, was am besten ist!“, kann sich wohl kaum an eine Vielfalt verschiedenster Situationen anpassen.

„Optimiere dein Anpassungsvermögen, damit du überlebst“ klingt gut; genau so wie „Tue immer das Richtige“; aber diese Maximen sind ebenso nützlich wie der Rat auf die Frage, wie man zu Geld kommt: „Niedrig kaufen und hoch verkaufen!“ Das klingt gut – aber was soll man kaufen? Wann kauft man es? Wie lange behält man es? Wann kauft man in Asien? Was kauft man, wenn man in Deutschland lebt? Was kauft man mit 100 Dollar, was mit 10.000 Dollar? Was macht man, wenn der Markt zusammenbricht? Wann verkauft man? Was verkauft man? Kauft man Immobilien? Pflanzt man Bäume? Backt man Kuchen? Auf nichts von alledem gibt die sehr allgemeine Strategie „Niedrig kaufen und hoch verkaufen“ eine Antwort.

„Optimiere deine Anpassungsfähigkeit“ ist als strategischer Ratschlag ebenso allgemein gehalten. Er faßt sehr gut zusammen, wie wir funktionieren, kann aber kaum als Betriebshandbuch fürs Leben gelten. Kann man Steine essen? Kann man Pfirsiche essen? Wie vermeiden wir Inzest? Sollte man Inzest vermeiden? Sollte man mit jedem Mitglied der eigenen Spezies Sex haben? Wie erkennen wir, ob jemand ein guter Partner ist? Wie erkennen wir unseresgleichen? Was schmeckt gut? Eine nette, sich windende Raupe? Oder das Fleisch von toten Schweinen? Wie schmecken Käfer? Essen wir Gemüse?

Welche Geräusche signalisieren Gefahr? Sind Wiesel nett? Sammeln Männer Holz oder ist das Frauenarbeit? Sollten Mädchen zurückhaltend sein? Wenn am Himmel ein lautes Geräusch ertönt, heißt das, daß die Götter uns hassen? Wenn ein Tier mit gesenktem Kopf auf einen zurennt, lächelt man dann?

Wie erfahren wir, was gut für uns ist? Nehmen Sie Inzest. Es ist unmöglich, die Botschaft: „Paare dich auf keinen Fall mit deinen Geschwistern" neurologisch zu verschlüsseln. Wie erkennt man seine Geschwister? Wir tragen kein Zeichen auf der Stirn, das Rückschlüsse auf unsere genetische Verwandtschaft zuließe. Es ist nicht immer so offensichtlich, wer Bruder oder Schwester ist, insbesondere dann, wenn das Leben eines Wandervogels einen an viele verschiedene Orte führt. Wie beantworten einzelne Individuen diese Frage?

Eine Antwort kommt aus dem israelischen Kibbuz, wo die Kinder gemeinschaftlich aufwachsen. Als Jugendliche und junge Erwachsene fühlen sich die Kinder des Kibbuz sexuell kaum zu jenen hingezogen, mit denen sie im Kibbuz gewohnt und gearbeitet haben.

Das könnte also ein Hinweis auf eine der Möglichkeiten sein, wie wir erkennen, was wir tun sollen. Pseudoneurologisch ausgedrückt würde die Regel etwa folgendermaßen lauten: „Paare dich mit niemandem, mit dem du zwischen eins und sieben längere Zeit verbracht hast." Das könnte eine Art und Weise sein, wie wir diese Anpassung erben. Die meiste Zeit über würde diese Anweisung die meisten Menschen recht wirksam davor bewahren, sich mit ihren Geschwistern zu paaren.

Mehr als eine Regel, die für über 99,9 Prozent aller möglichen Situationen gilt, kann man wahrscheinlich auch gar nicht erwarten. Die frühe Umwelt scheint dem menschlichen Geist Gestalt zu geben, scheint das geistige „Organ" zu erwecken. In unterschiedlichen Umgebungen kommen auch unterschiedliche Aktivierungen zum Tragen. Es kann gut sein, daß sie den einzelnen auf die verschiedenen Welten vorbereiten, mit denen er als Erwachsener konfrontiert sein wird. Ein Kind, das im Yanomamodorf geboren wird, wird mit großer Wahrscheinlichkeit fast sein ganzes Leben lang mit gewalttätigen Konflikten und Krieg zu tun haben. Genauso wie eines, das heutzutage in bestimmten Gebieten Nordirlands zur Welt kommt.

Kleinkinder scheinen der Welt ihrer Mütter Kostproben zu entnehmen und ihren Geist darum herum zu organisieren. Das dürfte ein nützliches System für alle Organismen sein, die in der gleichen Nische leben wie ihre Eltern. Für den Großteil der menschlichen Geschichte kann man das so sagen – die meisten menschlichen Babys lebten und leben in der gleichen Umgebung wie ihre nächsten Verwandten.

Wir können den menschlichen Geist nicht zur Gänze erklären, wie uns das vielleicht eines Tages mit dem Molekül gelingen wird, weil wir es mit der unberechenbaren Individualität von Einzelwesen zu tun haben. Es wird viele Ausnahmen für die Anpassungsfähigkeit eines Einzelnen an die Welt geben, und auch viele Fehler, denn der menschliche Geist und andere durch Anpassung entstandene Systeme bestehen aus Strategien, die bei der Geburt eine bestimmte Wahrscheinlichkeit haben. Üblicherweise verfolgen wir die richtige Strategie. Doch selbst wenn eine Strategie zu, angenommen, 75 Prozent erfolgreich ist, ist sie in einem Viertel der Fälle falsch.

Anpassung bedeutet, sich für die beste der zur Verfügung stehenden Alternativen zu entscheiden, – nicht für die beste Möglichkeit überhaupt. Daher befaßt sich der Geist mit der jeweils unmittelbar anstehenden Entscheidung und vergleicht die Alternativen. So organisiert sich das Nervensystem also um diese Prioritäten herum ebenso wie um neurale Kodierungen. Wir müssen nicht perfekt sein, müssen nicht viel wissen, wir brauchen nur so gut wie möglich zurechtzukommen; mit der Zeit summieren sich diese kleinen Vorsprünge und machen den Fortschritt aus.

Die Flexibilität unseres Gehirns macht uns zu der erfolgreichen Spezies, die wir sind, weil wir die unterschiedlichsten Nischen besetzen können. Andere Tiere starben aus, weil sie sich nicht gut genug anpassen konnten. Der Säbelzahntiger war ein erfolgreicher und weitverbreiteter Jäger, der einer allzu spezialisierten Anpassung zum Opfer fiel. Er entwickelte riesige Eckzähne, um damit Mammuts und Mastodonc zu schlagen. Als diese Beutetiere aber ausstarben, gab es nichts mehr von solch beträchtlicher Größe, in das er seine riesigen Zähne hätte versenken können. Also starben diese großen Katzen ebenfalls aus, weil sie zu spezialisiert waren, um sich neu anzupassen.

Das Wollmammut und der Säbelzahntiger sind verschwunden

Der Geist aus entwicklungsgeschichtlicher Sicht

Die Prinzipien Darwins und die Sichtweise Rumis ergeben gemeinsam die Anfänge einer ganzheitlichen Sicht des menschlichen Geistes. Die natürliche Auslese setzt die unbewußte Anpassung an die Umgebung in Gang. Beim Menschen spielen aber auch noch andere Prinzipien eine Rolle. Angesichts des Überflusses an Zellen im Gehirn besteht der Fortschritt in einer bewußten Auslese und Entscheidungsmöglichkeit. Die Anpassung, die blind begann und sich nur um eine ökologische Nische herum organisierte, wird zu einer schöpferischen Tätigkeit – die menschlichen Organismen passen die Welt an sich und ihre Bedürfnisse und Wünsche an. Die natürliche, neurale und bewußte Auslese bilden das Fundament unseres Fortschritts. Die Evolution, einst auf strikt biologische Aspekte beschränkt, kann in uns zu einer bewußten Evolution werden.

Es kann also gut sein, daß die Auslesekriterien der blinden Evolution ursprünglich die Anpassungsfähigkeit, die Robustheit gegenüber Hitze und ähnliches waren; all das kommt allerdings in dem Faktorenkomplex zusammen, der zu uns führt: aufrecht auf zwei Beinen, zu anmutigen Bewegungen imstande, zu deren Steuerung ebenso wie für die Sprache ein großes Gehirn nötig ist. All das, oder wenigstens das meiste davon, kann mit Hilfe der Prozesse, die Darwin beschreibt, zumindest im Ansatz verstanden werden. Sein Beitrag zur Weiterentwicklung unserer Erkenntnisse über uns selbst ist wesentlich größer, als uns klar gewesen war.

Aus dieser Sicht sind wir alle Teil einer größeren Welt und machen mit unserem Körper und Geist ihre Entwicklung mit. Als Erwiderung auf die Kritik jener, die sich von Paley anstacheln ließen, schrieb Darwin folgendes: „Diese Sicht hat etwas Großartiges – das Leben mit seiner Vielzahl an Kräften, deren Lebensatem ursprünglich nur ein paar wenigen oder gar nur einer Lebensform eingehaucht wurde; und während dieser Planet sich den feststehenden Gesetzen der Anziehungskraft entsprechend weiterdrehte und -dreht, entwickelten und entwickeln sich immer noch – aus einem so einfachen Beginn – unendlich viele wunderbare Formen von größter Schönheit.“

8. Über die Rolle der Emotionen bei der Anpassung

Du denkst, du hast den Thron bestiegen, aber du stehst vor der Tür.
Du hast keine Macht über deine eigenen Gefühle, wie kannst du dann regieren über Gut und Böse?
Rumi

Der emotionale Teil des Gehirns

Ein Psychiater, den ich kenne, erhielt einen Anruf vom Polizeirevier in San Mateo, Kalifornien. „Hier spricht Officer Thomas. Ihr Patient Alfred R. steht am Rande einer Klippe an der Ecke von Skyline Drive und Aronda Road und droht damit, hinunterzuspringen. Können Sie 'rausfahren und etwas tun?“ Mein Freund sprang in seinen Wagen und fuhr den Hügel hoch.

Da stand Alfred auf dem Felsvorsprung über dem Canyon. Was sagt man zu jemandem, der knapp davor ist, hinunterzuspringen? Mein Freund versuchte es mit der Frage, ob Alfred denn wisse, was er damit seiner Mutter antun würde. Wie sehr sie das verletzen würde? Alfred wußte es. Denken Sie an ihre Kinder – es würde deren Leben völlig verändern. Alfred wußte es bereits. Und was wäre dann mit seiner Industrieroboter-Firma, gerade jetzt, so knapp vor dem Durchbruch? Er wußte es. Ja, habe er denn nicht das Gefühl, daß er nun einige seiner Probleme endlich in den Griff bekomme und daß er in ein paar Wochen zu seiner Frau zurückkehren könne? Egal, was mein Freund sagte, nichts schien auf fruchtbaren Boden zu fallen.

Schließlich ging er niedergeschlagen weg, in der Hoffnung, ein Polizeiexperte, der für solche Angelegenheiten besser ausgebildet ist als er, könne etwas sagen, etwas tun oder etwas versprechen, irgend etwas, um den Mann vom Selbstmord abzuhalten. Viel Hoffnung hatte er für Alfred allerdings nicht.

Der Experte kam aber nicht, und Alfred sprang nicht.

Folgendes war geschehen: Ein anderer Polizist, auf Patrouille, hielt seinen Wagen am Ort des Geschehens an, sich des Dramas überhaupt nicht bewußt. Er nahm sein Megaphon und schmetterte in scharfem Ton hinüber zu der Gruppe Leute am Fuß der Klippe: „Welcher Arsch (eigentlich hatte das Wort, das er verwendete, noch einen zweiten Teil) hat den Pontiac Kombi da in zweiter Spur mitten auf der Straße stehen lassen? Ich bin ihm fast draufgefahren. Fahren Sie ihn auf der Stelle weg, wer auch immer Sie sind." Bei Alfred R. kam die Botschaft an. Er stieg sofort von seinem luftigen Platz hinunter, schlurfte gehorsam zu seinem Wagen, parkte ihn exakt am Abstellstreifen und fuhr dann völlig wortlos im Polizeiwagen davon, ins Stanford Hospital.

Es ist leichter als wir vielleicht glauben, tiefgreifende Veränderungen in unserem geistigen Zustand herbeizuführen, insbesondere da, wo unsere Emotionen beteiligt sind. Unser geistiger Zustand verändert sich immer wieder grundlegend; sogar unsere Ideen und Erinnerungen verändern sich ohne unser Wissen. Zu derartigen Veränderungen kann es kommen, weil es im menschlichen Geist verschiedene Reaktionen und Ichs gibt. Als Alfred R. begann, einen Selbstmord in Betracht zu ziehen und ihn „probte", arbeitete er all die Gründe und Antworten in bezug auf diesen gewichtigen Schritt heraus, mit dem er seinem Leben ein Ende bereiten wollte. Er hatte gute Gründe dafür, sich umzubringen, obwohl es seine Familie mit einem Schandfleck belasten und sie verletzen würde.

Die Probe hatte aber nur in einem seiner Ichs stattgefunden, nämlich in dem, das sich mit seinem Leben und seiner Zukunft beschäftigte. Alfred R. erkannte nicht, daß seine anderen „Geisterchen" ihre eigenen Prioritäten haben; manchen davon sind Lebenskrisen ziemlich gleichgültig. Daher ließ sich der Beschluß, Selbstmord zu begehen, nicht in die Tat umsetzen. Er wurde durch die automatische Richtungsänderung des Geistes einfach beiseitegeschoben und seiner Position enthoben; der selbstmordgefährdete Fanatiker verwandelte sich in einen rücksichtsvollen, gesetzestreuen Bürger. Zu solch einem plötzlichen Sinneswandel kann es kommen, weil unsere Emotionen innerhalb des Nervensystems nicht den gleichen Routen folgen wie alltäglichere und nüchternere Informationen. Sie stammen nämlich entwicklungsgeschichtlich aus einer anderen Zeit.

Die Geschichte von Alfred R. war ein dramatisches und ungewöhnliches Ereignis; und doch scheint es so, als würden unsere Emotionen die meiste Zeit ihren eigenen Kopf durchsetzen. Warum bin ich weggelaufen? Warum bin ich wütend geworden, obwohl ich mir fest vorgenommen hatte, ruhig zu bleiben? Warum habe ich mich so verführerisch benommen? Der biologische Grund dafür ist simpel und klar: Emotionale Reaktionen benutzen ein anderes neurales Netzwerk als bewußte, wohldurchdachte Reaktionen.

Emotionale Informationen werden über andere Nervenbahnen zum Gehirn geleitet als vielleicht gewöhnlichere, neutralere Informationen. Die Mehrzahl der Gehirnforscher nahm bis vor kurzem noch an, daß alle Signale den Kortex über die gleichen Bahnen erreichen, aber das scheint nicht zu stimmen. Neuere Forschungen zeigen, daß die Emotionen ein separates System von Nervenbahnen haben, die über das limbische System zum Kortex verlaufen, wodurch sich die emotionalen Signale jeder bewußten Kontrolle entziehen können.

Diese Trennung der Signalwege ist in Notsituationen sehr nützlich – wir müssen nicht denken, bevor wir wegrennen. Sie kann aber auch dazu führen, daß wir etwas tun, was „wir" nicht wollen – wenn wir zum Beispiel die Angst vor lauten Geräuschen oder großen Höhen nicht kontrollieren können, obwohl wir wissen, daß sie eigentlich nicht gefährlich sind. Es kann auch passieren, daß wir uns darüber ärgern, wie jemand spricht, obwohl „wir" wissen, daß wir das nicht sollten. Emotionale Impulse stehen in Widerspruch zu bewußten Handlungen.

Diese Erkenntnisse sind nur ein Beispiel dafür, daß mit der immer größeren Zahl von vorliegenden Studien die modernen wissenschaftlichen Analysen der Natur des menschlichen Geistes nun viel schärfer und konkreter auf einzelne Punkte gerichtet sind. In der Mehrzahl der frühen Theorien über das Gehirn wurde es für ein undifferenziertes System gehalten, in dem viele Bereiche das gleiche Potential für jede Art von Lernen und Leistung haben – ein gleiches Gehirn für alles. In jüngerer Zeit befassen sich viele der Analysen des Gehirns und der Emotionen allerdings mit dem Unterschied zwischen den beiden Gehirnhälften. Sie scheinen hinsichtlich der Emotionen ebenso spezialisiert zu sein wie hinsichtlich des Denkens. Die linke Hemisphäre reagiert auf den verbalen Inhalt des emotionalen Ausdrucks und die rechte auf Tonfall und Gestik.

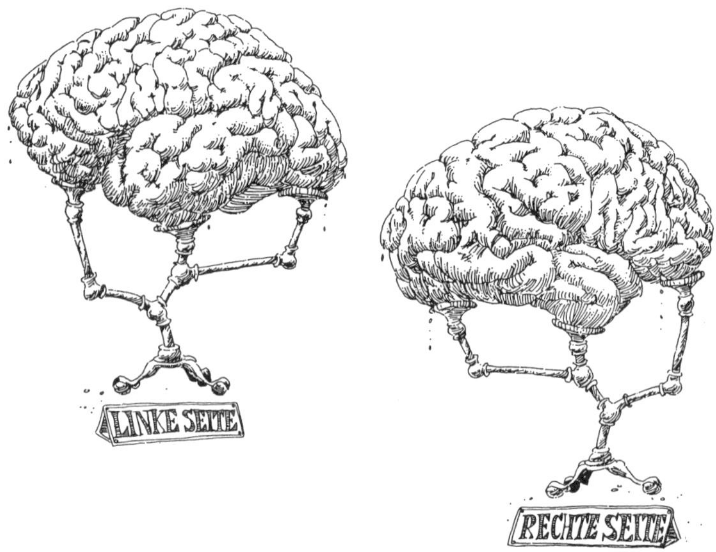

In einer Studie wurden die Wellen aus dem vorderen Bereich des Gehirns aufgezeichnet, während verschiedene Gefühle hervorgerufen und verstärkt wurden. Die Leute sollten sich an die traurigsten oder glücklichsten Phasen in ihrem Leben erinnern, während sie zwei in verschiedenen Bereichen ihres Gesichtsfeldes dargebotene Gesichter betrachten und beurteilen sollten, welches stärkere Gefühle zeigte. Bei den Erinnerungen an glückliche Zeiten war die linke Hemisphäre am aktivsten, bei den traurigen die rechte. Das eine Gesicht, das den Versuchspersonen gezeigt wurde, war neutral; das

Das Lächeln der Mona Lisa. Die berühmte Rätselhaftigkeit des Lächelns von Leonardo da Vincis Mona Lisa ist möglicherweise der Tatsache zuzuschreiben, daß nur ihre linke Seite lächelt, also die von der rechten Gehirnhälfte gesteuerte Seite.

andere hatte entweder einen glücklichen oder traurigen Ausdruck. Wenn das als zweites dargebotene Gesicht das glückliche war, wurde es schneller erkannt, wenn es visuell zur linken Hemisphäre projiziert wurde; wenn es das traurige war, erkannten es die Leute schneller, wenn es zur rechten Hemisphäre hin projiziert wurde.

Ärger und Trauer betreffen die rechte Gehirnhälfte stärker als die linke, während es bei angenehmen Emotionen wie zum Beispiel einem Glücksgefühl umgekehrt ist. Schon ein paar Wochen alte Babys reagieren in den beiden Frontallappen unterschiedlich auf unterschiedliche Emotionen.

Da die rechte Gehirnhälfte die linke und die linke Gehirnhälfte die rechte Körperseite steuert, gibt es dann Unterschiede im Ausdruck von Emotionen zwischen den beiden Seiten des Körpers? Sehen Sie sich (oben) Leonardo da Vincis Mona Lisa an. Ihr Lächeln wird als rätselhaft, verwirrend und zweideutig beschrieben. Warum? Sehen Sie sich jede Seite ihres Gesichts genau an und dann das spiegelverkehrte Bild. Nur die linke Seite lächelt, jene Seite, die von der rechten Hemisphäre gesteuert wird. Vielleicht liegt darin der Grund dafür, daß ihr Ausdruck als so zweideutig empfunden wird. Wenn Sie die Zeichnung der zwei Gesichter auf dieser Seite betrachten* – welches ist Ihrer Meinung nach glücklich?

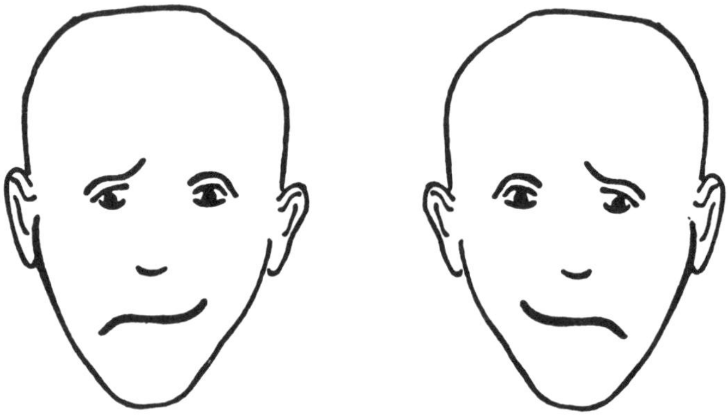

Diese Gesichter sind Spiegelbilder voneinander. Fixieren Sie jeweils die Nase. Welches ist glücklicher? (Julian Jaynes, 1976).

Sehen Sie sich die drei auf der gegenüberliegenden Seite abgebildeten Gesichter an. Welches drückt Ekel am stärksten aus? Das Bild links ist ein normales Foto von einem Mann, der sich ekelt. Das mittlere besteht aus zwei zusammengesetzten Bildern seiner rechten Gesichtshälfte, das Bild ganz rechts aus seinen beiden linken Gesichtshälften. Die meisten Menschen haben das Gefühl, daß das rechte Bild, das ja Ausdruck der rechten Hemisphäre ist, die Emotion am deutlichsten macht. In bezug auf Augenbewegungen und die Interpretation eines Gesichtsausdrucks zeigen sich die gleichen

* Aus: The Origin of Consciousness in the Breakdown of the Bicameral Mind von Julian Jaynes. Copyright 1976 by Julian Jaynes. Nachdruck mit freundlicher Genehmigung der Houghton Mifflin Co.

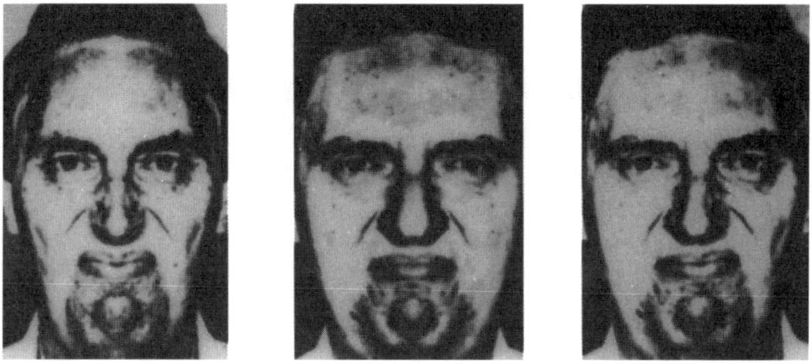

Der Ausdruck von Emotionen: die zwei Gesichts- und Gehirnhälften. Das rechte Bild zeigt einen Mann, der sich ekelt. Das mittlere setzt sich aus zwei Fotos seiner rechten Gesichtshälfte zusammen und das Bild links aus zwei Fotos seiner linken Gesichtshälfte. Sind Sie wie die meisten Menschen der Meinung, daß das linke Foto (also das Doppelbild von der Seite des Gesichts, das von der rechten Gehirnhälfte gesteuert wird) den Ekel am deutlichsten ausdrückt?

Ergebnisse. Wir drücken Emotionen anscheinend auf der linken Seite stärker aus als auf der rechten (zumindest, wenn wir es absichtlich tun), und wir interpretieren Emotionen links besser als rechts.

Warum haben wir derartig geteilte Emotionen? Warum sind sie im Gehirn voneinander getrennt? Es könnte eine Beziehung zu der Art und Weise geben, wie verschiedene Emotionen den Körper mobilisieren. Die beiden Hemisphären sind für unterschiedliche Formen der Muskelsteuerung zuständig. Die rechte scheint eher die Kontrolle über die groben motorischen Funktionen zu haben und somit über die großen Muskeln der Gliedmaßen; die linke hingegen ist anscheinend eher an den kleineren Muskelbewegungen beteiligt, wie zum Beispiel denen der Finger. Wenn die Bewegungen des Laufens von einem spezifischen Teil des Nervensystems gesteuert würden, wäre es sinnvoller, die Emotionen, die mit dem Laufen und der Bewegung der Arme assoziiert werden (Kampf oder Flucht) im gleichen Bereich des Gehirns anzusiedeln.

Die Kontrolle der rechten Hemisphäre über die großen Muskelsysteme ermöglicht es uns, uns schnell zu bewegen und Probleme zu vermeiden; die der linken über die kleinen Muskeln versetzt uns dazu in die Lage, uns Dingen zu nähern, die uns glücklich machen. Denken Sie einmal darüber nach, wie Ihre Muskeln auf eine Bedrohung oder auf den Anblick eines geliebten Menschen reagieren. Die Gefühle und die motorische Kontrolle sind im Gehirn möglicherweise miteinander verbunden. Wir haben möglicherweise auch verschiedene positive und negative Emotionalisierungssysteme, die für eine getrennte Steuerung vieler Verhaltensweisen sorgen.

Die Kontrolle, die das Gehirn über die Gesichtsmuskeln ausübt, ist äußerst fein. Der Steuerung des Gesichts ist ein größerer Bereich gewidmet als der irgendeiner anderen Körperoberfläche. Diese sehr detaillierte Kontrolle dient einem klaren Zweck: dem Ausdruck von Gefühlen. Gefühle sind als „Muster" im Gesicht abzulesen. Mit unserem Gesichtsausdruck senden wir emotionale Botschaften aus: hier ein Hochziehen der Augenbrauen, dort ein Herabziehen der Mundwinkel. Da die emotionalen Ausdrucksformen universell sind, kann man die Emotionen hinter verschiedenen Arten des Gesichtsausdrucks interpretieren lernen.

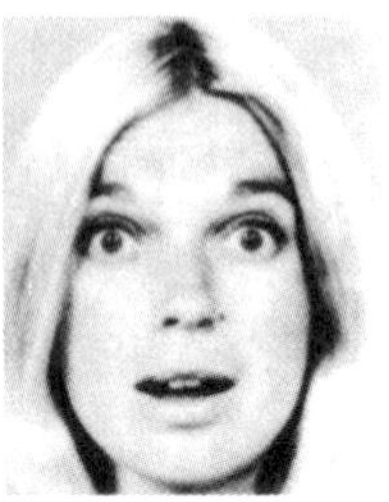
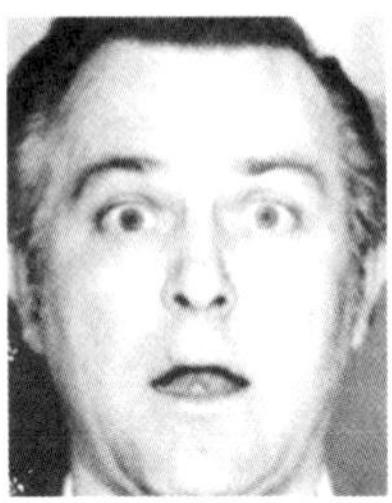
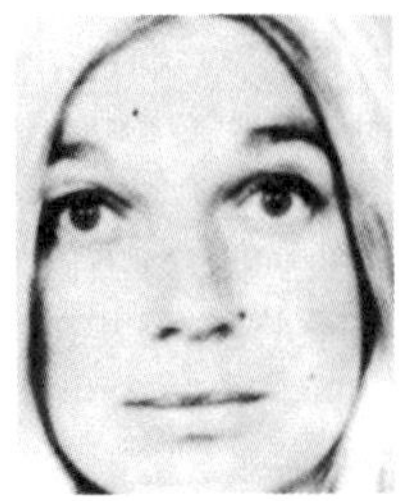

Die **Überraschung** ist eine Reaktion auf ein plötzlich auftretendes Ereignis:

Die Augenbrauen werden hochgezogen und bilden einen Bogen;

die Stirn legt sich in horizontale Falten;

die Augen öffnen sich weiter, und das Weiße der Augen ist deutlicher, vor allem über der Iris;

der Unterkiefer fällt nach unten, aber in der Mundpartie ist keine Spannung da.

Jedes dieser Anzeichen kann einen Teil des Gefühls ausdrücken. Und da wir mit unserer Wahrnehmung die Lücken füllen, kann es den Anschein haben, als würde auch der Rest des Gesichts die Emotion ausdrücken. Der Gesichtsausdruck kann auch nur leichte Überraschung vermitteln, wenn zum Beispiel nur die Augenbrauen hochgezogen werden (vorhergehende Seite rechts).

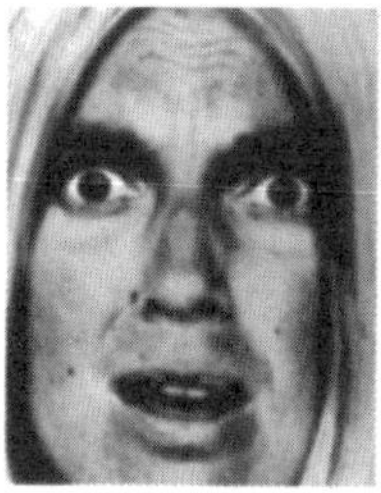

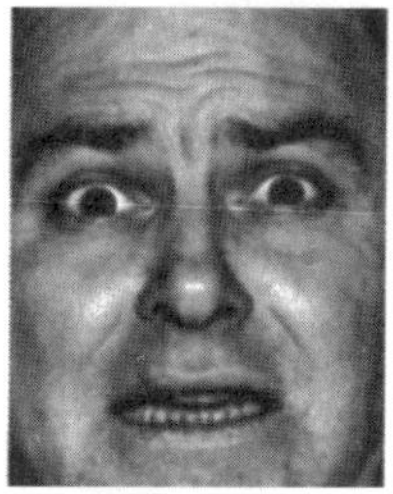

Angst ist eine generalisierte Vorbereitung darauf, sich entweder zu verteidigen oder zu flüchten:

Die Augenbrauen sind hochgezogen und zueinander geschoben;

die Stirn legt sich in der Mitte, nicht aber an den Seiten in Falten;

die Augen öffnen sich stärker;

der Mund öffnet sich und die Lippen sind stehen unter Anspannung.

Angst kann auch von anderen Emotionen begleitet werden. Überraschung und eine leichte Angst können zum Beispiel in einen Ausdruck verschmelzen.

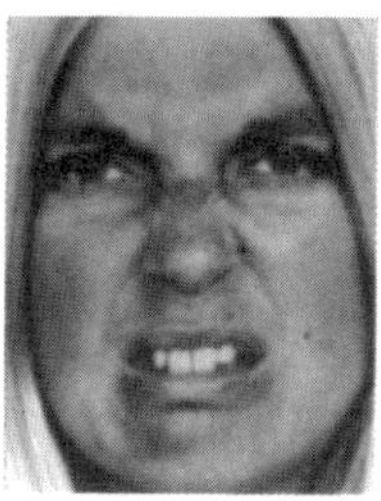

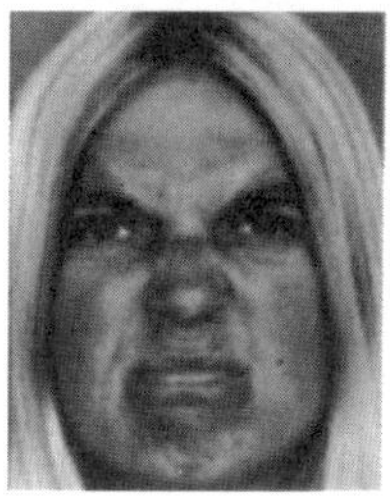

Ekel hat gewöhnlich mit einer gefühlsmäßigen Reaktion der Abstoßung oder Aversion gegen etwas Widerwärtiges zu tun. Zum Ausdruck kommt er vorwiegend im unteren Teil des Gesichts und den Augenlidern:

Die Oberlippe ist hochgezogen und die Unterlippe leicht vorgeschoben;
die Nase ist in Falten gelegt;
die Wangen sind hochgezogen;
die Augenbrauen liegen tiefer.

Eine Mischung aus Abscheu und Überraschung führt zu einem neuen Ausdruck, der eine skeptische oder ungläubige Haltung zu vermitteln scheint.

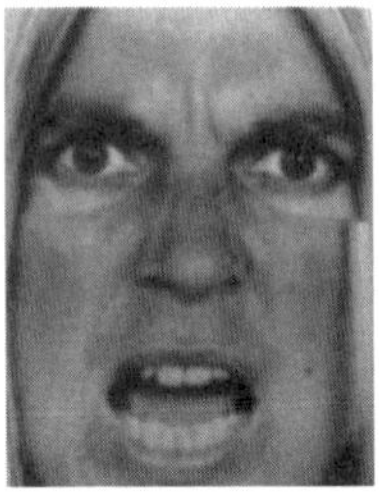

Der Ausdruck von **Ärger** ist stark und direkt und vermittelt starkes Mißfallen. Er ist leicht vom Gesicht abzulesen. Ärger ist als Botschaft sehr redundant, wodurch sie wirklich jedem klar wird.

Die Augenbrauen senken sich und ziehen sich zusammen, wodurch zwischen ihnen vertikale Linien entstehen.

Die Augen können hervortreten, und der Blick kann hart und starr sein.

Die Lippen können aufeinandergepreßt sein oder sich in einer rechtecksähnlichen Form öffnen, so wie bei einem lauten Ruf.

Ärger vermischt sich oft mit Abscheu. In diesem Fall verbindet sich die in Falten gelegte Nase mit den ärgerlichen Augen und Augenbrauen – „Wie kannst du es nur wagen?"

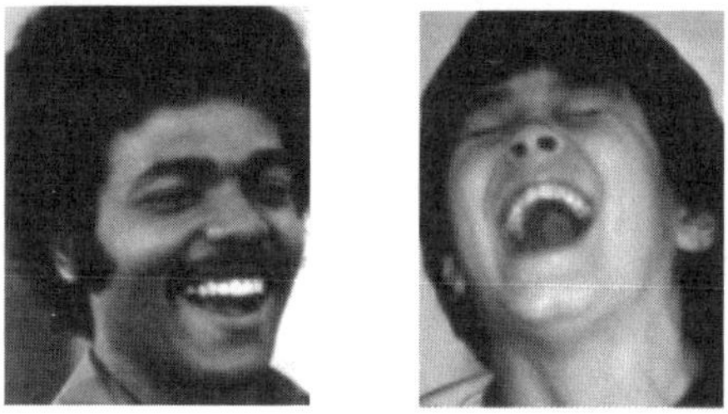

Nach all diesen schwierigen Emotionen ist das **Glücksgefühl** hochwillkommen. Es zeigt sich in der unteren Gesichtshälfte und den Augen:

Die Mundwinkel werden in einem Lächeln zurück und nach oben gezogen, wobei der Mund offen sein kann;

die Wangen heben sich und lassen dadurch eine Falte von den äußeren Mundrändern zur Nase entstehen;

Lachfalten beziehungsweise Krähenfüße bilden sich um die äußeren Augenwinkel.

Ärger kann sich mit einem Glücksgefühl zu einem fröhlich-genießerischen Ausdruck von „Erwischt!" verbinden.

Das Gesicht und die Gefühle sind in unserer Kultur stark miteinander verbunden. In schlechten Zeiten „setzen wir ein fröhliches Gesicht auf". Neuere Forschungsarbeiten zeigen überraschenderweise, daß die Position unserer Gesichtsmuskeln unsere Gefühle beeinflußt. Probieren Sie es aus: Sagen Sie *cheese* („Tschies") und halten sie das ein paar Augenblicke lang. Spitzen Sie dann die Lippen und halten Sie das Wort *few* („Fjuh") auf ihren Lippen. Die beiden rufen unterschiedliche Gefühle hervor. *Cheese* (eine dem Lächeln ähnliche Pose) führte zu angenehmen, *few* zu unangenehmen Gefühlen.

Nur durch den Gesichtsausdruck können wir unsere Emotionen steuern, wie es etwa im methodischen Schauspiel geschieht. In einer ersten Untersuchung dieser Art baten Paul Eckman und seine Kollegen die Leute, einen bestimmten Gesichtsausdruck zu zeigen, wie zum Beispiel, die Augenbrauen zu heben und die Lippen herabhängen zu lassen. Dadurch wurden auch die dem jeweiligen Ausdruck entsprechenden Gefühle, wie etwa Überraschung oder ein Glücksgefühl, hervorgerufen.

Obwohl wir also möglicherweise unsere Emotionen bewußt steuern können, ist ihr angeborener, richtunggebender Einfluß weit größer als wir mit unserer Vernunft begreifen können. Das kleine Kind würde nicht überleben, ohne zu schreien oder seine Eltern mit Gefühlen zu manipulieren. Die Reaktion des Säuglings auf die Mutter, die in kritischen Zeiten für eine enge Verbindung sorgt, sowie dann später im Leben des Erwachsenen Überraschung, Panik, Angst und Abscheu sind lauter unbewußte mentale Programme, die uns nützlich sind und das auch schon unseren Vorfahren in hohem Maße waren.

Jago und Sappho als Akteure im menschlichen Geist

Im Sommer besuche ich immer wieder einmal Aufführungen des Berkeley Shakespeare Festival, die manchmal wild, manchmal seltsam und manchmal sehr gelungen sind. Selbst wenn die Inszenierung sehr ungehobelt und pionierhaft ist, lohnt es sich, daran erinnert zu werden, was für ein guter präkognitiver Psychologe Will Shakespeare war.

Einmal gab es eine besonders blödsinnige Vorstellung von Othello. Fast wäre ich gegangen, blieb dann aber doch und gewann durch Shakespeares Charakterisierung von Jago und Othello einige Erkenntnisse. Wenn wir die Handlungen dieser Charaktere auf uns übertragen, können wir erkennen, wie die Beziehung zwischen den Emotionen und geistigen Entscheidungsprozessen aussehen könnte.

Othello beginnt zu vermuten, daß ihm seine Frau Desdemona untreu ist. Das stimmt zwar nicht, aber der Höfling Jago stachelt Othellos Eifersucht an. Er sagt nie, daß sie einen Ehebruch begangen habe, impliziert es eigentlich nicht einmal. Aber er lenkt Othellos Aufmerksamkeit auf Dinge, die Probleme in bezug auf Desdemona und Othellos Leutnant Cassio andeuten könnten.

Im dritten Akt, dritte Szene „Hat Cassio, als Ihr warbt um Eure Gattin, gewußt um Eure Liebe?“ gibt er zu verstehen, daß man zu bestimmten Schlußfolgerungen kommen könne, weigert sich aber, diese Schlüsse selbst zu ziehen. Schließlich antwortet Othello: „Bei Gott, mein Echo! Als läge ein Ungeheuer in seinem Sinn, zu gräßlich, es zu zeigen." Durch diese Vorbereitung folgen Othellos Geist und Denken nun also dem von Jago vorgezeichneten Pfad. Er wird mißtrauisch, interpretiert die folgenden Gespräche in dem von Jago angedeuteten Sinne und damit falsch und gelangt zu einem fürchterlichen Schluß.

Was ich hier verdeutlichen möchte, ist die Art und Weise, wie die Charaktere die Rolle der Emotionen im menschlichen Geist veranschaulichen. Die Psychologie ist hinsichtlich dieser Frage gespalten: In den meisten psychologischen Analysen des menschlichen Geistes nehmen die Gefühle keinen besonders wichtigen Platz ein; die Ausnahme ist dabei die Psychoanalyse, in der sie als der Kern der Irrationalität gelten.

Viele Menschen mißtrauen den Emotionen außerdem und betrachten sie als etwas Zerrüttendes, etwas, das gegen „unsere" Interessen agiert. Emotionen beeinträchtigen uns, verwirren uns, führen uns in die Irre oder machen uns irrational: „Wenn du mal darüber nachdächtest, wüßtest du, was du nicht tun solltest: ihn (oder sie) heiraten ; nach Indien ziehen ; von zu Hause weglaufen; in Panik ausbrechen und dichtmachen." Oder solltest du doch?

Die Emotionen beeinflussen das Denken des Menschen selten zu seinem Nachteil. Außerdem ist eine gestörte Ordnung nicht immer schlimm. Wenn eine wohlorganisierte Ordnung wie zum Beispiel ein Job oder eine Ehe nicht funktioniert, dann ist der freiwillige Verzicht auf die Ordnung ein Zeichen für Anpassung. Die Sorge, Emotionen würden dazu führen, daß sich alles auflöst, ist ohnehin unberechtigt. Denn eigentlich sind sie das wichtigste ordnende System im menschlichen Geist.

Unabhängig von unserem Bewußtsein lenken die Emotionen – wie Jago – unseren Geist in Richtung bestimmter Schlußfolgerungen. Sie sind geistige Systeme, die an Kurzschluß-Überlegungen angepaßt sind – und damit zuständig für die richtige Reaktion in Situationen, in denen es um Leben oder Tod geht, wo das Anpassungsvermögen an erster Stelle steht.

Unmittelbare Gefühle streichen Ereignisse heraus; sie teilen dem Rest des Geistes mit, daß gerade etwas Wichtiges geschieht. Die Reaktions- und Verteidigungsbereitschaft eines Tieres erhöht sich, wenn es durch einen herannahenden Angreifer in Aufregung versetzt wird und sich fürchtet. Ein Mensch, der sexuelle Liebe verspürt, wird sich mit einer größeren Wahrscheinlichkeit fortpflanzen als einer, der keine verspürt. Ein wütend gewordener Organismus ist bereit zu einem Angriff; einer, der sich fürchtet, ist bereit, sofort zu fliehen. Die Emotionen sind, wie alle unsere Reaktionen, nicht immer und in allen Situationen richtig, aber im großen und ganzen vernetzen sie uns mit der Welt.

Sie treten dann in den Vordergrund, wenn die Vernunft der Anpassung nicht dienlich ist. Man hat keine Zeit zu entscheiden, ob das, was man gerade ißt, nur ein bißchen verdorben oder richtiggehend giftig ist. In einer netten kleinen rationalen Untersuchung könnte man es selbst essen oder zehn anderen Leuten zu essen geben. In der Zwischenzeit könnte man allerdings bereits tot sein. Also verzieht man das Gesicht und wirft es weg oder spuckt es aus. Natürlich kann die Reaktion manchmal falsch sein – das Essen war vielleicht völlig in Ordnung, aber wie hätte man das rechtzeitig wissen sollen? Und wäre es das Risiko wert? Jeden Tag erinnern wir uns, denken und fühlen wir, weil unsere geistigen Prozesse so organisiert sind, wie sie es eben sind. Bei einem dramatischen, lebensbedrohlichen oder alles verändernden Ereignis erinnern sich die Leute mit hoher Wahrscheinlichkeit an ungewöhnlich viele Details bezüglich der Umstände, die zur Zeit des Geschehens herrschten. Diese lebhaften Erinnerungen nennt man Blitzlichterinnerungen, weil es so wirkt, als würde in diesen Augenblicken höchster Anspannung der Geist die Szene fotografieren. Die Leute, die alt genug sind, sich an die Ermordung von Präsident John F. Kennedy zu erinnern, wissen auch noch genau, wo sie waren und was sie machten, als sie davon erfuhren.

Eine stärkere Emotionsgeladenheit zur Zeit des Ereignisses führt zu einer intensiveren Erinnerung; es ist, als ob unsere Emotionen uns auf das hinweisen würden, was wichtig ist. Auch in vielen Laboruntersuchungen zeigt sich, daß die Gefühle das Gedächtnis beeinflussen. Zwei Psychologen baten ihre Versuchspersonen, sich Wörter anzuhören, von denen manche emotionale Assoziationen hervorriefen (Brust, Leiche, Vergewaltiger). Die mit Emotionen assoziierten Wörter wurden besser erinnert als die neutralen. Wichtiger noch – die Versuchspersonen erinnerten sich bei den emotionsgeladenen Wörtern deutlicher an das, was gerade geschah, als sie sie hörten: in diesem Fall daran, welche Stimme das Wort gesprochen hatte.

Die Emotionen sind wie Verbindungen kreuz und quer über alle Gehirnzellen – sie sind aktive Bindeglieder im menschlichen Geist. Freud erkannte, daß sich Menschen an ein vergangenes Erlebnis nicht erinnern können, wenn es von seinem emotionalen Hintergrund losgelöst ist. Das Erlebnis, schrieb er, „bleibt quasi isoliert und wird im gewöhnlichen Denkprozeß nicht wieder hervorgebracht. Die Wirkung dieser Isolierung ist die gleiche wie die der Verdrängung bei der Amnesie." Erinnerungen, denen die sie begleitenden Emotionen fehlen, sind laut Freud nicht wiederzuerkennen. Emotionale Augenblicke setzen klare Zeichen im menschlichen Geist. Sie organisieren ihn. In vielerlei Hinsicht sind sie der menschliche Geist.

Wir erinnern uns an Zeiten starker Gefühle. Die Erregung scheint unsere eigene innere Markierung zu sein, ein Signal an den Rest des Geistes, daß gerade etwas Wichtiges geschieht. Es ist, als ob die starke Emotion eines öffentlichen Ereignisses wie zum Beispiel eines politischen Mordes, oder die eines persönlichen Schocks unsere Erinnerung an diese Ereignisse fixieren würde. Wir alle erleben solche Augenblicke, die wir immer im Gedächtnis behalten werden – die Ankündigung einer Hochzeit, der Tod eines geliebten Menschen, ein unerwarteter Schock. Wir erinnern uns an triviale Details bezüglich des Augenblicks, in dem sich unsere Aufmerksamkeit auf dieses Ereignis konzentrierte – wie das Zimmer aussah, zum Beispiel, als wir die Nachricht vom Tod unserer Mutter oder unseres Vaters erhielten.

In unserer Erinnerung sind diese aufregenden Ereignisse Wendepunkte, und wir wiederholen sie immer und immer wieder. Emotionale Punkte kennzeichnen Veränderungen für uns: als wir einen Heiratsantrag erhielten, als ein geliebter Mensch starb, als wir fast ertranken und ähnliches. Der emotionale Bereich unseres Geistes hat sie „für uns“ als Signale gekennzeichnet, die es im Gedächtnis zu behalten gilt. Er entscheidet sich bei dieser Kennzeichnung allerdings nicht immer für die richtigen Ereignisse. Manchmal erregen wir uns, wenn wir sollten, manchmal aber auch nicht. „Wenn ich dich sehe, versagt meine Stimme. Meine Zunge ist gelähmt. Ein brennendes Fieber durchglüht meinen ganzen Leib. Mein Blick verschwimmt, und ich kann nichts mehr sehen. Mich schmerzt das betäubende Getöse in meinen Ohren. Alles an mir erzittert.“ Diese Beschreibung stammt nicht aus einer physiologischen Studie über die Emotionen, sondern von der Dichterin Sappho, die das vor 2.500 Jahren schrieb. Die Emotionen kennzeichnen Ereignisse, indem sie die Notfallsreaktion des Körpers aktivieren; sie wiederum schafft in uns die entsprechenden Bedingungen, damit wir sofort handeln können, zum Beispiel kämpfen oder flüchten. Die Mehrheit der mit Emotionen verbundenen Reaktionen aktivieren Mechanismen des sympathischen Nervensystems. Sie liegen den meisten starken Gefühlen zugrunde, wie zum Beispiel dem Ärger, der Angst und der Freude. Die starken Gefühle sind in der Mehrzahl negativ, weil wahrscheinlich die Mitteilung wichtiger ist, daß etwas völlig schiefläuft und geändert werden muß, als die, daß etwas in Ordnung ist.

Der Prozeß läuft in mehreren Schritten ab. Die Nebennieren schütten mehr Noradrenalin ins Blut aus, wodurch die inneren Organe aktiviert werden. Die Pulsfrequenz, der Blutdruck und das Blutvolumen steigen. Dadurch kann mehr Blut zu den Muskeln und ins Gesicht strömen (daher kommt das plötzliche Hitzegefühl, das oft mit einer Aufregung einhergeht). Der Hautwiderstand sinkt; die Atmung, die Schweißproduktion, Speichelbildung und Magenbewegungen werden verstärkt; die Pupillen vergrößern sich. Es gibt im physischen Erregungssystem anscheinend nichts, was für sich alleine ein Hinweis darauf wäre, um welche Emotion es sich handelt.

Die Erklärung, die wir selbst für den physiologischen Zustand haben, führt zu unterschiedlichen emotionalen Erfahrungen. Wenn die Umstände nicht eindeutig sind, kann es schwierig sein, die physiologische Reaktion zu interpretieren. Im Rahmen einer psychologischen Studie wurde Studenten und Studentinnen ein Film über eine Zeremonie bei einem Stamm australischer *Aborigines* gezeigt, die die Schwelle zum Mann-Sein markiert. Eines der Rituale bestand darin, daß entlang der Unterseite des Penis mit einem Messer die Harnröhre längs eröffnet wurde. Gemessen wurde die Erregung des autonomen Nervensystems während des Films, und zwar in Form des galvanischen Hautwiderstands (GSR – *Galvanic Skin Response*), ein Standardverfahren zur Messung von Erregung. Eine Gruppe sah den Film als Stummfilm. Die zweite Gruppe hörte einen Text, der die Grausamkeit des Rituals betonte. Zwei weitere Gruppen hörten Erklärungen, die die Grausamkeit herunterspielten, indem sie sie entweder verleugneten oder intellektualisierten. Die Erregungsmessung mit Hilfe des galvanischen Hautwiderstands führte zu höheren Ergebnissen in der Gruppe, für die die Grausamkeit betont worden war, und zu niedrigeren Ergebnissen in jenen, in denen sie heruntergespielt worden war.

Negative Emotionen haben einen anderen Informationswert, weil es viel mehr bedrohliche Situationen gibt als angenehme. Positive Gefühle werden im menschlichen Geist als Signal dafür gedeutet, mit dem fortzufahren, was wir gerade tun; negative Gefühle hingegen haben eine viel größere Dringlichkeit und signalisieren, daß irgend etwas entsprechende Aufmerksamkeit verdient.

Denken Sie doch einmal daran, welches Glücksgefühl Süßigkeiten hervorrufen können. Daß wir Süßes mögen, ermutigt uns, nach noch mehr Süßem zu suchen, das wir essen können. Wir verwenden dabei unsere feinmotorischen Fähigkeiten, die durch die linke Hemisphäre aktiviert werden, die wiederum an Glücksgefühlen stärker beteiligt ist als die rechte. Unsere Lust auf Süßes war im Verlauf unserer Entwicklungsgeschichte für die Anpassung nützlich, denn süße Früchte waren nahrhafter und konnten mit großer Wahrscheinlichkeit verdaut werden.

Wenn Sie sich fürchten, laufen Sie länger und schneller, als wenn Sie sich langweilen – eine nützliche Anpassung, um Gefahren zu vermeiden. Trainer machen sich das zunutze und halten der Mannschaft vor dem Spiel Moralpredigten, die die Spieler anfeuern und bewirken sollen, daß sie emotional beteiligt sind. Die Sportler bezeichnen das sehr treffend als „Aufpumpen“.

Furcht ist eine unmittelbare und spezifische emotionale Reaktion auf einen spezifischen bedrohlichen Stimulus. Junge Vögel zeigen Furchtreaktionen, wenn der Schatten eines Falken (sogar eine hölzerne Attrappe reicht bereits) über sie hinwegfliegt. Auf den höheren Sprossen der phylogenetischen Leiter kann Angst allerdings sehr stark symbolisch und/oder stärker zukunftsorientiert sein und an Unmittelbarkeit verlieren – es ist dann eher beklemmende Besorgnis als Furcht.

Dieses Gefühl ist weiter gefaßt und kann als Reaktion auf die Erwartung entstehen, daß in der Zukunft etwas Unangenehmes passieren könnte. Dabei muß es sich nicht unbedingt um etwas Körperliches handeln, sondern kann auch im psychischen Bereich angesiedelt sein, wie zum Beispiel die Bedrohung der Selbstachtung.

Ein Muster ruft eine Reaktion hervor, egal, was wirklich dahintersteckt.

Angst ist eine angeborene Abkürzung zwischen Wahrnehmung und Handlung. Im langen Verlauf der Evolution entwickelten sich die Emotionen wahrscheinlich, um den Bedürfnissen der meisten Organismen gerecht zu werden. Die Angst vor Schlangen rettete wahrscheinlich vielen das Leben. Für den Menschen spielen die Emotionen eine andere Rolle: Die Gefahren der modernen Welt sind so noch nie dagewesen. Die Angst vor einem Atomkrieg ist nicht so greifbar wie die Angst vor Schlangen. Nukleare Strahlung stellt keinen Stimulus dar, den man identifizieren könnte und ist mit keiner offensichtlichen und unmittelbaren Handlung (zu ihrer Vermeidung) verknüpft.

Die mit Streß verbundenen Emotionen sind zwar unangenehm und wühlen uns auf, sorgen aber auch für eine erhöhte Wachsamkeit gegenüber der Möglichkeit, daß etwas nicht stimmt oder schiefgehen könnte. Ein Werbetexter, der besorgt einen Abgabetermin näher kommen sieht, wird wahrscheinlich mehr und härter arbeiten als einer, der keine Terminprobleme hat. Eine gesunde Angst kann jemanden davon abhalten, des Nachts in einem gefährlichen Stadtviertel alleine spazieren zu gehen.

Das System der positiven und negativen Emotionen ist anscheinend das ursprünglichste und wichtigste. Im Kern dessen, was wir über ein Ereignis wissen wollen, steht die Frage, ob es gut oder schlecht ist. Evaluierungen dieser Art scheinen auch in unser Unterbewußtsein eingebaut zu sein. Fremde, die wir öfter sehen, beginnen wir unterbewußt auch lieber zu mögen als jene, die wir seltener sehen.

Sehr wahrscheinlich bauten sich früher Angst und Besorgnis ab, wenn wir einem Reiz häufiger ausgesetzt waren. Wiederholt mit einem Fremden konfrontiert zu sein, der nichts Böses tut, verringert die normale innere Anspannung.

Wie der Dichter E. E. Cummings schon schrieb: „Als erstes kommen die Gefühle." Das stimmt in zweierlei Hinsicht: Die Emotionen tauchten in der Evolution des menschlichen Geistes als erstes auf, um als Organisationsprinzipien für Spezialzwecke zu dienen. Und sie stehen bezüglich unserer Erfahrungen an vorderster Front. Da sie sich entwickelten, um Überlegungen kurzzuschließen, treten sie so rasch in Aktion, daß das rationale Denken keine Zeit hat, sich einzuschalten. Es kann also gut sein, daß die häufige Erfahrung, daß wir jemanden attraktiv finden und nicht wissen, warum, eine Grundlage hat, die sich dem normalen Verständnis entzieht.

Manche Experimente befassen sich mit der Frage, wie Emotionen kommuniziert werden, und zwar weit jenseits jeglicher Vernunft.

Geschockte Ratten setzen einen Streßduft frei. Wenn eine Gruppe Ratten dem Geruch einer anderen, gestreßten Gruppe ausgesetzt wird, reagiert sie, als wäre auch sie direkt mit dem Streß konfrontiert worden. Schon ein kurzes Erschnuppern des Streßdufts läßt die nicht gestreßten Ratten hektisch umhertrippeln; sie werden aktiver und sind bereit, zu kämpfen oder zu flüchten. Der Duftstoff führt auch zur Ausschüttung von Endorphinen, dem natürlichen Schmerzmittel des Gehirns, wodurch die Schmerzempfindlichkeit der Ratten sinkt. Durch diese Schmerzunterdrückung kann das Tier eine Verletzung lange genug ignorieren, um die unmittelbare Bedrohung entweder zu bekämpfen oder ihr zu entkommen. Viele Tiere kommunizieren über den Geruch von Drüsensekreten, Fäkalien und Urin. Katzen markieren ihr Territorium durch Duftstoffe, die ihre Drüsen im Gesicht und im Bereich der Schwanzwurzel absondern. Hunde kennzeichnen die Grenzen ihres Reviers mit Urin.

Wie oft werden also unsere Stimmungen auf diese Weise von anderen beeinflußt? Sex ist sehr eng mit dem Geruchssinn verbunden. Die Pheromone, spezielle wohlriechende chemische Substanzen, die die eine Seite absondert, um die Physiologie der anderen zu beeinflussen, liefern den Anstoß für einen sexuellen Austausch und Geschlechtsverkehr. In der Zeit des Eisprungs sondert das Affenweibchen Paarungsduftstoffe ab – für die Männchen das Signal dafür, daß sie bereit ist. Der Duft ist es, der das Männchen anzieht, nicht ihre amourösen Rufe oder einladenden Stellungen. Wenn man Affenmännchen in Experimenten die Nasenlöcher verstopft, damit sie nichts riechen können, interessieren sie sich wesentlich stärker für Bananen als für empfängliche Weibchen. Auch Menschen reagieren auf sexuelle Duftstoffe. Somerset Maugham fragte einmal eine der Geliebten von H.G. Wells, wie denn solch ein fetter, unattraktiver Schriftsteller einen solchen Erfolg bei den Frauen haben könne. „Er riecht nach Honig", sagte sie. Wir reagieren darüber hinaus auch auf andere Faktoren. Wie bei Tieren gibt es auch beim Menschen jahreszeitlich bedingte Geburtenspitzen. Da sie nicht sehr ausgeprägt sind, nehmen wir wohl kaum Notiz davon.

Wieviel von der Anziehungskraft, die jemand auf uns ausübt, ist auf Duftsignale zurückzuführen? In Experimenten wirkten sich ver-

Bereit für den Tiger – oder den Löwen oder Bären oder das Krokodil steckte Signale auf die Anziehung aus. Frauen fühlten sich stärker von Männern angezogen, deren Kleidung den schweren Duft von Androstenol verströmte. Die Reaktionen von Frauen auf Photos von fremden Männern sind positiver, wenn geringe Mengen Androstenol unbemerkt in die Luft gesprüht wurden, oder wenn die Frauen damit präparierte Masken tragen.

Denken Sie nur daran, wie nützlich für die Anpassung es ist, sich zu verlieben. Einer der dafür verantwortlichen Faktoren scheint die Anziehungskraft über den Geruchssinn zu sein. Laut Peter Medawar, einem Biologen, können Gerüche verschiedene Gruppen von Gewebeunverträglichkeit signalisieren – ein Hinweis darauf, wer ein guter Partner sein könnte. Es gibt die schmerzliche Erfahrung, daß wir tief drinnen ganz genau fühlen, daß jemand der oder die Richtige für uns ist, rational betrachtet aber unseren Ansprüchen an den finanziellen Status, die Körpergröße, das Aussehen oder die gesellschaftliche Klasse nicht gerecht wird. Vielleicht ist der Geruch ein Zeichen für Herrn oder Frau Richtig.

Die meisten Tiere haben wirksame Signale entwickelt, über die sie sich zur Schau stellen und anderen Tieren Information über ein wahrscheinliches Verhalten geben – Duftsignale, Körperhaltungen, Mimik und Gestik. Sie dienen als soziale Auslöser. Ein Hund kann ja nicht sagen: „Bitte gehen Sie weg“, also knurrt er. Die Botschaft kommt an. Emotionale Signale wie zum Beispiel der Gesichtsausdruck, der Ton in der Stimme und die Körperhaltung vermitteln „zwischen den Zeilen“ etliches an Information. Jemand kann verbal zwar Interesse an Ihrer Geschichte bekunden, aber der abwesende, starre Blick, ein Gähnen und eine allgemein passive Haltung sind Zeichen dafür, daß er oder sie sich langweilt.

Die Tatsache, daß Emotionen der Anpassung dienlich sind, impliziert nicht, daß sie immer und bei jedem Menschen richtig sind. Wie auch die meisten allgemeinen Gesetze erfüllen sie ihren Zweck für die Mehrzahl der Leute in der Mehrzahl der Fälle gut genug. So ist es eben mit dem, was die Evolution uns mitgibt: was uns da zugeflüstert wird, ist nichts Allgemeines, wie zum Beispiel „Sorge mit deinen Nachkommen für die Erhaltung der nächsten Generation“, sondern es sind viel eher Anleitungen, wie und mit wem wir uns paaren sollen. Es sind Strategien, die in einer Durchschnittsumgebung üblicherweise funktionieren.

Wir alle leiden manchmal unter zu großer oder zu geringer Emotionalität; manche Menschen haben damit sogar ein chronisches Problem. Wie wir ja wissen, ist es unmöglich, daß sich alle Menschen immer allen Umständen anpassen; aber ähnlich, wie das auch mit den Gesetzen ist, haben wir uns so weiterentwickelt, daß wir im Vergleich mit allen anderen Lebenwesen im großen und ganzen das Beste machen.

Verschiedene Arten von Gesichtsausdruck, mit denen Schimpansen Emotionen mitteilen. Die Zeichnungen wurden auf der Grundlage von Fotos und Beschreibungen angefertigt und stellen folgendes dar: „wildes Starren", Ärger (A); „Schreirufe", Angst, Ärger (B); „weinerliches Gesicht" eines Kindes, Frustration, (C); „spielerisches Gesicht", fröhliche Ausgelassenheit (D); „Sirenengesicht", Aufgeregtheit, Zuneigung (E). (nach Ekman,1973)

Wenn emotionale Reaktionen aber zu stark werden, sind sie störend und beeinträchtigend. Ein Schüler kann sich zum Beispiel vor einer

Prüfung so sehr fürchten, daß er nicht mehr lernen kann; oder jemand kann sich so sehr ängstigen, daß er nicht einmal mehr tagsüber aus dem Haus geht. Da viele Emotionen zu gleichen Aktivierungsmustern führen – Freude sieht häufig wie Schmerz aus -, glaubten die Wissenschaftler, alle emotionalen Gehirn- und Körpersignale wären gleich. Emotionen sind aber keine binären Computer, banale ein/aus-, gut/schlecht- oder stop/go- Systeme.

Intellektuell gesehen wuchs ich in der Tradition der kognitiven Wissenschaften auf; meine ersten Arbeiten waren Studien über die Informationsverarbeitung des menschlichen Geistes. Ich machte mir den Zeitfaktor zum Thema und beschäftigte mich später mit Untersuchungen des Bewußtseins. Wie die meisten meiner Kollegen neigte ich allerdings dazu, zu übersehen, wie grundlegend die Emotionen für den menschlichen Geist sind, weil ich ihn nicht aus evolutionärer Sicht betrachtete. Mittlerweile bin ich zu der Ansicht gelangt, daß mentale Prozesse nicht um die Vernunft oder das Denken herum organisiert sind, sondern um emotionale Ideale: wie etwas unserem Gefühl nach sein sollte. Sie können sich darauf konzentrieren, reich zu werden, zu heiraten, wütend zu werden, es jemandem heimzuzahlen, vorwärtszukommen. Das sind die Dinge, die uns innerlich anspornen. Sie teilen uns mit, wo wir hingehen, was wir tun sollten und was geschehen sollte.

Die Beziehung zwischen den emotionalen Antriebskräften und der Vernunft ist wie die Beziehung zwischen einer Unternehmerin und ihren Anwälten. Die Unternehmerin weiß, was sie tun will und engagiert die Anwälte, die ihr sagen sollen, wie sie vorgehen soll. Techniker und Architekten werden vielleicht hinzugezogen, um den Plan auszuführen, Fragen des Ablaufs zu klären und andere „rationale" Aspekte der geplanten Konstruktion miteinzubeziehen; die Richtung geben aber weder die Anwälte noch die Architekten an, sondern die Unternehmerin.

Weil sie als erste da waren, sind die Emotionen die treibende Kraft – die Unternehmerin – des Systems. Die Rolle, die sie in unserem Leben spielen, ist viel größer, als wir glauben wollen. Ein Wissenschaftler kann sich der wissenschaftlichen Weltsicht verschrieben haben; zum Großteil liegt der Grund dafür aber darin, daß er eine solche emotionale Bindung an diese Erklärungsebene hat, daß er beschließt, daß die rationale Vernunft wichtig ist. Andere Leute sind anderen Dingen leidenschaftlich verbunden – der Kunst, Musik, ihrem Gefühlsleben, oder dem Wunsch, dieses zu ignorieren.

Zwei identische Monster, die wir aber aufgrund ihrer scheinbaren Größe und Position nicht als identisch wahrnehmen.

Welcher Art von Leidenschaft wir frönen, ist anscheinend gleichgültig. Wichtig ist, daß die Emotionen, ähnlich Jago, unsere Tagesordnung bestimmen. Und in der Mehrheit aller Fälle tun sie das, ohne daß wir uns dessen bewußt sind. Sie stiften kein Chaos, sondern stellen ganz im Gegenteil den Brennpunkt unserer geistigen Aktivitäten dar: Sie herrschen über unsere Entscheidungen, bestimmen unsere Ziele und legen fest, wie wir leben. Im großen und ganzen sind wir die längste Zeit unseres Lebens ihre Diener und wissen das normalerweise nicht einmal.

Wenn das rationale System versucht, das Richtige zu tun oder das Richtige zu denken, scheint die Autonomie der Emotionen ein Problem darzustellen. Wir werden wütend, wenn wir das gar nicht wollen, und wir verlieben uns Hals über Kopf und wie durch einen „Zufall“. Ich will nicht behaupten, daß Gefühle richtig sind, nur weil sie als erstes da sind – wenn es sich gut anfühlt, ist es wohl gut; ich meine aber, daß es von uns unbemerkte Einflüsse auf unser Leben gibt, die häufiger emotionaler Natur sind, als die meisten von uns wahrhaben wollen, und sich nur „vernünftig verkleiden“.

Wie sich die Emotionen entwickeln

Die Emotionen gehören zum Standardrepertoire des menschlichen Programms. Darwin beobachtete, daß alle Menschen, vom Absolventen der Universität Oxford bis zum Ureinwohner Australiens, Kummer gleich zum Ausdruck bringen – es ziehen sich immer die gleichen Gesichtsmuskeln zusammen. Wenn jemand in Rage ist, geben die geöffneten Lippen den Blick auf die zusammengebissenen Zähne frei. Im Ausdruck von Ekel und Abwehr gibt es ebenfalls Ähnlichkeiten. Auf der ganzen Welt wird gleich geflirtet: die Augen oder der Kopf werden gesenkt, worauf ein direkter Augenkontakt folgt. Menschen, denen etwas peinlich ist, schließen die Augen, drehen den Kopf weg oder bedecken das Gesicht. Auch Ärger ist in allen Kulturen leicht zu erkennen. Diese Universalität ist ein Hinweis darauf, daß die Emotionen zu dem angeborenen Satz von angepaßten Reaktionen gehören, die wir besitzen.

Der emotionale Ausdruck entwickelt sich so, daß sich die Bedürfnisse des Kindes mit denen seiner Mutter und mit seiner Umwelt vernetzen können. Zu Beginn reagieren Säuglinge auf alles mit einer allgemeinen Erregung: mit erhöhter Muskelspannung, beschleunigter Atmung und vermehrter Bewegung. Diese allgemeine Erregung wird dann langsam zu einem Gefühl des Unwohlseins (mit drei Wochen) und der Wut (mit drei Monaten). Später nehmen andere Emotionen Konturen an: Ekel (mit drei bis sechs Monaten), Angst vor Fremden (mit sieben bis acht Monaten) und Eifersucht und Neid (mit fünfzehn bis achtzehn Monaten). Die Abfolge, in der sie sich entwickeln, ist so zuverlässig vorhersagbar, daß man daraus schließen kann, daß die Emotionen auch einen Reifungsaspekt beinhalten, der angeboren ist. In diesem emotionalen Reifungsprozeß kommt das Weinen vor dem Lächeln, und zwar vielleicht deshalb, weil es zur Deckung der unmittelbaren Überlebensbedürfnisse nützlicher ist.

Der deutsche Verhaltensforscher Iräneus Eibl-Eibesfeldt filmte Kinder, die von Geburt an taub und blind waren. Er fand heraus, daß grundlegende Arten von Gesichtsausdruck – lächeln, lachen, schmollen, weinen, Überraschung, Ärger – in den entsprechenden Situationen auftraten. Blinde Kinder weisen das gleiche Entwicklungsmuster für Lächeln auf wie Kinder, die sehen können Der Unterschied besteht darin, daß ab dem Alter von etwa sechs Monaten das soziale Lächeln immer stärker mit der Stimme und der Berührung der Mutter assoziiert wird als mit ihrem Gesicht.

Neugeborene haben viele wichtige Fähigkeiten, emotionale und auch andere, die anscheinend die Samen sind, aus denen sich dann die Fähigkeiten und Fertigkeiten des Erwachsenen entwickeln. Sie identifizieren sich fast sofort mit anderen Menschen – sie imitieren sie, geben Laute des Wohlbehagens von sich oder lächeln bei ihrem Anblick. Etliche angeborene Reflexe helfen dem Baby, mit neuen Erfahrungen umzugehen – zum Beispiel mit Geräuschen, Hitze und Kälte, Bewegungen und Schmerz. Säuglinge sind auf diese Veränderungen vorbereitet: sie wenden sich interessanten Geräuschen zu und von unangenehmen ab, und sie können ausdrücken, daß sie sich nicht wohlfühlen – indem sie einfach weinen. Wenn ein Baby schreit, erhält es die Aufmerksamkeit des Menschen, der es umsorgt, meist also der Mutter, und wird getröstet.

Schon zwei Stunden nach der Geburt kann ein Neugeborenes mit dem Blick einem Licht folgen, das sich langsam vor seinen Augen bewegt. Wenn ihm eine Brustwarze oder ein Finger in den Mund gesteckt wird, beginnt es daran zu saugen – ein Reflex, der hilfreich ist, um zu Nahrung zu kommen. Wenn man die Wange oder die Mundwinkel eines Säuglings ganz leicht streichelt, dreht er den Kopf in diese Richtung, weil er die Brustwarze der Mutter sucht. Viele dieser angeborenen Bewegungen sind die Bausteine hochentwickelter motorischer Fertigkeiten, wie zum Beispiel des Gehens und der Sprache.

Was weiß ein Säugling? William James schrieb, die Erfahrung eines Neugeborenen sei „eine blühende, ohrensausende Verwirrung". Jean Piaget charakterisierte sie als Übergangswelt: „Es gibt keine festen Gegenstände, nur Bilder, die in der Wahrnehmung auftauchen, sich auflösen und gelegentlich wieder auftauchen."

Diese Darstellungen sind einigermaßen zutreffend. Auf den Säugling wirkt die Welt wahrscheinlich weniger geordnet als auf den Erwachsenen und vor allem äußerst instabil. Da die Sinneswahrnehmungssysteme bei der Geburt bereits relativ gut entwickelt sind, besteht die Welt eines Neugeborenen wahrscheinlich aus einer Reihe von Geräuschen, Bildern und anderen Empfindungen, die in seiner Wahrnehmung wesentlich weniger stabil sind als in der eines Erwachsenen.

Die Welt des Kleinkindes ist nicht so sehr verwirrend, da größere Einfachheit und stärkere Selektion herrscht als in der von Erwachsenen. Neugeborene sind zwar ganz offensichtlich nicht darauf vorbereitet, alleine auf sich gestellt in der Erwachsenenwelt zu funktionieren, sehr wohl aber darauf, in ihrer winzigen Welt zu funktionieren. Ihre extreme Selbstbezogenheit dient der Anpassung: für das überleben ist ein extrem enger Horizont wichtig.

Neugeborene sind anscheinend darauf programmiert, die Mutter am Geruch zu erkennen. Sie bemerken Gegenstände, die sehr nah sind, Dinge also, die Teil ihrer sehr kleinen Welt sind. Später erweitert sich diese Welt dann, und mit ihr auch das Denken und die Perspektive des Kindes. Es wird weniger egozentrisch. Zum Zeitpunkt der Geburt kann das Kind nur auf eine Entfernung von bis zu 25 cm scharf sehen, was etwa der Entfernung zwischen der Brust und dem Gesicht der Mutter entspricht. Wenn es sechs Monate alt ist, hat sich sein Gesichtsfeld erweitert, so daß es einen Gegenstand auf jede beliebige Entfernung scharf sehen kann. Neugeborene können zwischen Figur und Untergrund unterscheiden, haben ein gewisses Maß an Tiefenwahrnehmung und können auf verschiedene Gerüche reagieren.

Von Geburt an sind Babys an Gesichtern stärker interessiert als an irgendwelchen anderen Formen. Robert Fantz zeigte Neugeborenen ein Set von sechs Scheiben. Scheiben mit Mustern wurden länger betrachtet als einfarbige, und Bilder von Gesichtern am längsten. Zuerst sehen Babys hauptsächlich die Ränder von Gegenständen an. Wenn sie sechs Wochen alt sind, schauen sie auf den Mund anderer Menschen, vor allem auf den Mund der Mutter, wenn sie spricht. Diese angeborene Präferenz existiert höchstwahrscheinlich deshalb, weil es für das Überleben wichtig ist, sich zu Menschen hingezogen zu fühlen.

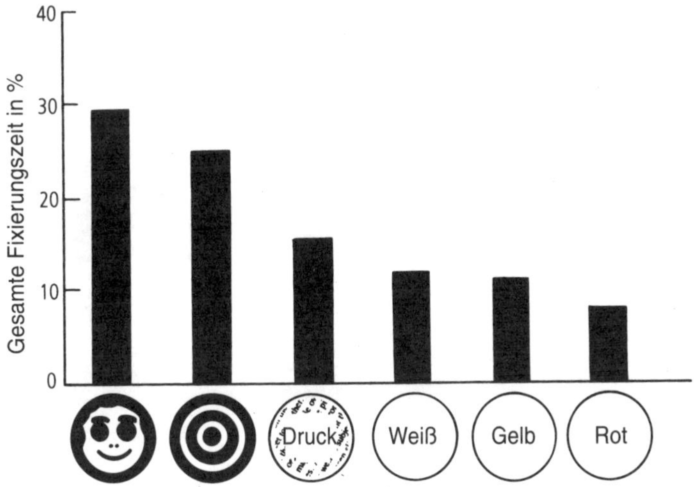

Visuelle Präferenzen Neugeborener. In Experimenten wurden Säuglingen, die zwischen zehn Stunden und fünf Tagen alt waren, verschiedene visuelle Reize dargeboten. Sie schauten länger auf die Scheibe mit dem schwarz-weißen Gesicht als auf die einfacheren Scheiben mit einer Zielscheibe, Zeitungsdruck oder durchgehend farbiger Bemalung (nach Fantz, 1961).

Babys werden anscheinend mit einem Satz von Regeln dafür geboren, wie die Welt zu betrachten ist: (1) Wenn du wach und munter bist, öffne die Augen; (2) Wenn es dunkel ist, suche die Umgebung ab; (3) Wenn du Licht findest, aber keine Begrenzungen, beginne damit, die Umgebung grob und unkontrolliert abzusuchen; und (4) Wenn du eine Begrenzung findest, richte deinen Blick auf etwas in der Nähe des Randes und versuche, darüberzugelangen. Es ist sehr wahrscheinlich, daß der Säugling mit der Anlage auf die Welt kommt, nach neuen Merkmalen in der Umgebung zu suchen.

Angeborene Präferenzen für Formen. Babys im Alter von weniger als einem Tag ließen eine angeborene Vorliebe erkennen, die ein Hinweis darauf sein könnte, daß sie mit einem „Gesichts-Schema" geboren werden: Sie drehten den Kopf, um das „Gesicht" mit den richtig angeordneten Merkmalen ansehen zu können.

Grundlegende Tendenzen gibt es in verschiedenen Bereichen – in der Wahrnehmung, dem Denken, der Motivation; sie bestimmen die Richtung unseres Lebens und tauchen anscheinend schon sehr früh im Leben auf. Ein Kind zeigt eine auffällige Vorliebe für Gesichter im Vergleich zu vielen anderen Stimuli und reagiert sehr aufmerksam auf die menschliche Stimme. Ein Baby kann offensichtlich die Stimme der Mutter von der anderer Frauen unterscheiden; wahrscheinlich deshalb, weil es dieser Stimme während der Schwangerschaft ständig ausgesetzt war. Kleinkinder beginnen die Phoneme aller Sprachen zu erzeugen, und zwar lange bevor sie die Laute hören, die sie da produzieren.

Kinder können schon sehr früh im Leben den einen Gesichtsausdruck vom anderen unterscheiden und sich nach einer kurzen Begegnung mit einer bestimmten Mimik auch daran erinnern. Während das Kind heranreift, wird es zunehmend sensibler gegenüber den Gesichtern, Worten und Gesten seiner Bezugspersonen. Babys stellen sich auf die Menschen ein, die ihnen helfen. Es gibt eine fast erstaunliche Vernetzung zwischen der Entwicklung des einzelnen und seiner beziehungsweise. ihrer Welt. Kinder können Emotionen erkennen, ohne sie je zuvor gesehen zu haben.

Wenn das Kind reifer wird, erweitert sich seine soziale Welt : in die kleine Welt von Kind und Eltern werden die Freunde, die Religion und Nationalität miteinbezogen; so erweitern sich auch die emotionalen Erfahrungen. Aufgrund der besonderen Funktionsweise des Nervensystems während der ersten paar Jahre haben allerdings die Beziehungen, die in dieser Zeit entstehen, eine Qualität, die sie zu etwas Besonderem und Bleibendem macht. Es hat nichts mit Irrationalität zu tun, wenn das Kind Seelenqualen leidet, wenn seine Bezugsperson weggeht; es ist ganz im Gegenteil ein Zeichen dafür, daß die emotionale Bindung erfolgreich aufgebaut wurde, die in dem langen Zeitraum der kindlichen Hilflosigkeit so wichtig ist.

In einer sehr wichtigen Arbeit machte der britische Psychiater John Bowlby klar, daß die Anhänglichkeit etwas Angeborenes ist, und daß eine starke emotionale Bindung dazu dient, daß das Kleinkind sich anpassen und überleben kann. Da das kleine Kind für seinen Schutz auf seine primäre Bezugsperson angewiesen ist, ist es für das Kind sicherer, sich die meiste Zeit an die Mutter zu klammern oder wenigstens in ihrer Nähe zu sein. Babys bauen nicht unbedingt nur zu ihrer primären Bezugsperson eine emotionale Bindung auf, sondern allgemein zu Menschen, zu denen sie sozialen Kontakt haben. Die Verbindung mit anderen Menschen wird früh angeregt.

Sogar ein sehr kleines Kind kann die Mutter von anderen Menschen unterscheiden. Seine Augen folgen ihr häufiger als irgend jemand anders, und es lächelt ihr auch begeisterter zu. Bis zum Alter von acht Monaten ist für die meisten Kleinkinder eine starke

Beziehung zur Mutter entstanden. Sie lächeln, schmusen mit ihr und versuchen, in ihrer Nähe zu bleiben. Wenn sie sich fürchten, flüchten sie sich zu ihr und klammern sich an ihr Bein oder wollen auf den Arm genommen werden. Solange sie in der Nähe ist, fühlt sich das Kind sicher genug, um die Umgebung zu erforschen.

Mit etwa acht Monaten steht das Kind häufig extreme Qualen aus, wenn die Mutter weggeht. Wenn sie dann zurückkommt, klammert es sich oft verzweifelt an sie. Das Kind läßt sich von niemand anders trösten – nur die Hauptbezugsperson kann Erleichterung schaffen. Diese frühe emotionale Bindung sorgt dafür, daß das Kind in der unmittelbaren Nähe der Mutter bleibt, wo es beschützt werden kann. In den Anfängen unserer Evolutionsgeschichte überlebten es Kinder wahrscheinlich nicht, wenn sie zu weit fortwanderten und konnten sich daher auch nicht fortpflanzen.

Und diese Verzahnung zwischen unserer Entwicklung und der Welt geht weiter. Bevor Kinder eine Trennungsangst entwickeln, kriegen sie Angst vor Fremden, sie beginnen zu „fremdeln". Mit vier oder fünf Monaten lächelt ein Kind fast jeden an. Zu Beginn des letzten Viertels des ersten Jahres jedoch ist es sehr wahrscheinlich, daß es schreit und weint, wenn sich ihm ein fremder Mensch nähert, insbesondere dann, wenn es in einer fremden Umgebung ist oder die Mutter nicht in der Nähe ist.

Wenn die Verbindung zwischen Mutter und Kind unterbrochen wird, kommt es zu einer Reaktion in drei Phasen: (1) Angst, Ungläubigkeit und die Suche nach der verlorenen Mutter; (2) Depression, Rückzug und Verzweiflung; (3) das Kind akzeptiert die Situation und erholt sich wieder. Die ersten beiden Stadien sind Reaktionen im Sinne des Kampf/Flucht-Verhaltens. Bei Tieren zeigt sich die gleiche Reaktion. Als kleine Affen von ihren Müttern getrennt wurden, kam es am ersten Tag zu Aufregung und einer erhöhten Pulsfrequenz. Einen Tag später verfielen die Kleinen in Depressionen, die durch eine herabgesetzte Pulsfrequenz und eine niedrige Körpertemperatur gekennzeichnet sind. Nach vier Tagen hatten die physiologischen Reaktionen wieder normale Werte erreicht. Ähnliche emotionale Bindungen finden sich auch bei Erwachsenen, wobei die Reaktion allerdings nicht derartig strikt genetisch gesteuert ist. Doch es kommt zu der gleichen Erregung und dem gleichen Gefühl von Kummer und Qual. Der Verlust eines geliebten Menschen kann auch zu einer starken Beeinträchtigung der Gesundheit führen; am stärksten sind davon das Immunsystem und das Herz betroffen.

Im allgemeinen entwickelt ein menschliches Kleinkind eine sehr starke Beziehung zu den Menschen, die mit ihm sozial interagieren, unabhängig davon, ob sie für sein Wohlergehen sorgen oder nicht. Viele Forscher sind der Meinung, daß die Kommunikation der hauptverantwortliche Faktor für die Entwicklung emotionaler Bindungen ist. Die Beobachtungen von Vater-Kind-Beziehungen erhärten dieses Argument. Kleinkinder, deren Väter häufig da sind und eine enge Beziehung zu ihnen haben, weisen eine starke emotionale Bindung sowohl an ihn als auch an die Mutter auf. Auf der ganzen Welt entwickeln sich also die Emotionen beim Kleinkind gleich und sorgen gemeinsam mit dem Rest des kindlichen Geistes dafür, daß es sich an die für ihn oder sie wichtigsten Menschen anpaßt.

III.

Die innerbetrieblichen Geheimnisse des menschlichen Geistes

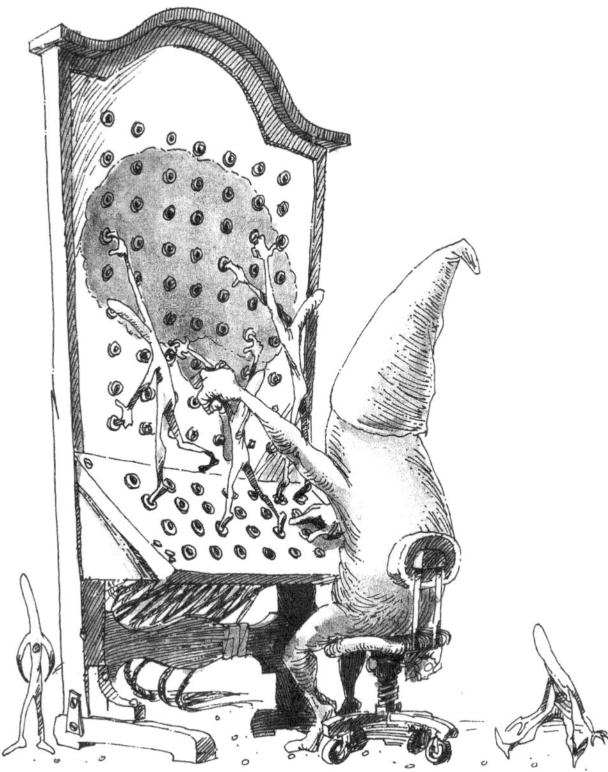

„Ich verbinde ..."

Wir dürfen nicht vergessen, daß all die derzeit herrschenden Vorstellungen von der Psychologie nur provisorisch sind und es eines Tages Erklärungen auf der Grundlage organischer Substrate dafür geben wird.

Sigmund Freud, Über den Narzißmus

Am Anfang, noch vor dem ersten Tier, vor der ersten Emotion, war eine Nervenzelle, die sich direkt aus einem Bakterium entwickelt hatte. Der innerste Kern der Neuronen unseres Gehirns, die Millionen von Mitochondrien, ähneln diesen Urbakterien fast aufs Haar. Wir haben dieses Milliarden Jahre alte System in jeder unserer Zellen.

Die Programme des menschlichen Geistes wurden von der grundlegenden „Physik" des Lebens auf der Erde festgelegt. Auf die gleiche Art und Weise, wie sich das Neuron entwickelte und jetzt wild feuert, wenn etwas Neues geschieht, wie es die Intensität der Außenenergie mißt und zu feuern aufhört, wenn sich nichts verändert, genauso hat sich das Denken entwickelt und lenkt uns heutzutage tagtäglich und überall – ob es darum geht, die Länge einer Linie zu schätzen oder das Ausmaß des staatlichen Defizits. Wir verwenden immer noch das gleiche alte Gehirn, um die Dinge einzuschätzen und auszuwählen. Wenn sich im Verlauf der Evolution etwas als so erfolgreich erweist wie die neurale Reizübertragung, kann es auch für andere Zwecke eingesetzt werden (Denken).

Wie sich dieses riesige und nicht festgelegte Gehirn an die Welt anpaßt, ist ebenfalls Thema dieses Abschnitts. Die unbekümmerte Art der Evolution, „einfach mal zu machen", sozusagen aufs Geratewohl, scheint im Verlauf eines Lebens auch in uns zu wirken. Denn wir haben, wie schon Rumi sagte, tausend Geistesformen geerbt. Nicht alle werden an dem spezifischen Schauplatz, an dem wir leben, ausgewählt; trotzdem aber sind wir mit mehr als genug Geistesformen ausgerüstet, ob nun durch evolutionäre Rekrutierungsvorgänge oder andere Faktoren.

Wir sind eine Mischung aus Zellen, Neuronen, Erfahrungen und Ichs. Was das für unser Leben bedeutet, ist Inhalt der folgenden Kapitel. Am Ende dieses Abschnitts finden sich einige überraschende Arbeiten darüber, wie unser bewußtes Ich (das, was wir üblicherweise meinen, wenn wir „ich“ sagen) ein permanenter Betrachter unser eigenen Handlungen ist.

9. Unser Gehirn – der ewig gleiche, alte Adam

Könnte man das Innere eines Neurons besichtigen, man würde Riesenmengen von chemischen Stoffen sehen, die freigesetzt werden, von Zelle zu Zelle fließen und wieder zurück. In diesen Explosionen liegen unsere Gedanken und die Steuerung des Körpers durch unser Gehirn. Die Grundeinheit des menschlichen Geistes ist das Neuron; ich möchte mich daher etwas genauer damit beschäftigen, wie es funktioniert. Die grundlegenden Muster, nach denen wir urteilen, sind nämlich in ihrer Struktur viel primitiver, als wir, oder selbst Freud, glauben mögen.

Jede Nervenzelle und das Gehirn selbst ähneln einer inneren Apotheke. Hier wird ein Strom hochwirksamer Drogen in Umlauf gebracht, die die Stimmungen, Gedanken und Körperfunktionen beeinflussen und steuern. Das Gehirn überwacht den Körper durch diesen ständigen Fluß chemischer Botschaften.

Als der Geist sich entwickelte, übernahm er die Merkmale der Neutronen für seine höhergeordneten Programme. Neuronen feuern, wenn etwas Neues geschieht und zeigen keine nennenswerte Reaktion, wenn sie ständig gereizt werden. Sie gewöhnen sich an konstante Geräusche, an gleichbleibendes Gewicht oder konstanten Druck und reagieren erst, wenn sich in der Welt etwas verändert. Der menschliche Geist baute die höheren Ebenen des Urteilsvermögens auf den grundlegenden Programmen auf, die ursprünglich dafür entwickelt wurden, mit sensorischer Information umzugehen.

Es herrscht immer das gleiche Prinzip im Gehirn. Auf den höchsten Ebenen bestehen die genau gleichen Begrenztheiten wie auf den niedrigsten. Viele der geistigen Abläufe beruhen auf biologischen

Adaptionen, die mehr als eine Milliarde Jahre alt sind. Wenn wir verstehen, wie diese grundlegenden neuralen Prozesse uns die Welt sehen lassen, können wir sie vielleicht auch durchschauen.

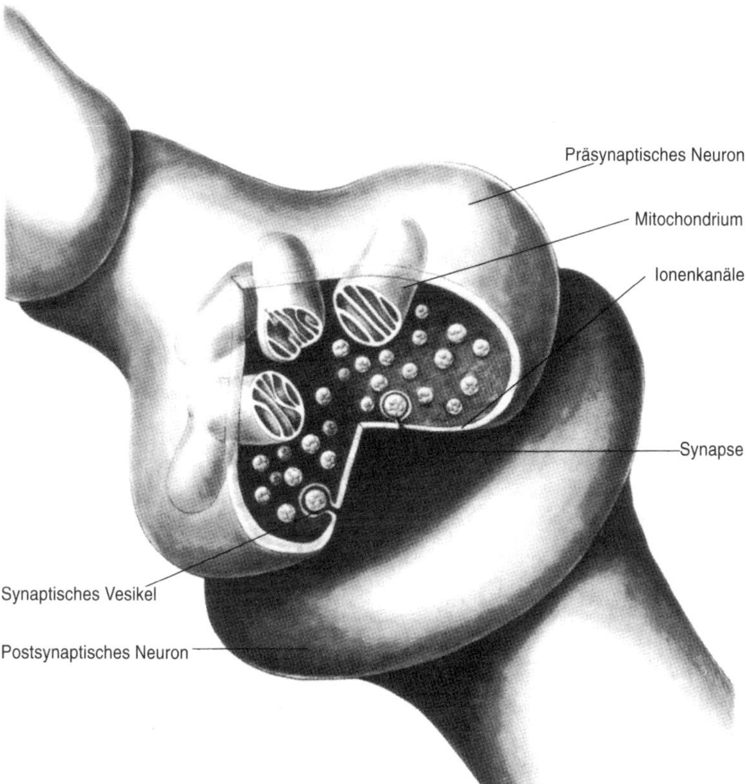

Nervenübertragung. Das prä- und das postsynaptische Neuron treffen sich an einem winzigen Spalt, der sogenannten „Synapse“; über ihn „springen“ die biochemischen Transmittersubstanzen hinweg, um ihre Botschaften zu übertragen. Dieses „On-line-Einschätzungsverfahren“ des Geistes führt dazu, daß der erste Eindruck von jemandem wichtig ist, daß wir uns noch genau an das erste selbstverdiente Geld erinnern, an unsere erste Liebe und die erste eigene Wohnung.

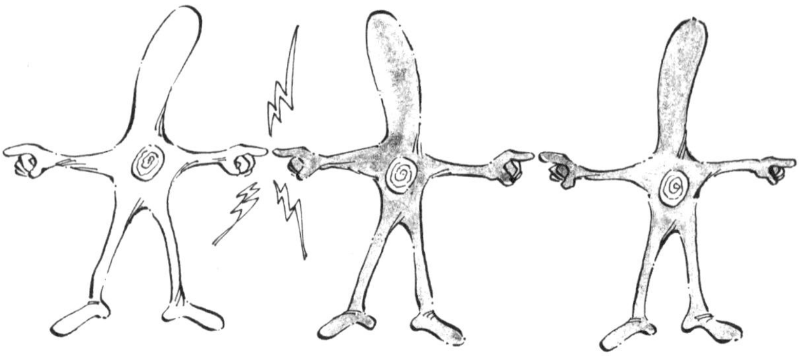

Neuronenstafette

Die Bedürfnisse von Organismen sind normalerweise unmittelbarer Natur; also paßte sich der Geist daran an, konzentriert sich nun auf aktuelle Ereignisse und berechnet Veränderungen in der Welt sofort, oder, wie das in der Computersprache heißen würde, *on-line.* Als Spezialist für sofortiges Handeln hat der menschliche Geist sein eigenes System, Informationen auszuwerten. Die Neuronen reagieren vor allem auf das erste Auftreten eines Ereignisses; spätere Veränderungen interessieren sie dann schon weniger. Der erste Stern, der am Himmel erscheint, macht Eindruck. Später am Abend ist er dann nur mehr einer von vielen. Der erste Schrei, das erste Geräusch erregt uns, dann aber läßt die Aufregung nach.

Und das charakterisiert auch, was in sozialen und politischen Situationen abläuft. Die meisten mentalen Abläufe konzentrieren sich auf das Neue, auf das plötzliche Auftauchen von etwas Unbekanntem. Unerwartete oder außergewöhnliche Ereignisse scheinen schnell ins Bewußtsein vorzudringen; ein gleichbleibendes Grundgeräusch, eine unveränderte Last oder ein chronisches Problem wird hingegen schnell in den Hintergrund abgeschoben. Es ist leicht, Geld für irgendeinen Notfall zu sammeln, für die Opfer einer ausführlich publizierten Katastrophe zum Beispiel; viel schwieriger ist es, Spenden für die vielen Opfer einer langandauernden Hungersnot aufzutreiben. Auf plötzliche Verknappung und Gefahr reagieren wir rasch. Die Rationalisierungsmaßnahmen in unserer

Funktionsweise haben dazu geführt, daß wir auf das Einsetzen eines Ereignisses reagieren und dann erst wieder, wenn es zu Ende ist.

Diese Konzentration auf die jeweils jüngsten Ereignisse verzerrt das innere Bild, das die Basis für unsere Einschätzungen und Urteile ist. Ich fragte dreißig gebildete Menschen, welches Land bisher am meisten in Amerika investiert hat. Sechsundzwanzig von ihnen nannten Japan. Japan gehört zu den neuen Investoren, Holland (eigentlich an erster Stelle) aber nicht. Die Holländer halten große Teile der Vereingten Staaten schon so lange, daß ihre massive Präsenz nicht bemerkt wird. Käufe durch Japaner wurden außerdem viel stärker publik gemacht.

Das Neuron und der menschliche Geist haben die starke Reaktion auf neue Informationen gemeinsam. Der Geist geht mit Nachrichten gleich um wie die Medien: Es werden die Geschichten ausgewählt, die Veränderungen, einen Anfang oder ein Ende oder neue Um-

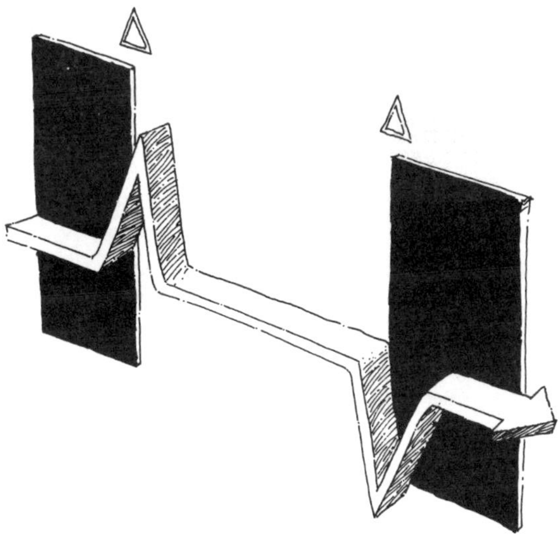

Wir reagieren auf den Beginn und das Ende eines Reizes, nicht auf seine Präsenz dazwischen.

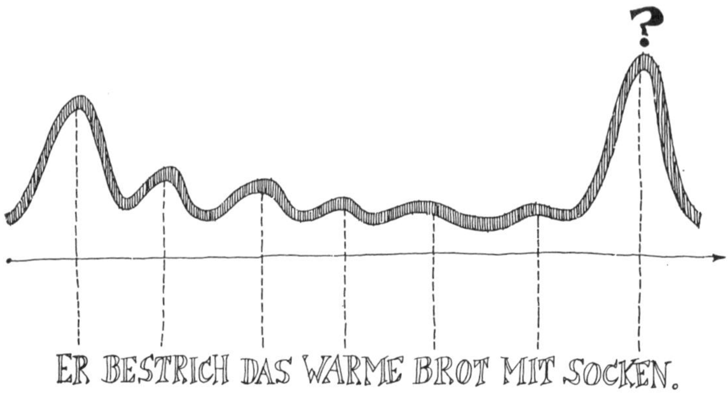

stände signalisieren. Die starke Tendenz, unmittelbar zu reagieren, war sicherlich eine nützliche Anpassungsreaktion des menschlichen Geistes, als er sich vor langer Zeit entwickelte. Es regnet: wir ziehen weiter. Eine Horde wilder Tiere kommt näher: wir greifen uns Stöcke oder rennen. Ein Freund bricht sich das Bein: wir sorgen möglichst rasch dafür, daß es wieder in Ordnung kommt.

Wenn wir Zugang zu neuer Information erhalten, sogar wenn es zufällig passiert, verändert das den menschlichen Geist; das ist einer der Gründe dafür, daß kleine Änderungen einen großen Unterschied hinsichtlich der Art und Weise bewirken können, wie wir funktionieren. Der unmittelbare Zugang zu Informationen verändert unser Erinnerungsvermögen und unsere Einschätzungen und Urteile. In einer Untersuchung sollten die Versuchspersonen Früchte nennen, die mit dem Buchstaben A beginnen; danach welche, die mit einem P beginnen. Die zweite Frage wurde schneller beantwortet. Die erste Frage öffnete wohl die Tür zum geistigen Obstlagerhaus, wodurch die Namen der Früchte für die zweite Frage rascher auffindbar waren.

Man kann klar sehen, wie uns Veränderungen hinsichtlich der Zugänglichkeit vorhandener Informationen nützlich sind. Wenn Sie eine Stadt besuchen, in der sie schon einmal waren, erinnern Sie sich vielleicht plötzlich an die Straßen, an die Richtung, in die Sie gehen müssen, ja möglicherweise sogar an ein Restaurant oder einen Park, der ihnen gefiel. In Ihrer Heimatstadt hatten Sie dazu keinen Zugang, denn diese Information war unter anderen Gedanken versteckt, die unmittelbar wichtiger waren.

Es wäre sinnvoll, die momentan jeweils nützlichste Information auch am leichtesten erreichen zu können. In der Analogie zu einem Lagerhaus: häufig bestellte Waren befinden sich ganz vorne, wo sie leicht erreichbar sind; selten verlangte Waren hingegen sind irgendwo in einer Ecke verstaut und damit auch schwerer zugänglich. Die meisten Lebewesen, uns eingeschlossen, haben ihre Handlungsprioritäten im Kopf an vorderster Stelle. Wenn wir uns also Zugang zu irgendeiner Information verschaffen, egal wie, beeinflußt uns das.

Der Geist blendet auch alles Vertraute aus – das Hintergrundgeräusch der Heizung, den Gelenkschmerz oder den Hund nebenan, der jede Nacht heult. Wenn etwas sich fortsetzt, hören wir auf, es zu bemerken. Die Klimaanlage im Raum, der Straßenlärm, unsere Atmung – sie alle scheinen zu „verschwinden". Das ist so, weil unsere Sinne auf unveränderte Stimulation nicht reagieren. Diese Reaktionsverminderung wird als sensorische Gewöhnung bezeichnet. Dadurch wird die Zahl irrelevanter Empfindungen reduziert, und wir können uns auf die neuen Geschehnisse in der Umgebung konzentrieren. Und dieses System wird auch für Urteile und Einschätzungen der höheren Ordnung herangezogen: wir gewöhnen uns an einen beständigen Schmerz, an den fortwährenden Lärm, die Umweltverschmutzung, die Freundlichkeit oder Ungehobeltheit anderer. Erst wenn etwas zu Ende ist, bemerken wir, was wir verloren haben: einen liebevollen Ehepartner, eine große Schauspielerin, ein chronisches Leiden. Warum haben wir ein System, das so funktioniert?

Unser Nervensystem muß mit Milliarden von Ereignissen umgehen und tat das in der Vergangenheit mit Hilfe der Programme, die es gab. Im Sinne eines ökonomischen Verhaltens streichen wir Reaktionen auf Dinge einfach, wenn sie sich nicht verändern. Damit bleibt im Nervensystem Platz für Reaktionen auf die Dinge, die sich verändern. Man braucht sein Herz nicht immer schlagen oder sich atmen zu hören oder seine Nase zu sehen (wenn Sie ein Auge schließen, können sie übrigens sehen, daß sie immer noch da ist).

Wenn etwas ständig präsent ist, ist es anscheinend ganz im Sinne der Anpassung, daß sich die Nerven nicht darum kümmern. Dieses System funktionierte gut in Situationen plötzlicher Gefahr; deshalb hat es sich in den Lebewesen wahrscheinlich auch entwickelt. Wir nehmen ein lautes Geräusch wahr und sind bereit – bereit wegzulaufen oder zu kämpfen. Für das unmittelbare Überleben in einer einfach strukturierten Umwelt war es gut.

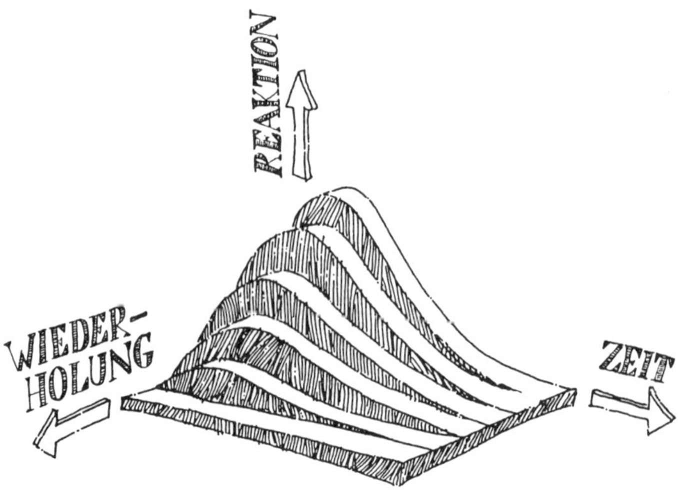

Wenn ein Geräusch wiederholt auftritt, hören wir irgendwann nicht mehr darauf.

Da die meisten Notfälle plötzliche Veränderungen darstellen, ist der menschliche Geist darauf eingestellt, auf diese Veränderungen zu reagieren, und nicht auf das, was eigentlich geschieht. Eine Reaktion beginnt auf der Rezeptorebene. Wenn Sie das nächste Mal unter der Dusche stehen, probieren Sie folgendes: lassen Sie so heißes Wasser, wie Sie es gerade noch aushalten können, eine Zeitlang über Ihre Hand laufen. Senken Sie die Wassertemperatur, ohne mit dem Wasser in Berührung zu kommen. Lassen Sie nun das kühlere Wasser über Ihren Oberkörper laufen und halten Sie dann kurz Ihre Hand darunter. Einmal fühlt sich das Wasser warm, einmal kühl an. Die Veränderung, die dem Gehirn angezeigt wurde, basiert auf einem

Die Barthaare sind für ein Nagetier so wichtig, daß es in seinem Gehirn einen Bereich gibt, dessen Struktur ein fast exaktes Abbild der äußeren Nase der Ratte ist. Für jede Reihe Barthaare, die im unteren Foto zu sehen sind, gibt es eine ihr genau entsprechende Reihe von Zellgruppen im Kortex der Ratte (nach Woolsey und Van der Loos, 1950).

Vergleich von zwei Ereignissen. Anpassung heißt, das bestmögliche zu tun, also vergleichen wir im Geist ständig die verschiedenen Alternativen.

Ein bedeutendes psychologisches Phänomen ist der „Verankerungseffekt". Er beschreibt die Wirkung, die Informationen auf das nachfolgende Verständnis haben. In einem Experiment gab man den Teilnehmern entweder schwere (400 bis 600 Gramm) oder leichte (100 bis 300 Gramm) Gewichte, die sie schätzen sollten. Die Hälfte jeder Gruppe erhielt dann auch noch die andere Gewichtskategorie zur Schätzung. Diejenigen, die zuerst die schweren und dann die leichten Gewichte schätzten, erlebten die leichten als leichter als jene, die die ganze Zeit nur die leichten Gewichte gehoben hatten. Es gibt viele Vergleiche dieser Art, die unser Urteilsvermögen und unsere Einschätzungen beeinflussen. Ein Briefumschlag, der so viel wiegt wie ein Reisekoffer, wird wahrscheinlich als schwerer wahrgenommen, weil wir ein Vergleichsniveau auf der Grundlage der geringen Größe des Umschlags festgelegt haben, zu dem wir dann sein Gewicht in Beziehung setzen.

Zu ähnlichen „Verankerungseffekten" kommt es auch im täglichen Leben. Im Sommer sind ein paar kühle Tage etwas sehr Erfrischendes; das heißt, nach tagelangen Temperaturen von 32 Grad Celsius empfinden wir einen Tag, an dem das Thermometer auf nur 24 Grad klettert, als angenehm kühl. Ein Sommertag mit 24 Grad führt in London aber dazu, daß auch der konservativste Bankdirektor sein Hemd auszieht.

Biologisch gesehen sind die Vorteile der Tatsache offensichtlich, daß wir auf Veränderungen reagieren. Anpassung bedeutet für uns, das bestmögliche zu tun. Die sensorische Anpassung dient genau diesem Zweck: Sie stellt sofortige Vergleiche an, um dann die stärkere, lautere, reifere, wohlschmeckendere, weniger furchterregende Alternative auszuwählen. Das ist ein wichtiger Aspekt der Bauweise des Menschen: Da wir nie die genau gleiche Situation ein zweites Mal erleben, wäre es unökonomisch, ein System zu benutzen, das auf jeden neuen Stimulus neu und anders reagiert.

Der menschliche Geist entwickelte extrem sensible Antennen für aktuelle Informationen. Wenn uns etwas aus der Fassung bringt, wie zum Beispiel das Ende einer Liebesbeziehung, so dauert die emotionale Betroffenheit eine Weile an, verschwindet dann aber allmählich aus dem Bewußtsein. Eine fürchterliche Katastrophe, wie zum Beispiel ein Flugzeugunglück, zwingt den Blick der Öffentlichkeit in Richtung der Sicherheitsprobleme von Fluggesellschaften, und alle möglichen Reformen setzen ein. Dann aber erlischt das Rampenlicht allmählich wieder.

Der gleiche Preis wirkt sehr unterschiedlich, je nachdem, was wir erwarten.

„Vergeben und vergessen", „Die Zeit heilt alle Wunden" – diese Sprüche beschreiben eigentlich, wie der menschliche Geist funktioniert: Gefahren (und unangenehme Erlebnisse) lassen wir in dem Maße wieder los, wie sie in der Vergangenheit entschwinden. Die Gefahr kann dabei objektiv gesehen allerdings weiter bestehen bleiben, wie zum Beispiel die beständige Gefährdung, die vom Rauchen ausgeht, aber auf Dauerhaftigkeit oder langsame Veränderungen ist die Detektei des menschlichen Geistes nicht eingestellt. Die Funktionsweise unseres Geistes paßt uns zu 99 Prozent an die Welt an; das ist nämlich der Anteil von allen Situationen, in denen es völlig ausreicht, auf die wichtigen Veränderungen zu reagieren. Es ist sinnvoller und nützlicher, zu stark auf eine Bedrohung zu reagieren und einmal zu oft zu flüchten, als auf die Statistik zu bauen. Die Einstellung von „Oh, es scheint so, als würde der statistisch errechnete Durchschnitt darauf schließen lassen, daß Tiger nur 0,0344 Prozent ihrer Beute in jeder beliebigen Begegnung zerfleischen, also stricke ich weiter" würde vermutlich an nicht allzu viele Nachkommen weitervererbt werden können.

Heutzutage aber haben wir es mit langfristigen Problemen zu tun, nicht mit unmittelbaren Gefahren. Und heutzutage hängt unser kollektives Überleben von Einschätzungen und Urteilen ab, zu denen die primitive grundlegende Struktur des Geistes nicht imstande ist. Fürs erste aber ist es schon mal gut zu wissen, wer dieses ewig gleiche Gehirn überhaupt ist.

10. Der Geist des Individuums und die Individualität der Geisterchen

Jedem Menschen habe ich seine ureigenen Formen zugewiesen, jedem habe ich besondere Gewohnheiten gegeben. Was an dir zu loben ist, ist an ihm zu tadeln, was für dich Gift ist, ist Honig für ihn.
Was an ihm gut, ist böse an dir; was gefällig an ihm, ist widerwärtig an dir.

Rumi

Das erste, was am menschlichen Geist auffällt, ist seine Individualität. Wie kam beziehungsweise kommt es dazu? Verschiedene Menschen haben verschiedene Fähigkeiten. Eine von Idries Shah niedergeschriebene Anekdote, die man sich normalerweise über die Briten erzählt, trifft auf jeden einzelnen von uns zu:

„Drei Männer, ein Franzose, ein Deutscher und ein Engländer, sollen gehängt werden. Der Franzose tritt unter den Galgen, man legt ihm die Schlinge um den Hals, aber als das Signal gegeben wird, öffnet sich die Falltür nicht. Traditionsgemäß ist er nun frei, weil die Hinrichtung mißlungen ist. Der Deutsche steigt hinauf, sieht, was geschehen ist, blickt hinunter auf die Falltür und erkennt, was da schiefgegangen war. Er lacht und steckt rasch den Kopf in die Schlinge. Die Falltür bleibt zu.

Der Engländer wird vorgeführt. Auf den Stufen sagt er: „Ich glaube, dieses Scharnier muß mal entrostet und geölt werden.“ Und genau so war es auch.“

Verschiedene Männer und Frauen tragen auch verschiedene Geisterchen in sich; außerdem setzt nicht jeder seine Fähigkeiten auch immer nur in den passenden Situationen ein. Manche Menschen, so zum Beispiel auch der Engländer, können ihren Geist nicht davon abhalten, ihren Fähigkeiten entsprechend zu handeln.

Manche haben ein gutes Gedächtnis für Gesichter, andere wiederum merken sich Namen sehr leicht, können aber keine Gesichter behalten. Es gibt Leute, die sich in einer neuen Umgebung problemlos zurechtfinden, aber völlig unmusikalisch sind und nicht logisch denken können. Und umgekehrt solche, die logisch denken, sich an einem nicht vertrauten Ort aber nicht zurechtfinden können.

Darüber hinaus unterscheiden sich einzelne Menschen in der Art und Weise, wie sie ihre Talente nutzen; manche können anscheinend etliche Eisen gleichzeitig im Feuer haben, während andere sich lieber auf eins nach dem anderen konzentrieren. Erinnerungen sind von Mensch zu Mensch verschieden, genauso wie die Art und Weise, die Welt auszukundschaften. Manche machen sich Sorgen, andere orientieren sich am Vergnügen. Ronald Reagan, so sagt man ihm nach, betrachtete sein Glas als halbvoll; Nancy Reagan sah das gleiche Glas und dachte über die gebührende Strafe für dieses Schwein nach, das die Hälfte von Ronnies Cola-Rum gestohlen hatte.

Die Welt ist für verschiedene Menschen deshalb so verschieden, weil das Gehirn im Laufe der individuellen Entwicklung unterschiedlich organisiert wird. Warum unterscheidet sich der Geist des einen so sehr von dem des anderen? Warum unterscheiden sich Individuen überhaupt voneinander? Man würde annehmen, daß die Evolution darauf ausgerichtet ist, uns alle gleich zu machen. In einer sehr einflußreichen Veröffentlichung analysierten John Tooby und Irvin De Vore die biologischen Gründe für diese Verschiedenheiten. Sie gelangten zu dem Schluß, daß sie in der unterschiedlichen Beschaffenheit der Welten zu suchen sei, mit der jeder von uns konfrontiert ist, und in den unterschiedlichen Situationen, denen Menschen in ihrem Leben begegnen. Interessenskonflikte gibt es häufig. Eltern haben andere Interessen als ihre Kinder. Die Kinder haben in verschiedenen Lebensabschnitten verschiedene Interessen.

Sich selbst zu retten stellt ein mögliches Interesse dar; die Rettung von Verwandten ein anderes.

Einzelne Menschen passen sich außerdem ihrer spezifischen Situation und nicht nur der Umgebung an. Die beste Überlebensstrategie eines Menschen kann je nach den Umständen immer wieder ganz anders aussehen. Sie kann von hunderten verschiedenen Faktoren abhängen, einschließlich der Familiengröße, der Position innerhalb der Familie, der Ernährung, Körpergröße, des Geschlechts und der Fähigkeit, die Aufmerksamkeit und Unterstützung der Eltern für sich zu gewinnen. Und viele davon wirken sich auf den Menschen aus. Erstgeborene sind zum Beispiel konservativer als später Geborene; für große Menschen sieht der Weg durchs Leben anders aus als für jene, die bei der Zuteilung der Körpergröße nicht so weit vorne standen.

Die Evolution kann kein System zur Verfügung stellen, das es jedem Einzelwesen ermöglichen würde, sich perfekt anzupassen. Stattdessen besteht bei Tieren das Ziel der Weiterentwicklung darin, dem durchschnittlichen Einzelwesen die durchschnittliche Anzahl von Fähigkeiten in durchschnittlicher Ausprägung für die durchschnittliche Umgebung mitzugeben, in der sich die Spezies entwickelt hat, um das bestmögliche Überleben sicherzustellen.

Sie sind als Mensch das Vermächtnis Ihrer Eltern an die Evolution. Sie erkennen sie wahrscheinlich in sich, in Ihrem Aussehen und Verhalten, recht gut wieder. Das gemeinsame menschliche Erbe ist jedoch vielfältig: unser aller Entwicklung schließt ein großes Gehirn, eine aufrechte Haltung und die Fähigkeit, Farben zu sehen, ein. Trotzdem gibt es jeden Menschen nur einmal – in einer einzigartigen Mischung ist er wie alle anderen und gleichzeitig anders als alle, die es gibt und je gegeben hat.

Die eine Generation unterscheidet sich von der nächsten in zweierlei Hinsicht: zum einen kommt es zu einer sexuellen Neuzusammenstellung dadurch, daß jeder Elternteil die Hälfte zu den Chromosomen des Kindes beisteuert; zum anderen kann es Mutationen geben. Eine Mutation ist eine spontane Veränderung in der Struktur eines oder mehrerer Gene. Mutationen sind sozusagen

Unfälle im normalen Ablauf der genetischen Nachbildung, der Replikation.

Zu Mutationen kommt es nach dem Zufallsprinzip – ein Fehler bei der Kombination der mütterlichen und väterlichen Chromosomen zum Zeitpunkt der Empfängnis, verursacht durch einen Fehler in der Nachbildung der DNS oder durch eine physische Schädigung der DNS-Moleküle, zu der es aufgrund von Umweltereignissen kommen kann, wie zum Beispiel durch radioaktive Strahlung. Die sexuelle Fortpflanzung sorgt für Vielfalt und Abwechslung. Die Sexualität ist tatsächlich der Ursprung unserer Individualität, in einem sowohl viel subtileren als auch viel tiefgreifenderen Sinn als Freud dachte. Sowohl im evolutionsbiologischen Denken als auch im Alltag ist die Sexualität ein bedeutendes Thema (die meisten Leute sind einen großen Teil der Zeit mit dem Partner beschäftigt – sie versuchen sich zu entscheiden, wen sie nun als Partner wirklich wollen, wählen dann sorgfältig einen, wechseln ihn wieder, vor allem aber beklagen sie sich ständig über ihn beziehungsweise sie).

Lassen Sie es uns einmal folgendermaßen betrachten: Nehmen Sie irgendeinen erfolgreichen, also lebenden, sich vermehrenden Organismus, sei es eine Bakterie, eine Pflanze oder ein Tier. Wenn er an seine Lebensumstände angepaßt ist, warum ihn dann nicht klonen? Der Organismus ist dadurch, daß er gedeiht und überlebt, per definitionem anpassungs- und leistungsfähig und dadurch in der Welt überlebensfähig. Warum etwas reparieren, was gar nicht kaputt ist? Warum erzeugen Tiere nicht einfach Kopien von sich und lassen alles so, wie es ist? Warum um alles in der Welt hat sich die Evolution für den hochkomplizierten und riskanten Prozeß der sexuellen Fortpflanzung entschieden? Warum sich auf das derartig riskante Glücksspiel genetischer Mischungen einlassen, die möglicherweise nicht einmal so gut wie die ursprüngliche Pflanze oder das ursprüngliche Tier sind?

Wie bei jeder Entwicklung, die solch schwierige Fragen aufwirft, gibt es auch im Falle der hochkomplizierten Evolution der sexuellen Fortpflanzung viele Argumente, warum sie gerechtfertigt ist. Ein wichtiges Motiv für die sexuelle Neuzusammenstellung kann möglicherweise darin bestanden haben, daß sie unsere Vorfahren vor pathogenen Kräften schützte, also vor krankheitserzeugenden Effekten der Umgebung.

Mikroorganismen als Krankheitsträger können anscheinend Tiere, die sich sexuell fortpflanzen, nicht so gut angreifen. Große, langlebige Tiere sind großartige Wirte für die große Zahl kurzlebiger, sich rasant weiterentwickelnder Parasiten. An großen Tieren gibt es große, warme, feuchte Stellen, die die Krankheitserreger um sie herum ganz wunderbar finden. Außerdem haben diese Erreger auch genügend Zeit, sich zu vermehren, denn im Laufe eines Tierlebens haben feindliche Mikroorganismen über Millionen von Generationen hinweg die Gelegenheit, die Physiologie und das Immunsystem des Wirts anzugreifen. Das ist einer der Gründe, warum Viren, die sich weiterentwickeln, ein ständiges Risiko darstellen; der HIV-Virus ist zur Zeit der tödlichste unter ihnen. Wenn es einer Mikrobe einmal gelungen ist, das Immunsystem oder einen anderen Verteidigungsmechanismus des Wirts anzugreifen, kann sie auch alle anderen genetisch identischen Individuen angreifen, eine Gruppe identischer Pflanzen zum Beispiel. Große Lebewesen, die sich wie exakte Kopien voneinander vermehren, wären ideale Zielscheiben und würden zur Gänze ausgerottet werden.

Es könnte also einen wesentlichen Vorteil gehabt haben, trotz sehr hoher Kosten die mechanischen Grundlagen der sexuellen Fortpflanzung zu entwickeln – das Risiko, ausgerottet zu werden, wurde dadurch nämlich stark herabgesetzt. Nun, da wir sie haben, sorgt diese Methode für große Vielfalt, wie wir alle wissen, an Haarfarben, Gesichtern, Gewicht, Temperament und auch an Gehirnen und Denkweisen.

Indem ein Organismus seine Gene mit denen eines anderen vermischt, kann er seine Nachkommen vor vielen, wenn nicht sogar allen krankheitserregenden Kräften schützen, die sich im Laufe seines Lebens an seine eigene Physiologie angepaßt haben. Das bedeutet allerdings, daß es einer menschlichen Population um so besser ergeht, je genetisch unterschiedlicher ihre Mitglieder sind. Ein menschliches Elternpaar kann in einer Paarung 64 Trillionen Nachkommen zeugen, die sich genetisch voneinander unterscheiden.

Analysen der Unterschiede innerhalb und zwischen menschlichen Populationen zeitigen überraschende Ergebnisse: Verschiedene ethnische Gruppen unterscheiden sich nicht wesentlich bezüglich der Art von Genen, die man in ihnen vorfindet, die Individuen innerhalb der einzelnen Gruppen aber sehr wohl. Der durchschnittliche genetische Unterschied zwischen zwei durchschnittlichen Italienern ist zwölfmal so groß wie der genetische Unterschied zwischen Italienern und Malayen.

Auffällig in der menschlichen Evolution ist der geringe Unterschied zwischen regionalen Gruppen und die große genetische Abweichung des Einzelnen. Das stimmt mit der Sichtweise der sexuellen Fortpflanzung überein: In der Welt, in der unsere Vorfahren sich weiterentwickelten, war es nicht sehr wahrscheinlich, daß man von einem Organismus eine Krankheit erwischte, der auf der anderen Seite der Welt lebte, sondern man steckte sich viel eher beim Nachbarn an. Die einzelnen Lebewesen standen dadurch vor der Notwendigkeit, Verteidigungsmöglichkeiten gegen die Krankheiten ihrer Nachbarn zu entwickeln. Also ist es nur logisch, daß jede menschliche Population eine große Zahl äußerst verschiedener Individuen umfaßt, die gegen unterschiedliche Krankheiten unterschiedlich widerstandsfähig sind.*

Einer der Unterschiede zwischen Einzelwesen liegt im Temperament. Ein paar grundlegende Persönlichkeitsdimensionen sind anscheinend in den einzelnen Menschen unterschiedlich stark ausgeprägt. Diese Unterschiede sind ererbt. Manche von uns scheinen alles schnell zu tun und mehrere Projekt gleichzeitig anzugehen, während sich andere langsam und gemächlich voranarbeiten und alles mehrmals überdenken. Dieser Unterschied im Tempo ist es, der biologisch gesehen manche zu geborenen Buchhaltern und andere zu geborenen Börsenmaklern macht, aber wohl niemanden zu beidem.

Wir liegen mit unserer Beurteilung anderer häufig sehr stark daneben, weil wir Persönlichkeitsmerkmale – die Entscheidungs- und Handlungsfreudigkeit, Ordnungsliebe oder Unordentlichkeit – als

* Ich bin John Tooby und Leda Cosmides sowie ihren Mitarbeitern für diese Analyse zu Dank verpflichtet.

Reflektionen des Bewußtseins interpretieren. Doch diese Charakteristika scheinen viel eher Persönlichkeitseigenschaften zu sein, über die wir wenig bis gar keine Kontrolle haben. Wenn das so ist, müssen wir alle in unserem Zusammenleben mit anderen Menschen erkennen, daß es vieles an unseren Freunden und Partnern gibt, was weder wir noch sie selbst jemals ändern werden. Bewußtheit macht einiges an Veränderungen möglich, auch an recht bedeutenden, aber in einen Teil der individuellen und grundlegenden geistigen Programme kann sie anscheinend nicht eingreifen.

Wichtig ist in diesem Zusammenhang folgende Erkenntnis: Die familiären Bedingungen und Umstände sowie unsere Erziehungs- und Bildungssysteme müßten sehr vielfältig sein, um den verschiedenen Menschen gerecht zu werden. Einem geselligen Kind macht vielleicht der Stachel eines Tadels nichts aus, wenn es danach liebevoll in den Arm genommen wird; ein introvertierteres Kind aber trifft so etwas möglicherweise viel stärker. Wenn wir die Schulen dahingehend ändern wollen, daß sie die anlagebedingten Unterschiede zwischen den Schülern berücksichtigen, haben wir in Zukunft viel zu tun. Wie die Welt diese „tausend Geistesformen“ entwickelt, ist viel weniger vage und viel deutlicher ausgeprägt, als wir dachten und legt den Kurs für unser restliches Leben fest. Die Welt unserer Kindheit und Jugend (mit sowohl ihren wichtigen Merkmalen wie etwa Sprache und Satzmelodie als auch ihren unbedeutenden, wie zum Beispiel Ernährungsgewohnheiten), scheinen unser Leben wie nichts sonst zu beeinflussen. Diese Umstände spielen eine äußerst wichtige Rolle in unserer Anpassung an die Welt, in der wir leben.

11. Wie die Welt den Geist entstehen läßt

Der Darwinismus des Nervensystems

Das Wachsen und Gedeihen eines Einzelwesens ist wie der gesamte Evolutionsprozeß vom Konkurrenzkampf geprägt. Die biologische Evolution ist ein träges, langsames Ringen, dessen Ausgang jahrtausendelang unsichtbar bleibt, und das sich auf die Natur des Einzelnen innerhalb seines Lebens nicht auswirkt; unsere individuelle Entwicklung hingegen ist ein harter Kampf, der schon früh in unserem Leben im Gehirn und im Körper stattfindet.

Wenn wir nachvollziehen wollen, wie die Welt im menschlichen Geist ihre Auswahl trifft, wird uns das nur gelingen, wenn wir nicht die ganze Komplexität der Milliarden von Interaktionen auf einmal betrachten, die im Gehirn ablaufen. Um eine bessere Vorstellung von den daran beteiligten Prinzipien zu erhalten, ist es sinnvoll, ein einfacher strukturiertes System als das Nervensystem dafür heranzuziehen – zum Beispiel das Immunsystem. Auch dieses entwickelt sich durch die Umwelt in den einzelnen Lebewesen unterschiedlich. Wir passen uns an die Krankheitserreger in unserer unmittelbaren Umgebung an; wenn wir über sie hinausgehen, setzen wir uns einem höheren Krankheitsrisiko aus. Bis zum 16. Jahrhundert kamen die verschiedenen Arten von Anpassung nicht miteinander in Berührung. Als der Mensch dann aber begann, die Welt zu bereisen, in der Geschichte des Körpers eigentlich erst sehr spät, kam es zu unerwarteten und noch nie dagewesenen Erkrankungen.

1969 gelang es Gerald Edelmann, die Frage nach der Funktionsweise des Antikörper-Moleküls zu beantworten. Er lieferte damit einen wichtigen Anhaltspunkt in bezug darauf, welche körperlichen

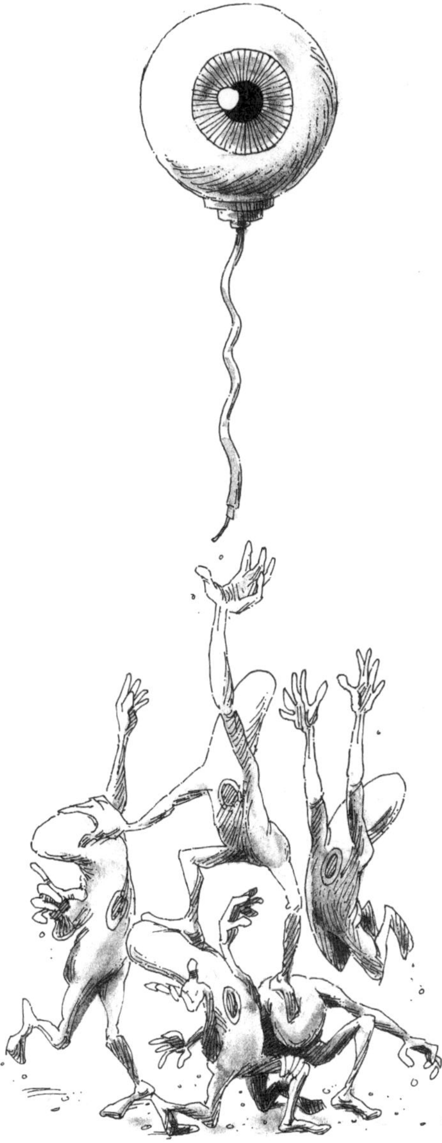

Der Darwinismus des Nervensystems

Strukturen für die Bildung der Millionen verschiedener Antikörper nötig sind, die uns gegen Krankheiten verteidigen. Das Immunsystem besteht nicht aus einem Satz sichtbarer Organe und Strukturen wie das Nerven- oder Atmungssystem. Es umfaßt viele verschiedene Zellen und Moleküle in einem großen Teil des Körpers. Und, worauf Jonas Salk in einem richtungsweisenden Aufsatz hingewiesen hat, das Immunsystem hat Ähnlichkeiten mit dem Nervensystem. Beide reagieren auf vielfältigste Reize, empfangen und übertragen entweder erregende oder hemmende Signale, sind lernfähig und haben ein Gedächtnis.

Das System muß zwischen Körpereigenem und Körperfremdem entscheiden können. Wenn etwas als körperfremd erkannt wird, wird das gesamte System aktiviert. Gleichzeitig darf das Immunsystem aber die körpereigenen Zellen und Moleküle nicht attackieren. Diese Einschränkung stellt eine sehr schwierige Bedingung dar, denn auf der Welt gibt es sehr unterschiedliche Krankheiten. Babys werden aber überall geboren. Wie also kann es der Evolution gelungen sein, den Boden in uns so zu bereiten, daß wir eine spezifische Immunität gegen die in unserer Umgebung vorkommenden Krankheiten entwickeln, wo es doch in den vielen verschiedenen Gebieten, wo Menschen leben, so viele verschiedene gibt?

Die Immunzellen differenzieren sich in der Embryonalzeit völlig planlos. Und analog zu den tausend Geistesformen bringt dieser Prozeß eine riesige Palette von Zellen hervor, jede mit ganz verschiedenen und sehr spezifischen Oberflächenrezeptoren. Sie veranlassen nach Kontakt mit einem an diese Oberfläche passenden Fremdkörper (Antigen), daß sich spezialisierte Zellen im Blut bilden. Diese erzeugen dann genau die Art von Antikörper, deren Oberflächenstruktur – wie Schloß und Schlüssel – zum Antigen paßt. Die Verbindung zwischen Antigen und Antikörper setzt eine Zellteilung in Gang; so entstehen tausende Kopien der gleichen Antikörper, die sich an die körperfremden Eindringlinge heften und sie damit unschädlich machen. Der Körper kann so einen Virus oder irgendeinen anderen Fremdkörper loswerden, wenn die Zellen im Blutstrom sich vervielfältigen können. Nach Abschluß der frühen Entwicklung muß das Immunsystem nicht mehr lernen; es ist an die Krankheitserreger, denen der Organismus wahrscheinlich begegnen wird, bereits vorangepaßt.

Durch die Form seiner Moleküle wählt der eindringende Virus also den Antikörper, der zur Verteidigung des Körpers gegen ihn eingesetzt werden wird und wählt damit auch seinen eigenen Untergang. Wenn eine spezifische Krankheit auftaucht, haben Ereignisse in der Entwicklung des Organismus bereits dafür gesorgt, daß die ihr entsprechende Auslese getroffen wurde. Und während ihrer Entwicklung lernen auch andere Systeme, unter anderem das Verdauungs- und Nervensystem, zwischen dem zu unterscheiden, was zu uns gehört und für uns üblich ist, und dem, was nichts mit uns zu tun hat.

Die WHO (Weltgesundheitsorganisation der Vereinten Nationen) fand kürzlich zu ihrem großen Erstaunen heraus, daß ghanesische Frauen ihre Kinder normal austragen, obwohl ihre tägliche Kalorienzufuhr weit unter der der Frauen im Westen liegt. Haben sie geschwindelt? Oder haben sie sich an andere Umstände und Bedingungen angepaßt, so daß sie mit einer geringeren Menge der gleichen Nahrung eben anders funktionieren können? Es scheint ihnen irgendwie zu gelingen, mehr Nährstoffe zu verwerten als westliche Frauen, die einen größeren Überfluß gewöhnt sind?

Auch das Gehirn und der Geist lernen in dieser Zeit der Entwicklung, was uns ausmacht und was nichts mit uns zu tun hat. Edelmann stellte Überlegungen an, ob nicht vielleicht auch das Gehirn als solch eine Art selektiven Systems fungiert. Seine Theorie wird als der „Darwinismus des Nervensystems" bezeichnet. Ihr zufolge unterliegen die Neuronen einer anderen Art natürlicher Auslese. Ähnlich den Prozessen im Immunsystem wählen sich die Neuronen selbst aus und verbinden sich im Lauf der Entwicklung miteinander in dem Maß, wie sie angeregt werden. Die Welt ist dafür verantwortlich, welche Verbindungen im menschlichen Geist entstehen.

Die größte biologische Glanzleistung in der Natur beginnt damit, daß ein männliches Spermium sich mit einem weiblichen Ei vereinigt. Während der darauffolgenden neun Monate teilt sich die befruchtete Zelle immer und immer wieder und läßt so das Gehirn, die inneren Organe, die Muskeln, die Haut und die Knochen entstehen. Schon nach nur fünfzig Teilungsvorgängen dieser ersten Zelle ist ein

Baby gezeugt! Niemand weiß, warum aus manchen Zellen das Gehirn entsteht und aus anderen die Zunge.

Was wir wissen, ist, daß ein winziges Pünktchen, das zu Beginn sogar unter einem Mikroskop kaum auszumachen ist, nach vierzig Wochen als dreieinhalb Kilo schweres Baby plötzlich auf der Bühne erscheint. Babys sind bei der Geburt zwar hilflos und unreif, aber der Same für die Fähigkeiten, die sie im Laufe ihres Lebens entwickeln werden, ist bereits vorhanden. Er braucht allerdings eine spezifische Welt, die ihn zum Keimen und Wachsen bringt.

Die neurale Auslese muß stattfinden, weil die Gene keine konkrete Struktur, sondern lediglich das Potential angeben. Während der Entwicklung des Embryos teilen sich die ursprünglichen Zellen, begeben sich an eine andere Stelle und spezialisieren sich. Im Embryo und Fötus findet keine Spezialisierung hinsichtlich der Zellart statt. Eine Zelle im Embryo wird aufgrund ihrer Position zur Gehirnzelle, nicht aufgrund dessen, was sie ist; wenn sie woanders wäre, würde sie eben aus irgendeinem Grund zum Beispiel zu einer Herzzelle werden. Die unzähligen Gehirnzellen, die der Mensch hat, können daher verschiedenste Identitäten annehmen.

Die letztendliche Funktion der Zelle wird nämlich nicht von ihrer individuellen Natur bestimmt, sondern von ihrem Platz im Gesamtschema des Organismus. An einen Ort wird sie zu einer Hautzelle, an einem anderen zu einem Teil der Leber. Wenn sie während dieser Entwicklung miteinander die Plätze tauschen würden, würden sie damit auch ihre endgültige Bestimmung und Funktion tauschen.

Dieser Prozeß ähnelt der Art, wie die Bestandteile jeder beliebigen Struktur verfeinert werden, um sie letztlich zu bilden. Das gleiche Tintenmolekül kann verschiedene Bedeutungen haben, je nachdem, wo es sich befindet. Es kann zu einem *n* in „nun" werden oder zu einem *Z* in „Zoo" beitragen. Ohne daß es seine eigene Struktur ändern müßte, ändert sich seine höhere Organisation und seine Bedeutung.

So kommt es, daß sich aus Zellen Gruppen von Nervenzellen bilden – so etwas wie die Buchstaben des Gehirns, die grundlegenden Betriebseinheiten, von denen jede in verschiedensten „Geschichten" mitwirken kann.

Weil die Umwelt für verschiedene Menschen so verschieden ist, bedingen diese unterschiedlichen Umstände auch unterschiedliche Entwicklungen des Gehirns. Durch die Auslese der Nervenzellen in der Kindheit blühen die Gehirnzellen auf, die für diese Umwelt wie geschaffen sind. Die Zellen, die nicht zu ihr passen, verkümmern aufgrund mangelnder Stimulierung. Genau dieses ist mit den tausend potentiellen Geistesformen gemeint. Vielleicht gibt es viel mehr, aber jeder von uns hat nur ein paar davon. Nun müssen wir noch einmal ein wenig fachlich werden, um unser Erbe zu verstehen.

Während der Entwicklung sorgen verschiedenartige Stimulierungen dafür, daß im Gehirn die entsprechenden Verbindungen entstehen. Wenn ein Auge eines Tieres in einer kritischen Entwicklungsphase nur ein paar Tage lang verhüllt wird, kommt es zu bemerkenswerten Veränderungen in dem Teil des Gehirns, der die optischen Impulse verarbeitet. Bei dem Auge, das sich normal entwickeln kann, funktioniert die Sehrinde normal. Bei einem Organismus, dessen Auge während seiner Entwicklung auch nur ein paar Tage bedeckt wurde, findet man hingegen eine Gruppe von fast verkümmerten Zellen im Kortex. Der Grund dafür liegt darin, daß während der Entwicklung im Gehirn eines Organismus der gleiche Konkurrenzkampf stattfindet, wie er zwischen den einzelnen in der Gesellschaft herrscht.

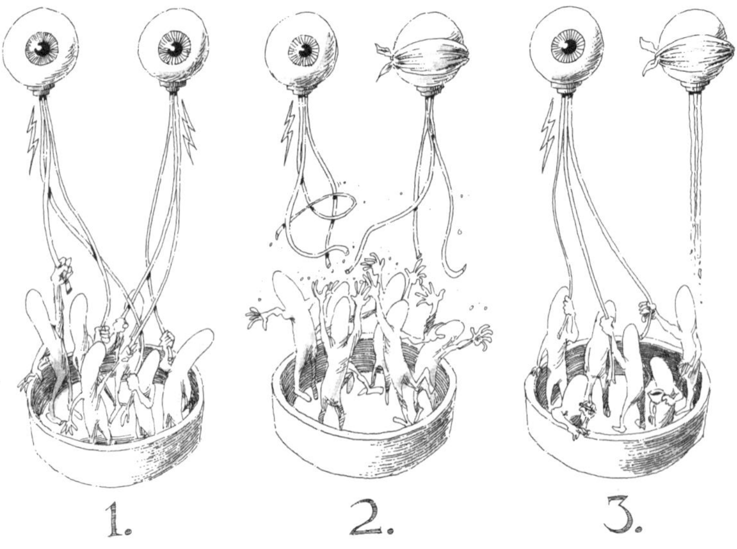

Ganz zu Anfang haben alle Zellen die gleiche Chance (1). In der Phase „üppigen“ Wachstums gehen sie eine Verbindung ein (2). In diesem Fall, wenn ein Auge bedeckt ist, verbinden sich die Zellen nur mit dem Auge, das sehen kann. Es wird nur zu einem Auge eine Verbindung geschaffen (3).

Im embryonalen Stadium entwickelt sich bei jedem Individuum ein spezifisches Muster von Nervenverbindungen im Gehirn. Nach der Geburt entwickeln sich neue Muster von Nervenverbindungen; in verschiedenen Organismen zu verschiedenen, aber festgelegten

Verschiedene Mittel, gleiche Botschaft

Zeiten. Die Auslese dieser Muster findet in Zellgruppen statt, die einander als Reaktion auf Umweltreize Botschaften übertragen – ein Horizont, ein Sonnenuntergang, die Laute einer Sprache. Das ist eine Möglichkeit, zu verstehen, wie verschiedene Arten angepaßten Verhaltens in den deutlich unterschiedlichen Umgebungen entstehen, die Tiere und Menschen bewohnen.

Jedes einzelne Handlungszentrum scheint das gleiche zu machen. Wenn wir ein Buch lesen, lesen wir keine Buchstaben, sondern Worte und Sätze. Manchmal lesen wir Ideen. Am häufigsten, meist dann, wenn wir uns dessen nicht bewußt sind, verstehen wir etwas einfach, ohne zu wissen, wie oder warum.

„Ich lasse die Katze raus“ kann auf hunderterlei, wenn nicht tausenderlei Arten vermittelt werden. Man kann es drucken, so wie in diesem Buch, in Großbuchstaben schreiben oder in Kleinbuchstaben, man kann es in irgendeiner der unzähligen Schriftarten drukken. Man kann den Satz stenographieren. Man kann ihn übers Telefon erzählen, telegrafieren oder auf einem Bildschirm erscheinen lassen. Eine unbegrenzte Vielfalt an Signalen kann den Gedanken „Ich lasse die Katze raus“ vermitteln. Diese Signale lassen sich auf vielerlei Arten erzeugen und verstehen; sie sind Teil des zweiten Gedankensystems, das wir haben, und das ein Abbild von der Welt erzeugt.

Ein Abbild bietet uns die Möglichkeit, die unendlich vielen möglichen Kombinationen von Dingen zu umgehen, die wir sonst alle lernen müßten. Denn das Gehirn geht nach Schichten vor, speichert die Signale einer Schicht und erschafft früher oder später noch abstraktere Darstellungen. Wenn das nicht so wäre, könnten wir nicht einmal eine Tasse erkennen, wenn wir sie aus einem anderen Winkel sehen.

Was uns die Evolution mitgegeben hat, dient dem Handeln, nicht einem umfassenden Verstehen. Daher sucht unser Gehirn nach Bedeutungen und nicht nach spezifischen, detaillierten Informationen. Wir erlernen allgemeine symbolische Darstellungen beziehungsweise Abbilder der Welt, gerade genug, um durchzukommen. Deshalb speichern wir nicht die unzähligen Arten, wie man „Ich lasse die Katze raus“ schreiben oder kommunizieren könnte, (wir könnten sie nämlich auch gar nicht speichern), ganz zu schweigen von den Milliarden Sätzen, die uns darüber hinaus spontan noch einfallen würden.

In den frühen Entwicklungsphasen konkurrieren die Nervenzellen untereinander ums Überleben, um die Verbindung zu einer Arbeitsgruppe, damit sie fortbestehen können. Wenn Zellen auf eine bestimmte Weise stimuliert werden, verbinden sie sich miteinander und bilden neurale Gruppen; wenn nicht, tun sie sich mit anderen zusammen. Die Verschiedenheit der frühen Erfahrungen in der Welt führt zu unterschiedlichsten Arten von Verbindungen innerhalb des Nervensystems.

Natürlich können sich auch spätere Entwicklungen auswirken. Frühe Erfahrungen, vor allem solche, die mit Entbehrungen zu tun hatten, lassen sich überwinden; andererseits können später gemachte Erfahrungen, wie zum Beispiel der Schock eines Schlachtfelds, die Natur des Gehirns auf dramatische Weise und für immer verändern. Aber in den ersten Lebensjahren trifft die Welt zum größten Teil bereits die Auswahl unter den verschiedenen potentiellen Möglichkeiten des menschlichen Geistes. Damit meine ich nicht die Ereignisse in unserer näheren Umgebung, an die wir uns erinnern – einen liebevollen Vater oder einen kaum vorhandenen, Kämpfe unter den Geschwistern oder ein hilfreiches Miteinander – , sondern viel grundlegendere Anteile unserer Psyche.

Nehmen Sie die Sprache. Ähnlich wie die körperlichen Abwehrkräfte entwickelt sie sich dadurch, daß das, was in der Umgebung da ist, aufgeschnappt wird; unterrichtet wird sie im großen und ganzen ja nicht. Während der Entwicklung des Kindes schmust und spricht die Mutter mit ihm; sie macht dabei die Laute von fast jedem Wort der Sprache, die dort gesprochen wird, wo natürlich auch das Kind sprechen wird. Gleichzeitig brabbelt das Kind vor sich hin und macht dabei die Laute fast jeder bekannten Sprache. Die Laute, die etwas mit der Sprache zu tun haben, die in seiner Welt gesprochen wird, werden im Kind „verdrahtet"; die Phoneme, Laute, Ausdrucksweisen und Gesten, die in seiner Muttersprache nicht verwendet werden, bleiben unverbunden. An diesem Punkt im Leben werden die spezifischen Sprachmerkmale wie zum Beispiel eine Klangfärbung festge-

legt, und zwar auf der Grundlage der Intonationen, die ein Kind in dieser Zeit hört. Eine Klangfärbung ist nur schwer zu ändern, obwohl sie nie gelehrt wurde.

Es geschieht einfach durch Interaktion mit der Umwelt, indem die Verbindungen im Gehirn anscheinend um diejenigen Neuronen herum entstehen, die durch Hören und Sehen ausgebildet werden. Dieser Prozeß ähnelt der Art und Weise, wie das Immunsystem organisiert ist.

Um es noch einmal zu sagen – unser erstaunlich redundantes Gehirn stellt uns mehr als genug Möglichkeiten dafür zur Verfügung, daß wir auf der ganzen Erde leben können (oder besser gesagt, hat diese Mannigfaltigkeit möglich gemacht). Es ist, als hätten wir die Möglichkeit erhalten, mehrere hunderttausend Sprachen zu sprechen, Tausende von Gesten zu machen, Zeichen und Symbole auf unzählige Arten zu organisieren und in tausend verschiedenen Gebieten leben zu können; die Evolution hat uns in ihrem Bemühen, uns an die Welt anzupassen und unsere Physiologie zu schützen, mit einem Gehirn der tausend „Geistesformen" ausgerüstet.

Sogar das, was das Baby im Mutterleib hört, beeinflußt sich das gerade entwickelnde Gehirn. Eine kürzlich durchgeführte Studie beschäftigte sich genau mit diesem Thema. In ihrem Rahmen rezitierten Frauen ab der 32. Schwangerschaftswoche bis zur Geburt dreimal täglich einen Absatz aus einer Kindergeschichte. Jede werdende Mutter erzählte eine (immer die gleiche) von drei Passagen.

Den Neugeborenen wurden dann alle drei Passagen vorgelesen. Zwei Tage nach der Geburt gab man ihnen eine spezielle Brustwarze und Ohrhörer. (Bei Babys ist der Saugreflex wahrscheinlich der einzige Reflex, der konditioniert werden kann. Über eine Veränderung der Saugfrequenz konnten sie sich aussuchen, welche der drei Passagen sie hören wollten.) Die Säuglinge entschieden sich für den ihnen vertrauten Abschnitt. Offenbar kann ein Fötus also bereits vor der Geburt etwas über die Welt lernen, in der er leben wird. Diese Selektion leitet die Entwicklung des Kindes in die eine oder andere Richtung, indem manche Informationen ausgewählt und andere zurückgewiesen werden. Die Laute, die ein Baby im Mutterleib hört, führen in ihm wahrscheinlich zu der Tendenz, auf die Sprachgruppe zu reagieren, in die es hineingeboren wird. Sogar während der Entwicklung im Mutterleib findet mit Hilfe der Außenwelt bereits eine Selektion von Neuronengruppen statt.

Im Rahmen einer anderen Studie hörten Neugeborene ein Herz schlagen oder eine Frau sprechen. Sie konnten wählen, mit welchem Ohr sie das Geräusch hören wollten, indem sie die Frequenz variierten, mit der sie an einem Schnuller sogen. Die Babys entschieden sich dafür, die Sprache im rechten und den Herzschlag im linken Ohr zu hören. Das Gehirn scheint sich also bereits bei der Geburt, wenn auch nur in Ansätzen, hinsichtlich der gesprochenen Sprache spezialisiert zu haben. Die zwei Gehirnhälften übernehmen also anscheinend schon bei der Geburt in gewissem Maße unterschiedliche Aufgaben.

Wenn wir auf die Welt kommen, leben wir in einem bestimmten Gebiet bei einer bestimmten Familie in einer bestimmten Kultur und essen bestimmte Dinge auf einer bestimmten Meereshöhe in einer bestimmten Entfernung vom Meer in einer bestimmten Art von Haus in einer bestimmten natürlichen Umwelt. Kein Gehirn könnte sich darauf vorbereiten, also kommt es unvollständig organisiert in diese Welt. Während der langen Periode der Kindheit wählt unsere frühe Umgebung die spezifischen „Geisterchen“, die zum Überleben gebraucht werden.

Während die Menschen im Gegensatz zu fast den meisten Tieren so vor-angepaßt sind, daß sie überall auf der Erde leben können, gibt es keinen einzelnen Menschen, der tatsächlich überall leben würde. Die meisten brauchen die Anpassungen an die große Höhe wie die alten Inkas in der Nähe von Machu Picchu oder die Grundlagen für die Entwicklung des Xosa Klick-Lautes nicht. Ich brauche nicht Sanskrit sprechen zu können. Ein philippinischer Bauer muß nicht Englisch sprechen können. Ich brauche nicht an scharfes Essen gewöhnt zu sein; die Japaner sind Käse nicht gewöhnt.

Wenn wir versuchen, eine Sprache zu lernen, geht es um Anpassung. Für die meisten von uns ist es kein Problem, eine erste Sprache zu lernen. Wir saugen sie sozusagen mit der Muttermilch in uns hinein. So wie wir ihre Immunmoleküle in uns aufnehmen, trinken wir auch ihre Phoneme in uns hinein. Wir lernen sprechen, wir hören eine bestimmte Sprachmelodie, die typisch für Englisch ist, oder eine andere, die dem Chinesischen zu eigen ist. Die Neuronen, die in unserer Sprachgruppe nicht verwendete Laute produzieren, werden inaktiv. Denken Sie nur an die Schwierigkeiten, die die meisten Bewohner der westlichen Welt haben, wenn sie mit vierzig noch Japanisch lernen wollen, oder die umgekehrt ein Japaner mittleren Alters hat, der Englisch lernen will.

Wenn junge Katzen in einer Umgebung groß werden, in der sie nur horizontale Linien sehen, entwickeln sie die Fähigkeit, vertikale

Linien wahrzunehmen, nie mehr im gleichen Maße wie sie horizontale sehen können. Sie können vertikale Linien zwar noch sehen lernen, aber nicht mehr sehr gut. Das gleiche gilt auch für das beidäugige Sehvermögen, wenn Kätzchen in der Dunkelheit aufwachsen. Wenn sie keine Gelegenheit haben, in der kritischen Entwicklungsphase beide Augen gleichzeitig zu benutzen, können sie die Fähigkeit, die beiden Gesichtsfelder zu überlappen, nie mehr entwickeln.

Einschränkungen in den frühen Lebensphasen führen auch bei Menschen zu einer Beeinträchtigung der entsprechenden Fähigkeiten. In einer Studie verglich man Studenten und Studentinnen aus westlichen Städten, die viele horizontale und vertikale, aber wenig schräge Linien aufweisen, mit einer Gruppe von Cree Indianern und Indianerinnen, in deren Siedlungen sich Linien in allen Ausrichtungen finden. Die Studenten sahen schräge Linien weniger scharf als die Indianer.

Das Nervensystem beginnt mit einer großen Zahl an Möglichkeiten und wählt im Verlauf unserer frühen Jahre dann einige davon aus. Ein in Milwaukee oder Nîmes oder bei einem Pygmäenstamm geborenes Kind erwartet eine monogame, friedliche Situation. Sehr wahrscheinlich registrieren Mechanismen im Gehirn Hinweise, die sich im Laufe der Evolution als zuverlässig erwiesen haben, um die Art von Umwelt hervorzusagen, in der das Kind aufwachsen wird. Wenn Ihnen als Kind Gewalt angetan wurde, dann kann man mit hoher Wahrscheinlichkeit darauf schließen, daß Sie in ein soziales Milieu hineingeboren wurden, im dem Gewalt eine wichtige Rolle spielt.

Kinder, die mißbraucht wurden, sind als Erwachsene viel aggressiver; das deutet darauf hin, daß sie gelernt haben, daß Mißbrauch zum Leben gehört. Das durchschnittliche Kind wird Zeuge von 15.000 Morden, bevor es die Pubertät erreicht; man muß sich fragen, welche Wirkung das auf die Entwicklung seines Geistes hat. Verschiedene Ereignisse in der Welt unserer Kindheit können verschiedene Arten von Strategien aktivieren.

Zusammenfassend läßt sich folgendes sagen: Wenn wir das Licht der Welt erblicken, hat das Gehirn wesentlich mehr potentielle Nervenschaltkreise als wir benötigen; unterschiedliche Erfahrungen in den frühen Jahren unseres Lebens sorgen dann für die Entstehung unterschiedlicher Verbindungen. Dabei findet zwischen den Neuronen ein Konkurrenzkampf statt, wie ihn die Evolution selbst auch kennt – der sogenannte „Darwinismus des Nervensystems". Die Auslese findet in diesem Fall durch die örtliche Umgebung statt, damit in unserem sehr allgemein gehaltenen Geist eine Spezialisierung stattfinden kann. Das große und großartige Gehirn entwickelt sich mit Hilfe der Außenwelt in jedem Mensch anders, damit jeder eine bessere Chance hat, seiner beziehungsweise ihrer spezifischen kleinen Welt gewachsen zu sein.

IV.

Puzzleteile: Organisation und Abläufe des Gehirns

Wir alle haben brachliegende Talente.

Die Entwicklung des Gehirns diente vorwiegend dem Zweck, die verschiedenen Körperreaktionen zu steuern. Das Gehirn hat mehr Ähnlichkeiten mit der Leber als mit einem Computer. Seine Organisation ist ursprünglich nicht für das Denken gedacht. Die Tätigkeiten, die wir am stärksten mit dem Mensch-Sein verbinden, machen eigentlich nur einen Bruchteil der Gehirnfunktionen aus. Könnte man ziellos im Gehirn umherstreifen und dabei immer wieder mal eine Zelle überprüfen, würde man höchstens ein oder zwei Prozent von ihnen mit gedanklichen Tätigkeiten beschäftigt finden. Daher kann die Vorstellung, daß wir 95 Prozent (oder welcher Prozentsatz auch immer jeweils angegeben wird) des Gehirns nicht nutzen, für ein lebendes Wesen nicht zutreffen, denn der Großteil des Gehirns ist voll beschäftigt.

Das Gehirn be-geist-ert den Körper; seine Neuronen steuern die Temperatur, die Durchblutung und die Verdauung. Es überwacht jede Empfindung, jeden Atemzug und Herzschlag, jede Bewegung, jedes Blinzeln und Schlucken. Es bestimmt die Richtung unserer Bewegungen: gehe dahin, nimm die Hand von der Herdplatte, hebe den Arm, um den Ball zu fangen, lächle. Hätten Sie keine intellektuelle Bildung genossen, könnte es sein, daß Sie sich das Gehirn als Steuerzentrale für alle körperlichen Vorgänge vorstellen, nicht als Sitz des rationalen Denkens.

Und doch befindet sich im Kortex auch etwas recht Neues: In weniger als einer Million Jahre rekrutiert, hat sich an einer vom Rest des Gehirns getrennten Stelle ein Komplex neuer Talente eingenistet, der für Sprache zuständig ist, also für die Erzeugung von Symbolen.

Man könnte es als modernes Kommunikationszentrum bezeichnen, denn das Auftauchen der modernen Menschheit basierte teilweise auf kooperativen Bemühungen. Organisierte Gruppen können erreichen und möglich machen, was einem einzelnen unmöglich wäre; also wurden Städte gebaut, der Boden kultiviert, und Industrie und Technik entstanden aus dem Nichts. Ein bedeutender Teil der Spezialisierung des menschlichen Gehirns besteht darin, komplexe

Informationen mitzuteilen, die einzelne Menschen zu einer größeren Gruppe verbinden, zu einer Gesellschaft, wo nicht nur ihre eigenen Überlebenschancen steigen, sondern auch die Möglichkeit, ihre Gene weiterzugeben.

12. Das geteilte Gehirn und sein geteilter Geist

Die Gehirnrinde ist nur etwa drei Millimeter dick. Von allen Säugetieren haben die Menschen den am stärksten in Falten gelegten Kortex; vielleicht deshalb, weil er mit seiner beachtlichen Größe in einen Kopf passen mußte, der gleichzeitig klein genug ist, um die Geburt zu überleben. Der Kortex ist aus Schichten spezialisierter, säulenförmig angeordneter Zellen aufgebaut. Jede dieser Säulen hat besondere Funktionen, wie zum Beispiel die visuelle Wahrnehmung von Ecken und Kanten. Sie fungieren als Datenverarbeitungszentren im Kortex, sozusagen als „Module" für die Interpretation von Informationen.

Diese Zellsäulen leisten die grundlegende analytische Arbeit des menschlichen Geistes. Sie interpretieren zum Beispiel ein Lautmuster und übersetzen es in Sprache. Sie analysieren Millionen Bits visueller Information, um Größe, Form und Position festzustellen. Sie entschlüsseln ein paar Schnörkel, wie zum Beispiel 2 + 2 = 4, in sinnvolle mathematische Symbole. Sie verfolgen die Position der Gliedmaßen, damit wir uns abwenden und so einem näherkommenden Auto ausweichen können. Sie interpretieren musikalische Laute und noch viel, viel mehr. Es gibt wahrscheinlich auch Module für spezifische Reaktionen und Aktivitätsmuster.

Im Kortex gibt es Talent-Zentren. „Talent" ist in diesem Zusammenhang ein etwas ungewöhnlicher Begriff; es geht nämlich um Gehirntätigkeiten. Bei den meisten Menschen sind wahrscheinlich einige Talente stärker ausgeprägt als andere. Diese Fähigkeiten, wie zum Beispiel, sich anmutig zu bewegen oder fließend zu sprechen, existieren als mentale, verhaltensmäßige und anatomische Einheiten.

Jede Einheit beinhaltet eine hohe Konzentration an bestimmten Fähigkeiten. Wenn Sie sich jeden dieser Bereiche als Flicken vorstellen, würde der Kortex sehr ähnlich aussehen wie eine in Falten gelegte Patchworkdecke.

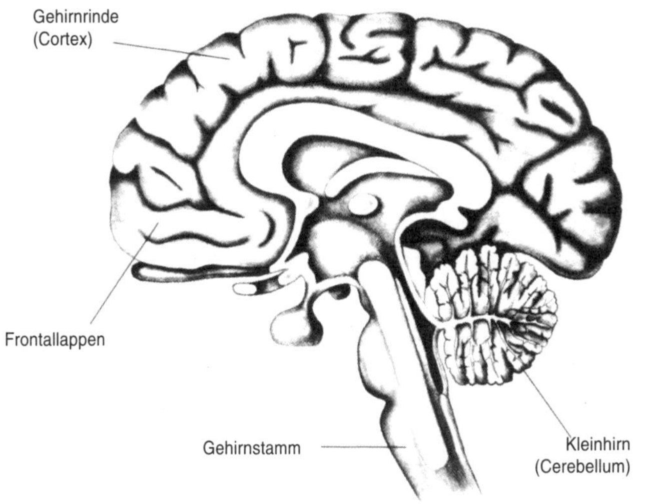

Die Gehirnrinde. Der sichtbare Teil des Gehirns ist die Oberfläche des Kortex, die dünn und in dichte Falten gelegt ist, um im Schädel genügend Platz zu finden. Fünfzig Prozent des Kortex sind in derartige Falten gelegt. Die Abbildung stellt den Kortex in seiner relativen Position zum Gehirnstamm, Kleinhirn und Limbischen System dar, mit dem er verbunden ist und das er gleichzeitig umgibt.

Er besteht aus zwei Hälften, den sogenannten Hemisphären, die über das *Corpus Callosum,* eine große Struktur mit etwa dreihundert Millionen Nervenzellen, miteinander verbunden sind. Die Aufteilung der Gehirnfunktionen auf zwei getrennte Hemisphären ist die Ursache für spezifisch menschliche Handlungsweisen und macht uns zu kreativen Menschen, – führt aber auch dazu, daß wir im Gegensatz zu allen anderen Lebewesen von unseren geistigen Prozessen isoliert sind. Die Aufteilung in Hemisphären ist die jüngste, das heißt weniger als vier Millionen Jahre alte Entwicklung in der menschlichen Evolution.

Die linke Hemisphäre steuert die rechte Körperseite. Sie steuert auch die Sprache und logische Aktivitäten – alles, was nacheinander abläuft. Die rechte Hemisphäre steuert die linke Körperseite und alles Räumliche sowie alle gleichzeitig ablaufenden Prozesse und künstlerischen Aktivitäten. Diese Unterschiede bildeten sich wahrscheinlich heraus, als unsere Vorfahren begannen, mit Symbolen zu arbeiten (Sprache und Kunst).

In den 60er Jahren dieses Jahrhunderts erfanden Roger Sperry und Joseph Bogen von der Cal Tech eine radikale Behandlungsmethode für Menschen mit schwerer Epilepsie. Sie durchtrennten das *Corpus Callosum*, wodurch ein gespaltenes Gehirn (*split brain*) entstand. Wenn Patienten nach der Operation einen Gegenstand, wie zum Beispiel einen Bleistift, in der rechten Hand hielten, ohne ihn sehen zu können, konnten sie ihn mit Worten beschreiben. Wenn sie den Gegenstand aber in der linken Hand hielten, gelang es ihnen nicht ihn zu beschreiben. Die linke Hand informiert ja, wie bereits erwähnt, die rechte Gehirnhälfte, die sprachliche Aufgaben nur beschränkt wahrnehmen kann. Bei einem durchtrennten *Corpus Callosum* besteht keine Verbindung mehr zwischen der sprachlichen (linken) Hemisphäre und der rechten, die vorwiegend mit der linken Hand kommuniziert. In diesem Fall weiß der verbale Apparat buchstäblich nicht, was die andere (linke) Hand tut.

Man gab den Patienten Schlüssel, Bücher, Stifte und ähnliches, wobei sie nie sehen konnten, worum es sich handelte. Die Aufgabe bestand darin, den Gegenstand, den sie zuvor erhalten hatten, mit der linken Hand auszusuchen. Die Versuchspersonen entschieden sich für den richtigen Gegenstand, obwohl sie immer noch kein Wort für das finden konnten, was sie da in die Hand nahmen. Es schien fast so, als wären sie gebeten worden, eine Handlung auszuführen, über die dann aber nur jemand anders sprechen konnte.

Dieser chirurgische Eingriff enthüllte somit die Existenz von zwei Systemen an der „obersten Stelle" des menschlichen Gehirns. Sie sind maßgebend für unsere sprachlichen, künstlerischen und schöpferischen Fähigkeiten und dafür, daß wir in der Welt neue Verbindungen entdecken. Wir haben dafür solche geistigen „Zuständigkeitsbereiche" entwickelt, die effizient arbeiten können und keine Ahnung davon haben, was im Rest des Kopfes vor sich geht. Teilweise funktioniert das deshalb, weil der Umgang mit aufeinanderfolgenden Informationen, der der Sprache zugrundeliegt, eine andere Art der Anpassung darstellt als die gleichzeitige Gesamtschau vieler Aspekte, die der Kunst und der Bewegung im Raum als Basis dienen. Wie gut könnten Sie tanzen, wenn sie über jede einzelne Arm- und Fußbewegung nachdenken müßten? Und wie gut könnten Sie lesen, wenn Sie nicht ein Wort nach dem anderen lesen würden?

So erstaunlich die Ergebnisse der Split-Brain-Studien auch sind, eine wichtige Frage bleibt trotzdem unbeantwortet: Was passiert bezüglich der beiden Gehirnhälften bei normalen Menschen, die normale Dinge tun? 1969 begann ich ein Forschungsprogramm zur

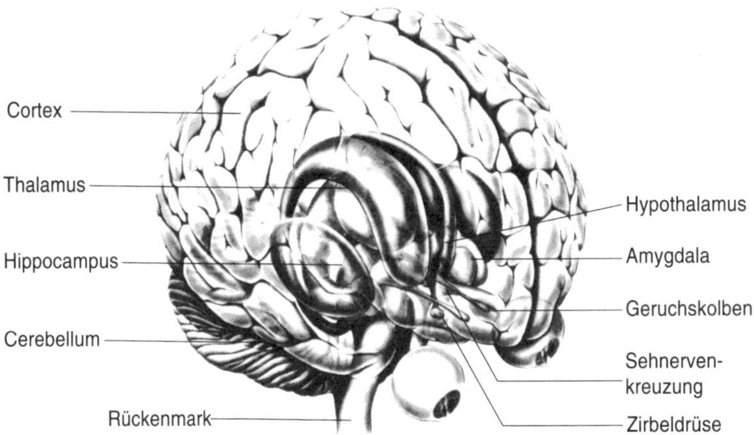

Die Hauptstrukturen des menschlichen Gehirns

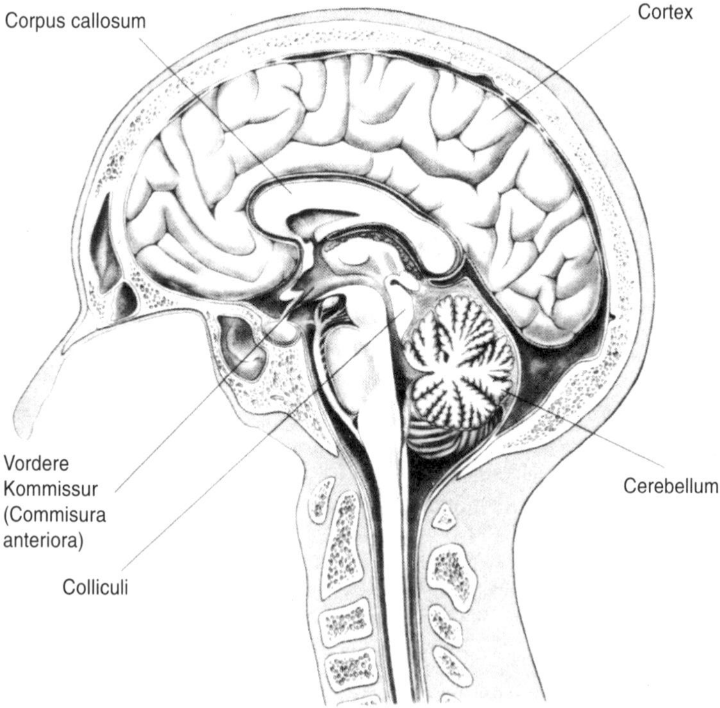

Die Spaltung des Gehirns. Bei Split-Brain-Operationen, sogenannten Kommissurendurchtrennungen, wird das Corpus Callosum durchtrennt, das Nervengewebe, das die beiden Hemisphären verbindet und miteinander kommunizieren läßt. Dieser Eingriff führt zu radikalen Veränderungen in der Wahrnehmung und dem Verhalten der Patienten (nach Sperry, 1982).

Untersuchung der Beziehung zwischen dem Gehirn und der geistigen Verfassung. Eine der Möglichkeiten zur Untersuchung und Darstellung der Tätigkeiten eines normalen Gehirns stellt die

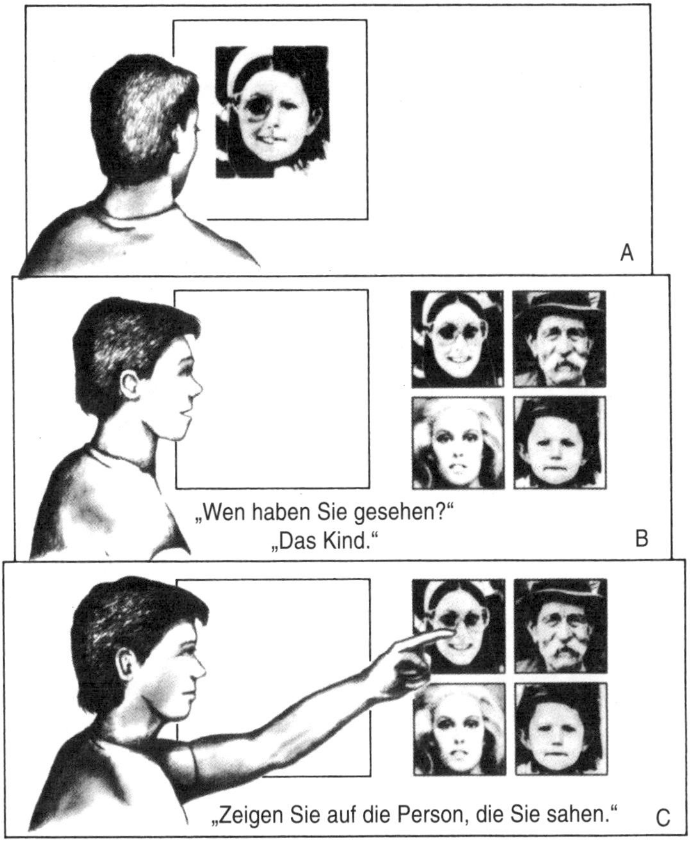

Hemisphärenspezialisierung und visueller Input. Ein zusammengesetztes Foto von zwei verschiedenen Gesichtern wird einer Versuchsperson mit durchtrenntem Corpus Callosum kurz dargeboten (A). Wenn er aus einer Gruppe von Fotos dann die Person auswählen soll, die er in der Darbietung sah, wird er sagen, es sei das Gesicht von der rechten Seite des zusammengesetzten Fotos (B). Wenn er aber auf die Person zeigen soll, die er ursprünglich sah, wird er die auswählen, deren Gesicht die linke Hälfte des zusammengesetzten Fotos darstellte (C). Solche Experimente legen den Schluß nahe, daß die beiden Gehirnhälften bis zu einem gewissen Grad voneinander unabhängig sind, wobei sie unterschiedliche Funktionen haben und sie auch auf unterschiedliche Weise erfüllen (nach Sperry, 1982).

Messung der elektrischen Aktivität im Gehirn beziehungsweise der Gehirnwellen mittels eines Elektroenzephalographen (EEG) dar.

Alpha-Wellen weisen auf ein waches Gehirn im „Leerlauf" hin; Beta-Wellen kennzeichnen ein waches Gehirn, das gerade Informationen aktiv verarbeitet. David Galin und mir gelang es im Medical Center der University of California, zu zeigen, daß die rechte Hemisphäre eine höhere Alphawellen-Aktivität aufwies als die linke, wenn die Versuchsperson einen Brief schrieb; die linke wies mehr Beta auf. Beim Anordnen von Bauklötzen im Raum produzierte die linke Hemisphäre mehr Alpha als die rechte, und in der rechten Hemisphäre fanden sich Betawellen. Wenn Leute schreiben, schalten sie die rechte Seite des Gehirns aus; wenn sie Klötze im Raum anordnen, stellen sie die linke ab.

In ihren alltäglichen Handlungen wechseln ganz normale Menschen also zwischen den beiden Gehirnhälften hin und her. Manchmal hat es auch den Anschein, als würde jemand gerade diejenige Hälfte verwenden, die für das, was er will, die falsche ist; er ist dann „nicht recht bei Verstand". Der Rechtsanwalt, dem Kunst völlig gleichgültig ist, oder der Keramiker, der sich mit Worten schlecht ausdrücken kann – beide sind ein offensichtliches Beispiel für Menschen, die in der einen oder anderen Funktionsweise des Gehirns feststecken.

In einem später durchgeführten Experiment kamen Charles Swencionis und ich allerdings zu dem Ergebnis, daß die Menschen ihr Gehirnaktivierungsmuster verändern können. Wir zeichneten die Gehirnaktivität auf, während die Versuchspersonen im Geiste Gegenstände rotieren ließen. Diese Tätigkeit ruft normalerweise die rechte Hemisphäre auf den Plan. Wenn die Versuchspersonen aber gebeten wurden, die Aufgabe analytisch zu lösen, indem sie die Kästchen zählten, wechselten sie im großen und ganzen zur linken Hemisphäre über. Menschen können also beim Lösen von Problemen bestimmen, welche Gehirnhälfte sie aktivieren.

Diese beiden Hemisphären tauchten irgendwann in der langen Periode der menschlichen Evolution in unseren Vorfahren als spezialisierte Systeme auf. Natürlich muß es dafür schon irgendeine Grundlage gegeben haben, denn in den Affen der Neuen Welt finden sich auch Hemisphärenspezialisierungen. Beim Menschen aber bildete sich irgendwann nach der großen Erweiterung des Gehirns eine deutliche Aufgabenteilung zwischen den beiden Hälften heraus.

Die Größe, mit der wir uns ja ausführlich beschäftigt haben, ist jedoch nicht alles. Ein Stapel Hundertdollarnoten nimmt schließlich genauso viel Platz in Anspruch wie ein Stapel Packpapier. Nachdem das Gehirn vor Millionen von Jahren zu der Masse und Form auflief, die es heute hat, begannen die so entstandenen Zellen, sich zu spezialisieren. Es gibt Hinweise darauf, daß diese (bisher) letzte Spezialisierung vor 40 000 Jahren stattfand; wahrscheinlich geschah sie noch früher, wenn es bisher auch keine älteren Funde gibt, in denen man sie vorgefunden hätte. Diese besonderen Fähigkeiten unterscheiden das menschliche Gehirn am deutlichsten von dem der Tiere.

Die wesentlichste Unterteilung im Gehirn ist die der Hemisphären. Neuere Forschungsarbeiten machen allerdings deutlich, daß es unsichtbare Unterteilungen hinsichtlich der Art und Weise gibt, wie das Gehirn mit getrennten Funktionen umgeht. Abschnitte der linken Gehirnhälfte des menschlichen Kortex scheinen gut dafür geeignet zu sein, in aufeinanderfolgenden Schritten zu arbeiten; das ist sehr nützlich, wenn es darum geht, sprachliche Entscheidungen zu treffen oder Argumenten zu folgen und ähnliches. Der Rest steuert parallele Tätigkeiten, die der räumlichen Wahrnehmungs- und Bewegungsfähigkeit und der Intuition zugrundeliegen. Meine Forschungstätigkeit der 70er Jahre, die die bahnbrechende Arbeit von Sperry im Jahrzehnt davor zum Ausgangspunkt hatte, war allerdings erst der Anfang einer Wende – weg von der „rationalen" Ein-Gehirn-Vorstellung.

13. Wie das Gehirn vor Ihnen weiß, was Sie tun werden

Wer die Hand nicht sieht, die da schreibt, stellt sich vor, daß die Buchstaben durch die Bewegung des Stiftes entstehen.

Rumi

Die Komponenten des geistigen Systems werden in manchmal außergewöhnlichen Extremsituationen deutlich. 1988 kam es zu einem denkwürdigen Ereignis, denkwürdig zumindest für jene, die sich für die Formel-I interessieren. Interessant an dieser Geschichte ist, daß sie veranschaulicht, wie das Bewußtsein funktioniert und manchmal eben auch untätig ist. Schauplatz war Monaco, wo sich die malerischste Rennstrecke durch die Straßen der Küstenstadt schlängelt. Gemessen an Formel-I Standards ist der Grand Prix von Monaco ein langsames Rennen, weil er hohe Anforderungen an die Konzentration der Fahrer stellt. Sie sind ständig damit beschäftigt, zu schalten, zu bremsen, zu beschleunigen und die anderen Wagen im Auge zu behalten.

Ayrton Senna, der kurz davor Formel-I-Weltmeister geworden war, fuhr damals ohne sein bewußtes Zutun plötzlich sehr außergewöhnlich. Er hatte das Gefühl, als würde nicht er, sondern irgend jemand anders dieses Training fahren. Einem britischen Journalisten beschrieb er die eindrucksvollste Leistung seiner Karriere so:

„Ich erinnere mich an den Start. Ich fuhr immer schneller und lag in Führung. Zuerst lag ich ein paar Zehntelsekunden vorne, dann eine halbe Sekunde, schließlich mehr als eine Sekunde. Ich fuhr einfach. Mein Vorsprung wurde immer deutlicher; in einer Phase war ich um über zwei Sekunden schneller als alle anderen (das hatte es überhaupt noch nie gegeben), einschließlich meines Teamkollegen mit dem gleichen Material.

In diesem Augenblick wurde mir ganz plötzlich (Senna schnippt mit den Fingern) klar, daß ich mich weit jenseits von allem befand, was noch bewußt steuerbar war. Monaco ist klein und eng, und in diesem Augenblick fühlte ich mich, als wäre ich in einem Tunnel – die Rennstrecke war für mich einfach ein Tunnel. Es fuhr und fuhr und fuhr, und innerhalb der Begrenzungen des Kurses war es, als bewegte ich mich auf Schienen. Natürlich gab es da keine. Dann wurde es mir plötzlich zu viel: Ich verringerte meine Geschwindigkeit, fuhr langsam in die Boxenstraße und sagte mir, es wäre besser, an diesem Tag nicht noch einmal in den Wagen zu steigen.

Denn diesen Augenblick lang war ich versucht, über meine Grenzen und die des Autos hinauszugehen; Grenzen, die ich nie davor auch nur berührt hatte. Ich war mir nicht ganz im klaren darüber, was da ablief, wobei man nicht sagen kann, ich hätte keine Kontrolle gehabt. Ich fuhr einfach nur und fuhr und fuhr. Ein erstaunliches Erlebnis."

Ayrton Senna ist heutzutage einer der größten Rennfahrer, einer, der für Leistungen bekannt ist, in denen er anscheinend über sich selbst hinauswächst. Vielleicht stammt diese Größe allerdings wie auch bei anderen Sportlern teilweise daher, daß er eines seiner „Geisterchen" selbständig wirken läßt, ohne jede willentliche Steuerung. In diesem Fall erlangte ein Geisterchen ganz tief drinnen die Kontrolle und dirigierte das Geschehen, indem es ungehemmt und ohne Überwachung seitens einer höheren Instanz den Wagen fuhr, – solange, bis der bewußte Senna, der auch der britischen Zeitschrift „Car" das Interview geben konnte, die Alarmglocken läuten hörte und das, was das nichtbewußte Geisterchen da tat, ihn zu beunruhigen begann. (Dabei muß Senna unabsichtlich auch die Zügel der bewußten Kontrolle gelockert haben, denn am nächsten Tag ging er zum damals ersten und einzigen Mal in seiner Karriere zu weit und hatte einen ungewöhnlichen, durch keine äußeren Bedingungen verursachten Unfall.)

Virtuosen aller Bereiche, Frauen und Männer, die voll an die Grenzen ihrer Fähigkeiten gehen, wie zum Beispiel Dirigenten, machen Handbewegungen, die so schnell sind, daß sie nicht bewußt gesteuert werden könnten. Und nicht nur Virtuosen sind zu solchen Leistungen fähig, auch Stenotypistinnen machen genau das gleiche. Ein anderes Geisterchen übernimmt und stellt keine Fragen, braucht auch keine bewußte Anleitung.

Es geht mir hier nicht so sehr um den Sport, technisch hervorragende Künstler oder Grand-Prix-Rennen, sondern um sehr bedeutende Forschungsarbeiten über die Funktion des Gehirns während willentlich gesetzter Handlungen. Es gibt verschiedene geistige Zentren, verschiedene „Geisterchen" im Gehirn, und „wir" wissen oft erst, was wir tun, wenn wir es sehen, wobei man aber sorgfältig danach suchen muß.

Die steuernden Kräfte des Geistes lösen einander normalerweise fast unmerklich ab, und wir bemerken Kontrolländerungen gar nicht. Bei Kindern ist das noch sehr deutlich zu beobachten. Bei manchen Erwachsenen, zum Beispiel bei denen mit multiplen Persönlichkeiten, wechselt der Geist viel ungeschminkter von einer Funktion zur anderen. Bei uns allen aber ist es so, daß ein Geisterchen die Bühne betritt, irgendwann einem anderen Platz macht, das auch wieder abgelöst wird, und so fort; sie analysieren die Welt hinsichtlich spezifischer Signale, die uns sagen, was wir tun sollen; sie helfen uns zuverlässig, die Welt zu verarbeiten – und zwar mit einer so hohen Verführungskunst, daß wir nie wissen, was geschieht.

Sennas Erkenntnis während seiner Erfahrung direkt an seinen Grenzen und über sie hinaus zeigt, daß verschiedene Bereiche den menschlichen Geistes steuern und kontrollieren können, ohne daß wir uns dessen bewußt sind. Wir wissen nicht, wer gerade die Leitung übernommen hat. Solch nichtbewußte Kontrolle kann uns passieren, wenn wir Sport treiben, Musik machen, malen oder auch einfach nur kochen oder nachdenken. Zu manchen Zeiten, selten allerdings, erleben wir uns auch als mehr als nur ein „Ich". Offensichtlich hat die

Evolution ein „Ich", ein „Selbst", auf das andere gebaut, eine spezifische Reaktion auf die nächste. Was genau aber sind sie, und wo sind sie?

Mit der Unterstützung neuer technischer Entwicklungen hat die wissenschaftliche Forschung Informationen darüber zutagegefördert, wie verschieden Gehirnzentren funktionieren. Diese Erkenntnisse bilden möglicherweise die Grundlage für eine wissenschaftliche Analyse dieser Gespaltenheit im menschlichen Geist. Bevor wir uns in dieses Material stürzen, wollen wir noch einmal einen Schritt zurückgehen und uns ansehen, wie wir die Gehirnelektronik dazu verwenden, den Geist verstehen zu lernen.

Von elektrischen Strömen im Gehirn weiß man seit 1875, als der englische Wissenschafter Richard Catton schrieb, daß „in jedem bisher untersuchten Gehirn das Galvanometer die Existenz elektrischer Ströme angezeigt hat ... Die elektrischen Ströme der Gehirnmaterie scheinen einen Bezug zu seiner Funktion zu haben."

Fünfzig Jahre später entwickelte Hans Berger das erste System zur Aufzeichnung der Gehirnaktivität, das es nicht mehr nötig machte, den Schädel zu öffnen. Bergers Experimente wurden dank des Fortschritts auf dem Gebiet der Elektronik möglich, wodurch winzigste Mengen elektrischen Stroms in den Gehirnwellen unverzerrt verstärkt werden konnten. (Eine typische Alpha-Welle hat eine Amplitude von ungefähr fünfzig Mikrovolt, also 50 Millionstel eines Volts. Und dabei zählt eine Alpha-Welle zu den großen Wellen im Gehirn!) Mit seiner Technik konnten die Gehirnwellen mit Hilfe kleiner Metallplatten, sogenannter Elektroden, aufgezeichnet werden, die an der Kopfhaut befestigt wurden.

Das Elektroenzephalogramm hat es zwar möglich gemacht, die Gehirnfunktion von intakten, gesunden Menschen zu untersuchen, aber es liefert keine präzisen Meßwerte. Man kann eine grobe Analogie zu den Aktivitätsniveaus großer Populationen herstellen, in diesem Fall von Neuronengruppen. Die Untersuchung der Gehirnfunktion mit Hilfe des EEGs ist so, als wollte man verstehen, was in New York passiert, indem man von einem Satelliten aus, der etwa 400 Kilometer über der Erdoberfläche schwebt, den Gesamtlärmpegel verschiedener Bereiche der Stadt aufzeichnet.

Die erfaßten Signale wären zwar sehr schwach, aber wir könnten Beziehungen zwischen den Satellitenaufzeichungen und den Aktivitäten in der Stadt feststellen. Im zentralen Geschäfts- und Büroviertel würden die Aufzeichnungen zu Mittag einen wesentlich höheren Lärmpegel erkennen lassen als um Mitternacht. Die Aktivität würde sich am Ende eines Arbeitstages fächerförmig in die verschiedenen Richtungen zerstreuen, wodurch ein leises, gleichmäßiger auf mehrere Gebiete verteiltes Summen entstünde.

Wir wissen, daß dieser Gesamtlärm mit irgendeiner Zahl von Menschen zu tun hat, die in einen zentralen Stadtteil zur Arbeit und am Abend wieder nach Hause fahren. Wir wissen auch, daß die Leute alles Mögliche machen – Geschäfte, Pläne, Hausaufgaben –, sich zu Rendezvous verabreden, daß die Börsenpreise entweder in den Keller fallen oder in den Himmel schießen, und daß all diese Aktivitäten an verschiedenen Orten stattfinden.

Trotzdem würde die Beziehung zwischen dem von allen Menschen gemeinsam erzeugten Gesamtlärmpegel und der Tätigkeit eines einzelnen fast gar nichts erklären. Es gibt keine Möglichkeit, herauszufinden, was an der Börse los ist, indem man den Lärm der Vorstädte an einem ruhigen Sonntagnachmittag mißt. Es ist unmöglich, mit Hilfe der Information über den Lärmpegel in der Stadtmitte um halb drei Uhr nachmittags die Qualität einer Werbekampagne zu beurteilen. Analog dazu ist es unmöglich, mit Hilfe des EEGs allzu viele Details über die Funktion der Nervenzellen zu erfahren.

Die Messung der Gehirnaktivität mag Nichtwissenschaftlern zwar sehr beeindruckend erscheinen, weil es um Millionstel Volt geht, aber in Wahrheit ist sie ein sehr unzulängliches Werkzeug. Außerdem haben verschiedene Menschen verschiedene Gehirnstrukturen, so daß bei manchen Menschen manche Bereiche des Gehirns vom Schädel weg gefaltet sind, bei anderen aber nicht. Dadurch ist es viel schwieriger, das Gehirn zu verstehen, als die im Museum of Modern Art ausgestellten Werke von Picasso mit Hilfe von nur drei Sensoren an einem Satelliten 400 Kilometer über New York City. Man kann es eigentlich nicht einmal miteinander vergleichen.

Ein für die Gehirnforschung glücklicher Umstand ist der, daß die interessantesten Bereiche des Gehirns zufällig (und vielleicht aus

Gründen der Wärmeverteilung) an der Außenseite des Kortex sitzen; es sind die „neuen" Bereiche, die sich vor zwei Millionen Jahren ballonartig vergrößert haben und nun eine Rolle in der Kreativität, dem Denken und Handeln des Menschen spielen. Die Aktivität des Kortex läßt sich von allen Gehirnregionen mit dem EEG am besten darstellen.

Obwohl unsere Methoden immer noch kaum als hinreichend zu bezeichnen sind, hat es Fortschritte in der Erforschung des Geistes innerhalb des Gehirns gegeben. 1942 machte Wilder Penfield, ein Neurochirurg, eine überraschende Entdeckung, als er mit einer Patientin arbeitete, die einen Gehirntumor hatte. Um herauszufinden, welche Teile des Gehirns aktiv waren, stimulierte er das Gehirn an verschiedenen Stellen mit elektrischem Strom. Penfield setzte die Sonde an und erhielt keine Antwort; beim zweiten Mal zuckten die Finger der Versuchsperson. Und dann:

> 11-„Ich habe etwas gehört, aber ich weiß nicht, was es war."
>
> 11- (Stimulierung wiederholt, ohne die Patientin zu warnen) „Ja, ich glaube, ich hörte, wie eine Mutter irgendwo ihren kleinen Jungen rief. Es wirkte wie etwas, was vor etlichen Jahren geschah." Als sie um eine Erklärung gebeten wurde, sagte sie: „Es war jemand in meiner Nachbarschaft." Dann fügte sie hinzu, daß sie selbst „irgendwo nahe genug dran war, um es zu hören."
>
> 12- „Ja, ich hörte irgendwo weiter unten am Fluß Stimmen – ein Mann und eine Frau, die irgend etwas rufen ... Ich glaube, ich konnte den Fluß sehen."
>
> 15- „Einfach nur ein winziger Anflug eines Gefühls von Vertrautheit und ein Gefühl, daß ich alles wußte, was in naher Zukunft geschehen würde."
>
> 17c- „Oh! Ich hatte soeben die gleiche, sehr, sehr vertraute Erinnerung, irgendwo in einem Büro. Ich konnte die Schreibtische sehen. Ich war dort, und jemand rief meinen Namen, ein Mann, der sich auf einen Schreibtisch stützte und einen Bleistift in der Hand hielt." Ich sagte ihr, ich würde nun eine Stimulierung durchführen, tat es aber nicht. „Nichts."
>
> 18a- (Stimulierung ohne Vorwarnung) „Eine kurze Erinne-

rung tauchte auf – eine Szene in einem Theaterstück – sie redeten und ich konnte es sehen – ich sah es einfach nur in meiner Erinnerung."

Immer wenn Penfields Elektrode an einer bestimmten Stelle eingeführt wurde, rief das ein ähnliches Erlebnis hervor. Penfield schreibt: „Mein Erstaunen wuchs mit jedem Mal, wo meine Elektrode solch eine Reaktion hervorrief. Wie war das nur möglich? Es hatte mit dem Geist zu tun. Ich nannte solche Reaktionen „erfahrungsbezogen".

Welcher Art die so hervorgerufenen Erlebnisse waren, hing davon ab, welche Stelle am Kortex mit dem elektrischen Strom in Berührung kam. Penfield hatte einen Schlüssel zur Beziehung zwischen mentalen Erlebnissen und Erfahrungen und der Architektur des Gehirns entdeckt. Zumindest konnte er zeigen, daß die elektrischen Ströme des Gehirns wichtig für mentale Erlebnisse sind. Die Neurologie war nun nicht mehr zu bremsen und versuchte herauszufinden, welche Teile des Gehirns für welche geistigen und körperlichen Funktionen zuständig sind.

In der heutigen Zeit würden nur wenige gebildete Menschen bei der Vorstellung, daß der Geist im großen und ganzen etwas mit dem Gehirn zu tun hat, erstaunt die Stirn runzeln. Mit dem technischen Fortschritt vergrößert sich allerdings auch unsere Fähigkeit, die Funktionen unseres Gehirns zu vermessen und zu untersuchen, und manche der Ergebnisse geben tatsächlich zu einem erstaunten Stirnrunzeln Anlaß. Die jüngsten Forschungsergebnisse aus der Neurophysiologie und Neuropsychologie werfen die grundlegende Frage auf, wer denn nun für unsere Handlungen verantwortlich ist – einschließlich derer, die wir absichtlich setzen und bewußt herbeiführen. Nehmen Sie an, ich würde Sie bitten, innerhalb der nächsten Minute spontan, ohne daß Sie sich einen bestimmten Zeitpunkt vornehmen, ihren rechten Zeigefinger zu heben. Was würden Sie sagen, wenn ich Ihnen sagte, ich als Neuropsychologe könne mit meinen Aufzeichnungsgeräten und Computern früher als Sie vorhersagen, wann Sie kurz davor sind, den Finger zu bewegen? Das steht in krassem Widerspruch zu unserer normalen Überzeugung, daß wir, unser bewußtes Ich, die unmittelbare Kontrolle über unser Verhalten ausüben. Trotzdem ist es anscheinend so, daß all unsere Bewegungen unabhängig von unserem bewußten Gewahrsein geplant und in die Wege geleitet werden, und zwar von einem der vielen Schlichtlinge im Gehirn.

Vor 25 Jahren entdeckten deutsche Neurophysiologen, daß vor einer körperlichen Bewegung allmähliche Veränderungen des elektrischen Potentials im Gehirn zu beobachten sind. Zu dieser „kontingenten negativen Variation" kommt es, wenn jemand weiß, daß er beziehungsweise sie bald irgend etwas tun muß – zum Beispiel so schnell wie möglich einen Knopf drücken, wenn ein rotes Lämpchen aufleuchtet.

Wenn wir also warten und uns bereit machen, etwas zu tun, spiegelt sich dieser Zustand der Vorbereitung im Gehirn wider. Das ist keine allzu überraschende Erkenntnis. Eine andere allmähliche

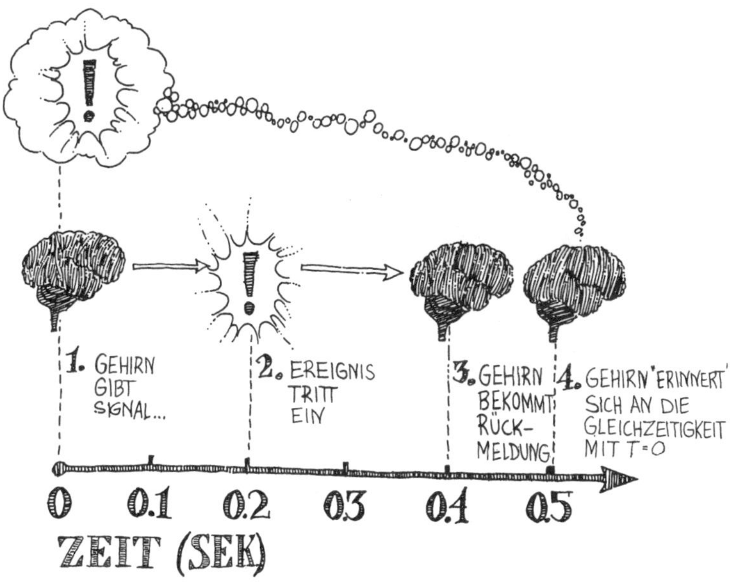

Veränderung des elektrischen Outputs im Kortex hat allerdings höchst erstaunliche Eigenschaften. Diese Gehirnwelle, das sogenannte „Bereitschaftspotential“ taucht vor einer absichtlichen, willentlich herbeigeführten Handlung auf. Mindestens eine halbe Sekunde und bis zu drei Sekunden vor dem Beginn einer Bewegung setzt sie bereits ein.

Diese Wellen treten nur vor bewußt und willentlich herbeigeführten Bewegungen auf, also nicht vor reflexhaften, wie zum Beispiel dem Zurückzucken vor einem schmerzhaften Reiz oder dem Kratzen einer juckenden Stelle. Eine ganze Sekunde, manchmal auch mehr, bevor Sie sich bewegen, bereitet sich Ihr Gehirn bereits auf diese Bewegung vor, sogar wenn die Handlung „spontan“ ist. Wir haben aber bestimmt nicht das Gefühl, als läge eine Sekunde zwischen unseren Befehlen an unsere Muskeln und ihrer Ausführung. Was also ist hier los? Bestimmen automatische Mechanismen, zu denen das Bewußtsein keinen Zugang hat, das Geschehen und lassen uns gerade noch in der Illusion, wir hätten die Kontrolle? Vielleicht. Für all jene, die immer noch ihre Zweifel haben, gibt es ein interessantes, von Benjamin Libet und seinen Kollegen durchgeführtes Experiment, das die nackte Wahrheit über die zeitliche Beziehung zwischen der bewußten Absicht, zu handeln, und den Ereignissen im Gehirn enthüllte.

Ihre Arbeit macht die Existenz unabhängiger Zentren neuraler Kontrolle im menschlichen Geist deutlich. Diese individuellen Steuerungszentren bringen eine Gruppe zerebraler Schauspieler hervor, von denen jeder lauthals verlangt, auf die Bühne gelassen zu werden. Das Ergebnis ist ein innerer Konflikt, der dem Nervensystem natürlicherweise innewohnt. Er hat nichts mit einem Defekt zu tun. Er ist für das Überleben sehr sinnvoll, denn es ist einfacher, wenn ein Geschwader Schlichtlinge für uns agiert, als wenn wir ein allwissendes System hätten; das ist vergleichbar damit, daß es auch effizienter ist, ein Büro mit spezialisierten Assistenten zu haben, als alles selbst zu machen.

Libet bat in diesem Experiment seine Versuchspersonen, ihm zu sagen, wenn sie etwas tun wollten. Ihn interessierte das Bereitschaftspotential, und er verglich den Zeitpunkt seines Auftretens mit der

Zeitangabe der Versuchsperson dafür, daß das Gefühl, handeln zu wollen, sich eingestellt habe. Er erhielt erstaunliche Ergebnisse: Das Gehirn setzt den Prozeß der Bewegung in Gang, bevor der Mensch noch irgend etwas davon weiß.

Die Versuchspersonen saßen in bequemen Klubsesseln und hatten Elektroden am Kopf. Sie entspannten sich und beobachteten einen leuchtenden Punkt, der sich auf einem mit einem Computer verbundenen Bildschirm um einen leuchtenden Kreis bewegte. Sie sahen zu, wie der Punkt einmal um den Kreis lief; danach knickten sie irgendwann die Finger oder das Handgelenk der rechten Hand rasch ab. Libet gab seinen Versuchspersonen die Anweisung, „das Bedürfnis zu handeln ganz einfach auftauchen zu lassen, die Hand also zu bewegen, wann auch immer sie Lust dazu hatten, ohne irgend etwas im voraus zu planen oder sich darauf zu konzentrieren, wann sie handeln wollten." Danach fragte er sie, wo der Punkt gewesen war, als sie sich dessen bewußt wurden, daß sie die Hand bewegen wollten. Diese Information verwendete er zur exakten Bestimmung des Zeitpunkts, an dem die Versuchsperson das Bedürfnis hatte, sich zu bewegen; – und ihn verglich ihn dann mit dem Zeitpunkt, an dem die Aktivitäten im Gehirn einsetzten.

Dieser Zeitpunkt, an dem die Versuchspersonen ihren Angaben zufolge den Wunsch verspürten, die Hand zu bewegen, ging den tatsächlichen Bewegungen um durchschnittlich zwei Zehntelsekunden voraus. Das Bereitschaftspotential im Gehirn trat noch früher auf, und zwar zwischen einer und vier Zehntelsekunden vor dem von den Versuchspersonen angegebenen Zeitpunkt.

Man könnte vermuten, daß das Bereitschaftspotential eine Bewegung vielleicht allgemein vorbereitet und das Bewußtsein dann den genauen Zeitpunkt der Bewegung überwacht. Es gibt allerdings Hinweise darauf, daß einer Bewegung nicht nur ein allgemeiner Vorbereitungsprozeß vorausgeht, sondern daß diese Gehirnaktivität auch anzeigt, welcher Teil des Körpers bewegt werden wird und wie, und das lange vor dem Augenblick der bewußten Erkenntnis.

Die Art der Bewegung, die ausgeführt werden soll, wird durch die Länge und die Intensität des Bereitschaftspotentials im Gehirn widergespiegelt. Bei Fußbewegungen ist ein deutlich anderes Muster zu beobachten als bei Fingerbewegungen. Bei Pianisten setzen die vorbereitenden Gehirnaktivitäten früher ein, wenn sie eine Melodie spielen wollen, als wenn es um eine einzelne Note geht. Der reibungslose Ablauf, der Aufwand und die Absicht hinter einer Handlung beeinflussen das Einsetzen, die Dauer und die Intensität des Bereitschaftspotentials; und all das geschieht, bevor Sie sich überhaupt dessen bewußt sind, daß Ihre Handlung bereits begonnen hat! Die deutschen Wissenschaftler Pfurtscheller und Berghold, die Pioniere auf diesem Gebiet, schrieben: „Bis zu zwei Sekunden vor einer Bewegung hat man sich bereits entschieden, welche Seite des Körpers in der Folge bewegt werden soll."

Stellen Sie sich das einmal vor. Es dauert ungefähr zwei Sekunden, rasch zu sagen: „Ich werde jetzt diesen Bleistift aufheben." Ungefähr genauso lange bereitet Ihr bleistiftbewegender Schlichtling die Aktion vor. Wie kommt es dann, daß ich in weniger als zwei Sekunden reagieren kann, wenn zum Beispiel das Auto vor mir plötzlich anhält? Ja, natürlich können Sie in weniger als zwei Sekunden reagieren; es hängt davon ab, wer Sie Ihrer Meinung nach sind. Entscheidungen bezüglich rascher Reaktionen werden notwendigerweise an die Schlichtlinge im Unterbewußtsein delegiert.

Eine „spontane" Handlung beginnt also bereits, bevor wir „beschließen", zu handeln. Die Entscheidung liegt dadurch häufig nicht bei „uns", also unserem bewußten Ich. Vielmehr ist es so, daß wir zusehen, wie ein Teil unseres Geistes nach eigenem Gutdünken eine Handlung beginnt; gelegentlich können wir gegen die Befehle ein Veto einlegen, bevor sie die Muskeln erreichen. Unser Engländer aus Kapitel 10 wäre gut beraten gewesen, hätte er auf dem Weg zum Galgen ein bewußtes Veto gegen seinen automatisch Ratschläge verteilenden Schlichtling eingelegt. Hier werden auch die Funktion und der Wert klar, die das bewußte Ich in der Überwachung unseres Verhaltens hat.

Diese Studien über den Ursprung von Handlungsentscheidungen machen deutlich, wie zwei verschiedene Komponenten des menschlichen Geistes entweder unabhängig voneinander handeln oder zusammenwirken können. Ein unbewußtes Entscheidungszentrum beschließt vielleicht, eine Handlung anzubahnen; dann aber folgt ein Zeitraum, in dem sich das bewußte Ich gegen die Ausführung der Handlung entscheiden kann. Das Bewußtsein, das Zentrum des menschlichen Gehirns/Geist-Systems, hat möglicherweise sehr wohl Einspruchsmöglichkeiten und kann gegen die Vorschläge der selbständigen Geisterchen ein Veto einlegen. Die Geburt dieser Ideen steuert es allerdings nicht; ja, es weiß noch nicht einmal etwas davon. Ähnlich wie die linke Hemisphäre keine Ahnung davon hat, was die rechte tut, ist unser Bewußtsein manchmal nicht einmal dazu imstande, den Grund dafür anzugeben, warum eines der Geisterchen etwas getan hat.

Das ist meiner Meinung nach eine Erklärung dafür, daß jemand sagt: „Ich kann erst wissen, was ich denke, wenn ich höre, was ich gesagt habe." Es erklärt auch, warum viele schöpferische Handlungen – malen, schreiben, tanzen – ohne die bewußte Intervention des Künstlers und der Künstlerin stattfinden. Wenn der unbewußte Schöpfer die Idee für das Kunstwerk einmal enthüllt hat, kann der Künstler sie bewußt manipulieren und verfeinern. Wir haben nicht ein großes, geschäftiges Unterbewußtsein, sondern ein System vieler kleiner, unbewußter Schlichtlinge mit ihren jeweils eigenen Programmen. Jeder Mensch hat in gewissem Sinne multiple Persönlichkeiten, die nur begrenzt vom bewußten Ich organisiert, kontrolliert und gesteuert werden.

Unsere Unwissenheit geht noch weit darüber hinaus, daß wir uns des Ursprungs unseres eigenen Verhaltens nicht bewußt sind. Wenn wir uns irgendeiner Sache in unserer Umgebung bewußt werden, nehmen wir natürlicherweise an, daß wir sie so sehen, wie sie geschieht. Libet hat aber Hinweise darauf gefunden, daß das Bewußtsein etwas erst bemerkt, wenn andere Zentren es bereits zur Kenntnis genommen haben.

Libets Untersuchungen der Geisterchen über und unter der Bewußtseinsgrenze begannen mehr als zehn Jahre vor seinen Forschungen über willentlich gesetzte Handlungen. Damals hatte er die Gelegenheit, mit Patienten zu arbeiten, denen zu medizinischen Zwecken Elektroden in die Oberfläche des Kortex und über ein kleines, in den vorderen Teil des Schädels gebohrtes Loch auch ins Innere des

Gehirns implantiert wurden. Das Gehirn ist schmerzunempfindlich, so daß während der Experimente keine Anästhesie nötig war. Die Patienten waren also bei vollem Bewußtsein und zur Mitarbeit bereit.

Libet und seine Kollegen folgten Penfields Fußstapfen und machten sich daran, das Wesen bewußter Erlebnisse zu ergründen, die durch die elektrische Stimulierung verschiedener Gehirnbereiche hervorgerufen werden. Er entdeckte folgendes: Wenn er an einer bestimmten Stelle des Kortex eine Reihe von elektrischen Impulsen in einem bestimmten Muster setzte, führte das dazu, daß der Patient die fast naturgetreue Empfindung hatte, am Arm berührt worden zu sein.

Dieser Satz elektrischer Impulse mußte etwa eine halbe Sekunde dauern, bis der Patient etwas spürte. Aufgrund dessen formulierte Libet die Hypothese, daß die kortikalen Neuronen, die er dabei stimulierte, mindestens eine halbe Sekunde lang aktiv sein mußten, damit sich der Patient eines Berührungsreizes bewußt werden konnte. Er bezeichnete diese Mindestdauer an elektrischer Aktivität für die bewußte Wahrnehmung einer Empfindung als „neuronalen Schwellenwert".

Dann stimulierte er zwei Zehntelsekunden nach Beginn der insgesamt eine halbe Sekunde dauernden Reizung des Kortex das Handgelenk des Patienten. Er nahm an, daß es in beiden Fällen zu einer Verzögerung von einer halben Sekunde zwischen dem Beginn der Stimulierung und dem Einsetzen einer bewußt wahrgenommenen Empfindung beim Patienten kommen würde, und daß sich die kortikale Reizung zuerst bemerkbar machen würde, da sie ja auch als erste begonnen wurde. Die Patienten spürten aber die Stimulierung der Haut vor der Empfindung, die durch die kortikale Reizung ausgelöst wurde. Die gleichen Versuchspersonen hatten ihren Angaben nach davor nichts empfunden, wenn die Anregung des Kortex kürzer als eine halbe Sekunde dauerte. Also mußte der Hautreiz in einer unerwarteten Weise verarbeitet worden sein. Libet erregte dann die neuronalen Pfade im Gehirn, bevor sie den Kortex erreichen. In diesem Fall nahmen die Versuchspersonen die durch die Gehirnstimulierung hervorgerufene Empfindung zur gleichen Zeit wahr wie die durch die Stimulierung der Haut verursachte.

Worin besteht für das Gehirn der Unterschied, ob der Reiz an der Haut beginnt, vor dem Kortex oder am Kortex? Sowohl die Reizung der Haut als auch der Bereiche unterhalb des Kortex führen zu einer sogenannten „evozierten Reaktion", einer Spitze der neuronalen Aktivität in dem Teil des Kortex, der für die Verarbeitung von Berührungsempfindungen verantwortlich ist. Auf den Kortex gerichtete Stimulierung aber ruft diese Reaktion nicht hervor. Wenn die Neuronen des Kortex eine halbe Sekunde lang aktiv sein müssen, bis ein Reiz den neuronalen Schwellenwert erreicht hat und bewußt wahrgenommen werden kann, wie können wir dann einen elektrischen Impuls am Handgelenk fast sofort spüren?

Offenbar baut der menschliche Geist Erfahrungen und Erlebnisse folgendermaßen zusammen: In der Welt geschieht irgend etwas und wird von unseren Sinnesorganen wahrgenommen. Die erste Entdeckung führt im Kortex zu einer vermehrten Aktivität von Neuronen, zum evozierten Potential. Wenn der Reiz groß oder wichtig genug war, daß die Neuronen im Kortex, die ihn verarbeiten sollen, eine halbe Sekunde lang aktiv blieben, erreicht er nach diesem Zeitraum den neuronalen Schwellenwert, und dringt ins Bewußtsein vor. Allerdings ist es so, und das macht es kompliziert, daß das Bewußtsein den Beginn des Ereignisses in übereinstimmung mit dem Einsetzen des evozierten Potentials wahrnimmt (sieht, hört oder empfindet), also nur ein paar Millisekunden, nachdem das Ereignis auftauchte. Es ist, als würde das Gehirn unter unserer Bewußtseinsschwelle eine halbe Sekunde lang entscheiden, ob wir erfahren dürfen, was gerade passiert ist. Wenn es beschließt, daß es für uns am besten wäre, es zu wissen, dann informiert es uns auch über den tatsächlichen Beginn des Ereignisses. Aber: Obwohl wir uns des sensorischen Reizes bewußt werden, können wir willentlich und bewußt nicht in weniger als einer halben Sekunde darauf reagieren.

Damit bleiben unsere unbewußten Geisterchen dafür verantwortlich, die schnellen Reaktionen auf Geschehnisse in der Umwelt einzuleiten. Wir sind uns also der Ereignisse zum Zeitpunkt ihres Auftauchens nicht bewußt, glauben es aber. Ein Beispiel für diesen Prozeß in seiner konkreten Auswirkung ist der Läufer am Start. Er startet eine Zehntelsekunde oder noch weniger, nachdem der

Startschuß gefallen ist, also lange, bevor das Geräusch den neuronalen Schwellenwert in seinem Gehirn erreichen konnte. Dennoch behauptet er, er hätte den Schuß gehört, bevor er loslief. Sein Start wurde durch unbewußte Prozesse ausgelöst; und trotzdem hat er den Eindruck, er hätte die Handlung bewußt gesetzt, denn sein Gehirn stellt die Beziehung zwischen seinem Erleben des Startschusses und dem Zeitpunkt her, zu dem er tatsächlich fiel und eine evozierte Reaktion auslöste.

Diese Verzögerung zwischen dem Auftreten eines Reizes und dem neuronalen Schwellenwert, der ihn uns wahrnehmen läßt, dient vielleicht dazu, dem Geist ein bißchen Zeit zu lassen, um Ungereimtheiten zu beseitigen. Möglicherweise stellt er aber auch einen Mechanismus dar, der unerwünschte Wahrnehmungen „unterdrückt" – ähnlich der Einrichtung der „Verzögerungsschleife", mit der die amerikanischen Rundfunksender arbeiten, um einen unerwünschten Ausdruck oder unerwünschte Zwischenfälle rechtzeitig zu erwischen und löschen zu können. Der neuronale Schwellenwert erfüllt vielleicht die Funktion eines Filters, der verhindert, daß allzuviel triviale Information ins Bewußtsein vordringt. Und diese zeitlich nach hinten gerichtete Bezugnahme auf den Beginn des Ereignisses würde es möglich machen, daß diese „Bandverzögerung" im Gehirn stattfinden kann, ohne daß wir dadurch der Welt ständig eine halbe Sekunde hinterherhinken müßten. Die Verzögerung, die zwischen dem Auftreten eines Ereignisses in der Welt und der Entscheidung des Gehirns liegt, es uns mitzuteilen, könnte bedeuten, daß jede rasche (in weniger als einer halben Sekunde stattfindende) Reaktion auf ein derart zu verarbeitendes Ereignis stattfinden muß, bevor der Reiz irgendeine Ebene des Bewußtseins erreicht. So reagieren wir also auf viele Dinge, derer wir uns nicht einmal bewußt sind.

Unser Erleben der Welt setzt sich in einem flüchtigen Augenblick zusammen; die Zeit reicht zum Denken nicht aus, sondern nur zur bestmöglichen groben Mutmaßung über dieses Ereignis. In den folgenden Kapiteln wird deutlich werden, daß dieser Prozeß einem Traum sehr ähnlich ist. Unsere „wache" Welt ist genauso zusammengeträumt wie die Welten, in denen wir uns befinden, wenn wir schlafen. Die meiste, wenn auch nicht die ganze, Zeit ist unser

„Wachtraum" als Abbild der Realität genau genug, daß wir uns in der Welt zurechtfinden können. Wenn Sie wollen, können Sie mit Hilfe eines ganz einfachen, alltäglichen Beispiels selbst nach-fühlen, wie wir auf eine der vielen Arten die Welt erfinden: Schließen Sie Ihre Augen und lassen Sie die Spitze eines Bleistifts oder Kugelschreibers über eine etwas rauhe Oberfläche gleiten, zum Beispiel über einen Teppich oder eine Tischdecke. Wo spüren Sie die Struktur des Gewebes? Sie fühlen die Erhöhungen und Furchen an der Spitze des Stiftes. Das ist eine ganz gewöhnliche Erfahrung. Aber mit welchem Sinnesorgan spüren Sie das? Haben Sie da vorne an der Spitze des Stiftes irgendwelche Rezeptoren? Natürlich nicht, aber das Gehirn stellt sofort einen Bezug her zwischen der Empfindung, die der Stift verursacht, wie er über die rauhe Oberfläche gleitet, und dem Ort in seiner Landkarte von der Welt, dem es die Spitze des Stiftes zuordnet. Auf diese Art nehmen wir die ganze Zeit wahr, bemerken es aber nicht; oder besser – wir brauchen es nicht zu bemerken. Diese Erfindung der Realität findet vom einen Augenblick zum anderen statt; sie liegt allen unseren Erfahrungen und Erlebnissen zugrunde, den einfachsten genauso wie den komplexesten.

Ayrton Senna erlebte, daß das Unbewußte (eigentlich) die Kontrolle hat, denn er fuhr am Limit, wo Sekundenbruchteile die Leistung bestimmen. Das Bewußtsein kann auf unterschiedlichste Weise auf seine Grenzen stoßen – bei einem Formel-I-Weltmeister, indem er in halsbrecherischem Tempo dahinfährt, oder bei einer Konzertpianistin, deren Finger mit einer atemberaubenden Geschwindigkeit über die Tasten gleiten, und bei allen anderen, deren Fertigkeiten eine zeitliche Finesse erfordern, die in Zehntelsekunden gemessen wird. Wenn wir in diesem Grenzbereich handeln, wird uns vielleicht manchmal klar, daß wir nicht weiterhin Spitzenleistungen erbringen und gleichzeitig unsere Handlungen bewußt kontrollieren können. Jede unserer Aktionen wird ohnehin unbewußt begonnen; das Bewußtsein gibt erst später die Erlaubnis dazu oder legt ein Veto dagegen ein. Normalerweise besteht aber keine Notwendigkeit, darüber Bescheid zu wissen.

Es hat vielleicht den Anschein, als herrsche da drinnen eine komplizierte Unordnung. In Wirklichkeit aber maximiert diese vielschichtige Organisation des Gehirns unsere Fähigkeit, auf einige wenige Dimensionen der Außenwelt zu reagieren, die von zentraler Bedeutung sind. Wir haben in uns viele verschiedene Geistesformen und Geisterchen; manche tauchen nur in ganz besonderen Situationen auf und sind zum Beispiel dafür zuständig, daß wir uns nicht verletzen, oder daß wir uns einen Partner oder eine Partnerin suchen. Andere wiederum stellen unabhängige biologische Zentren mit spezifischen Fähigkeiten dar, wie zum Beispiel dem Geruchssinn oder der Fähigkeit, Gesichter zu erkennen. Ein Teil der im Gehirn vorhandenen Spezialisierungen spiegeln die Organisation des Gehirns wider (im Sinne der linken und rechten Hemisphäre), und wieder andere sind Tendenzen des menschlichen Geistes – das Bedürfnis, auf neue Ereignisse zu reagieren, Veränderungen zu bemerken, Informationen miteinander zu vergleichen und zu verarbeiten, damit ein in sich stimmiges und einfach strukturiertes Ganzes entstehen kann.

Diese „Talente" sind breit gefächert, denn alle Organismen und insbesondere die Menschen müssen viele Dinge gleichzeitig tun. Manche Talente gehören zur „Standardausrüstung", wie zum Beispiel die Erinnerung an Gerüche; manche gehören einer höheren Ebene an und erfordern Übung, wie zum Beispiel die Berechnung der Flugbahn eines Kometen; die komplexeren haben mit der Anpassung an die sich verändernde Welt zu tun; und die am höchsten entwickelten betreffen die Fähigkeit des logischen Denkens und die, uns als „Ich" zu erfahren und zu begreifen. Es gibt voneinander unabhängige Zentren für das Erinnerungsvermögen, für die Bewegung, für mathematische Fähigkeiten, für die Dekodierung und Erzeugung von Sprache, für die sensorische Analyse, und noch viel mehr. All diese Zentren scheinen selbständige Geisterchen zu haben, die häufig agieren, ohne daß es das schwache bewußte Ich überhaupt bemerkt.

14. Das Ich

Warum handeln wir nicht so, wie wir es von uns gerne hätten? Weil „wir“ von einem Augenblick zum anderen nicht die gleiche Person sind, ganz und gar nicht das gleiche „Ich“ oder „Selbst“. Libet machte deutlich, wie die verschiedenen Zentren des Geistes agieren, und wies darauf hin, daß wir auch außerhalb des Labors ständig Zeuge dieser Vielfalt werden können. Zum Beispiel dann, wenn wir nicht wissen, ob wir unserer ersten intuitiven Reaktion vertrauen oder doch nach einem wohlüberlegteren Plan handeln sollen. Was wir als Intuition oder unterbewußte Ahnung bezeichnen mögen, ist vielleicht die Aufnahme von Information über ein Zentrum, zu dem das Bewußtsein keinen Zugang hat.

Nicht nur Wissenschaftler und Denker verkennen das wahre Wesen des geistigen Systems – uns allen ergeht es Tag für Tag genauso. Wir halten uns für beständiger, konsequenter und einheitlicher, als wir es sind. Und wir tun das, weil das Ich an sich auch nur einer der vielen Schlichtlinge im Gehirn mit seiner eigenen beschränkten Rolle ist, das auch nur einen kleinen Ausschnitt des Geschehens erfassen kann. Die Vorstellung vieler Menschen, sie wären über die verschiedenen Situationen ihres Lebens hinweg konsequent, ist eine Illusion. Das konsequente und folgerichtige Handeln, an das wir so sehr glauben, ist für uns um nichts typischer als die Panikreaktion; sowohl das eine wie auch das andere stellen lediglich kleine, abgeschottete und getrennt existierende Abschnitte des Geistes dar, denen die restlichen geistigen Prozesse auch nicht zugänglicher sind.

Da jeder dieser Teile isoliert und allein ist, sich üblicherweise auch nicht mit den anderen koordiniert, besitzt er ein sehr beschränktes Wissen. Dieser beschränkte Informationsfluß liegt dem Phänomen zugrunde, daß wir trotz höchst unterschiedlicher Handlungsweisen in verschiedenen Situationen konstant die Illusion von unserer persönlichen Einheitlichkeit und Stabilität aufrechterhalten. Wir unterliegen aber einem Irrtum – wir sind nicht stabil, handeln nicht folgerichtig; es ist nur unser kleines Ich, das das denkt.

Beständig hegen wir die Hoffnung, daß wir rational sind, und daß eine kluge und verständige Komponente des menschlichen Gehirns diesen Aufmarsch an Talenten steuert und ihnen den richtigen Platz zuweist. Für die Verfechter dieser Ansicht ist es eine schlechte Nachricht, für das biologische Überleben des Organismus aber eine gute: Das für die Befehle, Kontrolle und Steuerung zuständige geistige Betriebssystem (das auch als das „Ich“ bezeichnet werden kann) ist viel enger mit den Emotionen und dem System automatischer Leibwächter verknüpft als mit dem bewußten Denken und der Vernunft.

Die Frontallappen kreuzen sich mit den Nervenbahnen, die die Information über die Menschen und Ereignisse in der Welt und über die eigene Verfassung übermitteln. Sie sind auch an der Steuerung grundlegender Systeme, wie zum Beispiel der Herzschlagfrequenz beteiligt. In jedem der Frontallappen sind sicherlich verschiedene Formen von Emotionen vertreten, und teilweise findet auch die Steuerung des emotionalen Ausdrucks hier statt.

Der Dreh- und Angelpunkt des inneren Ichs ist die Emotion. Dieser dominante, „selbst-bezogene“ Aspekt des Gehirns ist in Verknüpfungen der Frontallappen mit dem limbischen System begründet, wodurch potentielle Bedrohungen in der Umgebung eingeschätzt und rasche Handlungen organisiert werden. Als Menschen können wir uns über diesen üblichen, routinemäßigen Ablauf hinwegsetzen: Wir können unsere Handlungen überdenken, wir können aus Erfahrungen lernen und daran wachsen, und die bewußte Kontrolle kann unwirksame oder kontraproduktive Tendenzen abändern. Was für uns aber am häufigsten und am verläßlichsten funktionierte, vor allem in den weit zurückliegenden Epochen, war, uns durch die Welt hindurchzufühlen.

Die wichtigste Information in uns ist die emotionale Einschätzung einer Veränderung in der äußeren Umgebung: Kann mir das etwas zuleide tun? Sollte ich mich darauf zubewegen oder nicht? Sollte ich das, was ich gerade tue, beenden oder ändern? Ist es überraschend? Sollte ich angreifen? Um eine schnelle Reaktion auf das Ergebnis solch einer Einschätzung sicherzustellen, ist das Ich mit bestimmten automatischen Reaktionsmustern, den Emotionen, verbunden, die uns darauf vorbereiten, zu handeln.

Hinter den Emotionen steckt zwar viel mehr als ein simples Programm von positiv/negativ, Stop/Start oder Annäherung/Vermeidung, aber trotzdem wird ein größerer Teil unseres Lebens durch diese primitiven Einschätzungen bestimmt, als wir, die bewußt Denkenden, glauben mögen. Emotionale Reaktionen beeinflussen so vieles, weil es sie schon so lange gibt; wir müssen uns in fast allen normalen Aktivitäten durch sie hindurcharbeiten.

Eine Schädigung der vorderen Gehirnregion bewirkt einen Verlust des Ich; das Wissen um die Identität, um das, was wir tun, geht verloren. Sind die Frontallappen geschädigt, sind wir unfähig, eine komplexe Handlung oder Idee zu planen, auszuführen oder zu begreifen, und können uns nicht daran erinnern, wann man welche Kleider anzieht oder wie man sich überhaupt anzieht, oder noch tragischer, wer unsere Freunde sind.

Die Menschen scheinen „sich" auf äußerst erschreckende und entmutigende Art und Weise zu verlieren, wenn irgendein Bereich der Frontallappen zerstört wird. Sie können anscheinend gut mit vertrauten Situationen umgehen, es fällt ihnen aber schwer fremden Bedingungen zu erkennen, und zu ermitteln, was zu tun ist. Sie verlieren die Fähigkeit, zu überprüfen, wie sie sich verhalten, und ob ihre Handlung mit ihrer Absicht übereinstimmt. Ihre Richtung, ihr Ich, ist weitgehend verschwunden.

Wichtig ist allerdings auch, daß die Auswirkungen solcher Störungen die Tatsache enthüllen, daß das Ich von anderen geistigen Merkmalen und Fähigkeiten unabhängig ist, für die ein anderer Gehirnabschnitt verantwortlich ist. In Oliver Sacks „The man who mistook his wife for a hat" (deutsche Ausgabe: „Der Mann, der seine Frau mit einem Hut verwechselte"), beschrieb eine Patientin das Personal um sie herum mit Hilfe verschiedenster Bezeichnungen und hatte das Gefühl, es sei alles möglich:

„Natürlich“, sagte sie mit der Genauigkeit eines Buchhalters. „Man könnte sagen, daß sie sich wie Bild und Spiegelbild zueinander verhalten und doch nicht gleich sind. Aber mir bedeuten sie nichts. Sie unterscheiden sich nicht von mir. Helfer ... Ärzte ... Schwestern ...“ fügte sie hinzu, als sie mein Erstaunen sah. „Verstehst du denn nicht? Sie bedeuten mir nichts. Nichts ist von Bedeutung ... zumindest für mich.“

Nichts fühlte sich mehr „wirklich“ (oder „unwirklich“) an. Alles war jetzt „gleichbedeutend“ oder „gleichrangig“, die Welt ist reduziert auf eine „drollige“ Bedeutungslosigkeit. Mit dem Verlust ihrer Frontallappen verlor diese Frau irgendwie auch das Gefühl für sich, dafür, wer sie als Person war.“

Schimpansen mit Frontallappenläsionen macht es anscheinend nichts aus, wenn sie einen Fehler machen; wahrscheinlich deshalb, weil es kein Ich mehr gibt, das sich etwas daraus machen würde. Die Modewelle von Frontallappenläsionen ist Gott sei Dank wieder abgeebbt; in den 40er und 50er Jahren war dieser chirurgische Eingriff unter anderem deshalb so beliebt, weil er eine ruhige Gelassenheit im Patienten bewirkt. (Der Begründer dieser Operation und einer meiner Nachbarn in Los Altos, Walter Freeman, beschrieb die Technik in einer Broschüre und erwähnte darin auch, daß sie vielen Beamten des Außenministeriums geholfen habe!) Die Menschen wurden dadurch entseelt oder ent-selbst-et, und es blieb nichts, was die Quellen willentlicher Handlungen beaufsichtigt hätte. Das Geschwader Schlichtlinge verlor damit seinen ohnehin schwachen Anführer.

Wir nehmen uns durch einen selektiven Filter wahr, das bewußte Ich. Wir leuchten mit unserem Licht in die Dunkelheit; es liegt allerdings in der Natur der Sache, daß alles, was wir sehen, von unserem eigenen Licht angestrahlt wird. Dadurch können wir nicht sehen, wo es uns an Beleuchtung, das heißt an Einsicht, mangelt. Und so kommt es zu der Annahme, daß unser Geist stabiler und in sich ganzheitlicher ist, als das tatsächlich der Fall ist. Individuen halten ihr Denken für rational und Philosophen halten ihres für folgerichtig.

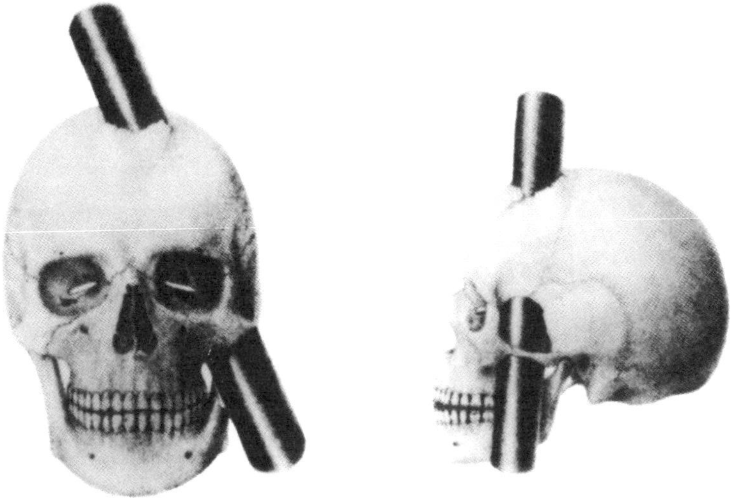

Phineas Gage, ein Eisenbahnarbeiter, erlitt eine schwere Schädigung des linken Frontallappens, als ein Gerät für das Setzen von Besetzstempeln plötzlich explodierte und ein Schienennagel in seinen Schädel eindrang. Er überlebte, aber seine Persönlichkeit veränderte sich drastisch.

Das Wesenhafte, das sich in uns entwickelt hat, genau das System, das es uns ermöglicht, zu überleben, macht uns unserem eigenen Wesen gegenüber blind. Und doch werden im Kopf ständig unbewußte Handlungsentscheidungen getroffen, denn sie bilden die im Verlauf der Entwicklung entstandene Basis für unsere Anpassungsfähigkeit an die Welt. Wir haben nur die breitgefächerten, aber seichten geistigen Prozesse, um zu Informationen über die Außenwelt zu kommen.

V.

Der Traum von der Welt

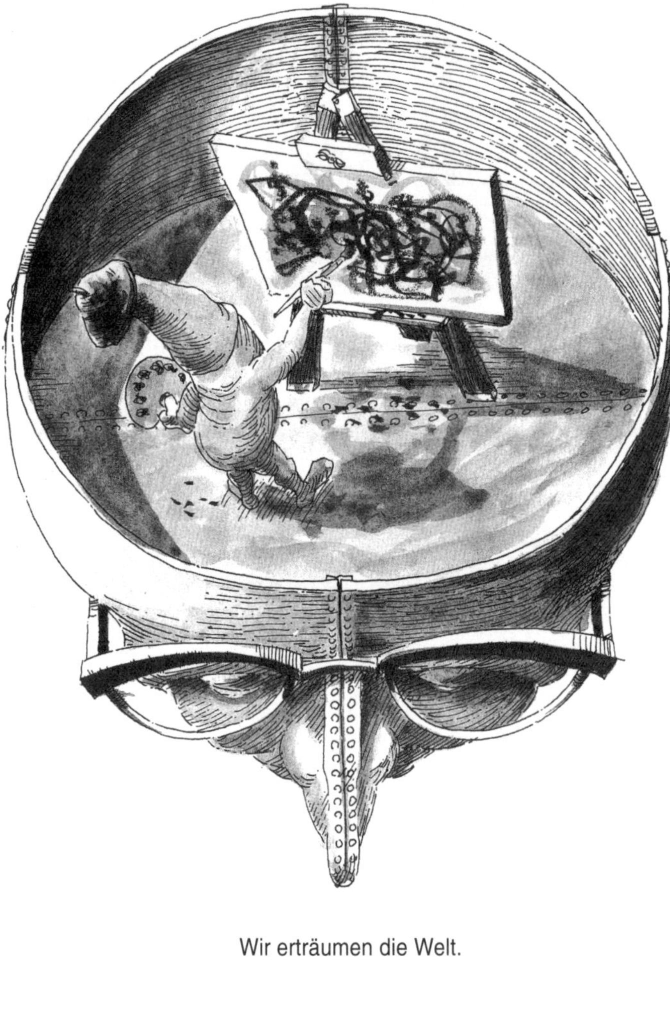

Wir erträumen die Welt.

Vorstellung und Erinnerung sind eins; je nach Blickwinkel hat es einen anderen Namen.

Thomas Hobbes, Leviathan ,1651

Bei einem vom „Institute for the Study of Human Knowledge" organisierten Symposium über Gesundheitsfragen im September 1990 erzählte einer der Vortragenden, der kognitive Therapeut Dr. David Burns, die folgende Geschichte über den großen psychologischen Unterschied zwischen der Realität des einzelnen und der Realität der Welt:

„Als er eines Tages auf dem Heimweg vom Flughafen war, und sein Taxi über einen Bahnübergang fuhr, bemerkte er, daß ein Auto sehr langsam die Eisenbahnschienen entlangfuhr – es überquerte sie nicht, sondern fuhr, holterdiepolter, direkt auf ihnen. Er ließ das Taxi halten, da er ja schließlich zum altruistischen Teil der Menschheit zählte, und beobachtete den Typen ein paar Minuten lang, um zu sehen, ob er vielleicht beim nächsten Eisenbahnübergang die Schienen verlassen würde oder sonst irgend etwas geschehen würde. Und es geschah zweierlei: Zum einen fuhr der Typ weiter mit etwa vier Stundenkilometern auf den Gleisen dahin; und zum anderen sah Burns auf der anderen Seite die Lichter eines herannahenden Güterzugs. Die meisten Menschen würden annehmen, daß die Notwendigkeit, einem Güterzug auszuweichen, Anlaß zu großer Hysterie, wenn nicht sogar zu einer unmittelbaren Herz-Kreislaufaktivierung geben würde.

Dr. Burns lief zu dem Wagen und sagte: „He, Sie fahren auf den Eisenbahnschienen." Daraufhin sagte der Typ: „Na ja, können Sie mir sagen, wie ich zur Center Avenue komme?" Burns antwortete: „Die Center Avenue ist zehn Meilen entfernt. Aber Sie befinden sich auf den Eisenbahnschienen. Und da kommt ein Zug. Sie sollten hier besser weg."

Der Mann ließ sich nicht beirren, und Burns mußte dem Auto hinterherlaufen, um zu sagen: „Hören Sie, hier ist ein Weg, auf den Sie abbiegen können. Tun Sie das, und dann sage ich Ihnen, wie Sie zur Center Avenue kommen; aber fahren Sie von den Schienen runter." Burns, den kognitiven Therapeuten, machte die Situation schon recht hysterisch. Der Mann begann abzubiegen und hielt dann an. Burns ging hin und sagte: „Sie müssen hier weiter rüber fahren, Sie müssen hier weg. Da kommt ein Zug."

Burns sah, daß von den drei Geleisen, die es gab, der Zug genau auf dem kam, auf dem das Auto dieses Mannes stand. Er beginnt ihn anzubrüllen und versucht, ihm ins Lenkrad zu greifen. Der Typ kurbelt das Fenster hinauf und sitzt einfach nur da. Also muß Burns machen, daß er wegkommt. Er läuft so weit wie möglich weg. Ein Güterzug hat einen derartigen Schwung, daß alles, was ihm im Weg ist, in dem Augenblick, in dem es der Lokführer bemerkt, auch schon überfahren ist; ein Güterzug läßt sich nicht rechtzeitig anhalten. Der Zugführer bremst also noch, aber die Lok pflügt durch das Auto und reißt es in der Mitte auseinander. Die eine Hälfte fliegt nach rechts und explodiert, und die andere landet auf der anderen Seite der Geleise. Den Mann hat es direkt neben die Schienen befördert.

Burns ging mit zitternden Knien zu dem Typen und fragte: „Ahm, ist mit Ihnen alles in Ordnung?" Und der sagte: „Klar, mir geht es gut; wie komme ich zur Center Avenue?" Burns sagte: „Wovon reden Sie? Sie sind gerade von einem Güterzug überfahren worden!" Der Mann drehte sich zu ihm um und sagte: „Ich bin nicht überfahren worden!"

Als kognitiver Therapeut hatte Burns die Situation im Griff; er fragte: „Warum ist Ihre Windschutzscheibe kaputt?" Der Mann sagte: „Ach ja, sie ist tatsächlich kaputt." Und Burns sagte: „Also gut, drehen Sie sich mal um; der hintere Teil Ihres Autos ist weg. Und dort drüben ist etwas explodiert." Der Typ sagte: „Sie könnten recht haben."

Also rief Burns einen Rettungswagen, der den Mann ins Krankenhaus brachte. Am nächsten Tag fuhr er nochmals an den Schauplatz des Geschehens. Er sieht einen jüngeren Mann,

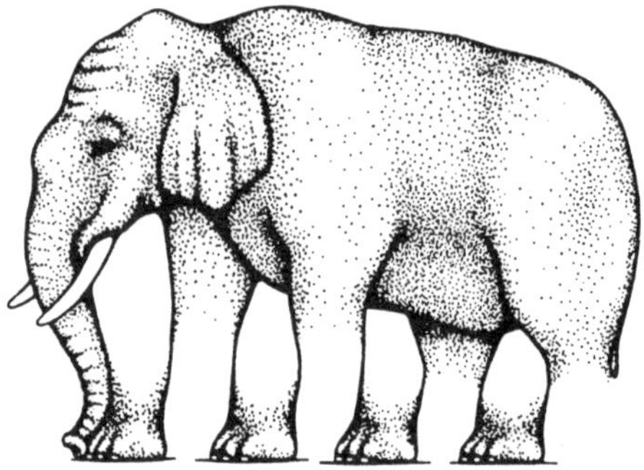

Wieviele Beine hat er?

der da herumgeht und Teile des Autos aufhebt; er sagt zu Burns: „Mein Vater war gestern hier. Er leidet an einer organischen Gehirnstörung und weiß eigentlich nie so recht, was los ist; und immer wieder mal setzt er sich ins Auto und weiß nicht, wo er ist, oder wo er hinfährt. Und irgend jemand hat ihm das Leben gerettet. Er hat sich jetzt aber anscheinend wieder beruhigt. Er ist bereits aus dem Krankenhaus entlassen."

Jahrelang hatte Burns gepredigt, daß das einzige, was wirklich zählt, die Art und Weise ist, wie man selbst versteht, was einem geschieht; trotzdem fiel es ihm schwer, zu begreifen, was das heißt, wenn jemand mit diesem Konzept wirklich bis zum Äußersten geht. Da wird das Auto eines Mannes von einem Güterzug entzweigerissen, und obwohl er die ganze Zeit drinnen saß, bemerkte er es nicht einmal."

Die Welt, die wir erleben, all die Pferde, die Blätter, der Kaffee, die Sonnenaufgänge, die Erinnerungen an Vergangenes, all das ist ein Traum des menschlichen Geistes. Mehr noch – der Geist beherbergt verschiedene Träumer, von denen manche gar nichts voneinander wissen. Sie stehen zueinander sogar in Widerspruch, wie das mit Träumern so ist.

Wir müssen auf der Grundlage einiger weniger Signale sofortige Handlungen setzen, die über Leben oder Tod entscheiden. Ist das laute Donnergrollen gefährlich? Kann man diese Felsbrücke betreten, oder bricht sie ein? Kann man ihr vertrauen? Die geistigen Systeme, Emotionen und Vergleichsprozesse wählen die neue Information aus, um die Welt rasch einschätzen und beurteilen zu können.

Ich darf Sie erinnern: Die Organisation des menschlichen Geistes beruht auf den wichtigsten Anpassungsmechanismen unserer Vorfahren, auf jenen, die darauf spezialisiert sind, Entscheidungen über Leben oder Tod zu treffen. Da es diese Schaltkreise schon früh gab und sie enorme Konsequenzen bezüglich des Überlebens haben, wurden genau diese schnellen Prozesse auch für die ganz gewöhnliche Wahrnehmung herangezogen. Unter Bedingungen, wo es um Leben oder Tod geht, funktioniert das gut; aber es beeinflußt auch all die anderen Programme des menschlichen Geistes – bis hin zur Wahrnehmung dessen, was wir lesen, wie wir Formen miteinander verbinden, und was wir hören.

Wir leben in einem Traum, den wir uns selbst erschaffen. Manche versuchen, den Traum zu vermeiden. Einigen gelingt es auch. Unsere Erlebnisse, Wahrnehmungen und Erinnerungen stammen nicht direkt aus der Welt an sich, sondern sind unsere eigene Schöpfung. Sie stellen einen Traum von der Welt dar, einen, der sich so entwickelt hat, daß wir gerade genug Information von ihm bekommen, um uns an die örtlichen Umstände anpassen zu können. In diesem Abschnitt zeichnen wir einen Teil dieses Erbes nach und beschäftigen uns mit der Frage, wie es dazu kam, daß wir dem Chaos Signale abgewinnen und sie dann zu Abbildungen verknüpfen, die im günstigsten Fall eine Ähnlichkeit mit der Realität haben. Danach sehen wir uns an, inwiefern das unserem bewußten Erleben, unseren Erinnerungen und Träumen zugrundeliegt.

15. Der menschliche Geist als Weltverarbeitungssystem

Über Descartes, den „Gemeinsinn", Anschauung und den Geist von heute

Die evolutionsgeschichtlichen und neurologischen Analysen haben offensichtlich unser Selbstverständnis verändert. Die meiste Zeit war es in der intellektuellen Geschichte der Menschheit nämlich nicht so natürlich, die Funktionsweise des Nervensystems und der körperlichen Strukturen in die Frage nach dem Wesen des menschlichen Geistes miteinzubeziehen. Unser Verständnis für uns selbst hat sich weiterentwickelt. Der moderne Fortschritt im Denken wurde durch die Arbeit von René Descartes ausgelöst, obwohl er nicht unbedingt der erste war, der die notwendigen Verbindungen herstellte.

Wenn ich „modern" sage, meine ich damit den Versuch, in unserer Anatomie und Physiologie ein paar Antworten auf lange bestehende philosophische Fragen zu finden, oder zumindest ein paar hilfreiche Informationen. 1637 setzte René Descartes das moderne Studium der Beziehung zwischen Geist und Gehirn in Bewegung. Nach langem, intensivem Nachdenken gelangte Descartes zu der Auffassung, daß die menschliche Erkenntnis nicht, wie es die Kirche postulierte, von einer entkörperten spirituellen Seele abhänge, sondern vom Gehirn und Nervensystem. Er schlug dann die Existenz einer Reihe innerer Fähigkeiten vor, durch die der „Geist" den Automaten des Körpers lenke. Mit der Zirbeldrüse im Gehirn schlug er sogar einen physischen Ort für diese Interaktion vor, weil sie ein Hirnanhang mit einem singulären statt dualen Aufbau ist.

Dadurch überführte Descartes mittelalterliches Denken in die moderne Welt. Er zweifelte die Kompetenz der Kirche des Mittelalters

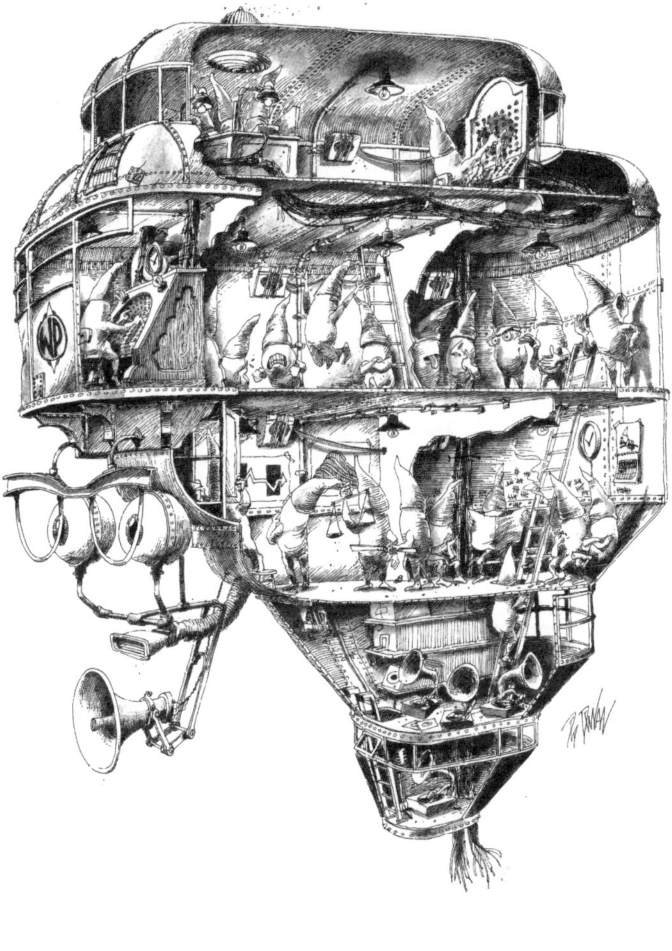

Das Weltverarbeitungssystem

an, menschliche Erkenntnis definieren zu können. Descartes suchte nach der Art von sicherem Wissen und klarer Erkenntnis, die ein einzelner bezüglich seines eigenen Geistes erlangen könnte. Konnte die Kirche uns unsere Vorstellungen von uns vorschreiben?

Descartes erkannte, daß die Wissenschaft die Basis sein würde, von der aus man ein Verständnis des Menschen entwickeln könnte. Und so kam es zu seinem berühmten Aufenthalt auf einem holländischen Bauernhof, um der Autorität zu entfliehen und über die angeborene Natur der Menschheit nachzudenken. Er sagte, seine erste Regel sei:

> „Niemals eine Sache als wahr anzunehmen, die ich nicht als solche sicher und einleuchtend erkennen würde, das heißt, sorgfältig die Übereilung und das Vorurteil zu vermeiden und in meinen Urteilen nur soviel zu begreifen, wie sich meinem Geist so klar und deutlich darstellen würde, daß ich gar kein Möglichkeit hätte, daran zu zweifeln. Die zweite: jede der Schwierigkeiten, die ich untersuchen würde, in so viele Teile zu zerlegen als möglich und zur besseren Lösung wünschenswert wäre. Die dritte: meine Gedanken zu ordnen."

Seine „Abhandlung über die Methode des richtigen Vernunftgebrauchs" analysiert das Wesen des Gemeinsinns, der Lebensgeister in Tieren. Die mittelalterliche Philosophie war der Meinung, diese belebenden Kräfte hätten ihren Ursprung außerhalb unseres Körpers, im Göttlichen. Nachdem er erörtert, wie das Herz funktioniert, wie das Blut über die linke Kammer zum Gehirn fließt, setzt Descartes mit der Beziehung zwischen Körper und Geist zum Sprung in die Moderne an:

> „Und dann hatte ich gezeigt, worin die Einrichtung der Nerven und der Muskeln des menschlichen Körpers bestehen müsse, damit die darin befindlichen Lebensgeister die Glieder desselben bewegen können, so wie man sieht, daß Köpfe, bald nachdem sie abgeschlagen wurden, sich noch bewegen und in die Erde beißen können, obwohl sie nicht mehr beseelt sind; welche Veränderungen im Gehirn stattfinden müssen, um Wachen, Schlaf und Träume zu verursachen; wie Licht, Töne, Geruch, Geschmack, Wärme und alle die übrigen Beschaffenheiten der äußeren Gegenstände durch die Vermittlung der Sinne dort verschiedene Ideen einprägen, wie Hunger, Durst,

> und die übrigen inneren Empfindungen auch die ihrigen dorthin senden können; was man unter dem Gemeinsinn verstehen muß, der diese Ideen empfängt, unter dem Gedächtnis, das sie aufbewahrt, unter der Phantasie, die sie mannigfaltig verändert und neue daraus bilden und eben dadurch mit Hilfe der Lebensgeister, die sie in den Muskeln verteilt, die Glieder dieses Körpers auf so viele verschiedene Weise sich bewegen lassen und auch bei Gelegenheit der äußeren Sinneswahrnehmungen wie der inneren Empfindungen machen kann, daß sich unsere Glieder bewegen, ohne daß der Wille sie leitet."

Es gibt auch ein paar fragwürdigere Feststellungen über die Trennung zwischen dem Ursprung der Seele und dem Gemeinsinn, auf die ich hier nicht weiter eingehen möchte. Ich frage mich allerdings, wie sehr die Gefahr, der Ketzerei bezichtigt zu werden, Descartes dazu brachte, in seinen Schriften mit einigem hinter dem Berg zu halten.

Für die meisten von uns geht es vor allem um die Frage, wie das Nervensystem auf die Außenwelt reagiert. Diesbezüglich schlägt sich das moderne Denken allmählich stärker auf die Seite von Immanuel Kant und weniger auf die von John Locke, wie Darwin prophezeite. Kant betonte, daß „angeborene Vorstellungen die bestimmenden Faktoren des geistigen Lebens seien, und leitete mit seinem Buch „Prolegomena zu einer jeden künftigen Metaphysik" die Diskussion mit Locke über die Frage ein, wieviel von unseren Erkenntnissen durch Assoziation zustandekommt und wieviel gegeben ist:

> „Also tut man gut daran zu bedenken, daß das menschliche Erkennen nicht für seine Unfähigkeit zu tadeln ist, die Substanz der Dinge selbst zu erkennen, das heißt, sie aus sich selbst heraus zu bestimmen, sondern vielmehr deswegen, weil es den Anspruch hat, das, was eine bloße Idee ist, doch so zu erkennen, als wäre es ein gegebenes Objekt. Reine Vernunft verlangt von uns, daß wir für jedes Prädikat eines Dinges dessen wahres Subjekt suchen; und für dieses Subjekt, das selbst notwendig nichts anderes sein kann als ein Prädikat, wiederum dessen

Subjekt, und so ins Unendliche (oder doch wenigstens so weit, wie wir zu gehen vermögen). Und daraus folgt, daß wir nie irgend etwas erreichen werden, was wir für das letztendliche Subjekt halten können, daß also Substanz selbst nie gedacht werden kann aufgrund unseres eigenen Verständnisses, so tief wir auch eindringen mögen, sogar wenn uns unsere Natur offenbart würde."

Wenn Descartes die Philosophie aus der mittelalterlichen Abhängigkeit von der Obrigkeit befreite, leitete Kant mit seiner Suche nach den Prinzipien, die alles Denken bestimmten, den jüngsten Schritt ein. Für Kant ist das Erkennen eines Objekts in der Welt „Anschauung", die sich im Gegensatz zur Einsicht (Verständnis von innen heraus) am ehesten dadurch beschreiben läßt, daß wir das Wesen von etwas verstehen, das außerhalb von uns ist. Für Kant war die Sinneswahrnehmung der äußeren Welt der Schlüssel für das Verständnis eines Vorgangs in uns, der – modern gesprochen – in uns eine Vorstellung des Objekts erzeugt. Soweit also das (gegebene) Objekt und die innere Handlung zusammentreffen, gelingt Anschauung hervorragend.

Signale und Abbilder

Mit Kants Analyse der Anschauung, also des Erkennens eines Gegenstandes, entstand das moderne Verständnis davon, wie äußere Gegenstände im Geist dar-, beziehungsweise vorgestellt werden. Durch nichtbewußte Intuitionen formt beziehungsweise „erträumt" der menschliche Geist real scheinende Abbilder der Welt, damit er in ihr operieren kann. Bezüglich der Realität wird eine Vermutung angestellt, ein scheinbares Abbild erzeugt, das dann mit bekannter Information verglichen wird. Der menschliche Geist verwendet die sehr schwachen Signale der Sinnesorgane als Rohmaterial und Kontrollsystem. Das ist die gleiche Art von Verarbeitung über parallele Eingabe, die man auch im Darwinismus des Nervensystems vorfindet.

Will man eine Analogie zwischen dem Geist und einem militärischen System verwenden, so könnte man sich die Signale als die blinkenden Lämpchen in den fiktiven (vielleicht gibt es sie ja auch tatsächlich) militärischen Schaltzentralen vorstellen, die man in Filmen sieht; diese Lichter können einen Truppenaufmarsch an der Grenze oder eine verdächtige Bewegung symbolisieren. Sie signalisieren jedenfalls, daß irgend etwas geschieht. Einen inhaltlichen Bezug zur Handlung haben sie nicht. Das blinkende Lämpchen erhält erst aufgrund seiner Position und des gemeinsamen Hintergrundwissens derjenigen, die es interpretieren, die Bedeutung einer Truppenbewegung oder des Einsatzes von Flugzeugträgern.

Die Außenwelt enthält Signale über die Temperatur, über die Reife von Früchten, über Kanten, über Bedürfnisse, über emotionale Stimmungen. Durch die Entwicklung dieser Methode der vereinfachten Auslese kann sich der Geist gerade genügend Informationen leisten, um zu lösen, was ansteht, ohne daß die Information auch nur annähernd vollständig wäre. Die Zeit reicht nicht aus, um alles wahrzunehmen, was um uns herum vorgeht. Wir erträumen es *On-Line* – wie es gerade kommt –, um uns an die Veränderungen in der Welt anzupassen.

Wie aber hat sich der menschliche Geist so entwickelt, daß er seinen „Gastgeber“ darin unterstützen konnte, zu überleben, gesund zu bleiben, sich fortzupflanzen und sich um die Verwandten zu kümmern? Wie das Ohr hat auch der menschliche Geist ein paar charakteristische Methoden entwickelt, mit deren Hilfe er aus der Welt die Informationen herausholt, die er braucht.

Die „Weltverarbeitungssysteme“ aller Lebewesen heben die Ereignisse hervor, die zu einer Handlung führen könnten. Für den Menschen kann solch ein Ereignis das plötzliche Geräusch sein, das den üblichen Verkehrslärm durchbricht; oder ein Mensch mit einer Waffe in einer Menschenmenge; ein gelegentliches Husten unter den mehreren hunderttausend Atemzügen, die man macht. Das System, das sich in uns entwickelt hat, vereinfacht alles, was passiert; denn nur so kann es in dieser Riesenmenge an sich ständig verändernder und chaotischer innerer und äußerer Information einen Sinn erkennen, und sich an die Welt gut genug anpassen, um zu überleben. Wir müssen nur ein paar von den Millionen möglicher Merkmale in der Welt bemerken. Den Rest lassen wir einfach beiseite.

In das innere Weltverarbeitungssystem kommt alles, was draußen vorgeht; was wieder herauskommt, sind aber nur ein paar ausgewählte Merkmale der Welt; sie lösen üblicherweise unsere Reaktionen und Wahrnehmungen aus. Und dieses System funktioniert normalerweise auch. Wann haben Sie das letzte Mal in einen sehr harten Stein gebissen? Wann haben Sie das letzte Mal beschlossen, gegen eine Wand zu rennen? Haben Sie je begonnen, etwas zu lesen, das wie „fssooijo sapw8iklsj" aussieht?

Der neurale Unterbau des menschlichen Geistes entwickelte sich teilweise deshalb zu dem, was er ist, damit nur das ausgewählt wird, was dem Überleben nützt. Als Folge daraus neigt der Geist dazu, sich nicht allzu sehr um den unnützen Tand zu kümmern, den der moderne, gebildete Mensch als wichtig zu erachten gelernt hat – wie zum Beispiel, sich selbst zu verstehen, oder etwas genau so wahrzunehmen, wie es wirklich ist.

Entwickelt hat sich also nicht ein umfassendes Verstehen, sondern eine Strategie, die sicherstellt, daß immer das Richtige geschehen kann. Die richtige Handlung in bezug auf Inzest, Emotionen oder die Mutter-Kind-Beziehung erfordert nicht allzu viel Vernunft oder langes Nachdenken. Unser Geist muß für ein rasches Handlungsvermögen sorgen, damit wir uns nicht vergiften, damit wir Gefahren vermeiden und auf einen drohenden Kampf vorbereitet sind. Da ist keine Zeit für Selbsterkenntnis; es besteht keine Möglichkeit dafür – und auch keine Notwendigkeit.

Also haben wir Gruppen von Schlichtlingen, die jeweils ein Stückchen der Außenwelt auswählen, untereinander um die Macht kämpfen und so handeln, daß wir zurechtkommen. Dieses System erweist sich für Lebewesen seit langem als nützlich und vorteilhaft. Wenn unser geistiges System nun mit seinen Kräften am Ende ist, dann deshalb, weil sich die Welt, die es für uns zu verarbeiten gilt, mittlerweile so sehr von der Welt unterscheidet, für die sich der menschliche Geist entwickelt hat. Wir sollten wissen, wo wir mit bewußten Veränderungen am besten ansetzen können, und Klarheit darüber haben, wie wir Informationen aus der Welt aufnehmen, in welchen Stückchen, was fest verdrahtet ist, und was geändert werden kann.

Ähnlich einem Textverarbeitungssystem hat sich auch das geistige System in zwei Programmen entwickelt, nämlich dem der Merkmalsidentifizierung und dem der Konzeptbildung. Wenn er alleine dasteht, hat der Buchstabe E keine Bedeutung; und doch ist er ein immerwährender Bestandteil von Bestandteil, Sex, Ellipse, einige, Knochen und so fort. Einzelne Buchstaben haben so wie die einzelnen Zellen im Nervensystem keine Bedeutung. Buchstaben verbinden sich zu Konzepten höherer Ordnung, wie zum Beispiel zu Worten. Die Buchstaben T, R und O können sich je nach Kombination zu verschiedenen, spezifischen Konzepten verbinden, wie zum Beispiel Tor, Ort, rot, Trott. Unser Sehen, Hören und Denken funktionieren genau gleich.

Wir wählen auf der Grundlage von vielen Jahrmillionen der natürlichen Auslese einzelne Teilchen aus der Umwelt aus. Die für Schmetterlinge sichtbaren Muster ultravioletten Lichts können wir nicht sehen. Wir haben nicht die Fähigkeit, eine Hundepfeife zu hören oder mit unserer Nase die Spur eines entflohenen Sträflings aufzunehmen. Es gibt in uns ein System, das dazu dient, einzelne Bestandteile wahrzunehmen, und ein anderes, intuitives System, das dafür eingerichtet ist, diese Teile rasch zu kleineren und größeren Konzepten zu verknüpfen. Im gesamten ähnelt es stark den Emotionen, in deren Rahmen deutliche Merkmale der Welt – ein Stirnrunzeln, ein lautes Geräusch – den Geist sofort zu einer Handlung veranlassen.

Anders als in dem Spiel, in dem ein Punkt mit dem nächsten zu verbinden ist und sich dann ein Bild ergibt, verknüpft der menschliche Geist nicht sorgfältig und rational die einzelnen Bestandteile der Welt miteinander; wir tun das nicht einmal, wenn wir sprechen oder lesen. So wie wir ein Wort nicht Buchstabe für Buchstabe lesen, so interpretiert unser Geist die Welt auch nicht Stück für Stück. Stattdessen empfängt er sensorische Signale, interpretiert sie als Ganzes und stellt so in Windeseile eine Vermutung bezüglich der Umgebung an. Kurz – wir träumen uns unsere Schlußfolgerungen über die Welt zusammen. In den meisten Fällen träumen wir korrekt, und es kommt auch der richtige Träumer in uns zum Einsatz.

In vielen philosophischen und spirituellen Systemen heißt es, die „Welt" sei zu meiden, weil sie eine Illusion sei. Es heißt, wir könnten sie nur als verzerrte Widerspiegelung an der Wand einer Höhle wahrnehmen. Die moderne Forschung bestätigt diese Ansicht; wir erfahren die Welt in der gleichen Art und Weise, wie wir uns an sie erinnern und von ihr träumen. Der menschliche Geist kennt einige wenige Kombinationsprozesse und verwendet dabei die ihm zur Verfügung stehenden Hinweise; so entsteht in ihm die bestmögliche Vermutung, ob Illusion oder nicht. Er macht das auf eine einfache, aber unerbittlich starre Weise – es ist eine Logik, die manchmal bei Kindern zu beobachten ist, wenn sie mit Informationen konfrontiert sind, die klar ihren Horizont übersteigen. Monster tauchen in der Dunkelheit der Nacht auf, sogar tagsüber gelegentlich, weil Informationen falsch analysiert werden und daraus eine Schlußfolgerung entsteht. Logische Prozesse laufen parallel zu den Wahrnehmungsprozessen ab. Aus dem dreijährigen Kind von Bekannten, dem ich ein Kompliment über seine Farbstifte machte, konnte ich die wohl im Laden stehenden Eltern sprechen hören, als es mich eifrig aufklärte: „Die bekommt man vom Osterhasen, und man muß es ihm früh genug sagen!"

Wie dieses System in uns funktioniert, wird deutlich, wenn wir zum Beispiel über einen See schauen, über dem der Nebel aufsteigt. Ist das ein Baum? Ist das ein Jäger? Ist es ein Stein? Wenn die Signale mehrdeutig sind, können wir direkt beobachten, wie sich die Abbildungen der Realität im Geist ständig verändern. Einmal sehen wir einen Jäger, dann wieder einen Baum. Wenn wir ängstlich sind, sehen wir vielleicht sogar jemanden, der eine Gefahr darstellen könnte. In uneindeutigen Situationen sind wir wie die Kinder – unfähig, die Verbindung herzustellen, die die Welt am realistischsten abbildet und für die bestmögliche Anpassung sorgt.

Blinde haben das gleiche innere Bild von der Welt. Sie haben offenbar eine andere Art von „Sehvermögen". Sie können sogar tatsächlich zeichnen! Wie sieht in der Vorstellung von Blinden die Welt aus? Unterscheiden sich ihre geistigen Bilder von Menschen und Dingen sehr stark von denen, die sehende Menschen haben?

John Kennedy bat Menschen, die von Geburt an blind sind, Bilder zu zeichnen. Auf den ersten Blick könnte man das für ein lächerliches Ansinnen halten; die meisten Blinden reagierten auch so darauf.

Drei von Blinden angefertigte Zeichnungen. Beachten Sie die Perspektive!

Fixieren Sie den Punkt im Kreis. Bewegen Sie dann das Buch langsam von sich weg, bis das X im Kreis verschwindet. Sehen Sie, wie das Karomuster den Platz ausfüllt?

Da Blinde auf ihren Tastsinn angewiesen sind, gab Kennedy jeder Versuchsperson ein Plastikblatt, auf dem eine erhöhte Linie entsteht, wenn man mit einem Kugelschreiber darauf zeichnet.

Zuerst bat er sie, einfache Gegenstände zu zeichnen – eine Tasse, eine Hand, einen Tisch, und dann kompliziertere Szenen. Die blinden Versuchspersonen erkannten fast sofort, daß ein paar Aspekte der Realität beim Zeichnen geopfert werden müssen: Wir können einen Stift nur aus einem Blickwinkel betrachten; wir können nicht alle Seiten gleichzeitig sehen. Für eine Sichtweise muß man sich also entscheiden. Den blinden Künstlern gelang es, die Bedeutung so rüberzubringen, daß sie bei sehenden Menschen ankam. Überraschenderweise bezogen die Blinden die Überlegung der Perspektive mit ein. Hinter dem Sehen steckt also offenbar mehr, als man auf den ersten Blick annehmen würde, und hinter der visuellen Wahrnehmung steckt mehr als nur das Sehvermögen des Auges. Diese Menschen erschufen irgendwie die gleichen Abbilder der Realität (aufgrund der geringeren Erfahrung natürlich mit Abstrichen) in ihren Zeichnungen wie Sehende. Es werden zwar nicht die gleichen Signale übermittelt, aber irgend etwas anderes läßt das Abbild entstehen – vielleicht die Berührung, vielleicht Bewegung, vielleicht aber auch etwas ganz anderes.

16. Das geistige Auge: Unsere Wahrnehmung der Welt

Es hat große evolutionäre Vorteile, die Welt wahrzunehmen – zumindest die Teile davon, die nützlich sind, um am Leben zu bleiben und für überlebensfähige Nachkommen sorgen zu können. Das Konzept, daß wir der Welt gegenüber ziemlich ignorant sind, ist vielleicht angesichts der Menge und Vielfalt an Erlebnissen und Erfahrungen schwer zu begreifen.

Widmen wir uns noch einmal dem Auge, dessen hochkomplexer Aufbau sehr bescheiden begann. Es nimmt nur ein Trillionstel der Informationen auf, die es erreichen. Diese Beschränkung ist das Ergebnis des physischen Gefüges unserer Sinnesorgane und Nervenverbindungen. Unser Nervensystem ist auf eine bestimmte Art und Weise „verdrahtet", damit wir bestimmte Bestandteile der Umwelt auch ganz sicher mitkriegen; und auf deren Grundlage erträumt unser Gehirn unser gesamtes Erleben der Welt.

Wenn wir von allen Reizen in der Welt bombardiert würden, wäre unser Erleben chaotisch. Die Luft in dem Raum, in dem Sie sich befinden, ist angefüllt mit verschiedensten Energieformen: ein ganzes Lichtspektrum, Schall- und Radiowellen, und so fort. Und trotzdem sind Sie sich nur eines kleinen Teils davon bewußt. Das Licht ist ein winziger Teil des Spektrums elektromagnetischer Energiestrahlung. Das Weltverarbeitungssystem jedes Lebewesens erlebt nur das, was es braucht. Die Katze sieht im Dunkeln; Insekten sehen die Infrarotstrahlung, die wir als Wärme empfinden; und ein Frosch sieht nur, was sich bewegt.

Die moderne Analyse des visuellen Systems erhielt seinen ersten Anstoß durch Jerome Lettvins berühmte Studie „Was das Auge des Frosches dem Gehirn des Frosches mitteilt". Lettvin und seine

Mitarbeiter boten einem Frosch eine Auswahl an Gegenständen, Farben und Mustern dar, während sie die Aktivität seines Sehnervs überwachten. Von all den Informationen, die da vor dem bewegungsunfähig gemachten Tier schlängelten, aufblinkten und rumrückten, wurden dem Gehirn des Frosches nur vier Botschaften übermittelt. Diese Botschaften ermöglichen Fröschen zuerst mal einen allgemeinen Überblick über die Umgebung; als zweites nimmt er Kanten wahr, die sich bewegen; als drittes, kleine dunkle Objekte (sehr nützlich für das Auffinden von Insekten, wenn man Insekten lecker findet); und als viertes dringen die Botschaften durch, die den Frosch auf eine plötzliche Abnahme an Helligkeit aufmerksam machen (ein Segen, um Feinden gegenüber wachsam sein zu können, wie zum Beispiel gegenüber einem Vogel in der Luft).

Die Welt, die Menschen wahrnehmen, ist weit komplexer als die des Frosches. Wir können über die Farbschattierungen eines Sonnenuntergangs staunen, gebannt auf die kniffligen Muster eines orientalischen Teppichs starren, auf den Gesichtsausdruck eines geliebten Menschen hin fröhlich oder verdrießlich werden, und abstrakte Konzepte verstehen, indem wir gedruckte Wörter lesen. Weil aber unsere Augen und unser Gehirn eine Entwicklung durchgemacht haben und nicht planvoll konstruiert wurden, besteht die Realität zusätzlich noch aus vielem, was wir nicht sehen können.

Im menschlichen Gehirn gibt es, wie im Gehirn des Frosches auch, fix eingebaute Verbindungen, um bestimmte Merkmale der Welt zu entdecken. Diese Erkenntnis ist das Ergebnis emsiger wissenschaftlicher Kleinarbeit, in deren Rahmen sogar der Output von einzelnen Neuronen im visuellen Kortex gemessen wurde. Die Frequenz der Entladung an einem einzelnen *Axon* (Fortsatz der Nervenzelle, über den die Erregungen geleitet werden) kann mit einer elektrischen Sonde gemessen und aufgezeichnet werden, die so dünn ist wie ein Haar. Indem man vor dem Auge eines Tieres ein Licht aufblinken läßt und die Reaktion einzelner Nervenzellen aufzeichnet, kann man feststellen, welche Zellen auf den Reiz reagieren. Der stimulierte Bereich (oft kreisförmig), auf den die Zelle reagiert, ist sein sogenanntes rezeptives Feld. Die Funktion der kortikalen Zellen ist eine andere als die der Zellen der Sehrinde – sie reagieren am stärksten auf

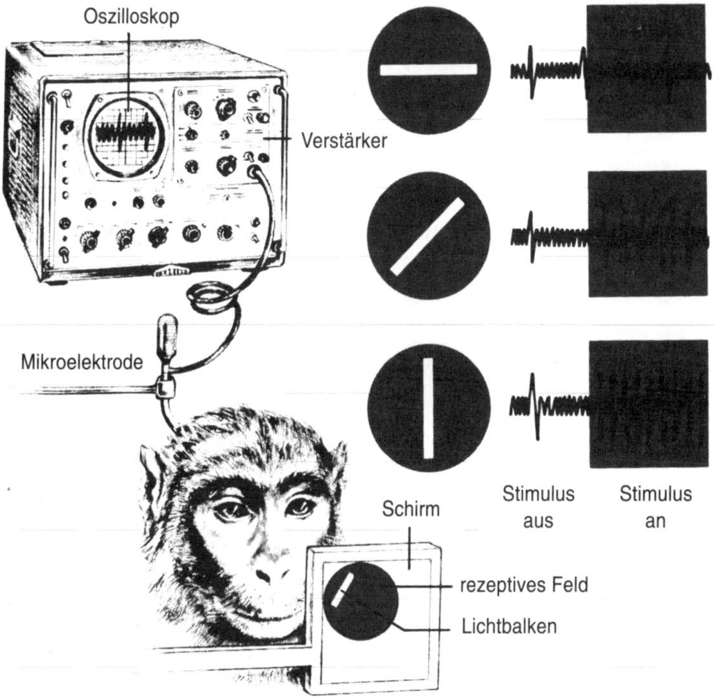

Die Reaktionen der Merkmalserkenner auf verschiedene rezeptive Felder. Die Reaktion einzelner kortikaler Zellen auf verschiedene Stimuli läßt sich mit einem Oszilloskop messen. Wenn man Lichtbalken (links) vor dem Auge des Versuchstiers aufleuchten läßt, findet die stärkste neurale Reaktion auf den vertikalen Balken statt. Das läßt darauf schließen, daß die reagierende Zelle ein Merkmalserkenner für die vertikale Ausrichtung ist, das heißt, dazu gedacht, visuelle Stimuli mit einer vertikalen Orientierung zu entdecken und auf sie zu reagieren.

spezifische Signale aus der Umgebung und werden als „Merkmalserkenner" bezeichnet.

In der Sehrinde des Menschen befinden sich mehr als 100 Millionen Neuronen, und es ist schwierig, ihre Spezialisierungen festzustellen. Unter den Tieren hat sich anscheinend eine Vielzahl von Merkmalserkenner entwickelt. Sie picken die Signale (also Gegenstände und Ereignisse) heraus, die für sie als Art wichtig sind.

In den frühen 60er Jahren machten David Hubel und Torsten Wiesel eine erstaunliche Entdeckung: Die Neuronen im Kortex einer Katze feuern sehr schnell, wenn ein bestimmter Gegenstand auftaucht. Außerdem feuern diese Zellen nicht, wenn dieses Objekt nicht da ist. Das Gehirn der Katze entdeckt Kanten, Winkel und Gegenstände, die sich in verschiedene Richtungen bewegen.

Diese Studien erlauben uns Erkenntnisse bezüglich der „Fixpunkte" der Gehirntätigkeit – der angeborenen und relativ unveränderlichen Teile des geistigen Systems; an diesen Punkten kommen wir mit den Bereichen der Realität in Berührung, die in der Evolution besonders wichtig waren. Einige der wichtigsten Fixpunkte verbinden die Helligkeitserkennungsorgane des Auges mit Zellen im zerebralen Kortex.

Affen haben ebenfalls kortikale Zellen, die auf bestimmte Merkmale der Umgebung reagieren. Eine Gruppe von Wissenschaftlern hatte mit einem Gegenstand nach dem anderen immer wieder erfolglos versucht, in einem bestimmten Neuron eines Affen Erregung hervorzurufen und war dann recht erstaunt, daß es plötzlich „aufleuchtete", als einer der Experimentatoren dem Affen zum Abschied zuwinkte! Man war bei diesem Affen auf seine Detektorzelle für „Affenhände" gestoßen.

Ursprünglich dachte man, diese Zellen würden identifizierbare Teile der Welt aufspüren, wie zum Beispiel Kanten oder runde Klümpchen, und die Information über ihre Existenz direkt an den Kortex weiterleiten. Nach den ersten aufregenden Entdeckungen der Merkmalserkennerzellen im Kortex nahm das Tempo neuer Entdeckungen wieder ab. Man fand keine neuen Merkmalserkenner. David Marr verfiel dann auf eine völlig andere Erklärung dafür, wie

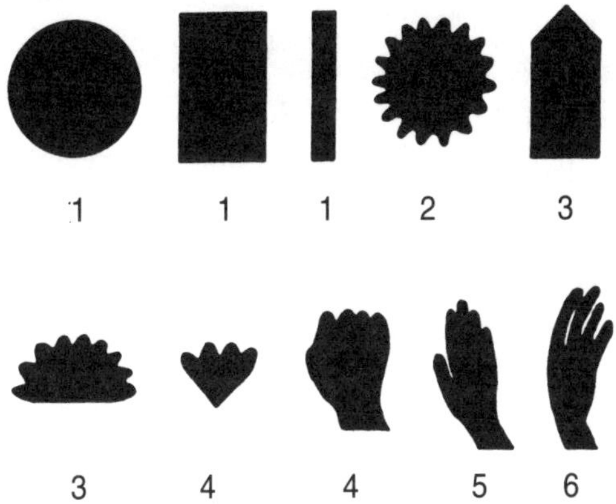

Der Affenhanderkenner. Die Reihenfolge dieser Formen entspricht ihrer Fähigkeit, in einer bestimmten Zelle im Affenhirn eine Reaktion hervorzurufen, wenn sie sichtbar ist. Auf manche Formen (1) gab es keine Reaktion; manche brachten das Neuron dazu, ein wenig zu reagieren (2 und 3). Die Formen, die eine gewisse Ähnlichkeit mit einer Affenhand haben (4 und 5), riefen eine stärkere Reaktion hervor; die stärkste neurale Reaktion aber erfolgte auf die Form, die einer Affenhand am ähnlichsten ist (6). Es gibt also eindeutig Gehirnzellen, die dafür da sind, sehr komplexe und hochspezifische Merkmale aufzuspüren und auf sie zu reagieren (nach Gross, 1973).

der menschliche Geist sich entwickelt hatte, um aus spärlichen Signalen Abbildungen der Welt zu errechnen.

Marrs Vorstellung war folgende: Das Gehirn „liest" nicht direkt die Signale von der Retina, sondern errechnet den Bildentwurf der Umgebung aus den unterschiedlichen Lichtintensitäten, die vorhanden sind und wie Bänder aussehen. Die Kombinationen von hell und dunkel, die sich in verschiedenen Schattierungen immer wieder abwechseln, erschaffen jeweils die Szene vor uns.

Zuerst kommt es zu einer Skizze, die aus primitiven Formen besteht und die einen groben Umriß der Szene deutlich macht. Zu diesen primitiven Formen gehören Kanten und Ränder, Balken, punktförmige Klümpchen und der Anfang und das Ende von Linien, mit den Attributen der Orientierung, des Kontrastes, der Länge, Breite und Position. Sie werden durch komplexere Merkmale ergänzt, detaillierter ausgebaut, wodurch ein vollständiger erster Entwurf entsteht; darauf folgt ein zweidimensionaler Entwurf und schließlich eine dreidimensionale Abbildung.

Interessant ist, wie dieser Prozeß sich entwickelte: die kreisförmigen rezeptiven Felder, die nach dem On/Off- beziehungsweise Ja/Nein-Prinzip funktionieren, wurden, vielleicht über Rekrutierungsprozesse, zu ideal abgestimmten Raumfrequenzdetektoren. Lediglich helle und dunkle Bänder, die den „ON"- und „OFF"-Zentren und ihrer Umgebung genau entsprechen, können die relevanten Zellen zum Feuern bringen. Und so begannen sich die Wissenschaftler stärker mit der Vorstellung zu beschäftigen, daß die Welt erträumt ist, und wir nicht die einzelnen Teile einfach wie bei einem Legokasten zusammenbauen. Und wie das mit vielen Prozessen des menschlichen Geistes so ist, braucht es nur sehr wenig, um eine große Wirkung zu erzielen: zum Beispiel wären nur sechs abgestimmte Raumfrequenzkanäle nötig, um die erstaunliche Schärfe des menschlichen Auges zu erklären, das Details höher auflösen kann als eine Fotorezeptorzelle.

Die Entdeckung dieser Zellen im Kortex hat unsere Vorstellung darüber stark beeinflußt, wie sich der menschliche Geist in voneinander unabhängigen, modularen Systemen weiterentwickelte. Die Zellen sind in Spalten angeordnet, wobei jede Spalte einer Art der Analyse entspricht, wie zum Beispiel der für Kanten und Ecken. Der Begriff des „Moduls" bezeichnet einen fixen Plan oder eine Einheit; das soll heißen, daß es sich um Standardkomponenten handelt. Im Gehirn gibt es viele verschiedene Module; sie sind verkapselt, das heißt, sie kommunizieren nicht mit anderen Modulen. Sie gelten jeweils nur für einen bestimmten Bereich – das Analyseprogramm für Gerüche ist zum Beispiel möglicherweise ganz anders als das für Formen oder für Sprache. Wie komplex und „fest verdrahtet" diese Module nun genau sind, ist zur Zeit Thema vieler wissenschaftlicher Untersuchungen.

Die Fixpunkte in unserem Gehirn ermöglichen uns auch die Wahrnehmung von Farbe. In der Natur gibt es keine Farbe. Was wir

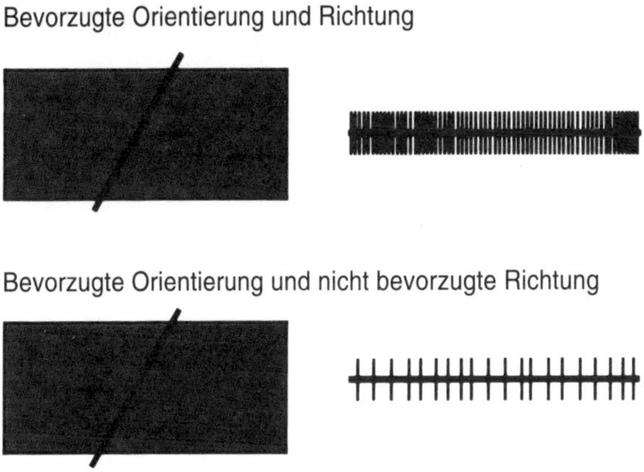

Manche kortikale Zellen reagieren am stärksten auf Balken und Kanten in einem bestimmten Winkel und insbesondere auf jene, die sich in spezifischen Richtungen bewegen (nach Hubel und Wiesel, 1962).

als Farbe sehen, sind verschiedene Wellenlängen des Lichts, die von verschiedenen Oberflächen reflektiert werden. Diese Wellenlängen stimulieren die drei Arten von Zapfen in der Retina, die wiederum die kodierte Information ans Gehirn senden. Das Farberleben ist das Ergebnis der Kodierung, die in den Wahrnehmungssystemen stattfindet. Daß wir Rot, Grün, Blau und Gelb als „reine" Farben sehen, hängt mit der Art und Weise zusammen, wie die Wellenlängen des Lichts vom Nervensystem verarbeitet werden; es hat nichts mit irgendeiner inneren Eigenschaft des Lichts zu tun, das da verarbeitet wird.

Hat das Gehirn erst einmal Signale wie hell, dunkel und Farbe empfangen, muß es offensichtlich noch ein paar eingebaute Programme ablaufen lassen, bevor es Abbildungen erzeugt. Die visuelle Information wird von der Retina nicht direkt an den Kortex weitergeleitet, sondern nimmt separate Bahnen, die Form, Farbe,

Bewegung und Tiefe verarbeiten. Daß und wie diese Systeme funktionieren, bestimmt die Erfahrungen, die wir machen. Das Farbsystem ist zum Beispiel langsam und hat eine niedrige Auflösung, während das Formensystem schnell und sehr sensibel auf Details reagiert. Deshalb vermischen sich in einem impressionistischen Bild auch die Farben und erzeugen die Illusion einer einheitlichen Szene. Wenn man nahe genug an das Bild herantritt, um die einzelnen Farbpünktchen zu sehen, geht die Illusion verloren. Das würde auch erklären, warum so große Künstler wie Matisse erstaunlich lässig, ja sogar „nachlässig" mit den Farben umgehen, indem sie sie nur neben die Form oder Figur plazieren, die sie porträtieren. Bei vielen Aquarellen paßt sich die Farbe nicht exakt den Konturen der Form an; die mangelnde Schärfe des geistigen Farbsystems läßt das Bild aber trotzdem stimmig erscheinen.

Die Psychologin Anne Treisman hat ebenfalls versucht, die harte Nuß der primären Aspekte des Sehvermögens zu knacken. Sie erinnern sich: Der erste Entwurf besteht aus Signalen, aus denen sich eine Szene konstruieren läßt. Treisman konnte einen Satz grundlegender Merkmale identifizieren, die möglicherweise so etwas wie die „Bausteine" des Sehens darstellen. Darunter befinden sich Farbe, Größe, Kontrast, Neigung, Krümmung und Anfang und Ende einer Linie. Diese Signale werden wahrgenommen, bevor man den Gegenstand erfaßt, der diese Merkmale aufweist. Treisman zeigte ihren Versuchspersonen kurz geometrische Figuren und fragte, ob eine bestimmte Figur, die durch die Kombination anderer Figuren erzeugt werden kann, darin enthalten sei; zum Beispiel also, ob ein Pfeil in einer Zusammenstellung von Winkeln und diagonalen Linien vorhanden sei. Und weil wir spezifische Bestandteile verwenden, um die Welt zu erträumen und zusammenzubauen, sehen die Probanden häufig einen Pfeil, wo gar keiner ist.

Treisman fand auch heraus, daß Gegenstände schneller identifiziert werden können, wenn sie sich in ihren grundlegenden Merkmalen unterscheiden. Grundlegende Merkmale scheinen im Gehirn parallel verarbeitet zu werden, so daß also der Unterschied bezüglich eines Merkmals sofort zu sehen ist. Wenn Gegenstände aber die gleichen grundlegenden Merkmale aufweisen, die nur unterschiedlich angeordnet sind, dauert es länger, um sie voneinander zu unterscheiden; der Beobachter muß dann nämlich die Positionen jedes einzelnen Bestandteils nacheinander verarbeiten. So kann also eine diagonale Linie mit einem Winkel verknüpft werden, um einen illusionären Pfeil entstehen zu lassen: In der kurzen, zur Verfügung stehenden Zeit ist der Beobachter nicht dazu in der Lage, sich ausreichend mit den Merkmalen zu befassen, um ihnen Rollen zuzuweisen. Das hat gewisse Ähnlichkeiten mit dem gesunden Menschenverstand, den wir tagtäglich benutzen. Wenn Sie zum Beispiel an etwas, das Ihnen gehört, ein Schild anbringen, dann erkennen Sie es schneller wieder, wenn die Schilder verschiedene grundlegende Merkmale aufweisen, als wenn sie aus den gleichen Merkmalen bestehen, die nur anders angeordnet sind. Ein rotes Kofferschild ist leicht von einem blauen zu unterscheiden; bei Schildern der gleichen Farbe mit unterschiedlichen Wörtern geht das schon nicht mehr so schnell.

Die Verknüpfungen innerhalb des visuellen Systems, für die die Evolution sorgt, ermöglichen es uns, die für uns interessanten Teile der Welt auszuwählen. Die Zellen der Netzhaut reagieren auf die Wellenlängen des Lichts und den Wechsel zwischen hell und dunkel. Drei visuelle Bahnen verarbeiten diese Informationen, damit wir etwas über die Bewegung, die Form, die Tiefe und Farbe erfahren können. Wir können Unterschiede in den grundlegenden Merkmalen wie zum Beispiel Farbe, Größe, Kontrast, Neigung, Krümmung und Anfang und Ende einer Linie sofort wahrnehmen. Solche Wahrnehmungssysteme gibt es überall im menschlichen Geist. Auch in der Gehörrinde wird ausgewählt und analysiert; 60 Prozent der dortigen Rindenzellen reagieren auf spezifische Töne. Im Hörsystem des Totenkopfäffchens finden sich sogar Zellen, die am stärksten auf die Laute anderer Artgenossen reagieren.

Wahrscheinlich gibt es noch viele solcher Systeme, insbesondere Zellgruppen, die über den Geruchssinn auf territoriale Eindringlinge reagieren. Der Geist streckt also ein paar Fühler in die Welt hinaus und findet mit Hilfe dieser hochentwickelten Sensoren heraus, was los ist. Die Informationen, die wir dadurch erhalten, verknüpfen wir zu Ereignissen. Damit veranschaulichen wir uns eine Umgebung, in der wir gedeihen, Nahrung finden, uns sicher fühlen können und ähnliches. Wir sehen keine Farben, sondern erfinden sie; die Evolution hat eine Palette von Farben ausgewählt, die uns die Informationen geben, die wir brauchen. Und die Verbindungen und Verknüpfungen in unserem geistigen System sorgen dafür, daß wir den Rest zusammenträumen können.

17. Wie wir wahrnehmen: Der Prozeß der unbewußten Interpretation

Kinder verwechseln Träume und Erinnerungen mit der Realität. Wenn wir älter werden, erfahren wir, daß Träume nicht real sind; noch später lernen wir, daß auch Erinnerungen nicht real sind, sondern nur eine Rekonstruktion, wie die anthropologische Erdichtung eines gesamten ausgestorbenen Tiers aus einem oder zwei Knochen.

Wie nehmen wir dann eigentlich wahr? Die neuralen Netzwerke sammeln und transformieren einfach nur verschiedene Formen von Energie. Ein vereinfachtes und abgekürztes Beispiel sensorischer Information, wie sie dem Gehirn übermittelt wird: „Wellen mit 700 Nanometer von rechts, Tendenz steigend, begleitet von steigendem Druck von Schallwellen mit 60 bis 80 Hertz von links." In dieser Form sagt uns die Information nicht viel. Die Botschaft – „Ein Bär nähert sich von links, und zwar schnell" – bezeichnet allerdings sehr viel.

Die Aufgabe des Geistes besteht darin, auf der Basis der sensorischen Signale irgendwie anschauliche Abbilder dessen darzustellen, was da draußen ist. Unsere sensorische Verarbeitung muß die Welt korrekt widerspiegeln; nur so können wir Menschen auf uns zukommen sehen und vermeiden, in sie hineinzulaufen, oder Nahrung identifizieren, bevor wir sie essen.

Die Op Art der 60er Jahre spielte mit dieser Tendenz, Signalen einen Sinn abzugewinnen, also Abbilder zu schaffen. Die Op Art ist gleichzeitig fesselnd und beunruhigend, weil wir ständig versuchen, die Figuren, denen der Künstler absichtlich keine Organisation beziehungsweise vertraute Ordnung gab, zu ordnen.

Der zweite Schritt beim „Zusammenbau" ist die Interpretation. Nehmen wir den herannahenden Bären: Zuerst wird die

Widerstand gegen jegliche stabile Organisation. Wie in diesem Beispiel kann die Op Art viele verschiedene und sich in ihrer Bedeutung wandelnde Organisationsmuster darstellen. Das wirkt unserer Vorliebe für stabile, beständige Ordnungsmuster in der Wahrnehmung entgegen (nach Carraher und Thurston, 1968).

Rohinformation zu „Bär" organisiert. Was aber bedeutet „ein Bär" in Ihrer Gegenwart? Was tun Sie? Nehmen Sie mal an, der Bär sagt plötzlich: „Helau, helau!" Jetzt fällt Ihnen wieder ein, daß Karneval ist, und der „Bär" bekommt eine ganz andere Bedeutung, als wenn Sie im Wald zelten und plötzlich das Brüllen eines Bären hören.

Wenn etwas geordnet wird, wird es vereinfacht. Das Erleben vieler verschiedener „Pünktchen" auf einem Blatt ist recht komplex, aber ein Dalmatiner neben einem Baum ist geordnet und einfach. Angesichts der Riesenmenge von Informationen in der Welt ist es wichtig, daß wir sie vereinfachen, um rasch handeln zu können.

Beide Zeichnungen (Seite 253 oben) stellen einen Würfel aus verschiedenen Blickwinkeln dar. Die einfachste Interpretation der

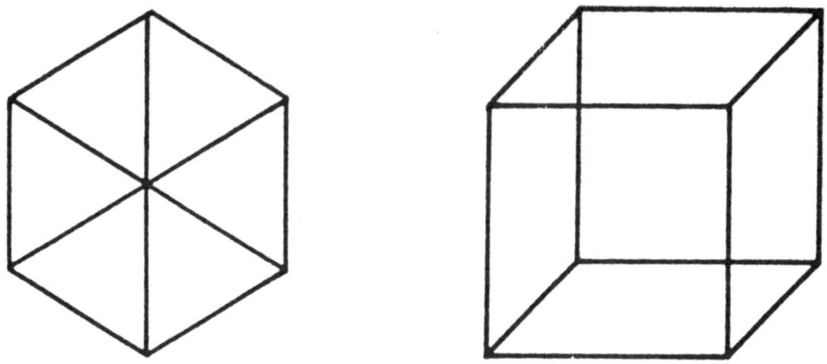

Es ist leicht, die linke Zeichnung zwei- und die rechte dreidimensional zu sehen, obwohl beide eine Ansicht eines Würfels sein können (nach Hochberg und McAlister, Kopfermann, 1930).

linken Zeichnung ist die eines zweidimensionalen Sechsecks anstatt eines Würfels, dessen eine Kante dem Betrachter zugewandt ist. Die rechte Zeichnung sehen wir als dreidimensionalen Würfel, weil diese Interpretation der Zeichnung einfacher ist, als sie als Gruppe von Rechtecken zu sehen.

Weil wir unbewußt ein Abbild der Welt erträumen, „bereinigt"

Die Bereinigung wahrnehmungsmäßiger Information. Betrachten Sie diese Figuren ein paar Sekunden lang, decken Sie sie dann ab und zeichnen Sie, was Sie gesehen haben. Welchen Schluß läßt Ihre Zeichnung bezüglich der Art und Weise zu, wie Sie das interpretieren, was Sie wahrnehmen?

unser Erleben die Information und „bringt sie in Ordnung". Sehen Sie sich einen Augenblick lang die Figuren (Seite 253 unten) an; decken Sie sie dann ab und zeichnen Sie sie aus dem Gedächtnis. Wahrscheinlich haben Sie die schräge Ellipse als Kreis gezeichnet, gaben dem „Rechteck" gerade Linien, vervollständigten und verbanden die Seiten des „Dreiecks" und zeichneten das „X" mit zwei geraden Linien. Sie haben die Figuren in Ordnung gebracht, sie berichtigt und verbunden, damit sie Ihrer Interpretation von ihnen entsprachen.

Die Zeichnung unten besteht aus drei spitzen Winkeln, die in gleichmäßigen Abständen zwischen drei Quadraten angeordnet sind, denen an einer Ecke jeweils ein kleines Stück fehlt. Sie aber haben wahrscheinlich drei Quadrate mit zwei übereinanderliegenden Dreiecken „gesehen". Das „weiße" Dreieck haben Sie durch den

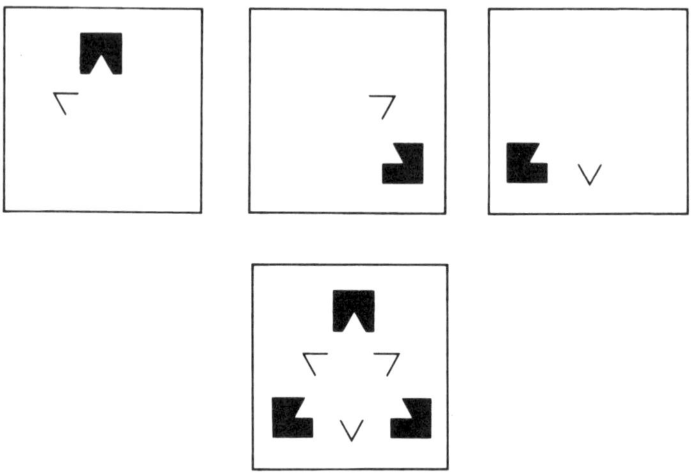

Das Einfügen von wahrnehmungsmäßiger Information. Sehen Sie sich die ersten drei Figuren von links an: Sie sehen kein Dreieck, das über einem anderen liegt. Wenn Sie die Figur aber als Gesamtes betrachten (unten), sehen Sie zwei übereinanderliegende Dreiecke. Sie „interpretieren" subjektiv das weiße in der Mitte ein, das eigentlich gar nicht existiert (nach Coren, 1972).

Die Birne und das Dreieck gibt es eigentlich gar nicht – außer im Geist.

Interpretationsprozeß einfach „eingefügt". Wir passen unser Erleben der besten Form an, die uns jeweils zur Verfügung steht.

Da wir ja unser Abbild der Welt erleben, ist sie stabil, obwohl die Signale, die uns erreichen, sich verändern. Ein Gebäude kann als winziger Punkt am Horizont erscheinen oder unser Gesichtsfeld vollständig ausfüllen. Und trotzdem bauen wir unabhängig von unserem Standpunkt eine Vision eines Gebäudes, das beide Male die gleiche Größe und Form hat. Der Hauptzweck der Aufnahme, Organisation und Interpretation von Informationen durch die Wahrnehmungsprozesse besteht darin, eine konstante, gleichbleibende Welt wahrnehmen zu können.

Die Welt kann verzerrt, umgekehrt, verdunkelt und erhellt werden, und wir lernen, mit ihr umzugehen. Ivo Kohler untersuchte die Anpassung an Verzerrungen. Seine Versuchspersonen trugen wochenlang verschiedene Arten von Verzerrungslinsen. Zu Beginn hatten sie alle große Schwierigkeiten, die Welt zu sehen. Nach ein paar Wochen hatten sie sich jedoch angepaßt; ja, eine von Kohlers Versuchspersonen konnte mit der Verzerrungslinse sogar skilaufen. Menschen können sich auch an Farbverzerrungen anpassen. In einem anderen von Kohlers Experimenten trugen die Versuchspersonen eine Brille mit einer grünen und einer roten Linse. Schon nach wenigen Stunden empfanden sie keinen Farbunterschied mehr zwischen den Linsen; sie hatten ein akzeptables Abbild geschaffen.

Wenn wir zuhören oder lesen, füllen wir die Lücken auf. Wenn wir einen Text lesen, können wir die Worte vorhersagen, die erwarten. Diese Fähigkeit der Vorhersage reichte wahrscheinlich aus, um Sie das fehlende „wir" (vor dem „erwarten") im vorangegangenen Satz ergänzen zu lassen.

„Immerzu hält er direkt vor unserem Haus" kann eine schockierte Reaktion bei jemandem hervorrufen, der da hörte: „Immer Zuhälter direkt vor unserem Haus"; die beiden Sätze können sehr ähnlich klingen. Als ich sehr klein war, erzählte mir mein Vater, daß der „Prince of Wales" den Vereinigten Staaten einen Besuch abstatten würde. Wochenlang bat ich ihn, mit mir in den Meereszoo zu gehen, weil ich dieses majestätische Meeressäugetier sehen wollte. (Wales als Provinz Großbritanniens gleicht in der Aussprache den *whales* – den Walen). Wenn Geräusche oder Töne uneindeutig oder akustisch schwer zu verstehen sind, füllen wir die Lücken aus. Zwei Psychologen machten eine interessante Studie zu diesem Thema. Ihre Versuchspersonen bekamen folgendes zu hören: „It was found that the __eel was on the _________." (Auf Deutsch etwa: Man bemerkte, daß __eel auf _________ gewesen war. d.Ü.) Die verschiedenen Gruppen erhielten vier verschiedene Wörter, um den Satz zu beenden: *axle* (Achse), *orange* (Orange), *shoe* (Schuh) und *table* (Tisch). Dann bat man sie, das Gehörte zu wiederholen. Die Gruppe, die „axle" erhalten hatte, meinte, „It was found that the wheel was on the axle" gehört zu haben. Die Gruppe mit der Orange beendete den Satz mit *peel* (Schale); die mit *shoe* (Schuh) füllte ergänzte *heel* (Absatz), und die mit *table* (Tisch) entschloß sich zu *meal* (Essen). Die Versuchspersonen dachten nicht, daß sie das Wort eigentlich errieten, sondern, daß sie den jeweiligen Satz tatsächlich gehört hätten. Sie ergänzten den Satz mit dem wahrscheinlichsten Element.

Wie bei einer Karikatur werden nur einige wenige Aspekte der Realität betont. Warum sollte das etwas ausmachen? Es macht etwas aus, weil sich unsere Vorfahren über die Jahrmilliarden der Evolution in Situationen befanden, in denen extreme Karikaturen völlig ausreichten, um zu überleben. Um unsere gegenwärtigen Beschränkungen verstehen zu können, müssen wir wissen, woher sie stammen. Die Evolution würde sich nie auf die Seite jener Organismen schlagen, die Energie in sensorischen Tand investieren, wo diese Energie doch für die Verbesserung der Fortpflanzungsfähigkeit weit sinnvoller verwendet werden könnte.

Schließen Sie einmal Ihre Augen und öffnen Sie sie dann wieder. Was Sie gerade erlebten, ist das Ergebnis all der Prozesse, die hier beschrieben wurden. Licht tritt ein, dringt durch die Netzhaut und wird an das Gehirn weitergeleitet. Die Orientierungs- und Farberkenner tun ihre Arbeit. Das rasch und oberflächlich arbeitende Analysesystem des Geistes entwickelte sich also so, daß es Signale aus der Welt auswählen kann. *On-Line* bauen wir einen Traum von dem zusammen, was da geschieht – und bauen ihn auch immer wieder

Wirklich eine knallige Jazzlady, und trotzdem können wir immer nur eine sehen, und nie beide gleichzeitig.

neu. In jedem Augenblick unseres Lebens entnimmt unser Nervensystem der Welt Proben und überprüft das Faksimile, das es erschaffen hat. Wir bringen unseren Traum ständig auf den neuesten Stand, damit die schöne Welt, die wir sehen, noch schöner wird – zu unserem eigenen Traum. Deshalb sind wirkliche Träume auch so formbar; und aus genau dem gleichen Grund gibt es Erinnerungen eigentlich gar nicht – wir erfinden sie *On-Line*, aus dem Stegreif, wie den Rest des Lebens auch.

18. Warum Erinnerungen eine Illusion sind

Unsere psychischen Mechanismen sind durch einen Prozeß der Schichtenbildung entstanden, wobei das Material, das in der Form von Gedächtnisspuren vorhanden ist, von Zeit zu Zeit neu geordnet und in seiner Bedeutung umgeschrieben wird ... Erinnertes ist nicht nur einmal, sondern mehrmals präsent.

Sigmund Freud, Brief an Fliess, 1896

Die Erinnerung ist nicht die Wiederbelebung zahlloser fixer, lebloser und fragmentarischer Spuren. Sie ist eine erfinderische Rekonstruktion beziehungsweise Konstruktion, die aus der Beziehung unserer Einstellung gegenüber einer ganzen aktiven Masse organisierter vergangener Reaktionen und Erlebnisse Form annimmt, bis hin zum winzigen, herausragenden Detail. Das taucht dann üblicherweise in bildhafter oder sprachlicher Form wieder auf. Daher ist die Erinnerung kaum jemals wirklich exakt, nicht einmal in den bruchstückhaftesten aller Rekapitulationen von Ereignissen; und das ist auch gar nicht wichtig.

Frederick Bartlett, 1932

Ich arbeitete einmal in einer psychiatrischen Klinik. Eines Tages betreute ich Michael S., einen Patienten, der an Amnesie litt, weil er einen Schlag auf den Kopf erhalten hatte. Er erzählte mir eine Geschichte, die ich nie vergessen werde. „Heute morgen besuchte mich eine Frau hier in meinem Zimmer. Ich fühlte mich sehr zu ihr hingezogen. Sie war sehr hübsch, und es machte mir Spaß, mit ihr zu reden. Ich fragte sie nach ihrem Namen. „Ellen“, sagte sie. Ich fragte sie, warum sie mich besuchte, denn ich dachte, sie wäre eine freiwillige Helferin, die in der Klinik arbeitete. Sie sank in sich zusammen und brach in Tränen aus. Sie sagte: „Michael, ich bin deine Frau. Wir sind seit 20 Jahren verheiratet!“ Ich wußte nicht, was ich sagen sollte. Ich erinnere mich überhaupt nicht an sie.“

Wie kann man jemanden vergessen, mit dem man seit 20 Jahren verheiratet ist? Wie kommt es, daß sich jemand an eine Aufführung vor langer Zeit erinnert, aber nicht an den letzten Satz, den er gesagt hat? Niemand weiß es wirklich, aber die Antworten darauf müssen im Wesen unseres Gedächtnissystems begründet liegen.

Um uns an die Welt anpassen zu können, müssen wir uns an unsere Freunde erinnern, an unser Haus, daran, wie man Auto fährt, geht, und sogar daran, wer wir sind. Wir haben allerdings keine wirkliche Erinnerung in Form von einem Bild der Vergangenheit. Stattdessen erinnern wir uns an die Welt genau so, wie wir auch alles andere machen – nämlich, indem wir einige wenige Signale auswählen und dann *On-Line* ein Bild zusammensetzen.

Diese Erinnerung liegt der Funktionsweise des menschlichen Geistes zugrunde, weil wir damit die Lücken ausfüllen können, wenn wir neue Informationen erhalten, und „Tatsachen“ auf der Grundlage von Teilinformationen vermuten können. Erinnerungen sind aber nicht beständig gleich; sogar einfache Konzepte, wie zum Beispiel „Rotkehlchen“, werden an verschiedenen Tagen unterschiedlich abgerufen und eingeordnet. Das allgemeingültige Wissen über das Gedächtnis lautet jedoch eher, daß darin alles, was uns je begegnet ist, für immer gespeichert wird. Wilder Penfields Patienten, bei denen die Stimulierung mit einer Elektrode zu einem Wiederaufflackern der Vergangenheit in ihrem Geist führte, unterlagen auch einer Selbsttäuschung. Ihr Gedächtnis ist durch aktuelle Ereignisse und die vorbereitenden Umstände genauso beeinflußbar wie jedes andere Gedächtnis auch.

Das Erinnerungsvermögen für Ereignisse hängt von der Situation ab; wir dürfen uns Erinnerungen nicht als festgehaltenes, wie von einer Kamera aufgenommenes Wissen vorstellen. Wenn das Gehirn im Rahmen eines chirurgischen Eingriffs stimuliert wird (ich selbst widmete mich diesem Forschungsbereich ebenfalls), dann tauchen Erlebnisse auf. Aber handelt es sich bei diesen Erlebnissen um reale Erinnerungen? Keineswegs. Sie haben mit den gerade vorherrschenden Gedanken genau so viel zu tun, wie jeder andere Tagtraum auch, aber die Person selbst bemerkt natürlich keinen Unterschied – so wie normalerweise keiner von uns einen bemerkt.

Sogar die „perfekte" Erinnerung der hypnotisierten Versuchsperson ist von zweifelhafter Glaubwürdigkeit. Der Psychologe Bill Putnam wies nach, daß sich jemand unter Hypnose zwar vielleicht an mehr Einzelheiten eines auf Film festgehaltenen Unfalls erinnert, daß seine Erinnerung aber auch mehr Fehler beinhaltet. Ein Mehr an erinnerten Details bedeutet also nicht größere Genauigkeit, sondern einen größeren Aufwand, um ein komplexeres Abbild zu erschaffen. Unter Hypnose sind Menschen wesentlich stärker beeinflußbar als sonst; und so kann es einfach sein, daß sie auf Verlangen „erinnerte" Bilder heraufbeschwören können, um die Erwartungen der sie Untersuchenden zu erfüllen.

In der Psychologie dachte man lange Zeit, daß Menschen ein festes Ablage- und Speichersystem im Gehirn hätten, ähnlich der Speicher eines Computers, wo jede Eingabe an einem ganz bestimmten Ort gespeichert wird. Solch ein System ist aber unvorstellbar; es kann einfach nicht all die verschiedenen Arten und Weisen aufzeichnen, wie wir eine Tasse in die Hand nehmen oder identische Wörter und Sätze aussprechen, oder mit all unseren Begegnungen mit den unterschiedlichsten Kombinationen von Gegenständen in Zeit und Raum fertigwerden.

Mickey M., in Einzelteilen

1930 behandelte der Arzt A. A. Lowe einen Patienten, der einen Schlaganfall erlitten hatte. Es gelang ihm, wieder in wohlgeformten Sätzen sprechen zu lernen, aber ein spezielles Handicap blieb bestehen: „wenn man ihm einen Satz oder Absatz zu lesen gab ..., ließ er viele Wörter und Wortkombinationen aus, wodurch deutlich der Eindruck entstand, er würde agrammatikalisch lesen." Lowe versuchte dem Problem auf den Grund zu gehen. Er zeigte dem Patienten Hauptwörter wie zum Beispiel *child* (Kind), *shirt* (Hemd) und *box* (Schachtel). Der Patient las *Dad* (Papa) als *father* (Vater). Er begriff also offenbar das Konzept, konnte aber den tatsächlich gedruckten Begriff nicht aussprechen. Ähnliche Fehler unterliefen ihm mit *girl* (Mädchen) statt *child* (Kind) und *wicked* (sündhaft, bösartig) statt *vice* (Laster).

Lowe argumentierte, daß diese Fähigkeit seines Patienten daher stammte, daß er offenbar eher die Abbilder „las", beziehungsweise eigentlich erzeugte, als die Worte, die da standen. Lowe gab ihm sinnlose Silben, wie zum Beispiel *lem, sim, fic* und *tek* zu lesen. Da las er dann *sto* als *story* (Geschichte), *fal* als *fat* (fett), *ser* als *serve* (dienen) und *tla* als *atlas* (Atlas). Wenn er aber ein Wort in einem Zusammenhang erhielt, wie zum Beispiel *as clear as mud* (so klar wie dicke Tinte) oder *off guard* (unvorsichtig), las und verstand er es richtig. *On-Line* versuchte er also, das Abbild zu erschaffen.

Vielleicht gibt es kein Anzeichen für die Existenz eines Speichers im Gehirn. Die neuralen Verbindungen gleichen einem riesigen Netzwerk miteinander verbundener Drähte; sie enden aber nie an ein- und demselben Ort, wie man es erwarten würde, wenn es einen Gedächtnisspeicher im Gehirn gäbe. Erinnerungen sind nicht fotografisch; sie speichern keine einzelnen Ereignisse. Vielmehr ist es so, daß sie zusammengeklumpt, gelöscht oder durch spätere Erfahrungen verändert werden können.

Wir erinnern uns an das einst geschaffene Abbild, nicht an die Signale. So wie sich der menschliche Geist an die sich verändernden Situationen und Bedürfnisse anpaßt, so verändern sich auch unsere Wahrnehmungen und Erinnerungen. Wenn wir Hunger haben, erinnern wir uns an ein nahes Einkaufszentrum als Nahrungsmittelquelle und sehen es nicht so sehr als Ort, an dem man voller Muße einen Ladenbummel machen kann. Ist unser Hunger aber einmal gestillt, dann erinnern wir uns vielleicht daran, daß wir mal nachsehen wollten, was der Ausverkauf in einer der Boutiquen so zu bieten hat.

Die Fixpunkte im Gehirn wählen aus der Welt grundlegende Signale aus – Farben, Kanten und Ecken. Die Fähigkeit, die Information zu ordnen, kreativ und kompetent zu sein, ja sogar, sich zu erinnern, ist gleichzeitig die Fähigkeit, diese „Fragmente" miteinander zu verknüpfen, und zwar mit Hilfe der Landkarten, die es im Nervensystem anscheinend gibt.

Eine Gedächtniseinheit wird als *Chunk* („Klumpen, Brocken") bezeichnet. Wenn wir Informationen wahrnehmen und sie erinnern, findet ein Prozeß des *Chunkens* statt, in dessen Rahmen wir mit einem Code einzelne Punkte zu *Chunks*, „Erinnerungsklumpen" sozusagen, zusammenfassen und ordnen. DUEBEGNUT ist eine Sequenz von sieben Informationen, die Sie wahrscheinlich nur kurz behalten können. BEDEUTUNG ist eine Sequenz mit denselben sieben Teilchen, aber Sie haben in diesem Fall einen Code (die deutsche Sprache), die die Informationen in einem *Chunk* organisiert (in diesem Fall das Wort „Bedeutung").

Der menschliche Geist verarbeitet die Welt ständig, und was einst Abbilder waren, kann sich zu einem Signal zusammenklumpen. Für ein Kind waren Buchstaben einst einzelne, unterschiedliche Teilchen, aber wir haben keine Ahnung, wieviele Es sich auf einer Seite befinden, oder wie viele Seiten wir gelesen haben. „Was steht denn in diesem Buch?" fragt Sie jemand. „Nichts", antworten Sie darauf und lassen damit Tausende von Buchstaben, Millionen von Tintentröpfchen, Rezepte, Pferderenn- und Börsenberichte, stille Diplomatie und Abwasserrohrbrüche dem Vergessen anheimfallen.

Die Fähigkeit, Informationen in größeren Einheiten zusammenzufassen (sie also zu *chunken*), erhöht unsere Speicherkapazität sehr, denn die *Chunks* behält man leichter im Gedächtnis. Die Kenntnis eines Codes erhöht ebenfalls die Gedächtniskapazität und die Abrufbarkeit von Informationen.

Lesen Sie rasch: 1392781243729. Schreiben Sie jetzt auf, woran Sie sich erinnern; höchstwahrscheinlich haben Sie nur etwa sieben Ziffern behalten. Sie könnten den folgenden Code benutzen: Beginnen Sie mit der 1, multiplizieren Sie sie mit 3; wiederholen Sie diese Multiplikation fünfmal. Mit dieser Anweisung brauchen Sie die Zahlen nicht auswendig zu lernen; der Code sagt Ihnen, wo Sie beginnen, was Sie tun und wann Sie aufhören sollen.

Das *Chunken* ermöglicht es uns, große Mengen von Information zu behalten, oder, in anderen Worten, auf der Grundlage subtiler Signale aus der Welt komplexe Abbilder aufzubauen. Die Merkmalserkenner im Wahrnehmungssystem haben uns gezeigt, wie vorverdrahtete Verbindungen zum Erkennen von kleinen Elementen, zum Beispiel Anfang und Ende von Linien oder Scheitelpunkten, zu der Fähigkeit führen können, Klassen von Gegenständen voneinander zu unterscheiden. In unserer Erinnerung werden ganze Ereignisse, Zeitabschnitte oder abstrakte Konzepte an einfache Wahrnehmungen oder Symbole geknüpft.

Denken Sie einmal an das Hakenkreuz, das Symbol der Nazityrannei. Für den durchschnittlichen Dreijährigen ist es ein bedeutungsloses Muster, das er vielleicht im Gedächtnis behält, vielleicht aber auch nicht. Es erhält aber eine Bedeutung, sobald das Kind etwas über die Ereignisse des Zweiten Weltkriegs lernt. Für einen Europäer, der alt genug ist, um den Zweiten Weltkrieg erlebt zu haben, ist das Hakenkreuz enorm bedeutungsgeladen und ruft Erinnerungen an entsetzliche Zeiten von Krieg, Verlusten, Kummer, Tod und Schrecken wach. Um ihre Macht und Präsenz zu stärken, machten sich die Nazis absichtlich unsere Tendenz zunutze, Erinnerungen an simple Formen zu knüpfen, und sorgten dafür, daß das Hakenkreuz als Symbol überall zu sehen war. Nun ist es fast unmöglich für jemanden, der das Hakenkreuz mit den Nazis assoziiert hat, nicht an diese Zeit erinnert zu werden, wenn er eines sieht.

Miteinander verknüpfte Erinnerungs-*Chunks* werden Schritt für Schritt aufgebaut. Mit jeder Wiederholung wird die Verknüpfung gestärkt, und die neurale Organisation dahinter wird fixer und verliert an Flexibilität. Ein Aufblitzen von Rot, das Sie aus dem Augenwinkel wahrnehmen, während Sie am Schreibtisch sitzen, kann signalisieren, daß Ihre Frau gerade nach Hause gekommen ist und den Wagen in die Garage gefahren hat. Mit jedem Mal, wo diese Abfolge von Ereignissen auftaucht – rotes Aufblitzen, Frau tritt ein, – erhöht sich die Wahrscheinlichkeit, daß Sie diesem flüchtigen Eindruck die Bedeutung geben, daß Ihre Frau nach Hause gekommen ist.

Wenn sich diese Verknüpfung in Ihrem Geist fest etabliert hat, löst auch ein anderes rotes Auto in Ihrer Einfahrt oder etwas anderes, das ein ähnliches Aufblitzen erzeugt, automatisch ein „Sie ist zu Hause" aus. Selbst wenn das Zeichen falsch interpretiert wurde, urteilen und handeln Sie auf der Grundlage des Erinnerungs-*Chunks*, der dieses Zeichen abgerufen hat. Ein kleines Signal wird gleichbedeutend mit einer komplexen Wahrnehmung. Auch höhere Ebenen von Abbildern könnten aufgerufen werden – Ihre Frau ist bereits zu Hause, Sie haben aber noch nicht mit der Vorbereitung des Abendessens begonnen, und sie wird Ihnen einen Vortrag über Ihren Anteil an der Verantwortung für den Haushalt halten.

Wie Sie dieses rote Aufblitzen interpretieren, hängt natürlich davon ab, wer Sie sind, was Sie tun und welche Erfahrungen Sie in der Vergangenheit gemacht haben. Je reifer wir werden, desto komplexer werden ihrem Wesen nach unsere Signale. Was in der Kindheit eine Ansammlung von Fell und Bewegung und Augen und Geruch war, wird dann später auf „alter Hund" reduziert. Was einst eine Million kleiner Kanten und schräggeschliffener Facetten war, wird später zu einer Spiegelwand. Wir zermalmen die Signale, während wir älter werden und immer mehr automatisch ablaufen lassen. Das kann zu größerer Effizienz führen; es kann aber auch größere Langeweile mit sich bringen.

Neue Aspekte der Erinnerung: Abbilder und Signale

1932 machte Frederic Bartlett die damals herrschende Vorstellung vom menschlichen Gedächtnis zunichte. In seinen Experimenten fiel ihm auf, daß die Erinnerung an Figuren und Ereignisse, die die Versuchspersonen hatten, nicht richtig war. Er erkannte, daß das Erinnerungsvermögen die Bestandteile eines Ereignisses im allgemeinen dahingehend veränderte, daß sie den vorhergegangenen Erfahrungen des Menschen, der sich erinnert, immer ähnlicher wurden.

Er versuchte es mit einem alten Spiel, in dem ein Spieler etwas zeichnet; diese Zeichnung wird dann von einem zum anderen weitergegeben, und jeder zeichnet etwas dazu. Als eine exotische Zeichnung von einem Gesicht durch die Hände mehrerer Leute gegangen war, hatte sie sich in eine völlig normale Zeichnung eines Gesichts verwandelt.

Aufgrund solcher Experimente entwickelte Bartlett die Idee des „Schemas" – einer mentalen Schablone, in die wir unsere Erlebnisse einfügen. Wissenschaftler, die das Gedächtnisschema untersuchten, entdeckten verschiedene Arten von Verzerrung bezüglich der Erinnerung. Die Erinnerung ist selektiv – Information, die sich nicht in dem gegenwärtig aktiven Schema befindet, kann nicht abgerufen werden; sie ist interpretativ – das aktive Schema führt zu einer Vermutung hinsichtlich der Bedeutung des Ereignisses, die mit der Darstellung des Ereignisses gespeichert wird; und sie ist integrativ – verschiedene Vorstellungen und Ereignisse werden in einem Schema kombiniert und können ab dann nicht mehr getrennt verarbeitet werden.

Schemata sind Bestandteile des Abbilds, der Traum von dem, was geschieht. Wenn wir uns erinnern, verwenden wir anscheinend unseren Traum von dem Geschehenen dazu, unseren Geist zu lenken; so interpretieren wir Ereignisse im Sinne unserer Erinnerung. Lesen Sie die folgende Geschichte rasch durch, und notieren Sie sich in Stichworten, was Sie behalten haben, bevor Sie weiterlesen.

> „Finanziert durch verpfändete Edelsteine trotzte unser Held mutig allem Hohnlachen, das versuchte, seinen Plan zu vereiteln. „Eure Augen täuschen euch," hatte er gesagt. „Ein Ei, nicht ein Tisch, ist der passende Vergleich für diesen Planeten." Drei kräftige Schwestern traten nun die Beweisführung an. Kraftvoll fuhren sie dahin, manchmal durch eine stille Weite, häufiger jedoch durch turbulente Höhen und Tiefen; die Tage wurden zu Wochen, während viele Zweifler ängstliche Gerüchte über den Rand verbreiteten. Schließlich tauchten aus dem Nirgendwo freudig begrüßte geflügelte Kreaturen auf und brachten die Botschaft eines Erfolges, der von großer Tragweite sein sollte."

Sie haben von dieser Passage wahrscheinlich so gut wie nichts behalten. Lesen Sie jetzt die Geschichte noch einmal, aber beziehen Sie diesmal die Situation mit ein: Es geht um die Reise, die Columbus nach Amerika führte. Die Psychologen Dooling und Lachman fanden heraus, daß die Personen, denen man den Kontext mitgeteilt hatte, viel mehr von der Geschichte behielten, als jene, die ihn nicht kannten. Die Hauptfunktion eines Kontextes besteht darin, daß er die Möglichkeit bietet, die Information schon vorher zu ordnen; dadurch läßt sie sich leichter behalten. Ein Titel kündigt normalerweise den Kontext im Überblick an und erleichtert so teilweise den Zugang zu dem Geschriebenen.

Dieses Phänomen ist auch der Grund für die Tatsache, daß es den Versuchspersonen in dem zuvor erwähnten Experiment schneller gelang, Früchte mit dem Anfangsbuchstaben P aufzuzählen, wenn Sie davor bereits Früchte genannt hatten, die mit einem A beginnen. Das Schema „Obstsorten" war an die vorderste Front gerufen worden. Was wir als Kontext beziehungsweise Sachzusammenhang bezeichnen, das jeweils „aktive" Schema also, kann beeinflussen, was wir im Gedächtnis behalten.

Signale sind die Zündfunken für Abbilder; gleichzeitig wählen die Abbilder aber auch die Signale aus. Elizabeth Loftus zeigte ihren Probanden eine Scheibe, die in einem rötlichen Orange gehalten war. Einigen wurde gesagt, es sei eine Tomate; anderen, eine Orange. Später wurden die Versuchspersonen gebeten, die Farbe auszuwählen, die der am nächsten kam, die sie gesehen hatten. Die Gruppe, der man gesagt hatte, bei der Scheibe handele es sich um eine Orange, wählten eine Farbe aus, die dem Orange nahekam; die andere Gruppe, der die Scheibe als Tomate präsentiert worden war, entschied sich für eine Farbe, die näher am Rot lag.

Loftus führte ein noch provokativeres Experiment durch: Ihre Versuchspersonen sahen einen Film von einem Unfall. Nach der Frage „Wie schnell fuhren die Autos, als sie aufeinanderprallten?" war die Wahrscheinlichkeit höher, daß die Probanden berichteten, zerbrochenes Glas gesehen zu haben, als wenn ihnen eine Frage gestellt wurde, die weniger stark einen Aufprall mit hoher Geschwindigkeit suggerierte. In der Filmszene war kein zerbrochenes Glas zu sehen gewesen.

Die Tatsache, daß das Gedächtnis *On-Line* funktioniert, hat weitreichende Implikationen für die traditionellen Mittel, die bei der Verurteilung von Verbrechern zum Einsatz kommen. Zeugenaussagen wird bei Gericht eine enorme Bedeutung beigemessen. Wir erinnern uns aber nicht an das, was wir gesehen haben. Wir erinnern uns an das, was wir glauben, gesehen zu haben, je nach gerade

Manche Erinnerungen befinden sich in unmittelbarer Reichweite, andere haben wir weggesperrt.

aktueller Situation und den vorhandenen Informationen. Darüber hinaus haben andere Forscher nachgewiesen, daß wir nicht imstande sind, Informationen, die wir haben, außer acht zu lassen, wenn wir etwas beurteilen sollen, selbst wenn wir – wie bei Gericht häufig üblich – dazu aufgefordert werden. Alles, was geschieht, findet Eingang in den Geist, und beeinflußt die Welt, die wir zusammenträumen.

Die grobe, rekonstruktive Vorgehensweise des Gedächtnisses reicht für das alltägliche Leben aus. Wir brauchen nicht alle Einzelheiten zu kennen; wir können auch gar nicht jedes Detail eines Gegenstands oder Erlebnisses realitätsgetreu behalten – nicht einmal, wie ein Einpfennigstück genau aussieht. Wenn Details aber wichtig sind, vielleicht sogar über Leben oder Tod entscheiden, kann die rekonstruktive Vorgangsweise des Gedächtnisses zu einem Problem werden.

Das Gedächtnis wird nicht nur von bereits vorhandenem Wissen beeinflußt, sondern auch von Ereignissen, die zwischen der Wahrnehmung eines Geschehens und dem Zeitpunkt, zu dem es erinnert wird, stattfinden. Ihre Hoffnungen für die Zukunft basieren auf der Vergangenheit. Ihr Geist „besteht" aus vergangenen Erfahrungen, so wie Ihre Entscheidungen auf ihnen beruhen. Sie können ja auf keine direkten Erfahrungen der Zukunft zurückgreifen. Mit unseren Projektionen und Einschätzungen hinken wir also ständig der Welt hinterher. Dadurch kommen wir zu vielen idiotischen Annahmen: wir glauben, wir wären attraktiver, jünger, vitaler und schlanker, als wir es tatsächlich sind, und daß wir länger zu leben hätten, als realistischerweise zu erwarten ist. Die meisten Leute planen das unausweichliche Ereignis ihres Todes nicht ein; sie stellen sich nicht einmal vor, sie könnten alt werden. Fast jeder Schneider sagt, seine männlichen Kunden ließen sich ihre Hosen um die Taille herum immer zu eng anpassen; sie glauben nämlich, sie würden eines Tages wieder so schlank werden wie einst. Wenn uns bislang noch nichts Schlimmes widerfahren ist, glauben wir, daß es uns auch nie widerfahren wird; und wenn uns etwas Schlimmes passiert ist, denken wir, daß es wieder geschehen wird. Unser ewig gleiches Gehirn funktioniert zum größten Teil auf der Grundlage von Annahmen, die aus vergangenen Erfahrungen stammen. Was wissen wir denn auch schon?

Ein erneuter Besuch bei Penfield

Was ist aber nun mit dem „Durchbruch", der Wilder Penfield mit der Entdeckung spezifischer Erinnerungen in spezifischen Teilen des Gehirns gelang? Rückblickend betrachtet dürfte Penfield den gleichen irrigen Annahmen aufgesessen sein wie wir alle. Als er mit einem komplexen Erlebnis konfrontiert wurde, das in allen Einzelheiten beschrieben werden konnte und von einer Elektrode im Gehirn hervorgerufen worden war, reagierte er mit einem wahrscheinlichen Abbild der Realität – Erlebnisse im Gehirn müssen reale, gespeicherte Ereignisse sein.

Und so tauchte für ihn die Frage gar nicht auf, ob es sich denn nicht vielleicht um rekonstruierte Ereignisse handeln könne. Eine von Penfields Patientinnen hörte beim Kontakt mit der Elektrode ihre Mutter an einem Holzlagerplatz rufen. Ein in der Vergangenheit aufgezeichnetes Ereignis? Nein, nichts dergleichen. Die Frau gab später an, noch nie in ihrem Leben in der Nähe eines Holzlagerplatzes gewesen zu sein. Bei den „Erinnerungen" eines anderen Patienten stellte sich heraus, daß sie in hohem Maße von dem Gespräch zwischen dem Arzt und dem Patienten in den zwei Minuten vor der elektrischen Stimulierung beeinflußt waren. Im Falle des Holzlagerplatzes hatte der Arzt also vielleicht den Bau eines Hauses oder einen Stapel Holz erwähnt. Wir errechnen unsere Erinnerungen aus dem Stegreif, wie es eben gerade kommt. Penfields Sonde stimulierte anscheinend Signalsysteme im Gehirn, und da wir keine isolierten „Fixpunkte" erleben, wurden diese Signale sofort zu kleinen Träumen uminterpretiert – Erlebnisse, so real wie das wirkliche Leben, aber ohne Verbindung zu vergangenen Ereignissen in der physischen Welt.

Üblicherweise haben wir immer einen „roten Faden" im Kopf. Dieses Abbild hat einen solchen Einfluß, daß es sogar die Darstellung unserer vergangenen Erlebnisse verändert. Als Studenten zu einer anderen Meinung zu einem bestimmten Thema überredet wurden, veränderte sich ihre Erinnerung an die zuvor eingenommene Position dahingehend, daß sie stärker mit ihrer aktuellen Meinung übereinstimmte, als das tatsächlich der Fall war. Um innerhalb unserer

Abbilder von der Welt am effizientesten agieren zu können, können wir immer nur ein „amtierendes“ Geisterchen, wie ich es nenne, gebrauchen. Haben Sie über einen ehemaligen Partner schon einmal gesagt: „Ich weiß nicht, was ich je in _______ gesehen habe.“ ? Sie sehen Ihre Erfahrung (mit ihm/ihr) durch die Brille Ihres aktuellen Abbilds, das ein Verliebt-Sein in Herrn oder Frau „Richtig“ von einst nicht beinhaltet.

Wir halten uns und unsere Sicht der Welt für beständig, liegen aber mit beiden Annahmen falsch. Von Zeit zu Zeit, Ort zu Ort, Gruppe zu Gruppe verändern sich unsere Vorstellungen, Meinungen und Abbilder. Wenn Sie versuchen, sich etwas Bestimmtes ins Gedächtnis zu rufen, Vogelnamen zum Beispiel, dann hängt das, woran Sie sich erinnern, davon ab, wo Sie sind und was Sie gerade machen. Wenn Sie auf Entenjagd sind, fällt Ihnen wahrscheinlich anderes Federwild ein – Wildgänse, Wachteln und Fasane. Wenn Sie aber an einer Exkursion des Vogelschutzvereins teilnehmen, ist es wahrscheinlicher, daß Sie an Rotkehlchen, Amseln und Finken denken. Was in unserem Kopf zu den Vögeln zählt, ändert sich von einem Augenblick zum anderen. Alle unsere Einschätzungen und Beurteilungen erfolgen in Übereinstimmung mit der aktuellen „geistigen Lage“ der Dinge. Ein Rotkehlchen ist kein allzu typischer Vogel, wenn die Liste in Ihrem Kopf von Enten und Gänsen angeführt wird. Abbilder entstehen aus dem Stegreif, während wir in Bewegung sind, und werden ihrerseits von den Signalen beeinflußt, die aus der Welt kommen und im Geist wirksam sind.

Unsere Erinnerungen im Sinne exakter, aufgezeichneter, feststehender Bilder von der Vergangenheit sind also eine Illusion. Wir glauben, wir wären stabil, aber das ist eine der eingebauten Illusionen des geistigen Systems. Wir glauben, uns an spezifische Ereignisse zu erinnern, ohne Zweifel. Und doch ist es nicht so. Wir erfinden sie aus dem Stegreif. Wir ändern die ganze Zeit unsere Meinung; das fängt bei unserer Einschätzung irgendwelcher Gewinnchancen an und hört bei unserer Sicht der Zukunft auf. Und es ist uns nicht bewußt, daß der Geist das macht.

Das Gedächtnis ist wie auch der Rest des menschlichen Geistes nicht entstanden, um uns eine objektive und umfassende Datenbank zum Thema Welt zur Verfügung zu stellen. Unser allgemeines Interesse besteht vielmehr darin, unser Verhalten anzupassen. Vielleicht wollen wir jemanden meiden, der uns einst Schmerz bereitete. Die Erfahrungen, die wir mit diesem Menschen machten, riefen Veränderungen in uns hervor. Wir fangen dann Informationen über andere Menschen auf, von denen wir meinen, sie könnten uns auch Schmerz bereiten, weil wir Ähnlichkeiten zwischen ihnen und dem Menschen entdecken, der uns einst wehgetan hat. Dabei geht es nicht so sehr darum, eine spezifische Information wieder abzurufen, sondern darum, uns anders einzustimmen, anders wahrzunehmen und zu handeln. Unsere Biologie paßt sich ständig unseren Erfahrungen an: Die Beinmuskulatur wird kräftiger, wenn wir mehr gehen, der Magen dehnt sich aus, wenn wir mehr essen.

Aber – erinnern sich die Beinmuskeln an den Marathon? Erinnert sich der Magen an das Steak? Nein, und genauso wenig erinnern wir uns an das, was geschah. Statt dessen ist es so, daß das Gehirn sich mit den Erfahrungen verändert, und daher passen wir uns an. Es gibt keine „echten" Erinnerungen, wie wir uns das so vorstellen. Wir interpretieren in unserem Leben die Fixpunkte unseres Gedächtnisses immer wieder neu und bauen unser Leben lang über all die durch Erlebnisse hervorgerufenen Veränderungen hinweg unsere Vergangenheit neu zusammen.

Zweifellos tragen all unsere Erfahrungen und Erlebnisse zu unserer Sicht der Welt bei und beeinflussen die Abbilder, die wir erschaffen. Wenn wir aber glauben, daß uns die Geschehnisse samt und sonders im Gedächtnis bleiben, dann ist das eine Illusion, wie auch die Vorstellung, wir wären beständig, eine ist. Der menschliche Geist entwickelte sich weiter, damit wir uns immer wieder anpassen können; seine Entwicklung hatte nicht die Förderung unser Selbsterkenntnis zum Ziel. Und so sind sogar die Ereignisse, von denen wir glauben, daß wir uns ganz genau an sie erinnern, nichts weiter als ein neu erschaffenes Abbild – für das sich das Ich unseres Geistes aus dem Stegreif entscheidet. Erinnerungen sind Träume.

19. Der Traum vom Traum

Jede Nacht werden Geister aus diesem Käfig freigelassen;
sie herrschen nicht und werden auch nicht beherrscht.
Des Nachts sind sich Gefangene ihres Gefängnisses nicht bewußt,
des Nachts sind sich Könige ihrer majestätischen Erhabenheit nicht bewußt.
Dann gibt es keine Gedanken, keine Beschäftigung mit Verlust oder Gewinn.

Rumi

Ich befinde mich in einem Klassenzimmer, das im großen und ganzen so aussieht wie das, in dem die Englischstunden meines letzten Jahres an der High School stattfanden. Ein Junge steht auf und geht aus dem Zimmer. Ich erwarte, daß das irgendwelche schlimmen Konsequenzen hat, aber der Unterricht geht weiter. Ich gehe den Korridor hinunter zu meinem Zimmer. Es ist ein ziemlich allgemein und unpersönlich gehaltener Raum mit weißen Wänden. An der Tür hängt ein Spiegel; ich sehe, daß ich Wadenwärmer trage, die meine Beine elefantös aussehen lassen.

Ich mache mir plötzlich Gedanken, ich könnte schon zu lange vom Unterricht weggewesen sein und die Regeln verletzt haben. Ich trete wieder auf den Korridor hinaus. Am Türknopf hängt eine Nachricht, daß ich in mein Zimmer gegangen sei, um mich auszuruhen. Meine Mutter ist auch auf dem Korridor. Mir fallen meine Wadenwärmer ein, und ich blicke an mir hinunter; sie hängen jetzt lose um meine Knöchel. Ich bin damit zufrieden – es sieht einigermaßen normal aus. Wir gehen in die dem Klassenzimmer entgegengesetzte Richtung. Ich freue mich darüber, daß „hier", was in meinen Gedanken Europa bedeutet, die Vorschriften bezüglich der Teilnahme am Unterricht nicht so streng sind wie an den Colleges in Amerika, und ich mache meinem Kollegen gegenüber eine entsprechende Bemerkung. Der Kollege ist mein jetziger Freund D.

Auf ihren Jacken steht „E.Y.E." („A.U.G.E.") ; ich nehme an, daß es etwas mit dem Namen der Schule zu tun hat, „E.Y." nämlich, und das zusätzliche E sei als Gag gedacht.

Mir gefällt die Idee, „EYE" als Aufdruck auf einer Jacke zu haben. Ich sehe, daß viele auch das Stanford Logo haben und denke mir, daß es irgendeine Art der Zusammenarbeit zwischen den beiden Unis gibt. Ich gehe auf die Toilette. Da herrscht eine chaotische Unordnung, überall Wasser und Papier. Während ich versuche, ein bißchen sauberzumachen, fließt Wasser in eine Öffnung im Boden, die zu einer Höhle unter dem WC führt, und die Toilette hat eine automatische Spülung. Zurück auf dem Korridor. Es sind immer mehr Leute da. D. hat eine Schallplatte in der Hand. Ich glaube, daß es hier einen Radiosender gibt, und daß das Moderatorenstudio über uns in der Wand ist. Jemand fragt mich, ob ich anstehe. Ich sage, nein, ich will überhaupt nicht hier sein.

Ich gehe weg und höre die Stimme eines Ansagers, der Englisch spricht. Ich denke mir, das müsse ein amerikanischer Radiosender sein. Jetzt schaue ich mich beiläufig in einem Laden um. Ich beschließe, zu den Schuhen zu gehen, weil das die letzte Gelegenheit ist, solange ich noch in Deutschland bin. Ich bemerke flüchtig, daß es Rockports gibt, die in Mark das gleiche kosten wie ich dafür in Dollar bezahlt habe. Das erregt mein Interesse, aber dann konzentriere ich mich wieder auf das, was ich brauche; diese Sandalen habe ich ja schon.

Zwei Männer kommen daher, und ich bin ihnen im Weg. Ich werde nervös und stehe auf, um zu gehen. Ich bemerke, daß ich meine Brieftasche vergessen habe; der eine der beiden Männer

> gibt sie mir und sagt: „Tut mir leid." Ich finde es seltsam, daß er das sagt. Meine Brieftasche ist deformiert, und ich finde, das entspricht meinem verwirrten Geisteszustand. Ich will um das Schuhregal rum auf die andere Seite gehen, aber ich bemerke plötzlich, daß ich um den ganzen Laden herumgelaufen bin. Dann wache ich von einem Geräusch im Schlafzimmer auf."

Die während der Nacht stattfindenden Träume sind das Ergebnis unserer Modellbau-Aktivitäten in bezug auf die Welt. Sie finden statt, wenn unser Gehirn aktiv ist, wir aber der Außenwelt gegenüber schlafen, abgeschnitten sind von jeglichem sensorischen Input. Träume sind ein faszinierendes Beispiel dafür, wie der menschliche Geist funktioniert, wenn er nicht unter dem Einfluß der Außenwelt steht, sozusagen in vitro. Die Tatsache, daß Traumerlebnisse so überzeugend wirken, zeigt uns, daß wir eine Welt sehen, die unsere Gehirnfunktionen für uns erschaffen, und nicht die Welt „da draußen".

Träume sind halluzinatorische Erfahrungen, die während des Schlafs auftreten. Die konventionelle Sichtweise in der ganzen frühen Geschichte der westlichen Psychologie war jedoch die, daß der Schlaf ein passiver Zustand sei, den man durch eine Reduktion der sensorischen Reize in der Umgebung herbeiführen könne. Das Gehirn würde dann nämlich im wesentlichen abschalten, weil es ja nichts zu verarbeiten hätte. Das Träumen hielt man für eine Phase leichteren Schlafs, in der der Geist teilweise wach, aber desorientiert sei.

1953 machten Eugene Aserinsky und Nathaniel Kleitman eine zufällige Entdeckung, als sie das Schlafverhalten von Säuglingen untersuchten: Zeitabschnitte ruhigen Schlafs schienen sich regelmäßig mit Phasen abzuwechseln, in denen Augenbewegungen und körperliche Aktivität zu beobachten waren. Diese regelmäßig wiederkehrenden Phasen schneller Augenbewegungen (als REM-Schlaf bezeichnet, von *Rapid Eye Movements*), kann man erforschen, indem man Elektroden nahe den Augen der Versuchsperson anbringt. Menschen aller Altersstufen erleben jede Nacht diese REM-Schlafphasen. Wenn die Versuchspersonen unmittelbar nach solch einer Phase geweckt werden, berichten sie in etwa neunzig Prozent der Fälle von sehr lebhaften Träumen. Wenn man sie nach anderen Schlafphasen weckt (die zusammenfassend als Non-REM oder NREM-Phasen bezeichnet werden), berichten sie in weniger als einem Drittel der Fälle von Träumen. William Dement und andere Forscher untersuchten die Beziehung zwischen dem REM-Schlaf und Träumen. Sie konnten deutliche Beweise für eine Übereinstimmung zwischen dem REM-Schlaf verhalten und den Blickveränderungen des Träumenden vorlegen. Eine Versuchsperson, bei der man viele Augenbewegungen von einer Seite zur anderen beobachtet hatte, berichtete von einem Traum über ein Tennismatch!

Der REM-Schlaf ist extrem merkwürdig; es treten nämlich viele widersprüchliche Phänomene gleichzeitig auf. Die Augen bewegen sich rasch; Atmung und Herzschlag werden unregelmäßig; es kommt zu sexueller Erregung – einer Erektion bei Männern und einem Anschwellen des Scheidengewebes bei Frauen; und das Vestibularsystem des Gehirns wird aktiviert. Während der Aktivierung all dieser Systeme werden alle Befehle hinsichtlich willentlich ausgeführter Bewegungen, die vom Gehirn ausgehen, an der Wirbelsäule blockiert und können die Muskeln nicht erreichen. So träumen Sie vielleicht, daß Sie laufen, aber Ihre Beine bewegen sich nicht. Die Atmung, der Herzschlag und die Gehirndurchblutung werden aktiviert, aber der Rest des Körpers ist wie gelähmt.

Das funktioniert folgendermaßen: Unmittelbar vor und während der REM-Phasen treten in den Zellen bestimmter Abschnitte des Hirnstamms vermehrt Erregungsspitzen auf. Die aktiven Zellen „wecken" den Kortex und senden Botschaften aus, durch die jene Muskeln des Körpers gehemmt werden, die für den Stoffwechsel keine wesentliche Rolle spielen (mit der bemerkenswerten Ausnahme der Augenmuskulatur). Diese „REM-EIN"-Zellen haben auch eine direkte Verbindung zu Augenbewegungsneuronen. Der Zyklus verschiedener Schlafphasen wiederholt sich drei- oder viermal pro Nacht, wobei die einzelnen Stadien jedesmal etwas anders sind. Es ist nicht nur so, daß alle Menschen mehrmals pro Nacht träumen, sondern sogar bei allen Säugetieren finden sich REM-Schlafphasen.

Wie sehen Träume aus? Das Gehirn ist während einer REM-Phase mindestens genauso aktiv, wie wenn wir wach sind. Die Welt der

Träume kann uns so lebendig und real erscheinen wie die Welt, in der wir am Morgen erwachen. Die physiologischen Prozesse sind während des REM-Schlafs wesentlich stärkeren Schwankungen unterworfen als während der Zeiten, in denen wir wach sind; auch die Palette unserer Erlebnisse ist im Traum breiter – von undeutlichen Phantastereien bis zu einer leuchtenden und deutlichen Lebendigkeit, die unsere Wachzustände nur selten aufweisen. Ein Beweis dafür, daß uns das Traumerleben real erscheint, während es aktuell ist, sind die Alpträume, in denen wir real Angst verspüren, obwohl uns nur die Phantome des Geistes bedrohen. Das Erstaunen, das uns erfaßt, wenn wir uns dessen bewußt werden, daß wir träumen, zeugt von dem festen Glauben, den wir an unsere Illusionen haben. Oliver Fox schreibt ganz erstaunt folgendes über einen luziden Traum, den er 1902 hatte, und in dem er mit der verwirrenden Wahrnehmung von Pflastersteinen in einer ihm vertrauten Straße konfrontiert war, die alle in die falsche Richtung zeigten: „Dann ging mir plötzlich ein Licht auf: obwohl dieser strahlende Sommermorgen so wirklich schien wie er nur konnte, war es nur ein „Traum“!“

Traum- und Wachzustände unterscheiden sich in einigen Aspekten sehr deutlich voneinander. Zum einen ist die Intensität des Traumerlebens, wie bereits erwähnt, unterschiedlich ausgeprägt. Der Inhalt des Traumerlebens ist höchst instabil und verändert sich von einem Augenblick zum anderen. Während wir träumen, werden unsere sensorischen Eindrücke nicht durch den Input der physischen Sinnesorgane verankert und können sich dadurch mit dem Auftauchen eines neuen Gedankens verändern.

Daß es viel leichter ist, Träume zu vergessen als Erlebnisse während des Wachzustandes, ist nicht zu leugnen. Der Grund dafür ist ganz offensichtlich, wenn man sich in seinen Überlegungen auf die Evolution bezieht. Was wird wahrscheinlich einem Tier zustoßen, das sich an Träume genauso deutlich erinnert wie an Erlebnisse während des Wachzustandes? Nehmen Sie einmal an, Sie hätten geträumt, Ihr Mann wäre gestorben und Sie hätten Ihren Chef geheiratet. Es wäre nicht besonders großartig, wenn Sie am nächsten Morgen diese Erinnerung als Grundlage für Ihre Handlungen heranziehen würden. Also haben wir die Fähigkeit, uns an unsere Träume zu erinnern, mit etwas Mühe normalerweise, aber wir können eben auch zwischen Träumen und dem Leben im Wachzustand unterscheiden.

Unsere potentielle Fähigkeit, uns an die nächtlichen Reisen in diese seltsamen Reiche zu erinnern, machte den Ursprung des Träumens zu einem der großen Mysterien des Lebens. Alle Völker haben irgendeine Art von Antwort auf die Frage, wo Träume herkommen und was sie bedeuten. Träume sind reale Erlebnisse; sie fühlen sich so wirklich an wie das Leben im Wachzustand. Es überrascht nicht zu hören, daß viele vorwissenschaftliche Gesellschaften glauben, Träume seien die wahren Erlebnisse der Seele, die in anderen, genauso realen Welten wie unsere umherwandert. In manchen Kulturen stellt man sich die Traumwelt als Ort der Begegnung vor, an dem der Mensch mit spirituellen Wesen beziehungsweise Kräften kommunizieren kann. In anderen herrscht die Überzeugung, daß im Traum begangene Handlungen ebenso Folgen hätten wie die im wachen Leben begangenen, also entsprechend bestraft oder belohnt werden könnten.

In Träumen kann alles geschehen – horrende Verbrechen, fürchterliche Katastrophen, erstaunliche magische Akte, heilige Wunder. Das Auftauchen Verstorbenener in Träumen mag die Entwicklung der menschlichen Vorstellung von einem Leben nach dem Tod motiviert haben, wie Idries Shah in seinem Buch „Oriental Magic“ vermutet. Bevor wir uns zu sehr auf Kosten solch primitiven Denkens amüsieren, sollten wir es vielleicht einfach so betrachten, daß die Menschen, die ihre Träume für andere Welten halten, lediglich Signale als Abbilder interpretieren.

Freuds Theorie besagt, daß unseren Träumen unbewußte Wünsche zugrunde liegen; oft handelt es sich dabei um unzivilisierte Wünsche, wie zum Beispiel den eines Mannes nach einer sexuellen Beziehung zu seiner Mutter. Laut Freud konnte ein großer Teil des Trauminhalts, wenn nicht überhaupt fast der ganze, zum Sexualtrieb in Beziehung gesetzt werden. Ohne diese frustrierten Triebe des Es gäbe es nach Freud keine Träume; Sie dienten nämlich als Hüter des Schlafes, indem sie verhinderten, daß inakzeptable Impulse uns wecken. Aber haben Träume tatsächlich so viel mit unbewußten Trieben zu tun?

1977 schlugen Allan Hobson und Robert McCarley ihre „Aktivierungs-Synthese-Theorie“ der Träume vor. Träume, so meinten sie, seien Nebenprodukte des REM-Prozesses, der von den niedrigeren Teilen des Gehirns angetrieben werde. Während der REM-Phasen finde in hohem Maße eine Aktivierung von Zellen im Hirnstamm statt, die dann ein Sperrfeuer von Botschaften hinauf an den Kortex und hinunter an das Rückenmark sendeten, um das motorische System zu hemmen. Die Muskeln würden daran gehindert, sich zu bewegen, der externe sensorische Input werde blockiert, und die Gehirnabschnitte im Kortex, die für Bewegungen, Sinneswahrnehmungen und Assoziationen zuständig sind, würden aktiviert.

Im Fachjargon wird das als *bottom-up*-Gehirnaktivität bezeichnet – die für die Wahrnehmung und Motorik zuständigen Hirnbereiche werden durch irgendwelche Impulse aktiviert. Der Traum ist die Interpretation der Impulse – eine verwirrte und verwirrende Sequenz von bizarren und bedeutungslosen Empfindungen und Handlungen. Herabfallen, sexuelle Erregung, Fliegen, Lähmung, die Ereignisse des vergangenen Tages, sie alle werden miteinander vermischt. Ein Traum entsteht dann dadurch, daß das Gehirn aus dem ganzen Tohuwabohu eine einigermaßen zusammenhängende Geschichte ersinnt. Der Inhalt eines Traumes ist um nichts bedeutungsvoller als ein Tintenklecks.

Die Aktivierungs-Synthese-Theorie ist eine provokative neue Sichtweise. Sie war bisher insofern höchst einflußreich, als sie es den modernen Wissenschaftlern ermöglichte, sich von den auf der Neurose basierenden Vorstellungen zu lösen und das Modell des Träumens auf Gehirnprozessen aufzubauen. Allerdings kann diese Theorie die Traumerlebnisse auch nicht erklären. Wie es Stephen Laberge ausdrückte: „Jeder, der einmal aus einem Traum erwachte und entzückt ausrief: „Welch wunderbare Geschichte!“ weiß, daß Träume in sich oft zusammenhängender sind, als man vermuten würde, wenn man sie nur als eine Tätigkeit des Vorderhirns ansieht, das versucht, das Beste aus etwas zu machen, aus dem ohnehin nicht viel werden kann.“ Zumindest wirken sie auf uns, als wären sie zusammenhängend. Warum?

Freuds Theorie postuliert, daß die Träume die hinter rätselhaften Symbolen versteckten Konflikte und Neurosen des Träumers enthüllen. Hobson vertrat die Theorie, daß Träume nur aufgrund der kleinen Bruchstücke, die sich uns durch die zufällige Aktivierung zeigten, eine Bedeutung hätten. So ist also die Bedeutung, die wir in eine an sich sinnlose Sequenz von Ereignissen projizieren, nicht mehr als der Versuch, ein Chaos von Bildern und Gefühlen zu interpretieren. Hobson erklärte auch, und widersprach damit Freud, daß die Bedeutung von Träumen transparent sei, nicht symbolisch. In Hobsons Träumen kann eine Zigarre gut eine Zigarre sein und nicht unbedingt ein Penis.

Die Annahme, Träume hätten sich entwickelt, um als Mitteilungen des Unbewußten über unseren Zustand zu dienen, hat zwar nichts Überzeugendes, aber Träume können mehr an Bedeutung vermitteln als ein Tintenklecks oder irgendein anderer unpersönlicher Projektionstest. Träume sind so etwas wie Kunstwerke; sie enthüllen etwas von der Struktur der Geisteshaltung des Künstlers und sind so individuell wie das Leben des Träumenden.

Was uns in Träumen geschieht, setzt sich zusammen aus jüngsten Ereignissen, aktiven Interessen, aktuellen Motivationen und Ängsten. Wenn Sie hungrig schlafen gehen, ist es recht wahrscheinlich, daß Sie vom Essen träumen. Wenn Sie auf der Suche nach einem seltenen Vogel sind, kann es gut sein, daß Sie ihn in Ihrem Traum sichten. Wenn Sie fürchterliche Angst vor Feuer haben, werden Sie vielleicht von Träumen geplagt, in denen es brennt. Träume sind bizarr, vergänglich und eigenartig, weil wir versuchen, aus dem sinnlosen Salat in uns irgendeine Art von Abbild zu schaffen.

Warum überhaupt träumen? Welchem nützlichen Zweck dient das Träumen? Eigentlich weiß das niemand. was den Sinn des REM-Schlafs betrifft, muß er auch eine logische Begründung dafür liefern, warum alle Säugetiere ihn erleben; also kann es sich nicht um rein psychologische Gründe handeln. Bislang ist es der Wissenschaft nur gelungen, herauszufinden, daß der REM-Schlaf die Anpassung unterstützt. Nur Säugetiere sind zu komplexem Lernen fähig, so wie zum Beispiel Ratten lernen, in einem Labyrinth abwechselnd nach links und rechts zu laufen, um das Futter zu finden. Bei Menschen, die tagsüber schwierige Aufgaben erlernt haben, kommt es in der Nacht ebenfalls verstärkt zu REM-Schlafphasen.

Der REM-Schlaf stimuliert das Nervensystem, sorgt dafür, daß die Verbindungen nicht „einrosten"! und hält das Gehirn frisch und bereit für das Leben im Wachzustand. Neugeborene verbringen 50 Prozent ihrer sechzehn bis achtzehn Stunden Schlaf in REM-Phasen. Vielleicht wärmen sie damit die vorprogrammierten Verhaltensweisen auf. Hobson meint, der REM-Schlaf helfe uns und all unseren Verwandten aus dem Reich der Säugetiere dabei, die „berühmten Vier" der Anpassung zu installieren und zu proben – Nahrungsaufnahme, Kampf, Flucht und Sex. Seiner Meinung nach sei es für die Fortpflanzung so wichtig, letzteres zu üben, daß die natürliche Auslese sogar dafür gesorgt habe, daß wir während jeder einzelnen REM-Phase die Auswirkungen eines kraftvollen Sexualtriebes erleben. Aufgrund dessen kommt es während des REM-Schlafs zu Erektionen und einem Anschwellen des Vaginalgewebes; teilweise mag das Freuds Sichtweise vom Traum als dem Hauptverarbeiter des Sexualtriebs rechtfertigen.

Allerdings ist die beste Antwort auf die Frage, warum wir träumen, die, daß wir ein Gehirn haben. Es ist überlebensnotwendig für uns, eine Landkarte der Welt an der „geistigen Hand" zu haben: Deshalb baut unser Gehirn Modelle von der Welt – unabhängig davon, ob sie auf aktuellen, über die Sinne gewonnenen Informationen beruhen oder auf einer intern erzeugten Aktivierung gesammelter Erfahrungen und aktueller Interessen. In beiden Fällen bauen wir die Welt, die wir bewohnen, aus Mosaiksteinen von Erfahrungen zusammen, die die verschiedenen Module unseres Geistes produziert haben. Traum- und Wacherlebnisse lassen sich nicht leicht voneinander unterscheiden – und das sollte uns die Augen öffnen bezüglich der großen Kluft, die uns von einem direkten Wissen über die Welt um uns herum trennt.

Es herrscht Uneinigkeit zwischen der Aktivierungs-Synthese-Theorie und der interpretativen Sicht, egal, ob psychoanalytisch begründet oder nicht. Ich glaube, daß die Verschiedenheit mit der Trennungslinie zwischen den verschiedenen Ebenen von Signalen und Abbildern zu tun hat. Sie erinnern sich sicher – Signale der niedrigeren Ebenen können sich „zusammenklumpen“, um Einheiten einer höheren Ebene zu ergeben, wie im Gedächtnis auch.

Die überwiegende Zahl der Signale des Traumlebens sind schlicht und einfach Elemente aus dem Leben im Wachzustand und simple Darstellungen des Hirnzustandes während des Schlafs. Das schließt Merkmale mit ein, die in die geistige Darstellung der Welt integriert werden müssen. Menschen ziehen um, streichen ihre Wohnung, sterben, am Arbeitsplatz tauchen neue technische Geräte auf, Hupen ertönen, Beziehungen verändern sich, Konzepte wandeln sich, die Jahreszeiten lösen einander ab; es gibt neue Fernsehprogramme, Kinofilme, Bücher, Kinder, Kurse, Lebensmittel, Geräusche; die Nachrichten ändern sich, die Fußballtabellen, in der Mode sind die neuen Herbstfarben da; wir verlieren etwas, vergessen etwas, und noch vieles mehr.

Die Führung des Haushalts ist eine tägliche Angelegenheit – im menschlichen Geist genauso wie in der Wohnung. Gleichzeitig gibt es jedoch zentrale Lebensthemen, über die sich viele Menschen Gedanken machen, und die nicht viel mit den geringfügigen Veränderungen der Signale unseres Lebens zu tun haben. Darüber hinaus behalten, interpretieren und „bedenken“ wir nur sehr wenige der etwa sechs Träume pro Nacht und der unzähligen Bilder, die wir produzieren. Berichtet, behalten und dargestellt wird außerordentlich wenig im Vergleich zu der Fülle an Material, die zur Auswahl steht. Dieser „offenkundige Traum“ mag, wie der Rest unserer „erträumten“ täglichen Welt auch, ein Ergebnis unserer Verarbeitung der Abbilder sein, wo wir die großen Stücke der Welt miteinander verweben, und nicht die Signale aus dem Hirnstamm.

Das ist, glaube ich, der Unterschied zwischen dem Einsatz der „Randerkenner“, um die A s und N s eines Wortes zu erkennen, und dem Erkennen dessen, was der Begriff der „Anpassung“ im Zusammenhang mit einer Analyse des menschlichen Geistes bedeutet. Ersteres gehört einer niedrigeren Ebene an, aber es ist wichtig und läuft zweifellos auch ab – wir könnten nicht wissen, was „Anpassung" bedeutet, ohne ein A zu verarbeiten. Das Verständnis von „Anpassung“ hängt allerdings von anderen Anliegen und Interessen ab – von dem am Gehirn, an der Evolution, und so fort. Dementsprechend kann es gut sein, daß ein Bild aus einem Traum dazu auserwählt wird, in unser bewußtes Denken vorzudringen, weil uns irgendein Thema in unserem Leben ständig beschäftigt, wie zum Beispiel der Verlust eines geliebten Menschen, Treue oder irgendeine Angst. Bedeutungslos ist dieser Prozeß nicht; er ist lediglich ein anderer Teil dessen, was im gesamten abläuft.

Im Laufe einer Psychoanalyse produziert ein Patient vielleicht eine Reihe ähnlicher, aber nicht identischer Aussagen, die wieder aufgerufene Erinnerungen zu sein scheinen, denen der Patient keine Aufmerksamkeit schenkt. In einer erfolgreichen Analyse verbinden sie sich mit Erinnerungen an Erlebtes, wenn sie plötzlich wieder mit den Emotionen verknüpft werden. Freud sagte, diese Szenen „seien nicht Produktionen realer Geschehnisse ... sondern Produkte der Vorstellung, die ihren Antrieb im reifen Leben fänden." Freud war der Ansicht, daß die Traumarbeit in der Psychoanalyse eine weitere Rekonstruktion von Erinnerungen darstelle, und zwar auf die Art und Weise, daß Emotionen so mit Ereignissen verbunden werden, daß es die Anpassung fördere.

Während des Träumens werden also Gedanken in Bilder übersetzt, wie das auch Hobson beschreibt. Während der Erzählung oder der Rekonstruktion eines Traums aber läuft etwas Ähnliches ab wie in Penfields Patienten – die Signale werden zu einem bekannten Abbild verwoben. Der Träumende interpretiert sofort und unmittelbar den Traum per se und „träumt" dadurch den gleichen Traum zweimal. Im Streit zwischen diesen zwei Sichtweisen geht es meiner Meinung nach um zwei verschiedene Ebenen eines sehr komplexen, aus mehreren Ebenen bestehenden Prozesses – den, die Welt mit all ihren Bestandteilen zu erkennen. (Ich bin William Grossman von der Michigan Psychoanalytic Society für seine interessante Veröffentlichung mit dem Titel „Hierarchies, Boundaries and Representation in a Freudian Model of Mental Organization", März 1988, zu Dank verpflichtet. Ich danke auch Owen Renik dafür, daß er mich auf sie aufmerksam machte.)

Schallbytes

Wie erfahren wir dann eigentlich die Welt? Das Weltverarbeitungssystem ist hochentwickelt; es wählt ein paar Signale von draußen aus und verknüpft sie miteinander, damit wir überleben können. Der Geist ist darauf spezialisiert, uns in der einen lokalen Welt, in der wir leben, auf dem laufenden zu halten: eine Sprache, eine Kultur, eine lokale Umgebung, ein Lebensstil.

Wir sieben ständig die Signale durch, treffen dabei Entscheidungen, ziehen Schlüsse aus der vorhandenen Information, entscheiden, worüber jemand spricht, sortieren verschiedene Hypothesen, entscheiden, ob eine Situation ein Notfall ist, ob die Ressourcen knapp sind, ob dieses Geräusch eine Handlung erfordert, ob irgend etwas größer, heller oder kleiner ist als etwas anderes.

Dieser komplexe, unzusammenhängende Prozeß erzeugt einen Traum von der Welt, einen, in dem wir üblicherweise das Richtige tun. Wir verstehen zwar nicht, warum der Prozeß funktioniert, aber wir wissen, daß unser Geist sich dahingehend weiterentwickelte, daß er Abbilder aus mageren Signalen schaffen kann; diese Abbilder verbinden sich immer wieder neu miteinander und bringen den Traum hervor, in dem wir leben. Das ist Teil des bereits beschriebenen Systems der parallelen Eingabe.

Es fällt uns schwer, zu akzeptieren, daß unsere Erinnerungen Träume sind, denn die meiste Zeit reagiert unser Geist über seine „Fixpunkte", also spezifische und klar umrissene Systeme, die aus der Außenwelt bestimmte Merkmale herausholen. Sie sorgen dafür, daß wir in Bewegung bleiben und daß der Traum ständig neu angepaßt wird, damit er immer „gut sitzt". Die Wahrnehmung verschiedener Teile der Welt läuft gleich ab wie die Erinnerung daran oder auch das nächtliche Träumen, wo nach dem Zufallsprinzip auftretende Ereignisse mittels ein- und derselben Logik zusammengebaut werden.

Unser breit gefächerter, aber seichter Geist versucht also, alles miteinander zu verknüpfen; das beginnt bei der Verknüpfung von Kanten, um einen Würfel entstehen zu lassen und geht bis hin zu der Verknüpfung von fallen, fliegen, Sex und geschäftlichen Sorgen zu einem einzigen Traum. Unsere Programme entstammen Notfällen;

deshalb müssen wir die Situation immer rasch einschätzen und alle Informationen aufnehmen, denn die Bedingungen könnten sich ändern. Wir sind ständig *On-Line* und aktiv und interpretieren unser Erleben und unser Leben ständig neu. Diese Fähigkeit, sofortige Abbilder der Welt zu erfinden, üben wir jede Nacht in unseren Träumen.

Obwohl es bisher niemandem gelungen ist, einen umfassenden und vollständigen Bezugsrahmen zu finden, ist es anscheinend so, daß uns die Evolution ein „Anfängerset" mit ausgewählten Informationen über die Welt mitgibt. Wir empfangen ein Schall- oder Lichtbyte, arbeiten es aus und erschaffen daraus den Traum, das Abbild, in dem wir leben. Die Welt der Erlebnisse und Erfahrungen ist daher eine erträumte, ob es nun um ein Haus geht, um eine Erinnerung oder den Traum selbst. Wir leben in einer sehr kleinen Welt, die hochentwickelt ist, damit sie funktionieren kann. Und meist tut sie das auch.

VI.

Sind Sie der, mit dem ich spreche?

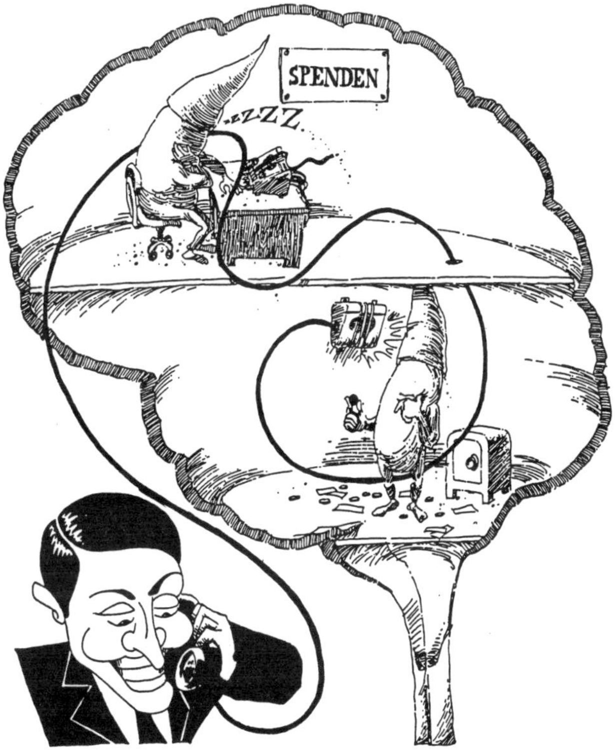

Die simple Bitte um eine Spende weckt gleich ein ganzes System auf.

Und so fällt dem Herzen in jedem Moment ein neuer Zweck ein;
dabei hört es nicht auf sich, sondern auf seine Situation.
Warum hast du denn solch ein Vertrauen in die Zwecke des Herzens,
wo deine Schwüre doch nur in Schande versinken?

Rumi

Warum versprechen wir aus ganzem Herzen etwas, das wir doch nie tun, obwohl es zweifellos unsere Freundschaften zerstört? Warum tun wir viele Dinge, die „wir" anschließend nicht gutheißen können?

Wenn wir mit jemandem reden, spricht immer nur ein Teil, ein bestimmter Schlichtung dieses Menschen mit uns. Und der mag in diesem Augenblick auch tatsächlich ehrlich, aufrichtig und interessiert sein, kann dann aber später, wenn es darum geht, entsprechend zu handeln, einfach „außer Dienst" sein; seine Stelle ist dann nicht besetzt. Und ein anderes Geisterchen, das sich vielleicht für etwas ganz anderes einsetzt, hat gerade die Gesamtleitung. Diese Ansammlung von Personal in unserem Geist, die in den meisten Situationen für unsere Anpassungsfähigkeit so sinnvoll ist, macht uns auch anfällig für ungewohnte Einflüsse. Unsere Persönlichkeit verändert sich, und wir begeben uns zu einem anderen Handlungs- und Urteilszentrum, ohne es zu bemerken. Die uns nicht bewußte Veränderung dessen, was in unserem Geist vorgeht, machen sich Verkäufer und Schurken gleichermaßen zunutze.

In diesem Abschnitt sehen wir uns an, wie unser Rekrutierungssystem uns für Sonderangebote, scheinbare Gurus und die Verurteilung anderer anfällig machen kann. In unserem Geist geschehen ständig drastische Veränderungen aufgrund dieser bewußten und unbewußten Einflüsse. Zuerst beschäftigen wir uns damit, inwieweit wir uns oft nicht bewußt sind, was mit uns passiert; und dann wieder sind wir uns dessen stärker bewußt, als wir wissen. So ist das mit diesem sich ständig verändernden System in uns. Wir müssen erkennen, daß, ähnlich Lila Tomlins verhaßter Telefonvermittlung, es nicht immer ein Witz ist, wenn jemand sagt: „Sind Sie der, mit dem ich spreche?“

20. Geeignete und ungeeignete Geisterchen

Sie verbringen einen ruhigen Sonntagnachmittag zu Hause. Es läutet an der Tür. Da steht ein herzliches und engagiertes Paar. Ihr Anliegen ist die Verschönerung des Staates. Sie zeigen Ihnen eine acht mal dreizehn Zentimeter große Karte mit der Bitte, sie doch in eines Ihrer Fenster zu stellen. „Kalifornien soll schön bleiben" steht darauf. Sie nehmen sie und stellen sie in ein Fenster.

Dieses Ereignis beschäftigt Sie nicht einmal besonders, und trotzdem verändert sich in Ihrem Inneren etwas Bedeutendes, etwas, was Sie ohne Ihr Wissen neuen Einflüssen gegenüber offener macht. Zwei Wochen später steht ein anderes Paar an der Tür. Diese beiden haben sich der Verkehrssicherheit verschrieben; sie tragen eine entsprechende Anstecknadel und schleppen ein etwa zwei mal drei Meter großes Schild mit sich rum, auf dem in großen schwarzen Buchstaben „Fahren Sie vorsichtig" steht. Sie bitten Sie, es in Ihrem Vorgarten aufzustellen, obwohl Sie dann nicht mehr auf die Straße sehen würden und weniger Licht ins Haus käme.

Und jetzt das Interessante daran: Weder Sie noch ich würden glauben, daß Sie das Schild aufstellen. Tatsächlich erklärte sich fast niemand von denen dazu bereit, die von dem um die Schönheit Kaliforniens bemühten Paar nicht besucht worden waren. Aber von den Leuten, bei denen das „Schönheit Kaliforniens-Paar" gewesen war, erklärten sich sechzig Prozent dazu bereit, das riesige Schild aufzustellen.

Ich würde nicht glauben können, daß jemand etwas so Dummes tut, wenn ich nicht Mitte der 60er Jahre als einer der Forschungsassistenten gearbeitet hätte, der da von Tür zu Tür ging. Natürlich wußte ich nicht, wer bereits besucht worden war, aber als ich meine Runden machte, war ich einfach völlig verblüfft darüber, wie leicht sich manche überreden ließen und wie unmöglich es bei anderen war.

Jetzt weiß ich, warum. Als die Leute sich bereit erklärten, die relativ kleine Karte aufzustellen, nahm ein neues und ungeeignetes Geisterchen seine Arbeit auf. Durch die Erfahrung, diese Karte ins Fenster zu stellen, schob sich „ein Fuß in den Geist“ (analog der „Fuß-in-der-Tür-Technik“ oder „Gibt man jemandem den kleinen Finger, nimmt er die ganze Hand“) und rief Gedanken an all die nützlichen sozialen Projekte und Programme hervor, die es bereits gab, und was man sonst noch so machen könnte. Als dann das nächste Paar dastand ...

Warum gute Menschen so leicht etwas Böses tun

Es kommt vor, daß wir uns in scheinbar vorbildlichen Bürgern irren, denn wir alle haben etliche Geisterchen, die unterschiedliche Dinge „richtig“ oder „falsch“ finden. Niemand ist ausschließlich gut oder böse. In manchen neuen Situationen taucht einfach jemand anders auf: Nette Männer und Frauen mißbrauchen ihre Kinder, oder der nette Junge aus der Mittelschicht wird plötzlich zum kahlgeschorenen Anhänger eines „Gurus“. Der Serienmörder, den jeder für einen wohlerzogenen, vorbildlichen Bürger hielt, ist inzwischen fast zu einem Standardbeispiel geworden. Allerdings ist niemand von uns allzu weit davon entfernt, seine Meinung und sein „Ich“, seine Persönlichkeit also, zu ändern.

Die Anwerbung von Geisterchen liegt einigen Techniken der Gehirnwäsche zugrunde. Die amerikanische Öffentlichkeit war verblüfft, als amerikanische Soldaten aus der Kriegsgefangenschaft nach dem Koreakrieg zurückkehrten. Viele von ihnen äußerten natürlich ihre Ablehnung gegenüber den chinesischen Kommunisten, aber es gab in außergewöhnlich hohem Maße auch Lob für einige ihrer Leistungen: „Dem chinesischen Volk haben sie viel Gutes getan“; „Für die Vereinigten Staaten ist der Kommunismus zwar nichts, aber für Asien ist er gut.“

Im Gegensatz zu den Nordkoreanern, die ihre amerikanischen Gefangenen sehr brutal behandelten, waren die Chinesen sanft. Anstatt sie körperlich zu malträtieren, hatten sie es auf den geistigen

Zustand ihrer Gefangenen abgesehen und sorgten dafür, daß das an sich für diesen Bereich zuständige Geisterchen abgelöst wurde. Zu Beginn bat man sie, ein paar Aussagen zu machen, die nicht besonders außergewöhnlich sind, wie zum Beispiel: „Die Vereinigten Staaten haben tatsächlich Probleme mit der Armut", oder „In einem kommunistischen Land ist die Arbeitslosigkeit kein ernsthaftes Problem." Als Schüler gekleidet sollten sie auch Aufsätze schreiben, in denen sie die kommunistische Position bezüglich vieler Themen zusammenfaßten, die nichts mit dem Krieg zu tun hatten: die Verteilung des Reichtums, die Gesundheitsvorsorge für alle und ähnliches. Also schrieben sie unter dem wohlwollenden Blick derer, die sie gefangen hielten, widerliche, kleine, schwülstige Abhandlungen über den großen Verdienst Maos und die Unantastbarkeit der bescheidenen kleinen Arbeiter.

Sie mußten den Preis dafür bezahlen, daß sie stapelweise Papier mit diesem Blödsinn vollschrieben. Es führte nämlich dazu, daß ein neues Geisterchen allmählich und fast unmerklich seine Arbeit aufnahm. Und das hatte erstaunliche Folgen. Als die Jungs nach Hause kamen, hatte sich ihre Einstellung gegenüber dem Feind auf überraschende Weise geändert, ganz im Gegensatz zu den Gefangenen anderer Kriege, an denen die Vereinigten Staaten beteiligt gewesen waren.

Manchmal ist es überwältigend, wie ein ganz normaler Sinneswandel und ein außergewöhnliches öffentliches Ereignis zusammentreffen. Ende der 70er Jahre hatte ich zwei Erlebnisse so nah beieinander, daß sie in meinem Geist immer noch miteinander verknüpft sind.

Ich wußte um die Arbeit eines anderen Psychologen, der, wie in der Sozialpsychologie damals üblich, darüber forschte, wie die Leute ihre Meinung ändern. Diesmal besuchten seine Assistenten ähnlich der Studie über die Verkehrssicherheit und den „Fuß in der Tür" verschiedene Leute und sammelten für einen wohltätigen Zweck. Die eine Gruppe hörte eine Standardeinleitung; die zweite Gruppe bekam die auch zu hören, allerdings mit dem Zusatz: „Schon ein Groschen würde uns sehr helfen." Zwanzig Prozent von denen, die die Standardeinleitung gehört hatten, spendeten etwas, wobei die durchschnittliche Höhe der Spende unter drei Dollar lag (das war in den 70er Jahren). In der Gruppe, die auch den Zusatz gehört hatte, spendeten 62 Prozent der Angesprochenen. Das ist nicht weiter überraschend; es gibt wahrscheinlich viele Leute, die einen Groschen erübrigen können. Man kann also mit großer Sicherheit annehmen, daß in dieser Gruppe die Zahl der Spenden höher ist, was sich in dem höheren Prozentsatz ja auch tatsächlich ausdrückte. Man würde aber darüberhinaus annehmen, daß diese Spenden niedrig sind, in Übereinstimmung mit der Bitte um wenigstens einen Groschen. Das Ergebnis aber war eine durchschnittliche Spendenhöhe von fünf Dollar! Die Menschen, die über die „Groschen-Ansprache" zum Spenden aufgefordert wurden, spendeten sogar mehr als die anderen. Warum?

Alle Hinweise, die wir haben, lassen folgendes vermuten: Wenn einer der Schlichtlinge, der für unsere Entscheidungen zuständig ist, seine Arbeit aufnimmt und sich darauf vorbereitet zu handeln, dann weiß er meist nicht, wie er dahin gekommen ist; wahrscheinlich ist es ihm sogar gleichgültig. Die Kategorie „Spendenbereitschaft" kommt bei der Bitte um einen Groschen ganz leicht in den Vordergrund, und wenn sie einmal aufgerufen ist, spenden wir entsprechend unserem Programm ganz „normal". Das passiert, weil unsere Geisterchen nicht immer miteinander kommunizieren, und genau das macht uns so labil und wankelmütig.

1977 beschäftigte ich mich gerade mit all diesen Forschungsergebnissen über das so leicht zu verändernde und schwächliche Wesen unseres Geistes, als mich eines Tages der Bürgermeister von San Francisco zu einem Arbeitsessen einlud. Ich sollte ihn bezüglich der Spendenbeschaffung beraten. Eine Gruppe von Bürgern versuchte nämlich unter kirchlicher Leitung, im „Tenderloin", einem Bezirk der Stadt, den Abhängigen zu helfen. Dieser Teil San Franciscos ist eine ältere, etwas heruntergekommene Zone nahe der Stadtmitte mit älteren Häusern, Stadtstreichern und einem Straßenstrich. Der Bürgermeister, ein attraktiver und resoluter Politiker namens George Moscone sollte im darauffolgenden Jahr vom ehemaligen Polizeisupervisor Dan White ermordet werden, aber das ist eine andere Geschichte.

Wir gingen zu Bardelli's, einem traditionsreichen Restaurant mit einer exklusiven Atmosphäre in der Nähe von Tenderloin. Wir waren zu viert bei diesem Essen; alle außer mir sind inzwischen tot: der Bürgermeister, ein Pastor, ich und ein vierter Mann. Der Vertreter der Kirche erzählte, wie sehr er die Bemühungen dieses anderen Mannes zu schätzen wußte, dem es gelang, so viele Menschen auf die Straße zu bringen, die hart arbeiteten, um den Armen und Drogenabhängigen zu helfen. „Seine Leute," sagte der Pastor, „arbeiten stundenlang, um den Armen zu helfen, ihnen immer wieder zu helfen. Jim hier ist der Mann, der die richtige Methode gefunden hat. Jetzt möchten wir von Ihnen, Herr Doktor, gerne wissen, ob wir seine Arbeitsweise auch auf den Rest der freiwilligen Helfer übertragen können."

Der Bürgermeister fragte Jim, wie es ihm gelungen war, Hunderte von Bürgern dazu zu überreden, freiwillig so hart mitzuarbeiten, wo alle anderen gerade nur immer ein paar Leute zur Mitarbeit bewegen konnten, und auch das für jeweils nur ein paar Stunden. Jim erzählte folgendes: Er habe mit dem Aufbau seiner Mission begonnen, indem wohlhabend aussehende Bewohner der Stadt in ihrer Mittagspause auf der Straße angesprochen und gebeten wurden, den Armen zu helfen. Die meisten der Angestellten gingen einfach weiter oder lehnten ab, aber Jim hatte seine Mitarbeiter angewiesen, dann zu sagen: „Helfen Sie ihnen doch bitte, indem Sie während der Arbeit nur fünf Minuten lang ein paar Briefe falten und einwerfen." Sie zeigten den Leuten fünf adressierte und freigemachte Briefumschläge und die Briefe, zusammen mit einem Informationsblatt über weitere Möglichkeiten, mitzuarbeiten.

Jeder, so verkündete Jim stolz, tat etwas. „Und sie kamen und wollten noch mehr tun. Wissen Sie, wenn ich jemanden erst mal habe, kann ich ihn dazu bringen, alles zu tun." Die Augen des Kirchenvertreters leuchteten, und der Bürgermeister lächelte hoffungsvoll. Ich sollte herausfinden, ob Jims Methode der Spendenbeschaffung und Organisation der Freiwilligenhilfe „auf die sozialen Einrichtungen der Stadt zugunsten der Bedürftigen weitreichend Anwendung finden könne."

Ich erklärte mich dazu bereit. Ich führte einige Gespräche mit Jim, beobachtete seine Mitarbeiter und interviewte sie. Nach einer

Woche, in der ich auch gesehen hatte, was in dem Kirchenzentrum so ablief, war ich nicht mehr davon überzeugt, daß er der Richtige für diese ganze Wohltätigkeitsarbeit war, obwohl er seine eigene erfolgreiche Mission hatte. Seine Methoden erinnerten mich zu sehr an die Spendengroschen, den Fuß in der Tür, das chinesische System. Irgend etwas an der ganzen Sache, und heute wünschte ich, ich hätte es damals auf den Punkt bringen können, beunruhigte und störte mich in einem, wie ich damals zumindest meinte, übertriebenen Ausmaß. Auf alle Fälle beschloß ich, jede weitere Arbeit an diesem Projekt abzulehnen.

Die Arbeit in der Mission ging weiter; die Freiwilligen wurden in etwa so dafür gewonnen, wie Jim das beschrieben hatte. Dann aber begannen die Dinge schiefzulaufen, und in der Presse tauchten Artikel auf, die den Wert und sogar die guten Sitten der Mission in Frage stellten.

Als Reaktion auf die wachsende Kritik verließ Jim San Francisco und ging nach Guyana, einem kleinen Land in Südamerika, wo er eine neue Gemeinschaft seiner Anhänger gründete und sie Jonestown taufte. Die Anhänger von Jim Jones waren nicht die einzigen, die ein grauenvolles Ende fanden, aber ihres gehörte sicher zu den schlimmsten, die man sich vorstellen kann. Einem Kult beizutreten, ist leicht, wie das die Anhänger von Rajneesh, die Moonies und andere bewiesen haben, denn das entsprechende Geisterchen läßt sich mühelos aktivieren und übernimmt dann die Leitung. Es nimmt aber den ganzen Menschen mit und kann (in Extremfällen) zu großen Tragödien führen, wie eben zum Beispiel zu der Massenvergiftung in Jonestown.

21. Wie wir unser Ich deuten

Ein Sinneswandel oder eine Veränderung der geistigen Haltung ist zweifellos katastrophal, wenn wir dadurch ohne bewußte Entscheidung in einen Kult hineingezogen werden. Genau der dafür verantwortliche mentale Prozeß läuft aber die ganze Zeit in uns ab. Sigmund Freud hat diesen Prozeß der Übertragung sehr gut beschrieben – die Übertragung der Gefühle des Patienten seinen Eltern gegenüber auf den Therapeuten. Dieses Anwerbungsphänomen in unserem Geist (ich nenne es das „diensthabende Geisterchen") ist aber keineswegs auf die therapeutische Situation beschränkt. Reaktionen und Einschätzungen, die ursprünglich für den Umgang mit Notfällen entwickelt wurden, werden für andere Zwecke herangezogen. Diese Programme tauchen im Bewußtsein auf und verschwinden dann wieder, was zu Verzerrungen führt.

Schlichtlinge, die an die Arbeit gehen und dann wieder freihaben – so scheint das Mitarbeitersystem des Geistes zu funktionieren. Was dabei abläuft, ähnelt der Funktion der Software in einem modernen Computer – ein bestimmtes Programm wird in den Arbeitsspeicher geholt und dann irgendwann von einem anderen abgelöst. Sie kommen, übernehmen die Führung, und wenn sie wieder gehen, hinterlassen sie keine Spuren. Die Ansammlungen von Reaktionen sind die Geisterchen, mit denen wir durchs Leben segeln. Es gibt zwar viele von ihnen, aber noch mehr Situationen in der Welt, also ziehen wir eines für mehrere Situationen heran. Das Geschwader von Schlichtlingen wird mit verschiedenen Aufgaben betreut. Dieser Mechanismus liegt den Problemen zugrunde, die wir mit Einschätzungen, Entscheidungen und der Bewältigung von Situationen haben.

In seinem Buch „Die Kunst des Romans" erinnert sich der tschechische Schriftsteller Milan Kundera an eine gute Freundin, die er jahrzehntelang beobachtete, und deren geistige Haltung sich veränderte, so daß ihr Verhalten gerade wegen ihrer einst heroischen Taten stark in Mitleidenschaft gezogen wurde:

„Die Frau war während der stalinistischen Prozesse in Prag im Jahre 1951 verhaftet und für Verbrechen verurteilt worden, die sie nicht begangen hatte. übrigens befanden sich Hunderte von Kommunisten zu diesem Zeitpunkt in der gleichen Situation wie sie. Sie hatten sich Zeit ihres Lebens vollkommen mit der Partei identifiziert. Als diese dann plötzlich als Ankläger gegen sie auftrat, waren sie wie Josef K. bereit, ihr ganzes vergangenes Leben „in den kleinsten Handlungen und Ereignissen" zu überprüfen, um die verborgene Schuld zu finden und imaginäre Verbrechen zu gestehen. Meiner Freundin gelang es, ihr Leben zu retten, denn sie lehnte es dank ihres außerordentlichen Mutes ab, sich wie ihre Genossen, ..., auf die „Suche nach ihrer Schuld" zu begeben. Da sie sich geweigert hatte, ihren Henkern zu helfen, war sie für das Spektakel des Schlußprozesses nicht zu gebrauchen. Sie wurde deshalb nicht gehenkt, sondern lediglich zu lebenslangem Gefängnis verurteilt. Fünfzehn Jahre später wurde sie vollkommen rehabilitiert und freigelassen.

Als diese Frau verhaftet wurde, war ihr Kind ein Jahr alt. Sie fand nach ihrer Entlassung also einen sechzehnjährigen Sohn vor, und sie hatte das Glück, mit ihm in einer bescheidenen Zweisamkeit zu leben. Es ist begreiflich, daß sie leidenschaftlich an ihm hing. Der Sohn war schon sechsundzwanzig Jahre alt, als ich sie eines Tages besuchte. Die Mutter war gekränkt und verärgert und weinte. Der Grund war ganz und gar bedeutungslos: Ihr Sohn war am Morgen zu spät aufgestanden, oder so ähnlich. Ich sagte zu der Mutter: „Warum regst du dich wegen dieser Bagatelle auf? Deswegen weint man doch nicht! Du übertreibst!"

Da antwortete mir an Stelle der Mutter ihr Sohn: „Nein, meine Mutter übertreibt nicht. Meine Mutter ist eine außerordentliche, mutige Frau. Sie hat Widerstand geleistet, wo jedermann gescheitert ist. Sie möchte, daß ich ein Ehrenmann werde. Es stimmt ja, ich bin zu spät aufgestanden, aber was meine Mutter mir vorwirft, liegt tiefer. Nämlich meine Haltung. Meine egoistische Haltung. Ich will aber so werden, wie meine Mutter mich haben will. Und ich verspreche ihr das vor dir."

Was die Partei in Bezug auf die Mutter vergebens versucht hatte, das war der Mutter in Bezug auf ihren Sohn gelungen: sie hatte ihn dahin gebracht, sich mit einer eigentlich absurden Anschuldigung zu identifizieren, selbst nach seinen vermeintlichen Vergehen zu suchen und endlich ein öffentliches Schuldbekenntnis abzulegen. Während ich noch verblüfft diesem stalinistischen Gerichtshof *en miniature* zuschaute, wurde mir plötzlich klar, daß die psychologischen Mechanismen, die in den großen historischen Zusammenhängen walten (in denen ihre häufig unglaubliche Unmenschlichkeit offensichtlich zutage tritt), ebendieselben sind wie diejenigen, welche die privaten (ganz gewöhnlichen und nur allzu menschlichen) Situationen bestimmen."

In meinem Buch „Multimind" drückte ich es etwas trockener aus: „Die gleichen Nervenprozesse, die entstanden, um Helligkeit, Länge und Geschmack zu beurteilen, müssen nun Preise, politische Fragen und Persönlichkeiten einschätzen."

Der Dienstwechsel der Schlichtlinge in unserem Geist führt zu dem Phänomen, daß unterschiedliche Situationen einen ganz „anderen Menschen" hervorbringen können, weil der gerade aktive Schlichtling seine Arbeit tut, als wäre er schon immer da gewesen, dann verschwindet und von einem anderen „Mitarbeiter" abgelöst wird, der andere Erinnerungen, Prioritäten und Pläne hat. Und „wir", also das bewußte Ich, bemerken kaum jemals, was da gerade ablief. Wir wissen, was uns im Kopf herumgeht – ob wir Bäume sehen oder Regentropfen, ob wir Rauch riechen oder Rock'n'Roll hören; aber was in unserem Kopf ist, entzieht sich unserer Kenntnis. Wir wissen nicht, welches mentale Programm zu einer gegebenen Zeit gerade in uns tätig ist und unsere Handlungen bestimmt. Und so ändern sich unsere Standards ohne unser Wissen.

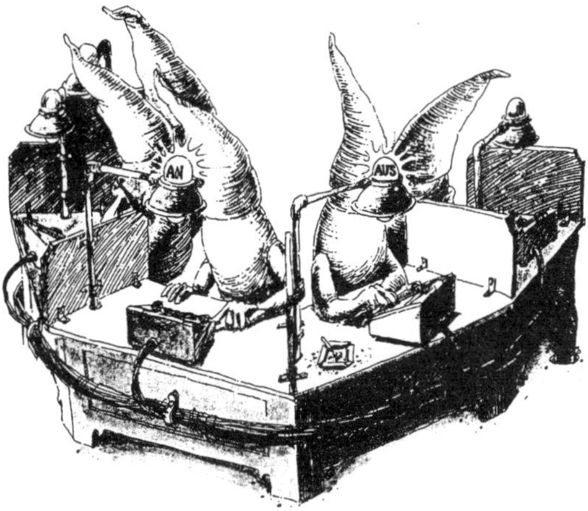

Spinnen wir für dieses Konzept des diensthabenden Geisterchens einmal die Computeranalogie weiter. Computer können eine ganze Menge. Meiner kann am Bildschirm selbständig zeichnen, er kann die Buchhaltung machen, erledigt die Textverarbeitung (wie zum Beispiel gerade jetzt), und man kann mit ihm Spiele spielen. All diese Dinge kann er aber nicht gleichzeitig tun, weil er einen beschränkten zentralen Prozessor und eine beschränkte Speicherkapazität hat. Also ist immer nur ein Programm im System aktiv; im Arbeitsspeicher wurde nun vielleicht zum Beispiel ein Bilanzierungsprogramm aufgerufen. Wenn man es nicht mehr braucht, wird ein anderes, zum Beispiel das Textverarbeitungsprogramm, in den Arbeitspeicher geholt.

Wenn nun also ein Programm „im Dienst" beziehungsweise Einsatz ist, arbeitet und kalkuliert es gemäß seiner eigenen Prioritäten. Für verschiedene Programme gelten verschiedene Befehle. Die Daten, auf die ein Programm zugreifen kann, sind unterschiedlich, wobei manche Programme allerdings auch mit den Daten von anderen arbeiten können. Sowohl im Gehirn als auch im Computer hat der Arbeitsspeicher eine begrenzte Kapazität, und Programme gibt es viele. Während die einzelnen „Geisterchen“ unserer geistigen Palette sich genauso stark voneinander unterscheiden wie ein Graphikprogramm und eine Datenbank, haben sie außerdem unterschiedliche Prioritäten bezüglich der Auswahl von Information, Reaktionen, Erinnerungen und Einschätzungen. Unter extremen Bedingungen kann in uns ganz leicht eine multiple Persönlichkeit zum Vorschein kommen. Dieser Wechsel von Schlichtlingen macht unseren anpassungsfähigen Geist überraschend offen für Kulte, Drogen und, wie wir noch sehen werden, auch für die Werbung.

Die Tendenz des diensthabenden Geisterchens, auf eindrucksvolle Informationen überzureagieren, kann zu Gewalt und sogar Morden führen. Der Selbstmord einer berühmten Persönlichkeit findet sich häufig auf der Titelseite einer Zeitung. Unmittelbar nach einem groß aufgemachten Selbstmord steigt auch die Zahl der Selbstmorde, der Flugzeugabstürze und der Verkehrstoten.

In alltäglicheren Situationen können uns Geisterchen, die eigentlich fehl am Platz sind, dazu bringen, Leute falsch einzuschätzen; es kann auch passieren, daß die momentane Stimmung die Gedanken färbt und dann wieder vergeht. Manche Menschen verhalten sich über längere oder kürzere Zeit, als wären sie besessen; andere können bestimmte Dinge nur denken, wenn sie betrunken oder wütend oder in gehobener Stimmung oder deprimiert sind. Ich gebe Ihnen dafür jetzt ein grundlegendes, gut erforschtes und konkretes Beispiel.

Sie wollen auf ein Pferd wetten, dessen Chancen mit vier zu eins angegeben werden. Sie aber meinen, die Chancen stünden besser, also wetten sie darauf. Auf dem Weg zum Wettbüro halten Sie die Chancen für etwa drei zu eins oder so, also ist es eine gute Wette. Nachdem Sie Ihre Wette aber abgegeben haben, hat ein Sinneswandel stattgefunden; jetzt glauben Sie, daß Ihr Pferd eigentlich Siegeschancen hat! Geschehen ist gar nichts. Das Rennen hat noch nicht stattgefunden. Ihre geistige Einstellung aber hat sich verändert, nachdem Sie Ihre Wette abgegeben hatten. Diese Studie wurde an einer Pferderennbahn durchgeführt, indem man die Wettenden zu den Chancen befragte, bevor und nachdem sie ihre Wetten abgegeben hatten. Wie oft unterliegen Sie einem ähnlichen Sinneswandel, ohne daß Sie es wissen? Und inwiefern verändert dieser Wandel Ihre Prioritäten?

Eine Wissenschaftlerin fand heraus, wieviel ihren Versuchspersonen die Beteiligung an Entscheidungen wert war. Die Psychologin Ellen Langer verkaufte Lose, mit denen man fünfzig Dollar gewinnen konnte. Jedes Los kostete einen Dollar. Die Versuchspersonen erhielten entweder irgendein Los oder durften sich eines aussuchen. Später wurden die Losbesitzer gefragt, für wieviel Geld sie ihr Los wieder verkaufen würden. Jene, denen das Los gegeben worden war, wollten im Durchschnitt 1,96 Dollar, während diejenigen, die es selbst ausgewählt hatten, durchschnittlich 8,67 Dollar dafür verlangten. Warum? Die Möglichkeit, das Los selbst auszuwählen, läßt das Geisterchen in Aktion treten, das Fantasien und Erwartungen damit verbindet. Das Los wird dadurch bedeutender, wertvoller und stärker zu einem Teil des Menschen.

Ich habe mich immer gefragt, warum eine Mutter, die ihr Kind in einem Verkehrsunfall verlor, bei dem Alkohol im Spiel war, sich so unermüdlich gegen Alkohol am Steuer einzusetzen beginnt, obwohl sie keine anderen Kinder hat. Oder warum die Familie eines Menschen, der aufgrund der schlechten Führung eines Krankenhauses starb, sich so verbissen für Krankenhausreformen in diesem Land engagiert. Ich glaube nicht, daß es nur um altruistische Motive geht oder die „Aufarbeitung“ des Verlusts, obwohl das natürlich auch eine Rolle spielen mag. Ich glaube, daß die geänderte Einstellung auf den Dienstwechsel von Geisterchen zurückzuführen ist, der durch die schwierige Situation hervorgerufen und verstärkt wahrgenommen wird. Wenn jemand von einer Tragödie hört und etwas damit zu tun bekommt, tritt dieses Thema stärker in den Vordergrund – Betrunkene am Steuer oder Ärzte mit mangelnder Qualifikation. Die Aufregung über den Verlust stärkt das dafür zuständige Geisterchen. Und so kommt es, daß ein Elternteil dieses Geisterchen nun für die „Mütterinitiative gegen Alkohol am Steuer“ oder eine AIDS-Aufklärungsgruppe einsetzt. Diese „Bekehrung“ mag ja manch Gutes für die Gesellschaft haben; daß ein Geisterchen aber so leicht für andere Aufgaben zu gewinnen ist, macht es eben auch überraschend einfach, Anhänger eines Kultes zu werden.

Scheidungen sind häufig eine zähe und unangenehme Angelegenheit, gelegentlich sogar mit Gemeinheiten gespickt. Oft hassen wir dann den Menschen, den wir einst liebten. Ein Mensch, bei dessen Anblick wir einst freudige Erregung verspürten, wird nun ziemlich negativ gesehen, und die Erregung läßt alles größer erscheinen, was unakzeptabel ist. Wir lassen uns ganz leicht von einer liebevollen Botschaft verführen, treten einer Organisation bei, finden uns dann in einem fanatischen Kult wieder und hassen die Außenseiter, die unsere Liebe bedrohen. Es tritt nicht nur ein anderes Geisterchen seinen Dienst an, sondern seine „Lautstärke" wird durch die Erregung noch erhöht, wobei wir uns dessen aber nicht bewußt sind.

In einem Experiment zu der Frage, wie wir üblicherweise Emotionen interpretieren, injizierten zwei Psychologen ihren Versuchspersonen Adrenalin (das Erregung herbeiführt) und sagten ihnen, es wären Vitamine. Die Hälfte der Studenten wurde mit einem euphorischen Menschen konfrontiert, der Papierflugzeuge durch die Gegend schoß und mit Papierknäueln und dem Papierkorb Basketball spielte. Diese Gruppe von Versuchspersonen sagte, sie fühle sich euphorisch. Die andere Hälfte der Studenten sah sich einem unhöflichen und verärgerten Menschen gegenüber und berichtete später, ärgerlich zu sein. Die beiden Psychologen, Stanley Schachter und Jerome Singer, schlossen aus dieser berühmten Studie, die Anfang der Sechzigerjahre durchgeführt wurde, daß das emotionale Erleben von der Interpretation der Erregung abhängig sein kann. Viele Wissenschaftler versuchten, das Ergebnis dieses Experiments zu wiederholen, hatten aber kaum Erfolg. Da es nicht mehr zulässig ist, bei Experimenten Adrenalininjektionen einzusetzen, wird es auch keine weiteren Wiederholungsversuche geben. Viele andere Studien weisen aber darauf hin, daß die Art und Weise, wie wir uns selbst interpretieren, tiefgreifende Auswirkungen auf unser emotionales Erleben haben kann.

Während diese Laborexperimente immer noch umstritten sind, gibt es im wirklichen Leben jede Menge Beispiele dafür, daß Gefühle, für die es keine Erklärung gibt, Probleme verursachen können. Nach einem chirurgischen Eingriff scheint die geistige Verfassung des Patienten labiler zu sein, als man vermuten würde. Ich meine damit nicht die verständliche Besorgnis und Schwierigkeit, die mit der Operation als solcher zu tun haben; ich meine auch nicht das körperliche Unbehagen danach und die möglicherweise schmerzhaften Folgen. Sondern Wochen später schien mit Leuten, die ich kannte, etwas Unerklärliches vor sich zu gehen, zu einer Zeit, als die Schmerzmittel längst nicht mehr nötig waren, als eigentlich alles bereits wieder in bester Ordnung war.

Ich bat kürzlich einen Chirurgen, seine Patienten nach einer erfolgreichen Darmoperation jede Woche telefonisch zu ihrem Befinden zu befragen. Direkt nach der Operation stehen sie unter dem Einfluß von Medikamenten und empfinden dadurch natürlich kaum etwas. Ein bißchen später sind starke Schmerzen da, aber die Erleichterung darüber, daß die Operation vorbei und erfolgreich verlaufen ist, scheint dazu zu führen, daß sich die Leute okay fühlen. Noch später ändert sich dann aber ihre Verfassung. Von den 23 Patienten, die befragt wurden, kam es nach sechs oder sieben Wochen bei zwanzig von ihnen verstärkt zu Sorgen, zu einem Gefühl der Wertlosigkeit und der Verzweiflung.

Ich glaube, daß diese Gefühle auf den nicht-bewußten inneren Riß und den auf die Operation folgenden langsamen Heilungsprozeß zurückzuführen sind. Wochen nach dem Eingriff haben wir keine Möglichkeit, herauszufinden, was in uns abläuft. Sensorische Einrichtungen zur Überwachung der inneren Wundheilung stehen uns nur in geringem Maß zur Verfügung, weil uns die Evolution nicht auf die innere Aktivität und Erregung nach einer Operation vorbereitet hat. Wenn die Operation einmal lange genug zurückliegt, scheint die einzige Erklärung für die schmerzlichen Gefühle die zu sein, daß irgend etwas anderes nicht stimmt.

„Was ist denn los mit mir?“ fragen wir uns im Stillen, weil wir Signale wahrnehmen, deren Bedeutung unserem Bewußtsein verschlossen bleibt. Vielleicht ist es meine Ehe. Vielleicht ist es meine Arbeit. Vielleicht ist es mein Gewicht, ich habe mich immer schon häßlich gefühlt. Vielleicht aber sind es die stummen Schreie im

Inneren, während der Spiegel der verschiedenen Hormone steigt und sinkt, und die Ränder der unsichtbaren Wunden sich schließen. Wichtig ist dabei, daß das deprimierte Gefühl nur ein paar Wochen nach der Operation eintritt, nicht unmittelbar danach, wenn der Effekt des Eingriffs noch frisch und deutlich ist.

Diese diffuse, unerklärliche und daher irrationale Erregung verleiht den Emotionen ihren schlechten Ruf. Und man kann leicht sehen, wie sie uns in spezifischen Situationen verletzlich machen. Sie verstehen vielleicht nicht, warum ein bekanntes Ehepaar je geheiratet hat; sie paßten doch noch nie zueinander. Sie war so intellektuell, er so erdverbunden; sie so kühl, er so hitzköpfig. Sie sagt: „Es war der Krieg." Das ist die Erklärung, die sie dafür hat. Sie war erregt.

Viele Leute haben die Erfahrung gemacht, daß Sport mit einem Partner des anderen Geschlechts sehr anregend und aufreizend ist. Warum? Bei Leuten, die etwas Sportliches machen und sich dann einen Pornofilm ansehen, kommt es zu einer stärkeren sexuellen Erregung als bei jenen, die die Pornographie ohne vorhergehende sportliche Betätigung sehen. Wegen dieses Konzepts des „diensthabenden Geisterchens" können sich das Schwitzen und die physiologische Aktivierung auf die sexuelle Erregung übertragen – sportliche Betätigung ist gut für sexuelle Betätigung. Für eine langfristige Beziehung mag sie aber nicht so gut sein, weil ein dafür inkompetentes Geisterchen dann seine heißen und leidenschaftlichen Entscheidungen trifft. All die anderen „Ichs" in Ihnen, die cool sind und sich Gedanken über den Müll und das Abendessen machen, müssen dann lange Zeit mit einer Entscheidung leben, die von einem dafür eigentlich nicht zuständigen Geisterchen getroffen wurde. Diese Übertragung auf die sexuelle Anziehungsebene ist auch der Grund dafür, warum Discos so laut, anregend und unterhaltsam sind. Aber der Mensch, den Sie in dieser Umgebung anziehend finden, ist nicht unbedingt der, für den sich Ihr für Heiratsentscheidungen zuständiges Ich entscheiden würde.

Eine Frau schrieb mir einmal: „Ich habe jetzt drei Scheidungen hinter mir; die Männer, auf die ich mich jeweils eingelassen habe, waren immer recht aufregend. Und trotzdem fiel nach nur ein paar Monaten der Ehe alles auseinander. Ich war in Psychotherapie, bei der Eheberatung, ich habe schon alles versucht.“ Sie bat mich um Rat. Ich schrieb ihr und fragte sie nach Einzelheiten aus ihrem Leben, aber wir fanden nichts, was für das Dilemma verantwortlich hätte sein können. Als ich wieder einmal einen ihrer Briefe beantwortete, fiel mein Blick auf ihren Briefkopf: Sie arbeitete für ein Gymnastikstudio. Ich fragte sie, ob sie all ihre Ex-Ehemänner bei der Arbeit kennengelernt hatte. Und genau so war es gewesen! Ich gab ihr den Rat, all diese sportlichen Männer zu vergessen und ihre Suche auf andere Bereiche zu verlegen, was sie dann auch tat. Ihre Arbeitssituation schien mir von zentraler Bedeutung zu sein, und zwar wegen des „Kriegsbraut-Effekts“. Die Aufregung der Situation überträgt sich auf das diensthabende Geisterchen, und alles erscheint plötzlich aufregend, sogar irgendwelche Typen in Gymnastikhosen.

Dieser Mechanismus betrifft viele emotionale Bereiche. Ein Wissenschaftler, der sich mit Scheidungen beschäftigt, bemerkte kürzlich eine häufig vorkommende, aber traurige Übertragung: „Eine der Fünfzehnjährigen aus meiner Studie sagte mir damals: „Gewalt verbinde ich mit meinem Vater, aber ich habe mich davon frei gemacht.“ Mit neunzehn, in einer ernsthaften Beziehung zu einem Mann, sagte sie: „Er schlägt mich – dadurch weiß ich, daß er mich mag.“ Mir kamen fast die Tränen.

In all diesen Situationen besteht ein Teil des Problems darin, daß wir das, was in uns vorgeht, falsch interpretieren. Während unbewußte Interpretationen normalerweise recht gut funktionieren, können wir uns selbst überraschenderweise falsch deuten, weil uns nicht klar ist, daß wir die Welt von einem Augenblick zum anderen zusammenträumen. Unsere eigenen Emotionen können uns zum Narren halten, auch unsere Vorstellungen von Gewalt; wir können die „Liebe“, die man uns anbietet, falsch verstehen und zu Anhängern eines Kultes werden. So ist das eben mit der Anpassungsfähigkeit des menschlichen Geistes.

VII.

Die Ichs stellen sich vor

Empfang der Schlichtlinge

Wir beherbergen so viele der geschäftigen Schlichtlinge, daß es kein Wunder ist, daß sich unser Geist dahingehend entwickelt hat, uns nicht mit ihnen allen in Berührung kommen zu lassen. Statt dessen interpretieren wir uns oft selbst auf simple Weise. Unter dem Bewußtsein liegen mehrere Ebenen des Gewahrseins, und es ist weder nötig noch wünschenswert, daß wir uns all dessen, was in der Welt geschieht, bewußt sind. Wenn wir alles wüßten, was wir „wissen", würden wir verrückt werden – es wäre einfach zu viel. Daher sickern manche Dinge einfach tiefer in unseren Geist ein, unter die Schwelle der bewußten Aufmerksamkeit.

Wir haben ein Set automatischer Regeln entwickelt, um die Ereignisse in der Welt und uns selbst zu interpretieren. Vielleicht gefallen uns die Prioritäten unseres eingeengten mentalen Systems nicht – eines Systems, das sich darauf beschränkt, Probleme zu vermeiden, den Laden zu hüten und unsere Handlungen rund um die kurzfristigen Zufälle unserer Umgebung zu organisieren. Es ist aber das System, das dafür verantwortlich ist, daß wir heute da sind, wo wir sind. Ob es uns auch in unsere Zukunft führen kann, ist ein Thema, das uns noch beschäftigen wird.

Ereignisse verändern uns und schleudern uns sogar herum, ohne daß wir uns dessen bewußt sind. Stellen Sie sich folgendes vor: Ihre Familie hat sich endlich dazu entschlossen, in Skiurlaub zu fahren, nachdem Sie die letzten sechs Jahre den Winterurlaub in Miami verbrachten. Mehrere Wochen vor der Reise verbringen Sie die meisten Abende damit, sich in die großzügig gestalteten Prospekte über das malerische Frozen Rivers Resort Village zu vertiefen, Bilder von den schneebedeckten Rockies, den langen Pisten, farbenfroh gekleideten Skifahrern auf Tiefschneeabfahrten und dem heißen Punsch in der Hütte vor dem knisternden Feuer anzusehen. Es wird himmlisch werden. Eine Woche vor der Reise gehen Sie auf eine Party und erwähnen Ihre Urlaubspläne der Frau gegenüber, die neben Ihnen steht. Leider haben Sie sich eine orthopädische Chirurgin ausgesucht. Sie zuckt zusammen, als hätten Sie sie geschlagen und sagt:

„Sie müssen verrückt sein, skifahren zu gehen. Letztes Wochenende erst wurde ein junger Mann in die Klinik eingeliefert und mußte in einem Rollstuhl in den Operationssaal gebracht werden. Er war auf der Piste ausgerutscht und Hals über Kopf mehr als sechshundert Meter hinuntergefallen. Der Notarzt dort mußte ihn behandeln, und ich mußte ihm schließlich ein Bein amputieren. Wahrscheinlich verliert er auch noch das zweite. Auf alle Fälle aber bleibt er gelähmt. Und das wegen eines Wochenendes im Schnee, um einen Berg runterzufahren, ins Nichts."

Sie sind nicht gerade erfreut darüber, daß die Chirurgin ihr Programm wieder abzuspulen beginnt, als Sie sie mit Ihrem Mann bekannt machen.

Wenn Sie sich selbst als Gruppe von Schlichtlingen mit der kühlen Vernunft des Geistes wahrnehmen könnten, würden Sie denken: „Hier gibt es mehr als eine rutschige Piste. Offensichtlich sieht sie all die Verletzungen und muß sich darum kümmern; natürlich ist ihre Sicht der Dinge sehr einseitig. Ich weiß, daß die Wahrscheinlichkeit einer Verletzung nur sehr gering ist. Schließlich geht James seit fünfzehn Jahren jedes Wochenende im Winter skilaufen und hat sich noch nie etwas getan; und ich kenne nur einen einzigen Menschen, der einmal einen Skiunfall hatte. Diese Frau jetzt zu treffen und ihr zuzuhören, ändert in Wirklichkeit gar nichts. Es verschafft mir nur den Zugang zu einer Welt, von der ich weiß, daß es sie geben muß. Die Geschichte führt lediglich dazu, daß in meinem Geist eine andere Einschätzung der Realität aktiviert wird. Wir haben kein höheres Verletzungsrisiko zu erwarten, nur weil es dieses Gespräch gegeben hat. Sie hat mir ja zum Beispiel nicht gesagt: „Es wird an diesem Wochenende einen heftigen Schneesturm und wirbelsturmartige Windverhältnisse geben; ich würde meinen Urlaub um eine Woche verschieben, wenn ich Sie wäre." Das wäre eine realistische Information, und wir könnten unsere Pläne ändern. Ihre Bemerkungen ändern gar nichts, außer meiner geistigen Einstellung."

Statt dessen übernimmt ein Schlichtling die Kontrolle über die Situation, Sie stürzen zum nächsten Telefon, rufen die Fluggesellschaft an und erkundigen sich nach der „Spaß in der Sonne"-Pauschalreise für die Familie. Und nun hoffen und beten die meisten

Ihrer „Ichs" aus ganzem Herzen, daß sie noch nicht ausgebucht sind. Und obwohl Sie eigentlich gar nicht religiös sind, beten Sie dann ein zweites Mal, noch inbrünstiger sogar, daß es keine Piloten auf dieser Party geben möge, die Ihnen etwas darüber erzählen, wie es um die Sicherheit ihrer Fluggesellschaft wirklich bestellt ist.

Der automatische Wechsel der Schlichtlinge wird durch den Zugang zu neuer Information bewirkt. Wie ein über die Medien veröffentlichtes Ereignis, ein persönlicher Schock oder sogar ein plötzlicher Stimmungsumschwung verändert ein zufälliges Ereignis plötzlich Ihr Denken, und zwar sogar dann, wenn Sie sich dessen gar nicht bewußt sind. Lassen Sie uns diesen Fall analysieren: Ihre Begegnung mit der Chirurgin veränderte Ihre Erwartungen an den Urlaub; die Freuden der Pisten, der Punsch und das Kaminfeuer machten den möglichen Gefahren des Skilaufens Platz – Knochenbrüche, Genickbrüche, Lähmungen und sogar der mögliche Tod. Und jetzt, einzig und allein wegen einer zufälligen Unterhaltung, würden Sie sich für immer und ewig schuldig fühlen, wenn einem Ihrer Kinder in diesem Urlaub etwas zustieße. Es ist also unmöglich, den Urlaub wie geplant zu verbringen.

Auf ähnliche Weise kann sich Ihre Meinung von Menschen, Ihre Einstellung gegenüber Ihren Zielen und den Handlungen Ihres Lebens drastisch verändern, weil Sie Zugang zu neuer Information bekommen haben. Im Falle des Skiurlaubs hatte die Information keinen großen Wert; wir können aber meist die nützliche und wertvolle Information nicht von der rein zufälligen und folgenlosen unterscheiden. Die Medien mit ihrer Berichterstattung über dramatische Ereignisse verstärken dieses Problem noch.

Das gleiche gilt auch für die Öffentlichkeitsarbeit: Margaret Thatcher verbot die Fernsehberichterstattung über den Falklandkrieg, weil sonst die Information über die in einem Krieg unvermeidbaren Toten ihre Politik hätte stören können. Dieser Zugang zu Information veränderte auch das Gesicht des Vietnamkonflikts, als die verheerende Zerstörung des Krieges über das Fernsehen die Wohnzimmer erreichte. Heutzutage beeinflußt dieses Phänomen die Drogenpolitik, wenn ein besonders entsetzlicher Mord oder eine besonders grausame Gewalttat in der Öffentlichkeit bekannt wird, und es wirkte sich sicherlich auf unsere Vorstellungen vom Golfkrieg aus. Der menschliche Geist paßt sich an, egal, ob man das nun in einem speziellen Fall für vernünftig hält oder nicht.

22. Vernunft und Anpassungsfähigkeit

Wir verwenden das gleiche alte, sich ständig anpassende Gehirn, um die Ereignisse in der Welt zu beurteilen. Vorschläge, das für die Obdachlosenhilfe von der amerikanischen Regierung zur Verfügung gestellte Budget auf 760 Millionen Dollar zu verdoppeln, erwiesen sich 1989 und 1990 als politisch undurchführbar. Im Gegensatz dazu wurde die einprozentige Überschreitung des 38-Milliarden-Dollar-Budgets für die Midgetman Atomrakete kaum einer Überprüfung von seiten der Regierung unterzogen; die Kosten wurden genehmigt. Und doch geht es um die gleiche Erhöhung – um 380 Millionen Dollar. Die Überschreitung des Midgetman-Budgets wird als leichte Abweichung von den ursprünglichen Schätzungen betrachtet, während die gleiche Summe im Falle des Obdachlosenbudgets eine Verdoppelung darstellt. Wir beurteilen das Ausmaß der Veränderung, nicht den tatsächlichen Dollarbetrag, geschweige denn die Relevanz des ganzen Unternehmens.

Crack ist eine der bedrohlichsten Drogen. Es macht abhängig und tötet jedes Jahr Tausende. Wir haben unser Budget zur Bekämpfung dieser Droge stark erhöht. Aber nehmen Sie mal an, ich erzählte Ihnen von einer Substanz, die sechsmal so abhängig macht wie Crack und in den 80iger Jahren vier Millionen Amerikanern den Tod gebracht hat? Wir haben kein großes Budget zu ihrer Bekämpfung. Bei dieser Substanz handelt es sich um den Tabak, der sich in das geistige Programm einschleicht. Auch in den 90er Jahren werden Millionen von Menschen daran sterben, Tausende mehr als an Crack. Zigaretten töten aber schon seit vielen Jahren Millionen von Menschen, deshalb brauchen wir nicht darüber nachzudenken. Für unseren Geist ist es ein leichtes, ein beständiges Problem zu ignorieren, so wie es ein ständiges Geräusch oder eine permanent vorhandene Last ignoriert.

Da sich der Geist dahingehend entwickelt hat, alle Informationen vor und nach einem Ereignis in ein Abbild einzubauen, sind wir empfänglich für subtile Manipulationen in der Werbung. Es verstößt zwar klar gegen die ethischen Richtlinien, wenn eine Firma ihr Produkt eindeutig falsch darstellt („Das neue Schafftalles kuriert jeden Krebs im Nu",); aber es ist schon nicht mehr so offenkundig, was wir von Werbung zu halten haben, die eine bestimmte Beziehung suggeriert, indem in einem Atemzug zwei Aussagen gemacht werden. Eine resolute Frau im Fernsehen sagt Ihnen: „Die Marke XY ist ein revolutionäres neues Vitamin. Mir geht es den ganzen Tag blendend!" Sie impliziert damit offensichtlich, daß sie sich blendend fühlt, weil sie die Vitamine der Marke XY nimmt. Im Werbespot wird das aber so nicht gesagt. Die logische Verbindung wird nicht ausgesprochen, also kann der Hersteller der Vitamine der Marke XY nicht wegen irreführender Werbung belangt werden. Der menschliche Geist ist allerdings kein logisches Instrument, sondern eines, das alles absorbiert, um daraus die Wahrscheinlichkeit zu errechnen, mit der ein Ereignis in der Umgebung auftritt.

Die Werbeindustrie würde diese Art von Werbung nicht machen, wenn ihr der Erfolg nicht recht gäbe. Es wäre dann auch sinnlos, gesunde junge Männer und Frauen zu zeigen, die ihre Zigaretten in der frischen Luft rauchen, wenn der menschliche Geist problemlos zwischen dem gleichzeitig dargestellten Konzept des Rauchens und dem eines unternehmungslustigen, gesunden Lebens unterscheiden könnte. Wir sind nicht von Natur aus vernünftig, und unsere Erinnerungen sind keine Schnappschüsse von der Vergangenheit. Wie wir bereits gesehen haben, dient uns die Erinnerung genauso wie andere mentale Prozesse dazu, unseren beständigen Traum von der Welt aufrechterhalten zu können.

Der Schwachpunkt unserer Anpassungsfähigkeit besteht eigentlich darin, daß das System nicht auf den neuesten Stand gebracht wird; es war uns bisher ja sehr nützlich, dieses Gehirn mit den tausend Geistesformen, von denen ein Teil durch die Welt ausgewählt und ausgebildet wird. Denn der menschliche Geist hat sich gut weiterentwickelt, um sich an die Welt unserer Väter und Mütter anzupassen, an eine stabile Welt, wo wir genau das machten, was unsere Familie tat – wenn sie das Land bestellte, bestellten wir es auch; wenn sie mordete und brandschatzte, taten wir das auch; wenn sie Antilopen jagte, jagten wir auch Antilopen; wenn sie Stukkaturarbeiten machte, war das auch unsere Beschäftigung; stünden wenn Verben am Satzanfang, würden machen wir das auch so.

Viele Psychologen haben sich damit befaßt, warum wir Ereignisse ständig falsch einschätzen oder beurteilen. Dieser Bereich von Forschungsthemen, die am häufigsten als „Abweichungen von der Vernunft" bezeichnet werden, liefert sehr deutliche und anschauliche Darstellungen davon, wie unser Geist Fehler machen kann. Die Ergebnisse dieser Forschungsarbeiten haben an Einfluß gewonnen und häufig zu der Forderung nach besseren Einschätzungen oder einem besseren Training des rationalen Urteilsvermögens geführt. Trotzdem aber ist dieses Rezept genauso nützlich, wie wenn wir versuchen wollten, unsere Zukunft zu verbessern, indem wir uns alle mit T beginnenden Begriffe aus dem Cultural Literacy zu Gemüte führen. Eigentlich zeigen diese Arbeiten, daß der menschliche Geist für die durchschnittliche Welt, in der unsere Vorfahren lebten, gut angepaßt ist. Sie erinnern sich: Unsere Entscheidungen basieren auf der Überlegung, was in einer stabilen Welt am besten funktionieren würde, nicht in einer, wo sich ständig alles verändert. Das Problem besteht darin, daß unsere Welt eine Transformation durchgemacht hat: In der Kriegführung hat sich seit dem Zweiten Weltkrieg mehr verändert als in der Zeit zwischen Christi Geburt und der Zeit Eisenhowers. Sie ist zu einer „neuen Welt" geworden, wie auch der Titel eines Buches lautet, das Paul Ehrlich und ich 1989 schrieben.

Wenn er nur genügend manipuliert wird, kann jeder dazu gebracht werden, Fehler zu machen; der Geist ist sicherlich nie völlig neutral, so daß seine schnellen Reflexe zu Irrtümern führen, wenn kluge Psychologen irgendwelche Informationen darbieten. Im Rahmen jeder Forschungsarbeit ist es wichtig, die Untersuchungen des menschlichen Geistes von den spektakulären Kunststücken zu trennen. Ich bin dafür, die Urteilsfähigkeit zu verbessern, aber wenn jemand dafür den Nobelpreis erhält, daß er aufgezeigt hat, daß menschliche Urteile von der normativen Ökonometrie abweichen, dann sagt das mehr über unsere Sicht des menschlichen Geistes aus als über den Wert dieser Arbeit.

Ein Geist, der aus zahllosen spezifischen Anpassungen aufgebaut ist, kann nie rational sein. Stück für Stück fügen wir die Ergebnisse einiger weniger Sondierungen zusammen, um die Welt zu beurteilen, schnappen ein paar Signale auf und versuchen eine schnelle Einschätzung der Lage; im Falle von Raubtieren in der Außenwelt und im Falle von Erinnerungen und Träumen in der Innenwelt. Ein solcherart funktionierender Geist wird nie rational sein; aber er wird immer versuchen, sich anzupassen. Und er kann auch nicht immer richtig liegen. Wenn wir ihn als System betrachten, das sich entwickelt hat, um den meisten Situationen angemessen zu begegnen, sagen wir einmal 95 Prozent aller Situationen, dann haben wir vielleicht eine bessere Vorstellung davon, was es bedeutet, richtig zu liegen. Lesen Sie die folgenden Sätze:

- *Dhas ist zu 95 Prozent korrekt.*
- *Obwohl 99 Prozent ächt total gut klingen, entsteht dabei ein Satz, der nur so richtig ist wie dieser.*
- *Joanne, deine Mutter und ich haben nun beschlossen, am nächsten Donnerstag doch nicht zu der neuen Theateraufführung zu gehen.* Dieser Satz, der zu 100 Prozent richtig sein kann, könnte auch zu nur 99 Prozent richtig sein, wenn statt des „nicht“ eigentlich „noch“ gemeint war. Eine einprozentige Ungenauigkeit verändert seine Bedeutung völlig.

Selbst wenn uns die Evolution ein System zur Verfügung stellen würde, das die meiste Zeit richtig liegt, also in weit mehr als 99 Prozent aller Fälle, ließen sich angesichts der Riesenmengen an zu verarbeitender Information immer noch Lücken finden. Wenn wir uns in sorgfältig kontrollierten Studien unsere Fehler anschauen, trägt das nur wenig zu unserem Verständnis davon bei, wie und warum die Leute im großen und ganzen recht gut durchs Leben kommen, Gefahren ausweichen, essen, wenn sie Hunger haben, sich ausgewogen ernähren, ihrem Chef in der nötigen Form antworten, sich daran erinnern, wer ihre Kinder sind, ihr seelisches Gleichgewicht behalten, ihr Gewicht halten, sich an ihr letztes Gespräch erinnern, rechnen lernen, das richtige Paar Socken tragen, sich ausreichend oft waschen und so fort.

Lee Ross, ein Psychologe von Stanford, und seine Kollegen dachten sich ein Experiment aus, in dessen Rahmen sie nach dem Zufallsprinzip einem Studenten die Rolle des „Fragers" und einem anderen die des „Antworters" zuteilten. Der Frager sollte eine Liste anspruchsvoller Fragen aus seinem oder ihrem eigenen Wissensrepertoire zusammenstellen und sie dann dem Antworter stellen. Danach beurteilten beide Studenten das Allgemeinwissen sowohl des Fragers als auch des Antworters. Ihnen ist sicherlich klar, daß der Frager einen Vorteil hatte. Sie können irgend jemandem irgendeine Frage stellen, deren Antwort Sie kennen: Lebte Nostradamus vor Spinoza? Ist Spina bifida ein Kurort? Ist Diego Garcia eine Zigarre? Gibt es eine Megillah Vanilleeis-Filiale in Tel Aviv? Jeder, ganz egal, wieviel er oder sie weiß, kann dabei dumm dastehen. Nett an dieser Studie ist die Tatsache, daß die Beobachter zu dem Schluß gelangten, daß die Frager kraft ihrer Fähigkeit, nicht zu beantwortende Fragen zu stellen, tatsächlich klüger wären als die Antworter. (Ganz zufällig zahlte Ross es damit auch seinen Kollegen heim; entstanden war die Idee zu diesem Experiment nämlich aus Ross' Ärger über seine Prüfer bei seinem Examen als Doktorand, die ihm alle möglichen schwierigen Fragen stellten, die er nicht beantworten konnte.)

Es gibt viele verschiedene Studien darüber, wie der menschliche Geist zu Fehlurteilen über Ereignisse kommt: Wenn man Leute nach der relativen Häufigkeit verschiedener Todesursachen fragt, überschätzen sie die Häufigkeit stark publizierter Ereignisse, wie zum Beispiel Mord, Tornados und Krebs; gleichzeitig unterschätzen sie die Häufigkeit weniger bemerkenswerter Ursachen wie Diabetes, Asthma und Emphyseme. Das Urteilsvermögen wird dadurch verzerrt, wie leicht sich Menschen an spezifische Beispiele erinnern.

Diese Tendenz zeigte sich auch in einem Experiment von Tversky und Kahnemann, in dem sie eine Liste mit den Namen bekannter Persönlichkeiten beiderlei Geschlechts vorlasen. In jeder Liste waren entweder die Frauen oder die Männer berühmter. Als eine Gruppe von Beobachtern das Zahlenverhältnis zwischen Männern und Frauen schätzen sollte, überschätzten sie die Anzahl von Namen desjenigen Geschlechts, das in dieser Liste die berühmteren Persönlichkeiten gestellt hatte. Wenn also zum Beispiel die Liste sehr berühmte Frauen enthielt (wie zum Beispiel Liz Taylor) und nur mäßig bekannte Männer (wie zum Beispiel Alan Ladd), überschätzten die Versuchspersonen den Frauenanteil. Erinnerungen beeinflussen unsere Urteile und Einschätzungen.

Da sich die geistigen Systeme auf die Frage konzentrieren, was als nächstes zu tun ist, besitzt konkrete oder lebendige Information einen großen Einfluß auf unsere Einschätzungen. Das beginnt bei der Absage eines Skiurlaubs und endet mit wichtigen Entscheidungen bezüglich der Regierungspolitik. Der Präsident der Vereinigten Staaten änderte seine Haltung gegenüber der israelischen Invasion des Libanon aus dem einfachen Grund, weil er ein Kind gesehen hatte, das in diesem Konflikt verletzt worden war. Das Foto bestimmte sein Urteil. Richard Nisbett und Lee Ross beschreiben die Erfahrung einer Bekannten, die mit ähnlichen Fehleinschätzungen konfrontiert war wie in dem Fall von der Chirurgin und dem Skiurlaub:

> „(Sie) tritt bei parlamentarischen Ausschüssen als Vertreterin der Environmental Protection Agency („EPA", eine Umweltschutzorganisation, d.Ü.) häufig als Zeugin auf ... Ihrer Erzählung nach ist das Unangenehmste an ihrem beruflichen Dasein folgendes: Sie gibt häufig Berichte über Testdaten, zum Beispiel über die von der EPA auf der Basis einer Stichprobe von zehn oder mehr Autos errechneten Schätzungen des Benzinverbrauchs. Sofort widerspricht ihr ein Kongreßabgeordneter, der mit der Information über einen einzigen Fall „zurückschlägt": „Was meinen Sie damit, das Platzmobil braucht eine Gallone auf zwanzig Meilen? Mein Nachbar hat einen, und kommt mit einer Gallone nur auf fünfzehn Meilen." Seine gesetzgebenden Kollegen reagieren dann üblicherweise darauf, als stünde die Sache unentschieden – eine EPA-Schätzung gegen

die Einschätzung eines Kollegen, die er von seinem Nachbarn hat.“

In einer anderen Untersuchung bat Ross die Versuchspersonen, andere Menschen einzuschätzen. Manchen wurde gesagt, ihre Einschätzung sei gut gewesen, anderen, daß sie nicht so gut gewesen sei. Danach sagte er ihnen, daß es sich um ein Experiment gehandelt habe und das *Feedback*, das sie erhalten hätten, zufällig gewesen sei. Die Leute bauten die Information aber trotzdem ein: Jene, denen man gesagt hatte, sie seien gut gewesen, gaben sich höhere Werte in der darauffolgenden Selbstbeurteilung, und jene mit einem „schlechten *Feedback*“ stuften sich daraufhin niedriger ein. Die Tatsache, daß der Geist *On-Line* rechnet, bedeutet, daß wir uns an neue Informationen sogar dann anpassen, wenn es gar nicht nötig wäre. Wieder einmal führt uns ein an sich nützliches System wie in diesem Fall in die Irre.

Dennoch glauben viele, insbesondere Kritiker unseres Bildungssystems, immer noch, daß alles in Ordnung wäre, könnten wir nur schneller und besser herunterrattern, wer wann welchen Krieg gewann. Die Ansicht, daß wir Alternativen rational beurteilen können sollten, ist erstens unmöglich zu verwirklichen, wie bereits erwähnt; zweitens ist sie absurd, wenn man weiß, wie der menschliche Geist aufgebaut ist und wie er tatsächlich funktioniert. Die meisten Analysen des menschlichen Geistes sind genauso mit Scheuklappen versehen wie eine Gruppe von Musikliebhabern, die versichern, daß alles Leben zur Entstehung der Oper geführt habe. Man könnte Argumente dafür finden, Zuschüsse gewähren, aber die Prämisse steht auf wackligen Beinen. Wir könnten uns mit dem feinen Aufbau des Kehlkopfs und der Anhebung des oberen Gaumens beschäftigen, denn dadurch entstand eine bessere Stimme; in der Evolution geschah das vor 45.000 Jahren, zwischen dem Neandertaler und dem Cro-Magnon. Das ist doch zweifellos ein deutlicher Hinweis auf die Bedeutung des Operngesangs! In der Argumentation könnte man noch die Feinmotorik der Finger und die Weiterentwicklung der feinfühligen Hand anführen, sehr nützlich für die Bogenführung an der Violine oder das Spielen eines Blasinstruments. Zweifellos wurde die Hand zu diesem Zweck entwickelt. Die aufrechte Haltung diente dazu, das Publikum den emotionalen Ausdruck sehen zu lassen. Es ist für jeden Menschen ganz leicht, sich ein Argument zurechtzuzimmern, wie an den meisten historischen Argumenten deutlich zu sehen ist. Die Evolution hat uns keine lückenlosen Aufzeichnungen hinterlassen, aber es ist leicht, die Lücken zu füllen.

In dieser Argumentation ist die Oper das letztendliche Ziel; in anderen besteht das Ziel in der Rationalität. Wenn wir als forschungsmäßige und intellektuelle Strategie die Fehler unseres Denkens im Sinne von Abweichungen von der idealen Vernunft analysieren, ist das, als würden wir das Geplapper eines Kleinkindes im Hinblick auf seine Abweichungen von den Tönen einer von Kiri Te Kanawa gesungenen Arie analysieren.

Da der menschliche Geist versucht, die Welt begrenzt und überschaubar zu halten, übertreibt er die kleinen Veränderungen in der Welt und ignoriert die großen. Er ignoriert große, weil unsere Vorfahren bezüglich der größeren Veränderungen in der Welt nichts unternehmen konnten, außer wegzuziehen oder zu sterben. In einer kleinen Welt, wie in einem verdunkelten Raum, erhalten kleine Veränderungen große Bedeutung. Diese Methode war ausgezeichnet dafür geeignet, allerwinzigste Bewegungen in einem kleinen Dorf zu bemerken, erweist sich aber in einer dicht bevölkerten Umgebung oder einer langfristigen Beziehung als Katastrophe.

Während in den Schaltkreisen des Nervensystems die Realität gut und häufig kurzgeschlossen wird, besteht heutzutage unser Problem darin, daß ein mentales Programm abläuft, obwohl es eigentlich fehl am Platz ist. Um aber uns und unsere Kinder „umerziehen" zu können, müssen wir erst einmal wissen, daß es diese Programme gibt, und wie sie aussehen. Um eine persönliche Veränderung herbeizuführen, müssen wir die automatischen Vorgänge in uns beobachten können.

23. Die Beobachtung des bewußten Ichs

Die meisten unserer Interpretationen laufen unbewußt und automatisch ab und gehorchen Regeln, die sich über Jahrtausende hinweg entwickelten. So wie der menschliche Geist verschiedene Prozesse in sich beherbergt, die Vergleiche anstellen, Informationen ignorieren, Reaktionen in den Vordergrund und dann wieder in den Hintergrund schieben, so besteht auch das Bewußtsein aus mehreren Schichten und erstreckt sich über verschiedene Ebenen. Der Trick, den Geist zu lenken, besteht darin, die automatischen Reaktionen ins Bewußtsein zu holen. So legt zum Beispiel die Entdeckung, daß Gefühle auf einem getrennten Weg ins Gehirn gelangen, eine andere Art der „Gehirnhandhabung" nahe, weil man nun weiß, daß es Reaktionen gibt, die sich jeder Steuerung entziehen. Man kann sie aber sehr wohl vermeiden, insbesondere dadurch, daß man ein Programm durch ein anderes ersetzt.

Beginnen wir mit einfachen Handlungen. Was werden Sie jetzt machen? Sie können aufhören zu lesen. Sie können weiterlesen. Vielleicht hören Sie etwas, was Sie ärgert; vielleicht schreckt ein lautes Geräusch Sie von Ihrem Buch hoch. Wie treffen Sie Ihre Entscheidungen? Welche Entscheidung treffen Sie?

Der Teil des Geistes, in dem verschiedene Entscheidungen einander kreuzen, ist das Bewußtsein. Manches läuft automatisch ab, wie zum Beispiel das Autofahren; manche Handlungen sind noch grundlegender, wie zum Beispiel das Zurückzucken der Hand, wenn sie mit einer Flamme in Berührung kommt. Manche sind unbewußt – wenn wir die Stirn runzeln, weil unser Blick auf jemanden fällt, den wir nicht mögen. Unsere Handlungen sind nicht simpel: Wir tun nicht immer, was wir wollen; noch wissen wir immer, was wir tun oder warum wir etwas tun. Der Name, den wir für uns haben,

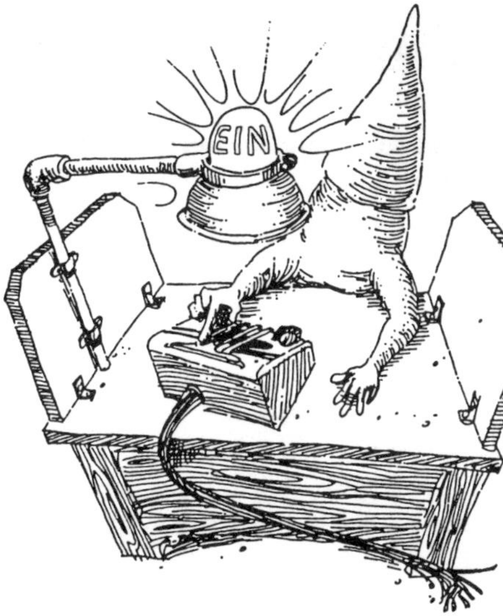

Homo sapiens sapiens, bedeutet „der zweimal wissende Mensch" (wobei wir nicht immer alles wissen, was wir wissen, geschweige denn zweimal).

Bewußtsein ist ein Begriff mit vielen Bedeutungen, darunter die, daß wir wach sind, uns dies bewußt und gewahr ist, was um uns vorgeht oder was wir tun oder überhaupt unserer selbst bewußt. Bewußtheit zu haben, bedeutet, sich dessen gewahr zu sein, daß man etwas bemerkt. Es führt einen Schritt weiter als die rohe Erfahrung des Sehens, Riechens, Handelns, sich Bewegens und Reagierens.

Aufgrund unseres sich ständig anpassenden geistigen Systems können wir uns von einem Augenblick zum anderen radikal verändern. Das brachte unseren Vorfahren natürlich viele Vorteile, solange sie in einer Umgebung lebten, in der sich kaum etwas veränderte. Und doch ist es so, daß unsere spezielle Gruppe mobiler Schlichtlinge dazu führen kann, daß wir vom braven Schuljungen zum Mörder oder zu einem kreativen Genie werden. Der Geist ist die ganze Zeit in Bewegung, von einer Handlung zur nächsten. Die meiste Zeit stehen uns die im Verlaufe unserer Anpassung entwickelten Fähigkeiten problemlos zu Diensten; wenn das einmal nicht so ist, und es zu einer Diskrepanz kommt, gibt es immer noch das Bewußtsein.

Im Bewußtsein ist die Umstrukturierung zu Hause. Unser Bewußtsein ist weit davon entfernt, die ganze Zeit die Kontrolle zu besitzen; sein Einsatz ist normalerweise auch nicht nötig, wenn die Mitarbeiter des Geistes ihre Arbeit aufnehmen. Das Bewußtsein spielt erst spät eine Rolle; potentiell ist es mächtig, praktisch gesehen aber normalerweise in den meisten von uns eine schwache Kraft-mühelos über den Haufen gerannt von den Umständen, von redegewandten Leuten, von den niedrigeren Kräften des Geistes oder von automatischen Programmen.

Schriftsteller und Wissenschaftler haben sehr unterschiedliche Positionen hinsichtlich der Natur des Geistes bezogen. Einerseits gibt es die Vorstellung, daß wir mit Bewußtsein, freiem Willen, Entschlossenheit und Lernbereitschaft alles tun können, alles erreichen und verändern und uns selbst heilen können. Das ist ein guter *Placebo*-Effekt, dieser bedingungslose Optimismus, und oft funktioniert er auch. Wenn er aber ins Extrem geführt wird, kann er zu hoffnungsvollen Änderungsversuchen führen, die sich dann als hoffnungslos oder sogar schädlich herausstellen, wie zum Beispiel bei: „Na ja, wenn ich Krebs habe, muß ich wohl die falsche Einstellung gehabt haben." Andererseits gibt es die „Mensch-als-Roboter"-These: Die Vernunft ist alles; wir sitzen mit dem Geist nun mal fest, wie er ist, und das Allerbeste, worauf wir hoffen können, ist eine einigermaßen geschickte Rhetorik, wenn wir erkennen, daß wir die Marionetten des Schicksals sind. Vielleicht rettet uns der Computer.

Das Bewußtsein wird von vielen Systemen bestimmt. Es scheint zwar so, als wären die Sprache, die Dichtkunst, die Philosophie und die Erfindung des Computers die wichtigsten Funktionen, die wir besitzen, aber was das Gehirn und damit auch das Bewußtsein die meiste Zeit tun, unterscheidet sich ziemlich deutlich davon.

Das Bewußtsein kommt ins Spiel, wenn eine absichtliche anstatt einer automatischen Kontrolle oder Intervention nötig ist. Die Haupttätigkeiten des Gehirns schließen eigentlich das Denken und die Vernunft nicht ein, sondern betreffen die Durchblutung, die Zusammensetzung des Blutes und die Aufrechterhaltung des inneren

Geschwader von Schlichtlingen

Milieus. Schmerzen unterbrechen einen philosophischen Dialog; das Bedürfnis nach Nahrung stört früher oder später die Konzentration; Wetterumschwünge stören die Gehirnfunktionen und beeinträchtigen das Denken. Bei nur wenigen unserer Entscheidungen führt eine Weiche zum Bewußtsein hinauf, nur bei jenen nämlich, für die eine Auswahl der Alternativen auf höchster Ebene nötig ist. Wir leben daher unser Leben, ohne zu wissen, wie wir es machen und was uns da geschieht. Die Schlichtlinge erledigen einfach ihre Arbeit.

Das berühmte Statement von William James über die Funktionsweise des Geistes zeugte also von größerem Vorherwissen als sogar seine Fans ihm zugestanden haben:

„Unser normales Wachbewußtsein, unser rationales Bewußtsein, wie wir es nennen, ist nur eine spezielle Art des Bewußtseins; überall drumherum nämlich und nur durch hauchdünne Häutchen davon getrennt liegen potentielle Bewußtseinsformen, die völlig anders sind. Wir können durchs Leben gehen, ohne auch nur im geringsten zu ahnen, daß es sie gibt. Taucht aber der entsprechende Reiz auf, sind sie mit einer Berührung alle in ihrer Gesamtheit da, eindeutige Arten von Mentalität, für die es wahrscheinlich irgendwo einen Bereich gibt, in dem sie ihre Funktion erfüllen und der Anpassung dienen. Kein Bericht über das Universum in seiner Totalität kann als vollständig gelten, wenn er diese anderen Formen des Bewußtseins außer acht läßt. Inwiefern sie zu beachten sind, ist allerdings die Frage – denn sie können geistige Haltungen bestimmen, obwohl sie keine Formel zur Verfügung stellen können, und einen neuen Bereich öffnen, obwohl sie uns keine Landkarte dafür mitliefern. Auf jeden Fall aber verhindern sie, daß unsere Bücher hinsichtlich der Realität zu früh abgeschlossen werden."

Wenn es mir bis zu diesem Zeitpunkt gelungen wäre, es treffender auszudrücken, dann hätte ich das getan. James zeichnet ein sehr gutes Portrait des Geistes als Geschwader von angepaßten Mechanismen, deren Aktivierung dem Bewußtsein zugrundeliegt und unsere geistige Haltung beeinflußt („... eindeutige Arten von Mentalität, für die es wahrscheinlich irgendwo einen Bereich gibt, in dem sie ihre Funktion erfüllen und der Anpassung dienen.").

Unser normales Wachbewußtsein baut uns ein Modell von der Welt, und hat als Grundlage dafür die sinnlichen und körperlichen Informationen, Erwartungen, Phantasien, verrückte Hoffnungen und andere kognitive Prozesse. Wenn irgendeiner dieser Faktoren eine grundlegende Änderung erfährt, kann es zu einem veränderten Bewußtseinszustand kommen.

Wenn es keine sensorischen Informationen gibt, entweder durch Anästhesie, Schlaf oder sensorische Isolation, und das Gehirn immer noch genügend aktiviert ist, um ein Modell von der Welt zu konstruieren, träumen wir. Im Laufe eines normalen Tages erfährt unser Bewußtsein tiefgreifende Veränderungen: das Mindeste ist, daß wir schlafen, träumen und wach sind. Uns ist nur ein kleiner Teil dessen bewußt, was unser Geist zu irgendeiner beliebigen Zeit in sich aufnimmt. Und das Bewußtsein kann sich spalten.

Pierre Janet, ein Psychologe des 19. Jahrhunderts, schlug einer seiner Patientinnen unter Hypnose vor, Briefe an bestimmte Leute zu schreiben, sobald sie aus der Hypnose erwachte. Als man ihr später die Briefe zeigte, konnte sie sich nicht daran erinnern, sie je geschrieben zu haben, und bezichtigte Janet, ihre Unterschrift gefälscht zu haben. Die Handlung des Schreibens war vom normalen Bewußtsein dissoziiert, „abgespalten" worden. Natürlich zeigen viele Hypnosedemonstrationen, wie leicht es ist, Bewußtsein und Kontrolle voneinander zu trennen.

Obwohl sich der Begriff von hypnos herleitet, dem griechischen Wort für Schlaf, ähnelt die Hypnose nur bei oberflächlicher Betrachtung dem Schlaf. Es gibt viele Vorstellungen davon, was Hypnose ist, aber verhaltensmäßig und physiologisch gesehen ist sie kein Schlaf. Hypnotisierte Leute agieren, als würden sie Informationen auf manchen Ebenen wahrnehmen, auf anderen aber nicht; und das führt zu offensichtlich widersprüchlichen Verhaltensweisen.

Der Hypnotiseur Martin Orne berichtet von einem Experiment mit einer Versuchsperson, die bis zum Alter von sechs Jahren nur Deutsch gesprochen hatte. In der Hypnose ging der Mann ins Alter von sechs Jahren zurück. Auf die Frage, ob er Englisch verstünde, antwortete er auf Deutsch: „Nein".

> „Als man ihm diese Frage weitere zehnmal auf Englisch stellte, jedesmal etwas anders formuliert, gab er jedes Mal auf Deutsch zu verstehen, er könne kein Englisch, und erklärte in kindlichem Deutsch Einzelheiten wie zum Beispiel, daß seine Eltern miteinander Englisch sprächen, damit er sie nicht verstehen könnte. Während er seine Unfähigkeit, Englisch zu verstehen, beteuerte, beantwortete er die komplexen englischen Fragen des Hypnotiseurs – allerdings auf Deutsch."

Die offensichtliche Spaltung des Bewußtseins bei multiplen Persönlichkeiten ist ein extremer Fall von verschiedenen aktiven Geisterchen, die einmal auf der Bühne stehen und dann wieder abtreten. Bei den meisten Menschen sind die einzelnen Ichs zwar voneinander unabhängig, aber doch Mitgliedern eines Teams vergleichbar. Sie sind Einzelwesen, wissen aber voneinander und nehmen die Anweisungen des Trainers entgegen. Bei multiplen Persönlichkeiten führt ein meist in der Kindheit erlittenes extremes Trauma dazu, daß die bewußte Aufsicht über den Geist zusammenbricht und so die getrennten Ichs zum Vorschein kommen. Wir alle kennen die geistige Gespaltenheit. Hatten Sie noch nie das Gefühl, Sie seien „ganz woanders", sind dann unerwartet und ganz plötzlich wieder „zurückgeschnappt" und hatten keine Ahnung, wieviel Zeit inzwischen vergangen war? Wenn wir einen Satz lesen, sind wir uns seiner Bedeutung bewußt, der Rechschreibung aber normalerweise nicht; deshalb ist das Korrekturlesen auch so schwierig (haben Sie bemerkt, daß „Rechtschreibung" falsch geschrieben war?). Und wir sind uns der Grammatik nicht bewußt,bemerken aber fast immer, wann sie falsch ist.

Obwohl unbewußte Geisterchen widersprüchliche Interpretationen von Erlebnissen und Erfahrungen liefern, versorgt uns das Bewußtsein mit einer einzigen und einzigartigen, konsequenten Interpretation. Wir sehen jeweils nur eine Möglichkeit des umkehrbaren Neckerwürfels. Und da wir grammatikalische Fehler automatisch bemerken, analysieren wir unbewußt die Syntax dessen, was wir lesen und hören. Alles funktioniert automatisch.

Erinnern Sie sich noch daran, wie Sie Autofahren lernten? „Laß mal sehen. Mit dem linken Fuß die Kupplung runterdrücken. Den Ganghebel in den ersten Gang. Mit dem linken Fuß das Kupplungspedal langsam kommen lassen. Das Gaspedal mit dem rechten Fuß nach unten drücken." Während man lernt, mit einem Auto umzugehen, ist es sehr schwer, an irgend etwas anderes zu denken – einschließlich der Frage, wohin man eigentlich fährt. Wenn die Bewegungen aber einmal automatisch ablaufen, können Sie sich beim Autofahren unterhalten, singen, die Landschaft bewundern, ohne die Pedale, Hebel und Knöpfe bewußt zu bedienen. Das

Einlegen eines anderen Gangs, ja eigentlich das gesamte Autofahren wird automatisiert.

Das geschieht, wenn eine Reihe von Bewegungen oder Handlungen wiederholt werden; zum Beispiel, wenn man eine Reihe von Buchstaben schreibt, die dann ein Wort ergeben. Zu einer Automatisierung kommt es bei schwierigen Fertigkeiten, die geübt oder wiederholt werden, etwa im Sport oder beim Spielen eines Instruments. Vertraute Handlungen werden gesetzt, „ohne zu denken", also ohne allzu große Beteiligung des Bewußtseins. Dadurch sind wir frei dafür, neue Ereignisse zu bemerken. Genau das war die Absicht der Evolution. Sie war nicht bereit, ihre Ressourcen zu verschleudern, indem sie uns Zugang zu unseren inneren Abläufen gibt, wenn es nicht dazu dient, daß wir uns erfolgreicher fortpflanzen können.

Bewußte Prozesse laufen nacheinander ab, erfordern einen bestimmten Aufwand und sind ineffizient. Sie sind flexibler als unbewußte Prozesse. In jedem Augenblick sind wir dazu bereit, gemäß des Inhalts unseres Unbewußten zu handeln. Dieses System ermöglicht den Ereignissen, die das Überleben beeinflussen, einen schnellen Zugang zum Bewußtsein. Obwohl Hunger nicht so drastisch zu uns durchdringt wie Schmerz, ist das Bedürfnis, etwas zu essen, doch deutlich spürbar, wenn der Magen leer ist.

Etwas zum ersten Mal zu tun ist schwierig; später läuft es automatisch ab.

Wenn wir wissen, daß wir irgend etwas bemerken, sind wir uns dieser Sache bewußt. Wir können aber etwas bemerken, ohne uns dessen bewußt zu sein – unbewußtes Gewahrsein. Während des Schlafs, wenn die Aufmerksamkeit der Umgebung gegenüber abgeschaltet ist, bemerken wir dennoch gewisse Geräusche. Wenn sie eine spezielle Bedeutung haben, können sie ins Bewußtsein dringen; wir wachen auf, wenn jemand unseren Namen nennt, nicht aber beim Namen von jemand anders. Wenn Schlafenden ein Band mit verschiedenen Namen vorgespielt wird, kommt es zu einer starken kortikalen Reaktion auf ihren eigenen Namen, nicht aber auf andere. Eine Mutter wird in ihrem Schlaf von Sirenen auf der Straße nicht unbedingt gestört, erwacht aber durch das bei weitem leisere Weinen ihres Babys. Sie muß sich der Umgebung gewahr sein, wobei sie aber nur die wichtigen Reize in ihr Bewußtsein vordringen läßt. Darüber hinaus gibt es viele Hinweise dafür, daß verschiedene, voneinander getrennte geistige Zentren auf Ereignisse reagieren können, selbst wenn wir uns dieser Ereignisse gar nicht bewußt sind.

Was müssen wir wissen?

So seltsam es auch scheinen mag, aber der signalsammelnde Apparat des Geistes kann Informationen aufnehmen, die weit jenseits des Bewußtseins liegen. Aus unserer üblichen Sichtweise erscheint das absurd, aber auf dem Hintergrund des Wissens, den wir hier entwickeln, ist das eine Notwendigkeit. Viele unserer Teil-Ichs agieren nämlich, ohne daß wir es bemerken, und informieren nur gelegentlich unser bewußtes Selbst über ihre Aktivitäten.

Eine Menge geistiger Prozesse sind unter keinen Umständen dem bewußten Gewahrsein zugänglich. Nehmen wir das Sprechen: Sie sind sich dessen bewußt, was Sie sagen, aber nicht, wie Sie es sagen; Sie sind sich der Gedanken bewußt, die Sie ausdrücken wollen, nicht aber des Vorgangs, der Gedanken in Worte umwandelt. Ein großer Teil des Wissens darum, wie wir etwas tun, ist in diesem Sinne also unbewußt.

Wie können wir einen Menschen an seinem oder ihrem Gesicht erkennen? Man würde vermuten, daß wir Menschen anhand der unterschiedlichen Ausprägung der einzelnen Merkmale voneinander unterscheiden – Joe hat eine große, knollige Nase; Sues Augenbrauen bilden einen großen Bogen; Mikhail hat ein Feuermal auf der Stirn. Die Fähigkeit, Gesichter zu unterscheiden, ist allerdings komplex und würde selbst für den höchstentwickelten Computer eine Herausforderung darstellen. Die Fähigkeit, einem bestimmten Gesicht in einer Menschenmenge von mehreren hundert einen Namen zuzuordnen, ist erstaunlicher als die Fähigkeit, einfach das eine vom anderen zu unterscheiden.

Wenn bestimmte Gehirnabschnitte geschädigt sind, verlieren die Betroffenen die Fähigkeit, Gesichter zu identifizieren – eine Störung, die als Prosopagnosie bezeichnet wird. Sie können immer noch verschiedene Gesichter voneinander unterscheiden (das eine hat dickere Augenbrauen, das andere einen kleineren Mund); es gelingt ihnen aber nicht mehr, es als das Gesicht von jemandem wiederzuerkennen, den sie kennen. Ein Mann, der an dieser Störung litt, erzählte, daß es ihm passieren könnte, auf einer Party neben seiner Frau zu stehen, ohne zu wissen, wer sie ist, wenn er nicht wüßte, welches Kleid sie an diesem Abend trägt.

Das Wiedererkennen von Gesichtern läuft ohne bewußte Steuerung ab. Durch eine verbale Beschreibung der Merkmale eines Gesichts können wir zu keinem Schluß darüber kommen, um wen es sich handelt. Ebensowenig gelingt uns das, wenn wir, wie bei der Prosopagnosie, zwar die einzelnen Merkmale sehen, uns aber das geistige Modul für das Wiedererkennen von Gesichtern fehlt.

Auf den folgenden Seiten beschäftigen wir uns mit zwei Arten unbewußter Verarbeitung – dem Blindsehen und der subliminalen beziehungsweise unterschwelligen Wahrnehmung. Diese Phänomene machen deutlich, daß uns eine ganze Menge Information beeinflussen kann, von der wir nicht einmal wissen, daß wir sie überhaupt aufnehmen. Dieser Prozeß, etwas zu erfahren, ohne es zu bemerken, läuft aber in allen Aktivitätsbereichen des menschlichen Geistes ab. Viel von unserem Wissen nehmen wir einfach als gegeben hin, ohne uns bewußt zu fragen, wie wir überhaupt dazu gekommen sind.

Das Blindsehen

In den frühen 70er Jahren kam es zu einer Entdeckung, die viele neuropsychologische Forscher überraschte, mich eingeschlossen: Tiere mit einer zerstörten Sehrinde konnten ihren Blick auf aktuelle visuelle Reize richten. Man würde annehmen, daß ein Lebewesen ohne den Teil des Kortex, in dem visuelle Reize verarbeitet werden, völlig blind sein müßte. Die Frage, ob diese überraschende Fähigkeit auch beim Menschen vorhanden ist, versuchte die Forschung mit Hilfe von Kriegsveteranen zu beantworten, die Verletzungen in den visuellen Gehirnabschnitten erlitten hatten.

Man ließ ein Licht so aufleuchten, daß es im blinden Bereich ihres Gesichtsfelds auftauchte und bat sie, zu dem Licht hinzuschauen. (Das Gesichtsfeld ist der Gesamtbereich, der für das Auge sichtbar ist, wenn es auf einen bestimmten Punkt fokussiert ist.) Zuerst fixierten die Forscher den Kopf und baten den Patienten, einen Punkt zu fixieren. Dann ließen sie das Licht aufleuchten und baten die Versuchsperson, dorthin zu schauen, wo das Licht aufgetaucht war.

Die Männer fragten sich, wie sie zu etwas hinschauen sollten, was sie nicht sehen konnten. Als sie sich dann aber dazu bereit erklärten, gelang es ihnen bis zu einem gewissen Grad, zu erraten, wo das Licht gewesen war. Kurz nachdem diese Studie allgemein bekannt wurde, wurde Lawrence Weiskrantz, der die Auswirkungen kortikaler Schädigungen auf das Sehvermögen bei Tieren untersucht hatte, auf einen Patienten aus der Gehirnchirurgie aufmerksam, kurz D. B. genannt.

Bei D. B. war ein kleiner Tumor aus der Sehrinde chirurgisch entfernt worden. Dadurch verlor er das Sehvermögen in einem großen Bereich der linken Hälfte seines Gesichtsfelds; er war sich zumindest nicht dessen bewußt, daß er in diesem Bereich irgend etwas sah. Kurz nach der Operation bemerkte Michael Sanders, sein Chirurg, daß D. B. anscheinend Gegenstände lokalisieren konnte, die sich innerhalb seines angeblich blinden Flecks befanden. Er konnte zum Beispiel eine ausgestreckte Hand ergreifen, obwohl er sie nicht sehen konnte.

Sanders und Weiskrantz testeten seine Fähigkeit auf zweierlei Weise: sie ließen ihn auf Markierungen an der Wand zeigen, die innerhalb seines blinden Bereichs lagen, und raten, ob ein darin hochgehaltener Stock eine horizontale oder vertikale Ausrichtung hatte. Er nahm völlig ungläubig zur Kenntnis, wie gut seine Leistungen gewesen waren.

Das war die sogenannte „Blindsichtigkeit". Weitere Studien mit D. B. zeigten, daß er die Position von Gegenständen im blinden Bereich seines Gesichtsfelds erkennen, ihre Ausrichtung feststellen und sogar ein X von einem O unterscheiden konnte. Während der anspruchsvollen Aufgabe, schwache Reize im blinden beziehungsweise sehenden Teil des Gesichtsfelds zu entdecken, berichtete D. B. nur dann von Ermüdung, wenn die Aufgabe den sehenden Teil betraf. Er kommentierte das mit der Bemerkung, daß er bei der Verwendung des blinden Teils nicht müde würde, weil „er ja nichts tue". Möglicherweise empfindet man unbewußte Verarbeitungsprozesse nicht so sehr als Arbeit wie bewußte Problemlösungsversuche.

Wie kann jemand ohne Sehrinde sehen? Einen bedeutenden Hinweis liefert die Tatsache, daß das Blindsehen üblicherweise auf oszillierende, flackernde Reize empfindlicher reagiert als auf fixe und beständige. Diese Art von Empfindsamkeit hilft uns, neuartige Ereignisse zu entdecken und Gegenstände zu finden. Die Blindsichtigkeit ist ein Beispiel dafür, wie die Information in uns dem Bewußtsein unzugänglich sein und trotzdem die Handlungen beeinflussen kann, selbst wenn wir es vielleicht sogar leugnen. Es gibt noch mehr unbewußte, „blinde Flecke", als selbst Freud dachte, denn viele Handlungen laufen ab, ohne daß wir das Geringste über sie wissen. Das Blindsehen hilft uns, Informationen zu bewahren, die vom Bewußtsein nicht erreicht werden können.

Blindsichtige können lernen, die Präsenz eines Gegenstandes im blinden Teil ihres Gesichtsfelds zu entdecken und darauf zu fokussieren. Diese Leute wissen nicht, wie sie das machen, aber trotzdem können sie Strategien erlernen, um zu diesen Informationen zu kommen; so können sie zum Beispiel mehrere Augenbewegungen machen, bevor sie raten, wo in ihrem blinden Fleck sich ein Gegenstand befindet. Obwohl sie sich keines sensorischen Inputs von dem Gegenstand bewußt sind, erzielen sie mit ihren „Vermutungen" eine höhere als nur zufällige Trefferquote.

Wie diese Menschen das lernen, unterscheidet sich nicht allzu sehr von unserer normalen Art, eine Fertigkeit zu erlernen. Wenn wir zum Beispiel lernen, auf der Schreibmaschine zu schreiben, beginnen wir sehr bald, die Tasten automatisch zu finden. Wir „erraten", wo die Tasten sind. Je mehr wir üben, desto besser werden wir im Raten und desto weniger sind wir uns dessen bewußt, was wir tun. Die besten Typistinnen sind sich dessen überhaupt nicht bewußt, daß und wie sie die Buchstaben auf der Tastatur suchen.

Die sublime Wahrnehmung

An den üblichen Normen gemessen, mag es vielleicht seltsam oder rätselhaft erscheinen, daß Menschen dazu in der Lage sein sollen, Dinge wahrzunehmen, ohne sich dessen bewußt zu sein. Wenn sie bedeutend genug sind, daß das Gehirn sie verarbeitet, warum sollte das Bewußtsein dann dennoch nichts von ihnen wissen müssen? Das ist aber verkehrt herum gedacht. Das Gehirn gab es schon, und es funktionierte auch gut, lange bevor es Menschen und eine Selbstwahrnehmung gab. Eine bessere Frage wäre vielleicht: Warum bemerken wir, was wir bemerken? Welcher spezielle Zweck wird dadurch erfüllt, daß ein Reiz ins Bewußtsein gelangen darf?

Ereignisse, die ins Bewußtsein gelangen, erfordern eine unmittelbare Handlung oder eine Entscheidung zwischen verschiedenen Alternativen. Das Gehirn aber muß weiterhin einen viel größeren Ausschnitt der Umgebung überwachen, als das bewußt möglich wäre, damit es das auswählen kann, was relevant ist und unsere Aufmerksamkeit erfordert. Es gibt viele Hinweise darauf, daß wir uns dahingehend entwickelt haben, daß wir auf einer unter dem Bewußtsein liegenden Ebene auf Informationen reagieren können; die Forschung hat Veränderungen des Hautwiderstands, der Pulsfrequenz und anderer Parameter für emotionale Reaktionen beim Menschen auf nicht bewußt wahrnehmbare Reize festgestellt.

Die ständig wachsende, wenn auch umstrittene, Forschungsliteratur zeigt, daß wir von diesen unterschwelligen Reizen möglicherweise stark beeinflußt werden. Sublime Reize sind sensorische Informationen, die unter der Schwelle der bewußten Wahrnehmung liegen, das heißt, man kann nicht erzählen, daß man sie wahrgenommen hat. In Laborversuchen haben sie schon die elektrischen Potentiale im Gehirn, physiologische Reaktionen, sensorische Schwellen, das Gedächtnis, Entscheidungen, Wahrnehmungen, Träume und Emotionen beeinflußt.

In der einfachsten Demonstration der unterschwelligen Wahrnehmung wird jemandem ein Bild so kurz gezeigt, daß er sagt, es wäre nicht da; trotzdem kann er dann mit einer überzufälligen Trefferquote die Natur oder die Farbe des sublime dargebotenen Gegenstands erraten. Wir können mehr wissen als wir wissen, daß wir wissen.

Wir finden die Ergebnisse der Untersuchungen zu den unterschwelligen Einflüssen auf die Wahrnehmung und das Verhalten etwas beunruhigend. Zusätzlich zu all den Informationen, die ganz offensichtlich eine Wirkung auf uns haben, kann ein Geisterchen viele Signale empfangen; und die beeinflussen dann wieder andere, ohne daß wir das bemerken. Unterschwellige Reize wirken sich auf unser Gefühlsleben aus und sogar auf die Art unserer Wahrnehmung und unseres Verhaltens. Sie schleichen sich ein, ohne daß wir sie bemerken; deshalb ist es möglicherweise sehr wichtig für uns, ihre Wirkung zu kennen. Schließlich können wir uns nicht gegen Einflüsse verteidigen, von denen wir nichts wissen.

Der Mensch hat eine Tendenz, das Vertraute zu bevorzugen. Wenn sie zwischen zwei Gegenständen wählen können, die an sich gleich erstrebenswert sind, wählen die Leute üblicherweise den, der ihnen vertrauter ist. Bob Zajonc hat gezeigt, daß diese Präferenz für das Vertraute auch bei Bildern zur Wirkung kommen, die so kurz gezeigt werden, daß man sie nicht sehen kann. Wenn jemandem geometrische Formen viel kürzer gezeigt werden, als er bräuchte, um sie erkennen zu können, und er dann gebeten wird, aus einem Set von Formen diejenige auszuwählen, die ihm am besten gefällt, entscheidet er sich für die, die ihm unterschwellig gezeigt worden war, obwohl er die Aufgabe für absurd hält!

In einer Serie von leicht zu bemerkenden Elektroschocks erhöht einer, der zu schwach ist, um spürbar zu sein, die wahrgenommene Intensität der nachfolgenden Schocks. Obwohl der Reiz dem Bewußtsein nicht zugänglich ist, wirkt er sich auf die wahrnehmungsmäßigen Mechanismen aus, die in der Beurteilung der Stärke einer Empfindung zum Tragen kommen. Hier können wir sehen, wie die kleinen Geisterchen, die hinter den Kulissen arbeiten, bei dem zusammengesetzten Traum mitzureden haben, den wir als die Welt erleben.

Unterschwellig dargebotene unangenehme Ereignisse vermindern zum Beispiel die Sensibilität dafür. Wenn ein Lied, das Ihnen nicht gefällt, im Radio gespielt wird, drehen Sie es leiser. Analog dazu dreht das Gehirn die Signale, die es empfängt, leiser, wenn es etwas entdeckt, was ihm nicht gefällt. Sublime Reize können die Stimmung beeinflussen: In einer Studie erhöhten sublime Botschaften, die eine erhöhte Wachsamkeit suggerierten, die Pulsfrequenz von Versuchspersonen, die unter Zeitdruck schwierige Rechenaufgaben lösten. Versteckte Suggestionen können also die Reaktion des Herzens auf Streß beeinflussen. Schwache Signale aus der Umgebung wirken sich so also möglicherweise darauf aus, wie wir auf Streßsituationen reagieren.

Unterschwellige Botschaften haben auch einen Einfluß auf das Verhalten. In einer Studie sollten die Versuchspersonen zu bestimmten Bildern Geschichten schreiben. Wenn auf der Karte die sublime Botschaft „Schreiben Sie nicht" stand, schrieben die Leute kürzere Geschichten, als wenn die Karte keine Botschaft aufwies oder wenn daraufstand „Schreiben Sie mehr". Wenn die Versuchspersonen die Aufforderungen sehen konnten, hatten sie keine Wirkung auf die Länge der Geschichten, die geschrieben wurden. Wenn die Versuchspersonen einen bewußten Zugang zu den Aufforderungen hatten, konnten sie diese Bewußtheit vermutlich dazu verwenden, um sich über die Botschaften hinwegzusetzen.

Das Bewußtsein kann nur dann sein Vetorecht wahrnehmen, wenn es über die Handlungen der Schlichtlinge auf den unteren Ebenen informiert wird. Das ist auch plausibel – man kann die Helfer, die man angeheuert hat, nicht umlenken, wenn man nicht weiß, was sie tun.

Mami und ich sind eins: Unterschwellige Botschaften in der Psychotherapie

Mit seiner umstrittenen Behauptung, daß sublime Stimulierungen in der Psychotherapie hilfreich sein könnten, rief der inzwischen verstorbene Psychiater Lloyd Silverman lautstarke Kontroversen in Psychologenkreisen hervor. Silvermans Studien zur sublimen psychodynamischen Aktivierung (SPA) nahmen ihren Anfang, als er bemerkte, daß gewisse unterschwellige Sätze, wie zum Beispiel „Zerstöre Mutter", das Krankheitsbild Schizophrener verschlimmern konnten. Wenn der gleiche Satz über der Wahrnehmungsschwelle dargeboten wurde, kam es zu keinen schädlichen Folgen. Später wandte sich Silverman dann der Frage zu, ob unterschwellige Reize die Pathologie mildern und ein angepaßtes Verhalten fördern könnten.

Als therapeutischen Stimulus wählte er den Satz „Mami und ich sind eins", weil er dachte, er würde angenehme Gefühle des Einsseins mit der „guten Mutter der frühen Kindheit" hervorrufen. Wenn diese Annahme reifen Erwachsenen auch dumm erscheinen mag, ist es doch so, daß die Mutterbindung ein grundlegender Teil des „Programms" ist, wie wir gesehen haben. „Mami und ich sind eins" ist in den verschiedensten Therapien nützlich, nicht nur bei Schizophrenen. Sublime Darbietungen dieses Satzes haben schon den Fortschritt in der Überwindung von Phobien, bei der Gewichtsreduktion und beim Rechnenlernen beschleunigt.

Nicht allen Forschern ist es gelungen, Silvermans Ergebnisse zu wiederholen, und viele zögern daher, sie zu akzeptieren. Die Unterschiedlichkeit der Ergebnisse könnte auf die Wahl des sublime Satzes oder die Darbietungstechnik zurückzuführen sein. Die Gründe sind schwer zu erfassen, wenn man es mit einem Effekt zu tun hat, den man nicht bewußt bewerten kann. Irgend etwas passiert hier, aber wir wissen nicht, was – oder doch?

Läßt sich die sublime Wahrnehmung auf Unterricht und Therapie anwenden oder ist sie eine wissenschaftliche Kuriosität? Tausende von Kassetten sind zur Zeit auf dem Markt und bieten sublime Hilfe beim Lesen, der sexuellen Leistung, dem Schlafen, Denken und eigentlich fast allem an. Niemand überprüft die Qualität dieser

Produkte, und da es möglicherweise die richtigen Umstände braucht, um die sublime Wirkungen zu erzielen, ist es kein Wunder, daß manche es als Scharlatanerie abtun.

Dennoch ist der sublime Einfluß bei den Medien sehr beliebt geworden, die Sensationsmeldungen über seine Gefahren bringen. Zu einer hysterischen Reaktion kam es im Zusammenhang mit der elterlichen Besorgnis, daß die Rockmusik mit rückwärts aufgenommenen Botschaften die Gedanken der heutigen Jugend steuere. Einer der (gesundheits)schädlichsten Fälle der letzten Jahre betraf die Hardrockgruppe Judas Priest. Zwei Jungen brachten sich um, nachdem sie sich eine Schallplatte der Band angehört hatten. Ihre Eltern sind der Meinung, daß die Selbstmorde durch eine rückwärts aufgenommene Botschaft auf der Platte ausgelöst wurden, die lautete: „Tu's, tu's, tu's" und damit implizierte, der Zuhörer solle sich umbringen. Der Gedanke hinter diesem sogenannten *Backwards Masking* ist der, daß man, wenn man sich Sprach- oder Liedertextaufnahmen rückwärts anhört, in dem Kauderwelsch Worte ausmachen kann. Irgendwie soll man dann angeblich unbewußt diese Botschaften dekodieren können, wenn die Musik normal abgespielt wird.

Es gibt allerdings keine Hinweise darauf, daß der menschliche Geist rückwärts Gesprochenes verstehen oder davon beeinflußt werden kann, nicht einmal unterschwellig. Darüber hinaus ist die „Entdeckung" der rückwärts aufgenommenen Botschaften in der Rockmusik als solche eine faszinierende Veranschaulichung der Art und Weise, wie wir die Welt zusammenträumen. Nehmen Sie irgendeine Sprachaufnahme und spielen Sie sie rückwärts ab; Sie werden bemerken, daß Sie in dem Lärm Worte und Bedeutungen erkennen können. Was Sie hören, spiegelt sehr wahrscheinlich auch das wider, was Ihre Gedanken gerade in Anspruch nimmt. Es gibt einen Schlichtling, der eine Bedeutung im Gesprochenen findet – seine bestmögliche Vermutung bezüglich dessen, was gesagt wird. Das ist ja in Ordnung, falls etwas gesagt wird, aber andernfalls kriegen Sie nur die seltsamen Vermutungen dieses Schlichtlings zu hören.

Der menschliche Geist unterliegt vielen unmerklichen Einflüssen. Elemente in unserer Umgebung, die wir bewußt nicht bemerken, wirken sich auf unser Gehirn und unseren Geist aus. Die jahreszeitlichen Veränderungen beeinflussen die Stimmung und Gedanken – im Winter kann bereits zusätzliches Licht die geistige Tätigkeit verändern. Wir haben gesehen, daß Pheromone die Urteile von Menschen beeinflussen können, wenn sie eine damit präparierte Maske tragen, und daß wir Dinge bevorzugen, von denen wir nicht einmal wissen, daß wir sie gesehen haben, und nur, weil wir ihnen einmal ausgesetzt waren. Diese Mechanismen laufen zum größten Teil automatisch ab; dadurch lenken die Ereignisse, von denen die natürliche Auslese vor langer Zeit beschloß, daß sie wichtig für uns seien, unsere Aufmerksamkeit auf sich und gewinnen an Bedeutung. Wir würden uns aber nichts Gutes tun, wenn wir uns nun hysterisch paranoid von unsichtbaren Kräften kontrolliert fühlen würden.

Es ist schwierig, sich zu kennen, wenn all diese verschiedenen Systeme, die jeweils einem speziellen Zweck dienen, ständig auftauchen und wieder verschwinden. Daher müssen wir lernen, unser Bewußtsein dazu zu verwenden, die verschiedenen Teile unseres Ichs zu beobachten. Das Bewußtsein ist zwar noch kein alter Hase im mentalen System – es tauchte wahrscheinlich erst nach der großangelegten Erweiterung des Gehirns auf -, aber es kann uns darin unterstützen, die Art und Weise zu verändern, wie das Gehirn arbeitet.

Es liegt in der Natur der Sache, daß der normale Prozeß der Selbsterkenntnis falsch ist und das wahre Selbstverständnis eines Menschen blockiert. „Wir" treffen eigentlich keine Entscheidungen; sie sind bezüglich des menschlichen Geistes schon lange getroffen worden. Unser Geist kennt sich nicht einmal selbst. Und die Einheit, als die wir uns empfinden, ist auch eine Illusion, denn wir sind von einem Tag, von einem Augenblick zum nächsten immer wieder jemand anders. Unser Geist enthält ein spezielles System, das unserem Blick verborgen ist und still und leise die Illusion von uns als einer Person bewahrt. Wenn wir unser Bewußtsein besser einsetzen, können wir diese Selbsttäuschung bis zu einem gewissen Grad überwinden und den Geist umgestalten, damit er in der Welt, die wir geschaffen haben, besser funktionieren kann.

24. Wer sind die einzelnen Schlichtlinge?

Es fällt uns schwer, die „Person, mit der ich spreche" innendrin anzusprechen oder aufzurufen. Aufgrund des Systems, das ich im Zusammenhang mit Libets Arbeit beschrieben habe, treten die einzelnen Handlungszentren häufig selbständig in Aktion. Deshalb haben wir den Eindruck, daß wir „unsere" Erwartungen nicht erfüllen. Es hat mit der Frage zu tun, welches „Ich" gerade den Hörer abhebt. Wenn wir einmal verstanden haben, daß das Bewußtsein ein schwacher Aspekt des geistigen Systems ist, können wir uns seiner Stärkung widmen, indem wir uns durch Selbstbeobachtung die automatisch ablaufenden Programme ins Bewußtsein holen.

Ihr Mann verbrennt den Toast. Es ist die letzte Scheibe, und letzten Donnerstag morgen hat er das auch gemacht. Natürlich sind Sie enttäuscht. Und Sie wollen ihm auch gründlich die Meinung sagen. Sie beginnen zu beschreiben, wie sehr Sie sich auf den Toast gefreut hatten, und nun müßten Sie wieder ohne Toast zur Arbeit. Warum könne er denn nicht sorgfältiger auf den Toaster aufpassen, oder sogar nur einen niedrigeren Bräunungsgrad einstellen? Er ist ein bißchen beschämt und leicht verstimmt. Soweit, so gut – eine kleine Meinungsverschiedenheit.

Aber jetzt werden Sie ihm gleich etwas mitteilen, von dem Sie nichts wußten. Ganz plötzlich fällt Ihnen ein, fast automatisch, daß es Ihnen nicht gefällt, wie er Ihre Freunde behandelt, wenn Sie bei einem gemeinsamen Abendessen sitzen; er ist immer so gönnerhaft zu ihnen. Und die Rate für den Wagen hat er nicht bezahlt. Am Abend ist er zu müde für Zärtlichkeiten, Ihrer Meinung nach zu oft.

Wenn Sie nun wissen, daß Ihre Ichs auftauchen und wieder verschwinden, müssen Sie „Ihren" Gedanken nicht unbedingt und automatisch folgen. Diese anderen Gedanken sind aufgetaucht, weil sich ein emotionales Ich an seinen Arbeitsplatz gesetzt hat, als Resultat der Aufregung über den verbrannten Toast. Sie nehmen diese Veränderung zur Kenntnis und sind sich im klaren darüber, daß Sie nicht so denken müssen. Es handelt sich lediglich um ein Problem mit dem Toast, und Sie müssen nicht eine größere Krise daraus entstehen lassen.

Statt dessen merken Sie „Da ist schon wieder diese dumme Wendung in meinem Denken. Ich werde jetzt nicht vergangene Probleme auftischen, obwohl ich es gerne möchte.“ Beim ersten oder zweiten Mal, wo das passiert, gelingt es Ihnen vielleicht noch nicht, den Schachzügen Ihres Geistes Widerstand entgegenzusetzen. Nach einer Weile werden Sie aber das Spiel des Geistes spielen können und gelernt haben, selbst ein anderes Ich aufzurufen, anstatt den automatischen Programmen zu erlauben, sich der Sache anzunehmen und das Geschehen zu bestimmen.

Im folgenden ein Brief, den ich einmal erhielt, natürlich mit geänderten Namen:

Lieber Herr Ornstein!

Mein Mann und ich streiten ständig. Er findet, ich ließe unserem Sohn zu viel durchgehen, und ich habe das Gefühl, er diszipliniert ihn die ganze Zeit. Er haßt Theaterbesuche, und ich verstehe nicht, warum er sich diese nervenaufreibende Katzenmusik anhört, die er Oper nennt. Kürzlich hat er mir vorgeworfen, man könne mir nicht vertrauen, weil er dachte, ich hätte mit einem Tankstellenwärter geflirtet, aber ich finde, er ist unehrlich, weil er seine Ausgaben frisiert und beim Finanzamt Beträge geltend macht, die ihm nicht zustehen. Wir streiten die ganze Zeit darüber, was richtig ist. Wer von uns beiden hat recht?

P. Stein

Liebe Phyllis Stein!

Entspannen Sie sich und lassen Sie den ständigen Streit darüber, wer recht hat. Keiner von Ihnen beiden hat recht. Weder Sie noch Ihr Mann kennt die wahre Realität oder die Wahrheit, niemand kennt sie, auch kein Tier, was das betrifft. Statt dessen macht unser Geist uns auf sehr kluge Art dem größten Teil der Welt da draußen gegenüber „blind“. Ein Teil der Tatsache, daß wir unwichtigen Möglichkeiten gegenüber blind sind, ist darauf zurückzuführen, wie das Nervensystem funktioniert; ein anderer Teil basiert auf den Gedanken und Absichten, die wir in dem Augenblick haben. Der Blick verschiedener Menschen fällt auf verschiedene Dinge in der Welt, ihre Erinnerung an Ereignisse ist unterschiedlich, und sogar ihre Realität ist effektiv verschieden.

Jeder Mensch hat einen blinden Fleck; es gibt sogar einen physischen im Auge. Es gibt Geräusche, die wir nicht hören können, ein Hund aber schon. Manche Leute haben ein gutes Gedächtnis für Gesichter, andere für Namen. Manche erinnern sich bezüglich eines Abends an das, was die Leute anhatten, andere an das Essen und wieder andere an die Menschen, die sie attraktiv fanden. Es gibt keine Farbe in der Natur, kein Geräusch, keinen Geruch, nur Bewegungen von Wellen und Molekülen. Wir sind es, die die Musik im Geiste erschaffen, wir sind es, die die Veränderung der Zusammensetzung der Gase als Parfum erleben.

Jeder von uns baut sich seine eigene Welt zusammen, und die ist anders als die der anderen; das geschieht auch kollektiv – auf der Ebene der Kulturen und der Spezies. Der menschliche Geist ist blind, aber er schenkt uns auch eine Welt. Wichtig zu wissen ist aber, daß Sie mit Ihren Argumenten gleichzeitig recht und unrecht haben.

R. Ornstein

Wir übersehen die Schachzüge unseres Geistes, weil er sich an Ereignisse anpaßt, ohne daß wir es bemerken: wir gewöhnen uns zum Beispiel an immer stärkeren Lärm auf der Straße und blenden ihn dann genauso aus, wie wir uns an die immer lauteren Klagen unseres Ehepartners gewöhnen, die wir auch ignorieren, bis es zu spät ist. Gewichtszunahmen, finanzielle Gewinne, Ehestreß – alles wird mit den gleichen Mechanismen analysiert.

Es ist auch nicht so, daß wir uns selbst kennen würden. Das bewußte Ich hat anscheinend keinen direkten Zugang zum Rest des Geistes, sondern scheint zu beobachten, wie und wann die anderen Geisterchen die Bühne verlassen, wie man aus den Studien über die willentlich gesetzten Handlungen schließen kann. Dann muß es erraten, was es tun soll, so wie ein General seinen Stab auswählen muß. Das Ich ist bezüglich der Deutung seines eigenen inneren Zustands genauso auf Vermutungen angewiesen wie bei der Einschätzung dessen, was in anderen Menschen vorgeht. Und üblicherweise sind diese Vermutungen recht zutreffend.

Wenn nicht alles glatt läuft, gerät das wohlangepaßte Selbsterkenntnissystem auf Abwege. Wenn ältere Menschen immer schlechter hören und insbesondere dann, wenn sie das nicht zugeben wollen, werden sie paranoid. Solch eine Reaktion kann sich in einer halben Stunde entwickeln, wie ein Experiment zeigte, in dem diese Bedingungen hergestellt wurden. Studenten, die in Richtung Taubheit hypnotisiert wurden und dann den posthypnotischen Auftrag erhielten, die Taubheit zu ignorieren, wurden sehr deutlich paranoid. Wir schätzen unsere inneren Prozesse falsch ein – so werden wir zum Beispiel von Menschen in aufregenden Situationen angezogen (Wenn sich Menschen unter gefährlichen Umständen begegnen, empfinden sie sehr schnell Liebe oder zumindest Lust füreinander); wir ignorieren die Tatsache, daß das Wetter, postoperative Schmerzen, normaler Hunger und Durst alle einen Einfluß auf unsere Urteile und Einschätzungen haben.

Ich erzähle Ihnen jetzt ein Beispiel von jemandem, der bestimmte routinemäßig ablaufende Programme in seine Ehe übertrug und dadurch letztlich seine Frau verlor. Ein ausgezeichneter Staatsanwalt brachte seine juristischen Überzeugungen mit nach Hause und ins Schlafzimmer. „Ich wurde es leid, mit ihm über sexuelle Stellungen zu verhandeln“, erinnerte sich seine Frau. Er konnte es aber sogar nach Jahren therapeutischer Behandlung nicht lassen. „Und je erfolgreicher er in seinem Beruf wurde, desto schlimmer wurde es für uns im Bett. Warum mußte er seine Sexualität wie ein Jurist ausdrücken?“

Wenn wir wissen, daß verschiedene Ichs immer wieder auftauchen und verschwinden, dann können wir die automatischen Reaktionen des Geistes beobachten. Wir können beobachten, welcher Faktor – ein externer, Nahrung, ein persönlicher, gesellschaftlicher oder umweltbedingter – für eine bestimmte Reaktion verantwortlich ist. Unter dem Reiz der Selbstbeobachtung beginnt sich der Geist zu verändern, und die Verknüpfung einer bestimmten Aktion mit einer bestimmten Reaktion beginnt sich zu lockern.

Viele unserer Reaktionen stammen immer noch von den grundlegenden Eigenschaften der Sinne. Lebendige Ereignisse erregen unsere Aufmerksamkeit; langsame, kontinuierliche Veränderungen bleiben von uns unbemerkt. Der Absturz des Pan Am-Flugzeugs in Lockerbie, Schottland, im Dezember 1988 zog die Aufmerksamkeit der ganzen Welt auf sich, und die Medien berichteten ausführlich über die Katastrophe. In den zwei Tagen danach aber starben auf den Autobahnen der Vereinigten Staaten mehr Menschen als in Lockerbie. Und das gilt auch für jeden einzelnen Zeitraum von zwei Tagen bis zum heutigen Tag.

Wir interessieren uns aber nicht für Geschichten über fortlaufende Probleme. Zeigt uns bitte nur die neuen Katastrophen. Die Zahl der Tragödien steigt, und zwar in einem Ausmaß, daß wir neu definieren müssen, was in unserer Welt existiert. Wenn wir die Ereignisse in der Welt vernünftig betrachten könnten, wäre die Berichterstattung der Medien sinnvoll. Wir funktionieren aber anders. Wir würden bei uns selbst beginnen müssen.

Die Selbstbeobachtung geht anders vor sich, als wir es normalerweise kennen. Man muß lernen, sich zu beobachten, als wäre man jemand anders. Dadurch erklärt man nicht ständig, wie sonst oft, warum man etwas getan hat. Man zeichnet das Erlebnis einfach auf: „Er sagte „Ganz richtig!“ Mir stieg das Blut in den Kopf, und ich wurde wütend.“ So schafft man eine Distanz zu dem, was geschieht, und beginnt, die verschiedenen Ichs als „er“ oder „sie“ zu bezeichnen, die ihrer Arbeit nachgehen, als wären sie andere Leute. Wann mischt sich der „clevere Kerl“ ein? Wann der „rücksichtslose Recke“, der „enttäuschte Einsiedler“ oder das „frivole Flittchen“? Es ist hilfreich, ihnen klingende Namen zu geben (es muß ja niemand sonst davon erfahren).

Diese Art von Beobachtung ist notwendig, wenn Sie lernen wollen, wie und wann Sie umschalten können. Sie können nur auf jemanden umschalten, den es bereits gibt, und Sie müssen „ihn" oder „sie" kennen – dieses Ich ist vielleicht nicht das, von dem Sie hoffen, daß es da ist. Das Umschalten auf „jemanden", der bereits existiert, erleichtert die Veränderung. Eine Frau, die gut mit ihren Kindern umgehen kann, ihren Arbeitskollegen gegenüber aber angespannt und bissig ist, müßte im Büro vielleicht nur ein bißchen von ihrer „häuslichen Fürsorge" ins Spiel bringen, um mit den anderen besser auszukommen und voranzukommen. Sie braucht vielleicht gar kein komplexes Training, wie man mit anderen Leuten auskommt, sondern weiß möglicherweise sehr gut, wie das geht. Aber sie läßt das entsprechende Geisterchen nicht zur rechten Zeit auf die Bühne. Die Tatsache, daß sie zu Hause Probleme lösen kann, weist darauf hin, daß sie einfach nicht das richtige Geisterchen ins Büro mitbringt. Sie denkt vielleicht, daß bei der Arbeit mehr Aggression oder ein anderes Ich nötig ist. Was es aber nicht ist, zumindest nicht ausschließlich.

Da der menschliche Geist so viele verschiedene Systeme in sich beherbergt, kann die Rolle des Bewußtseins durch Selbstbeobachtung gestärkt werden. Der Beobachter – also Sie – beobachtet einfach Ihre Handlungen und nimmt zur Kenntnis, was geschieht. Es ist leichter, wenn Sie damit beginnen, indem Sie die Außenwelt beobachten. Entsprechende Techniken werden seit Jahrhunderten entwickelt und sind leicht anzuwenden. Diese Übungen werden als „Sitzen" im Zen bezeichnet, als „Achtsamkeit" im Yoga und als „Selbstbeobachtung" im Sufismus.

Die Selbstbeobachtung ist nicht so exotisch, wie sie vielleicht klingt. Nehmen Sie sich einfach etwas Zeit, um auf all die Geräusche in Ihrem Raum und außerhalb zu hören: die Geräusche aus den Gebäuden und vom Verkehr, die atmosphärischen Störungen im Radio, das Knacken in den Wänden. Sie sind ständig da, nur bemerken wir sie nie. Da sich der menschliche Geist anpaßt, entgeht Ihnen viel von dem, was um Sie herum vor sich geht. Versuchen Sie sich wieder mit dem zu verbinden, was draußen geschieht, und nicht (nur) mit dem, was Sie wissen müssen. Diese ersten Beobachtungsversuche unterstützen uns darin, die Zahl der Situationen zu reduzieren, in denen ein automatischer Sinneswandel eintritt.

Wenn Sie mit der Selbstbeobachtung beginnen, verwenden Sie die Erklärungen der geistigen Programme in diesem Buch, damit Sie leichter und gezielter die Bereiche bestimmen können, die Sie zuerst verändern müssen. Vielleicht wollen Sie Ihre Aktivitäten in einem Tagebuch festhalten und die Tage besonders kennzeichnen, an denen es Ihnen nicht gelungen ist, das richtige Geisterchen auf die Bühne zu holen. Führen Sie auch über den Rest Ihres Lebens Aufzeichnungen – wer Sie sind, welches Ich jeweils die Kontrolle übernimmt, wenn es um gesellschaftliche, emotionale oder geschäftliche Angelegenheiten geht. Schauen Sie dann, ob Sie ein Muster in diesem Tagebuch der Ichs entdecken.

Viele Leute klagen darüber, daß sie unter einer zu starken emotionalen Erregung leiden, die die Arbeit und das Privatleben stört. Es ist wichtig, daß Sie „emotionale Erregungsdämpfer" finden, die Ihnen Spaß machen, und die Sie verwenden können, um umzuschalten, wenn es nötig ist. Es ist ja schön und gut, wenn Sie in Gedanken logisch mit sich argumentieren, aber das ist aufgrund der emotionalen Erregung, die von diesen Gedanken verursacht wird, nicht immer von Erfolg gekrönt. Vielleicht stellt sich heraus, daß Rockmusik oder Bach Sie gut in eine andere Stimmung bringen kann, oder Sie müssen sich in irgendeiner Form körperlich betätigen. Sie könnten auch versuchen, sich mit verzögerten Erregungsdämpfern zu belohnen: „Wenn Du gelassen bleibst, belohne ich dich damit, daß Du auf dem Weg zur Arbeit Motown hören und mitsingen darfst." Ein Sicherheitsnetz aufzubauen ist sinnvoller, als sich auf die unmöglich zu realisierende allumfassende Selbstdisziplin zu verlassen. Gelegentlich müssen die Schlichtlinge rausgelassen werden.

Ich erinnere mich an die Erzählung eines Interviewpartners: „Als ich damals in der mittleren Führungsebene arbeitete, war ich sehr gestreßt. Wenn ich am Abend nach Hause kam, bevor ich irgend etwas anderes tat, schloß ich mich in einem Zimmer ein, zog die Vorhänge zu, um die Blicke der Nachbarn nicht auf mich zu lenken, zog mich aus, legte die Rolling Stones auf und tanzte mit völliger Hingabe wie ein Irrer. Es funktioniert, aber man muß sich sicher sein können, daß niemand hereinplatzt, weil es schon recht seltsam aussieht, was man da tut."

Sie haben einen anstrengenden Arbeitstag im Büro hinter sich und schnauzen Ihre Kinder an, während Sie versuchen, wieder Boden unter den Füßen zu gewinnen; die aber sehnen sich natürlich nach Ihrer Aufmerksamkeit. Sie sagen: „Gebt mir zehn Minuten für mich alleine, dann komme ich zu euch. Im Augenblick bin ich völlig unverträglich, weil ich einen furchtbaren Tag hinter mir habe." Wenn Sie sich nicht die Zeit nehmen, die Kontrolle über das Geisterchen zu erlangen, das gerade aktiv ist, nehmen Sie die Reaktionen, die für Ihre nervenaufreibende Arbeit adäquat sind, mit nach Hause, und fühlen sich dann elend. Halten Sie einfach inne. Tun Sie etwas anderes und lassen Sie los, was war.

Das ist wichtig, denn kleine Veränderungen können sich im Geist stark auswirken. Eine plötzliche Verbesserung der Laune aktiviert zum Beispiel ein anderes Geisterchen. Wenn Sie sich zu Hause ein paar Augenblicke des Friedens gönnen, kann Sie das den Abend mit dem richtigen Geisterchen beginnen lassen. Da die Stimmung Erinnerungen, Gedanken und Pläne beeinflußt, kann es Wunder wirken, wenn Sie eine Kleinigkeit machen, um sie zu ändern.

Die Mobilisierung der Kreativität: viele Geisterchen müssen mitmachen

Die Kreativität ist ein Teil der Evolution und funktioniert ähnlich der natürlichen Auslese; einige der zufällig auftauchenden Abweichungen erweisen sich als nützlich und werden von der Umgebung „ausgewählt". Im Menschen entstehen viele Ideen, fast zufällig, von denen ein paar stimmig sind und ausgewählt werden. Der Zufall spielt eine bedeutende Rolle in der Entstehung und der Bewertung von Ideen. Die Entstehung von Ideen ist die primäre Stufe. Menschen, die viele Ideen haben, haben mit größerer Wahrscheinlichkeit auch kreative. Eine nützliche kreative Idee ist rar. Campbell betont diese Tatsache:

> „(Das riesige Ausmaß an unproduktivem Denken) ist nicht zu unterschätzen. Führen Sie sich mal vor Augen, welch kleiner

Teil des Denkens überhaupt ins Bewußtsein gelangt, welcher Bruchteil des bewußten Denkens dann geäußert wird, und welch noch kleinerer Teil davon veröffentlicht wird; und welch geringer Anteil des Veröffentlichten von der nächsten intellektuellen Generation verwendet wird. Wir haben es mit einer ungeheuren Verschwendung, Langsamkeit und Seltenheit von Leistungen zu tun."

Tausende von kleinen und irrigen Ideen helfen, den Weg zu bereiten für eine nützliche. Thomas Edison beschrieb angeblich seinen Fortschritt bei einer Erfindung, indem er sagte, er kenne nun hundert Arten, auf die es nicht funktioniere. Kreativität hat mit harter Arbeit zu tun und der unablässigen Produktion von Ideen und Gedanken, um ein paar entstehen zu lassen, die einer kritischen Beurteilung standhalten. Die Evaluierung ist die Einschätzung des Wertes, den eine Idee hat. Es ist vielleicht wichtiger, eine gute Idee auch tatsächlich als solche zu erkennen, als eine zu haben.

Der Mensch ist aber nicht aus einem Guß, also ist er nicht als Ganzes kreativ oder unkreativ. Es gibt allerdings gewisse menschliche Eigenschaften, die möglicherweise den kreativen Ausdruck unterstützen. Leute, die ungewöhnliche Gedanken denken, scheinen ihr Leben anders zu gestalten als andere Menschen. Isaac Newton verbrachte fast sechszehn Stunden pro Tag eingeschlossen in seinen Räumen in Cambridge und arbeitete an seinen Ideen; er hatte sowohl jede Menge wilder Ideen zur Kosmologie als auch die, die die Physik veränderten. Wenn Sie zu viel Zeit damit zubringen, wie alle anderen zu sein, verringern Sie damit Ihre Chancen, daß Ihnen etwas Neues in den Sinn kommt.

Wir bezeichnen bestimmte Menschen als kreativ oder stumpfsinnig, ohne dabei zu berücksichtigen, daß kreative Menschen nicht die ganze Zeit kreativ und stumpfsinnige nicht die ganze Zeit und nicht in jeder Hinsicht stumpfsinnig sind. Führen Sie sich einmal folgendes vor Augen: Sprache ist Schöpfung; jeder Satz, den wir hervorbringen, ist aus dem Stegreif erfunden. Alle Kinder können während ihres Aufwachsens Millionen von Sätzen und Ausrufen erkennen, die sie noch nie zuvor gehört haben.

Geistige Weichenstellung

Erinnern Sie sich an die Frau, die auf der Party einer Chirurgin begegnete und sich von deren Erfahrungen von ihrem wunderbaren Skiurlaub abschrecken ließ? Eine Möglichkeit, diese Reaktion zu vermeiden, wäre gewesen, ganz einfach zu sagen: „Laß uns tanzen!". Schaffen Sie für sich eine ähnliche Situation, wie sie für Alfred R., den Fast-Selbstmörder, geschaffen wurde: Verschreiben Sie sich einen geistigen *Bypass* und werfen Sie das Mistvieh aus ihren Gedanken raus.

Manchmal können Ereignisse dazu führen, daß man auf positive Weise von Sinnen ist. Um diese Reaktion zu steuern, müssen Sie ein paar Aktivitäten visualisieren, denen Sie sich wirklich gern widmen, Aktivitäten, die Ihnen helfen, abzuschalten, wenn es nötig ist. Es ist ganz egal, welche das sind – Vögel beobachten, Tischtennis,

Die innere Schaltzentrale

Tanzmarathons, Autos restaurieren, nähen, ein Spaziergang in Ihrem Lieblingswald – all das kann Ihnen helfen, wenn Sie es kultivieren.

Sie müssen sich diese innere Zufluchtsstätte aber sichern, müssen sich einen sicheren Hafen schaffen, in den sie einlaufen können, bevor es zu Schwierigkeiten kommt. Auf diese Weise können sie viel von dem Streß in Ihrem Leben vermeiden und müssen nicht lernen, ihn zu reduzieren. Ein rettender Hafen trägt auch zur Erhöhung Ihres Selbstbewußtseins bei; denn wenn es zu einer Niederlage kommt, betrifft sie Sie nicht als „Ganzes".

Es ist wichtig, früh zu erkennen, was geschieht, wenn das falsche Geisterchen die Situation kontrollieren darf. Es kann dann nämlich rasch schlimmer werden. Manchmal besteht die einzige erfolgversprechende Maßnahme in einem vollständigen Rückzug aus der Situation, bevor sich die Dinge zu einem richtiggehenden Krieg zuspitzen – selbst wenn das bedeutet, daß Sie sich für einen Augenblick im Badezimmer einschließen, bis das richtige Geisterchen (oder zumindest ein anderes) die Bühne betritt.

Wenn Ihr Dreijähriger gerade auf eine stark befahrene Straße laufen will, werden Sie natürlich nicht zuerst einmal ein paar Minuten tief durchatmen. Aber nur sehr wenige Situationen erfordern eine ähnlich unmittelbare Handlung – weniger, als wir denken. Es lohnt sich, sich die Zeit zu nehmen, um den automatischen Ablauf der geistigen Programme besser zu verstehen und zu wissen, wie Sie einfach mitgerissen werden können. Wenn Sie sich darüber im klaren sind, können Sie eine wahre und dauerhafte Veränderung bewirken.

Die Aktivierung von positiv eingestellten Geisterchen

Kleine Veränderungen in den Abläufen des Geistes können uns überraschend stark verändern. Das kann katastrophal sein, wie im Fall von Jonestown; es kann aber auch, wenn schon nicht wundervoll sein, so doch eine starke positive Kraft bewirken. Der Grund dafür ist folgender: Wenn irgend etwas mit uns geschieht – ob wir betrunken werden, verführt oder entlassen – aktivieren wir ein anderes Geisterchen und werden praktisch zu einem anderen Menschen.

Gute Laune und Optimismus können das Leben verlängern und die Erfolgschancen erhöhen. Der Trick besteht darin, die kleinen, kontrollierbaren Ereignisse in der unmittelbaren Umgebung zu bewältigen und sich dann erst um die größeren Gedanken zu machen. Dadurch findet eine Veränderung im System statt; Ihre positiven Gefühle und Ihre Kreativität sind Ihnen leichter zugänglich, wenn Sie erst einmal besserer Laune sind. Außerdem fördert die bessere Laune an sich bereits die Gesundheit.

Wenn wir die Welt im Rohzustand erleben müßten, würde uns das überwältigen. Also nehmen wir unbewußt eine Selektion vor. Wir leben in einem Netz von Illusionen. Die meisten von uns glauben, daß die anderen gut über sie denken, daß sie gemocht werden, gut aussehen und so fort. In der Mehrzahl der Fälle schätzen wir uns zu hoch ein. Die einzigen Leute, die sich selbst nicht überschätzen, sind die leicht depressiven, die wahren Realisten.

Jemand sagt Ihnen, Sie seien nett, unaufrichtig, intelligent und faul. Die meisten gesunden Menschen erinnern sich an nett und intelligent. Der Rest entwischt irgendwie. Es gibt einen eingebauten Mechanismus, der dafür sorgt, daß wir das Positive behalten und das Negative ausfiltern. Gesunde Menschen erinnern sich besser an ihre Erfolge als an ihre Mißerfolge und glauben, daß sie Ereignisse stärker beeinflussen können als das tatsächlich der Fall ist.

Kann man sich gut und genau kennen, so, wie man wirklich ist? Wahrscheinlich nicht, denn die Selbstwahrnehmung konzentriert sich auf einen kleinen Teil des Geistes, auf einen, der üblicherweise mit der Steuerung und Kontrolle von Handlungen und nicht mit Erkenntnissen beschäftigt ist. Der menschliche Geist erfindet seine eigene Geschichte über die Realität und hat als Grundlage dafür nichts als ein dünnes Rinnsal von Informationen, die über die Sinne empfangen, reduziert und gefiltert werden. Diese konstruierten Überzeugungen, von denen viele auf einer Verleugnung der Realität und auf Illusionen beruhen, sind für die Anpassung wertvoll. Das heißt also, daß viele der für den Menschen „ärgerlichen" Verteidigungsmechanismen der Anpassungsfähigkeit dienen. Die Verleugnung bedrohlicher Informationen erspart uns oft unnötige Angst.

Die Art der Illusion, die wir und schaffen, hat Folgen für uns. Wenn Sie in einer schwierigen Situation sind und die Illusion haben, daß Sie sie beeinflussen können, auch wenn das gar nicht stimmt, ist der Streß, den Sie erleben, geringer. Viel zu optimistische Illusionen können nach einer Krise auch der Anpassungsfähigkeit dienen, weil man dadurch die Folgen des Traumas leugnen kann und die Illusionen einem durch die Zeit des Unglücklichseins hindurchhelfen. Es lohnt sich auch, die optimistischen Teile des Geistes nicht zum Schweigen zu bringen. Unter den Patienten, die vor einer Operation eine optimistischere Einstellung hatten, kam es zu weniger Todesfällen.

Eine optimistische Sicht aktiviert anscheinend ein anderes Geisterchen. Wir sollten uns daher darauf konzentrieren, Erfolgserlebnisse zu haben, wie klein auch immer sie sein mögen. Suchen Sie sich etwas aus, das Sie verändern möchten, und entscheiden Sie sich für einen kleinen Schritt, von dem Sie überzeugt sind, daß Sie ihn schaffen können. Wenn Sie Möglichkeiten finden, Ihr Selbstvertrauen zu stärken, kann sich das hoch bezahlt machen.

Die Erwartung einer rosigen Zukunft kann Patienten sogar helfen, sich an chirurgische Eingriffe am offenen Herzen anzupassen. Die Psychologen Carver und Scheier stuften Patienten, die vor einer *Bypass*-Operation standen, hinsichtlich dieser Haltung ein. Bei denjenigen, die hoffnungsvoller und positiver in die Zukunft blickten, kam es während der Operation zu weniger Komplikationen, die Lunge nahm ihre normale Funktion rascher wieder auf, sie setzten sich früher im Bett auf und konnten früher im Zimmer umhergehen als die trostloser eingestellten Patienten. Sechs Monate später bekamen die, die eine Verbesserung ihrer Lebensqualität und eine rasche Rückkehr zur Arbeit, zu ihren Hobbys und körperlichen Aktivitäten erwartet hatten, tendenziell auch genau das, was ihren Erwartungen entsprach.

Die Veränderungen in unserem Geist und unserer Einstellung wirken sich stark darauf aus, wie wir leben. Es ist wichtig, so viel von dieser Information wie möglich zu verwenden, um unsere Ichs irgendeiner Art von bewußter und willentlicher Befehlsgewalt zu unterstellen, denn kleine Anregungen können den gesamten Auftritt eines Geisterchens fördern oder vereiteln.

VIII.

Ohne bewußte Evolution wird es keine weitere Evolution geben

Unsere Evolution bisher

So wichtig der Existenzkampf war und immer noch ist, und so weit sich der höchste Teil der menschlichen Natur auch entwickelt haben mag – es gibt dennoch wichtigere Tätigkeiten. Denn der Fortschritt der Moral wird, entweder direkt oder indirekt, viel stärker von Gewohnheiten, den Mächten der Vernunft, der Religion, und so weiter, bestimmt als von der natürlichen Auslese.

Charles Darwin, Die Abstammung des Menschen

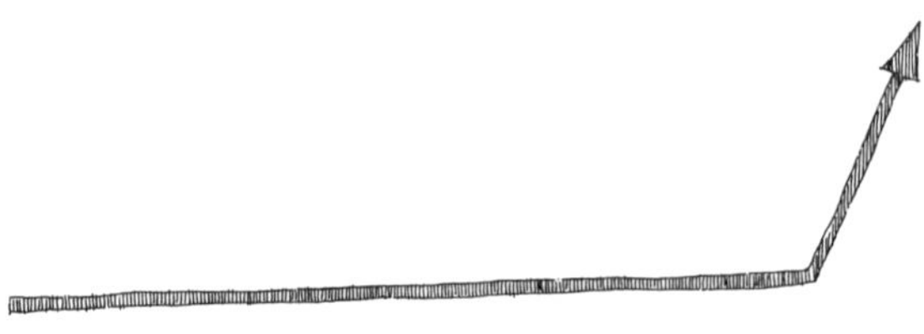

Schrittweise Veränderungen werden manchmal erst zu spät bemerkt.

Wenn wir auf die Welt kommen, müssen wir an einem der vielen möglichen Orte leben. Kein Gehirn kann darauf vorbereitet sein, also bringt es mehr als genug Neuronen und eine unvollständige Organisation in diese Welt mit. Während der langen Zeit der Kindheit sorgt die Umwelt der ersten Jahre für die Auswahl der spezifischen Geisterchen, die für das Überleben in dieser speziellen Welt nötig sind – unter der Annahme, daß sie unverändert bleibt. Heutzutage aber leben wir jenseits dieser früh entwickelten Grundausstattung von Anpassungen. Im Sinne der Evolution bedeutet das mehr Nachkommen. Im Sinne der heutigen Zeit bedeutet es eine Überbevölkerung, also immer mehr Menschen auf einer Erde mit begrenzten Ressourcen. Daher ist für unsere Anpassungsfähigkeit eine neue Epoche angebrochen. Können wir uns rechtzeitig ändern, so daß das triumphale Bevölkerungswachstum und die immer größeren Müllberge uns nicht ersticken oder umbringen?

Wir werden in den nächsten paar Jahrzehnten eine ganze Menge Hilfe brauchen, um unsere Welt neu zu gestalten und umzudenken. Teils betrifft es die Politik, teils die Technik, teils die Gesellschaft. Ich glaube, daß das Verständnis der psychologischen Vorgänge allen Bereichen zugute kommt. Dieses Buch beschäftigt sich mit dem Ursprung unseres Denkens; es ist kein Handbuch mit Handlungsanleitungen oder ein spezifisches Programm für die Zukunft. Andererseits eröffnet uns die hier dargestellte Analyse einen anderen Ausblick: Wir können und müssen auch gar nicht alles verändern, sondern können möglicherweise die Teile des menschlichen Geistes genau bestimmen, in denen Veränderungen nötig sind.

Unser Fortschritt hängt mehr von einer bewußten Lenkung unserer Anpassungsfähigkeit ab als von einer Verbesserung des vernünftigen Denkens. Dabei muß sich der Schwerpunkt verschieben – zum einen zu der Entwicklungsphase hin, in der die Verbindungen und Schaltkreise im menschlichen Geist entstehen, und zum anderen zu einem klareren Verständnis altruistischer Motive als Grundlage für einen großen Teil der menschlichen Handlungen, die wiederum fest in der Evolutionstheorie verwurzelt sind. Das Problem stellt für uns die Entscheidung dar, welche der einst angeworbenen Helfer wir fördern und welche wir entlassen sollten.

Ich möchte in der Folge die Gründe dafür darlegen, warum wir derzeit nicht dazu imstande sind, die moderne Welt zu verstehen, und warum es so dringend nötig ist, daß wir in unserer eigenen geistigen Evolution eine neue und bewußte Rolle einnehmen.

25. Bereit für den Tiger

Alles hat sich nun verändert, nur unsere Art zu denken nicht.

Albert Einstein

Stellen Sie sich vor, Sie lebten in einer Welt, auf die Ihr Geist eigentlich zugeschnitten ist. In der Welt eines Stammes mit zweihundert oder dreihundert Menschen, die überleben und mit Raubtieren und vielleicht noch einem anderen Stamm Kämpfe austragen müssen, wären Ihre Sorgen ganz, ganz andere als heute. Wie könnten in dieser archaischen Atmosphäre unserer Vorfahren irgendwelche Ereignisse auf der anderen Seite der Weltkugel etwas mit Ihren Plänen oder Ihrem Leben zu tun haben?

Als der menschliche Geist den Entwicklungsstand erreichte, auf dem er auch heute ist, lebten ein paar tausend menschliche Wesen weit verstreut auf der Erde; mittlerweile sind es Milliarden. Vor Tausenden von Jahren gab es in Mesopotamien, der Hochburg der Zivilisation, vielleicht ein paar verstreut lebende und mit Speeren bewaffnete Gruppen. Welche Wirkung hätte da der Angriff der einen Gruppe auf eine andere auf die Stämme gehabt, die in Nordamerika lebten? Wann hätten die überhaupt davon gehört oder es sonstwie erfahren können? Gar nicht. Hätten sie sich Sorgen darüber gemacht, daß der Angriff ihre Zukunft gefährden könnte? Sicherlich nicht. Jetzt hat aber ein Land im Gebiet des ehemaligen Mesopotamiens chemische und vielleicht sogar atomare Waffen entwickelt. Die irakische Invasion in Kuwait beeinflußte zweifellos viele Leben über eine Entfernung von Tausenden von Kilometern. Wir wurden über jede Minute dessen informiert, was im Rahmen der Operation *Desert Storm* ablief, und das ganze Unternehmen war für unsere Zukunft äußerst bedeutend.

Die Sinne, die Wahrnehmung, das Gedächtnis, das Denken und das soziale Urteilsvermögen entwickelten sich in einer stabilen, kleinen, simplen und langsamen Welt, die es schon lange nicht mehr gibt. Wir können die Atomstrahlung nicht riechen; leicht sauren Regen oder elektromagnetische Felder können wir nicht wahrnehmen. Die „Probleme“ stellen noch nie dagewesene und sogar unberechenbare Gefahren dar.

Einst unvorstellbare Reisen, wie zum Beispiel zum Mond, sind nun möglich. Die Atomkraft und Atomwaffen, unvorstellbar für unsere Vorfahren, bedrohen nun unser Dasein. Viel von dem, was erfunden oder neu geschaffen wird, stammt von einem einsamen Genie oder einer kleinen Gruppe von Menschen. Die technische Entwicklung kann der Anpassungsfähigkeit der restlichen Milliarden Menschen einen Riesenschritt voraus sein.

Vor etwa 25.000 Jahren bestand die Menschheit aus höchstens ein paar Millionen, die als Jäger und Sammler lebten. Mit der ersten bedeutenderen menschlichen Revolution, dem Aufkommen des Ackerbaus vor 10.000 Jahren nämlich, entstanden Siedlungen in den fruchtbaren Überschwemmungsgebieten des Nils, im fruchtbaren Halbmond des Nahen Ostens und rund um das Gangesdelta und den Huang Ho (Gelber Fluß) in Asien.

Das Wachstum der menschlichen Bevölkerung, ein Maß für unseren Fortpflanzungserfolg, ist erstaunlich. Zur Zeit der landwirtschaftlichen Revolution zählte die Gesamtbevölkerung der Erde weniger als zehn Millionen Menschen. Heutzutage werden jeden Monat fast genauso viele Menschen geboren. Die Intensität, die Entstehung, einfach schon das Gewicht dieses Gedränges von Menschen auf dem Planeten sind Kräfte, die es in der Welt, in der wir entstanden sind, nicht gab – in dieser kleinen Welt, die wir im Laufe unserer Entwicklung kennengelernt haben. Gegen Ende unserer Evolution lebte die Menschheit in winzigen, weitverstreuten Stammessiedlungen. Heutzutage leben auf ein paar Quadratkilometern in Tokio mehr Leute, als es damals insgesamt gab. Wenn in der kleinen Welt unserer Vorfahren in einer Entfernung von 15.000 Kilometern ein Wald gefällt wurde, dachte niemand, daß das die saubere Luft beeinträchtigen könne, die sie atmeten. Solch ein

Gedanke ließe sich mit der Vermutung vergleichen, daß die Veränderung eines Flußlaufs auf dem Mars Ihre beruflichen Pläne für das nächste Jahr beeinträchtigen könnte. Idiotisch. Unmöglich. Wie gut können unsere Einschätzungen wohl sein, wenn jedes einzelne U-Boot der Flotten vor unserer Küste mehr explosives Potential besitzt, als in unserer ganzen Geschichte je aus Aggression verwendet wurde?

Wie könnte der Häuptling eines kleinen Stammes auf den Gedanken vorbereitet sein, daß in einer halben Stunde zwei Milliarden Menschen sterben, wo er doch in seinem ganzen Leben nur ein paar hundert gesehen hat? Heutzutage hat die Menschheit im ganzen einen Einfluß auf uns wie noch nie zuvor; und die Menschheit ist tatsächlich sehr, sehr groß. Gerade weil der menschliche Geist an die Welt, in der er lebt, so gut angepaßt ist, versagt er zur Zeit. Wie jede Generation entwickelten auch wir uns weiter, um uns an die Welt unserer Eltern anzupassen. Ich wurde in eine Welt hineingeboren, in der es halb so viele Menschen gab, kein Fernsehen, keinen Computer, keine Atomwaffen, keine Weltraumflüge, Faxgeräte, keinen Smog und keinen sauren Regen. Wie hätte ich wissen sollen, wie die zukünftige Welt aussehen würde? Wie hätten meine Eltern es wissen sollen? Oder meine Lehrer?

Der auf ein Stammesleben zugeschnittene Geist, der den Nachkommen die Welt übergibt, wird sich in unserer Zukunft nicht halten können. Verschärft wird das Problem noch dadurch, daß wir heutzutage die Welt in fünf Jahren viel stärker verändern als viele unserer Vorfahren das in einem Jahrtausend gemacht haben. Und wir – sind vorbereitet auf den Tiger.

Alltag: Wie die Anpassung auf Abwege führen kann

Anpassung bedeutet, daß man unter jedweden Bedingungen das Beste tut – sei das nun, die schnellere von zwei Routen zu wählen, die größte Bedrohung zu erkennen, die reifste Frucht zu pflücken oder den sichersten Schlafplatz zu finden. Dieses System von Schlichtlingen (das „ewig gleiche“ Gehirn, wie ich es genannt habe), das wir von unseren Vorfahren geerbt haben, macht uns heutzutage zu so gierigen und wirren Konsumenten. Die Aktivierung eines neuen Schlichtlings ist die Aufgabe der Werbeindustrie, die unter anderem unsere Adaption und Aufmerksamkeit manipuliert, um uns dazu zu kriegen, das zu tun, was sie will. Sie sehen sich in einem Laden die teuren Liköre an. Einer verkauft sich wesentlich besser als anderen vergleichbaren. Warum? Er ist sogar teurer, kostet 23,95 Dollar im Vergleich zu den 19,95 Dollar, die die meisten anderen kosten, also sollte er eigentlich als zu teuer empfunden werden.

Der Grund für die Beliebtheit dieses Likörs liegt in der Art und Weise, wie sich der menschliche Geist an relative Beurteilungen anpaßt. Die Händler haben eine Werbekampagne laufen, in der Weihnachtsgeschenke unter tausend Dollar aufgezählt werden; darunter befinden sich ein Beutel aus Eidechsenleder, ein selbstgewähltes Porträt in einem Silberrahmen, ein Kugelschreiber für 450 Dollar und der in der Relation nun erstaunlich billige Likör für 23,95.Dollar.

Vieles entgeht uns deshalb, weil wir uns daran gewöhnen. Ein allmählich größer werdendes Gewichtsproblem oder das eigene Kind, das sich langsam Drogen zuwendet, wird in den Hintergrund verbannt. Wo stößt zum Beispiel das verfassungsmäßig festgelegte Recht auf Waffenbesitz in den USA an seine Grenzen? Die Technik ändert sich langsam und beständig, wir aber nicht. Gewehre und halbautomatische Waffen erscheinen manchen in Ordnung, lediglich eine Erweiterung unserer Grundrechte. Ist die Grenze erreicht, wenn man mit einem Anruf eine taktische Atomwaffe kaufen kann, die gleich nach den Sportseiten in einem Inserat angeboten wird?

Während ich dieses Buch schreibe, bekomme ich Hunger. Ich sehe, daß ein chinesisches Restaurant in der Nähe ein spezielles Angebot hat, drei Gerichte für fünfzehn Dollar, inklusive Zustellservice. Ich weiß, daß sie eine gute scharf-saure Suppe haben – die möchte ich. Dann aber sehe ich, daß eine der Speisen Suppe oder Salat sein muß; der reguläre Preis für die scharf-saure Suppe ist 3,50 Dollar, für den Salat 4,95 Dollar. Also entscheide ich mich für den Salat. Ich habe eine besonders günstige Gelegenheit gefunden. Ich wollte aber die Suppe, und der Salat ist furchtbar, und eigentlich wollte ich ihn ja auch gar nicht. Ich bin eindeutig, lieber Leser, nicht ganz bei Sinnen.

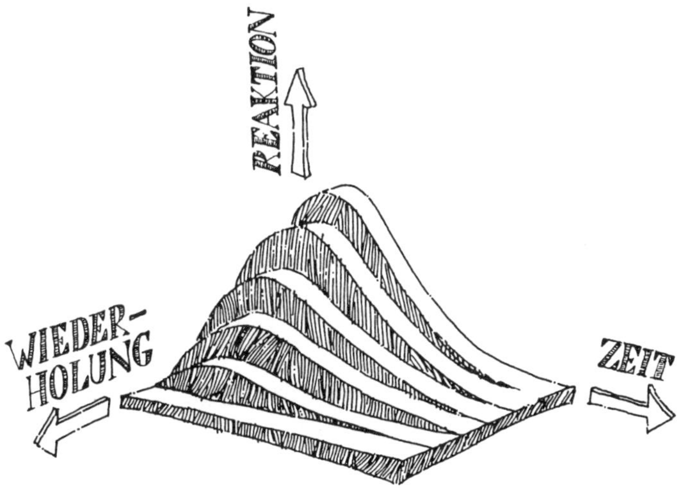

Wenn ein Geräusch sich wiederholt, hören wir irgendwann nicht mehr hin.

Im trauten Heim laufen die gleichen Programme ab. Wenn es um insgesamt hohe Ausgaben geht (wie zum Beispiel ein 65.000 Dollar-Budget für einen Umbau), lassen sich geringfügige Erhöhungen leicht wegerklären (weitere fünftausend Dollar für Möbel oder Küchengeräte). Insgesamt kleine Ausgaben aber, wie zum Beispiel der Kauf eines Buches, sind schwieriger zu rechtfertigen, obwohl sie viel weniger ausmachen: „Willst du sagen, du hast 25 Dollar für ein Taschenbuch ausgegeben?" Das gleiche geschieht mit Firmenbudgets.

Einmal getroffene Urteile beeinflussen zukünftige, weil sie unsere Schlichtlinge in Bewegung bringen. Nehmen Sie mal an, ein Techniker tritt eine neue Stelle bei einer Firma an. Wie hoch wird Ihrer Meinung nach sein Gehalt sein? Wenn jemand neben Ihnen 25.000 Dollar sagt, wird Ihre Schätzung seines Gehalts eine ganz andere sein, als wenn jemand 60.000 Dollar erwähnt. Wenn der andere 25.000 sagt, wird Ihre Schätzung viel näher an dieser Zahl liegen, also zum Beispiel 30.000. Wenn Sie von jemand anders 60.000 hören, würden Sie vielleicht erklären, daß 50.000 ein angemessenes Anfangsgehalt wäre.

Ein banaleres Beispiel: Wenn Sie gewöhnt sind, daß Ihr Aktenkoffer etwa ein Kilogramm wiegt und Sie eines Tages plötzlich eineinhalb Kilo Arbeit vom Büro nach Hause tragen, fällt Ihnen der Unterschied wahrscheinlich auf. Wenn Sie aber Holz schleppen, werden Sie wahrscheinlich kaum einen Unterschied zwischen 25 oder 25 1/2 Kilogramm feststellen können.

Diese Fehler unterlaufen uns natürlich selten; sie sind Beispiele dafür, wie wir die Welt vereinfachen können. Die Fähigkeit, die Dinge zu verallgemeinern, spart uns Mühe. Wir brauchen keine Zeit darauf zu verschwenden, eine Autohupe von der anderen zu unterscheiden, um aus dem Weg zu gehen. Jedes Läuten eines Telefons, selbst wenn es unterschiedliche Klänge gibt, signalisiert das gleiche. Außerdem sind wir uns immer nur einiger weniger Dinge gleichzeitig bewußt.

Da sich der menschliche Geist dahingehend entwickelt hat, daß er ein paar Signale auswählt und dann ein Abbild zusammenträumt, wird alles, was in unser Bewußtsein dringt, überbetont. Es ist ganz egal, wie wir auf die Information stoßen, ob mittels eines Fernsehprogramms, einer Zeitungsgeschichte, eines Gesprächs unter Freunden, einer heftigen emotionalen Reaktion, einer Erinnerung – alles wird überbetont. Wir ignorieren andere, zwingendere Hinweise, und betonen und verallgemeinern die für uns griffbereite Information sehr, damit wir eine grobe Realität erzeugen können.

Die Ermordung einer Geisel auf dem Kreuzfahrtschiff „Achille Lauro" erregte die Aufmerksamkeit der ganzen Welt; Millionen von Amerikanern änderten ihre Reisepläne. Zur gleichen Zeit wurden aber in den Vereinigten Staaten jeden Tag mehr Leute ermordet als alle zusammen, die jemals von Terroristen getötet wurden. Dennoch unternahmen die Leute weiterhin Reisen in diesem Land. In diesem Fall eines terroristischen Anschlags spiegelt die Berichterstattung über das Ereignis die Funktionsweise des menschlichen Geistes wider; die Presse der ganzen Welt berichtete über die Tragödie. Für diese Art von verzerrter Aufmerksamkeit gibt es noch viele andere Beispiele. Als es vor ein paar Jahren das Erdbeben in San Francisco gab, war ich gerade in England. Ich war erstaunt darüber, wie besorgt die englischen Medien über die Katastrophe waren. Alle fragten mich, wie ich nur daran denken könne, nach San Francisco zurückzukehren – sogar Leute aus New York und Lagos! Ein paar Tage später kam es im Pazifik zu einem stärkeren Erdbeben, das großen Schaden anrichtete; die Reaktionen darauf waren aber nur schwach. Wir werden Katastrophen gegenüber abgehärtet, wenn sie nicht mehr die außergewöhnliche Ausnahme darstellen; wir gewöhnen uns an kontinuierliche Bombardements, an die ständig gegenwärtigen Probleme der Armut und der Obdachlosigkeit. Ja, unser ewig gleiches Gehirn.

Die Reaktion der Medien auf solche Ereignisse veranschaulicht den selektiven Prozeß, der auch im menschlichen Geist stattfindet. Wenn wir von einer Gefahr hören, ist es unmöglich, sie wieder aus dem Kopf zu verbannen. Der Psychologe Dan Wegner beschrieb, wie dadurch einmal sein Urlaub ruiniert wurde. Kurz vor einer Reise in den Süden lenkte ein medizinisch interessierter Freund seine Aufmerksamkeit auf ein Hautproblem und erwähnte, daß es sich um Krebs handeln könne. Würde es Ihnen gelingen, das einfach zu vergessen? Die ganze Reise über hielt Wegner jede Minute in der Sonne für potentiell gefährlich; jede Möglichkeit, Spaß zu haben, wurde von dem Gedanken verdorben „Das ist nicht wichtig; ich habe vielleicht Krebs." Natürlich hatte er keinen Krebs (und schrieb in der Folge ein großartiges Buch über seine Erfahrungen mit dem Titel *White Bears and Other Unwanted Thoughts* („Weiße Bären und andere unerwünschte Gedanken")), aber unerwünschte Bilder, Gefühle und Gedanken überfluten unseren Geist aus vielen Quellen. Der menschliche Geist tauscht Genauigkeit gegen Geschwindigkeit ein. Wir sind üblicherweise auf unvollständige Informationen angewiesen, um Urteile zu fällen, Dinge und Situationen einzuschätzen, logisch zu argumentieren und Probleme zu lösen.

Diese „Anwerbung" an sich dafür nicht zuständiger Reaktionen kann auch tragische Folgen haben. Im Frühsommer des Jahres 1990 passierten in New York City kurz nacheinander fünf brutale und sinnlose Morde im Zusammenhang mit der Drogenszene. Sie ließen die besorgte Frage auftauchen, wie denn das mit dem erstaunlich leichten Zugang zu Handfeuerwaffen in den Vereinigten Staaten nun tatsächlich sei. Endlich, so war zu erwarten, würde diese Reihe von furchtbaren Todesfällen die Leute aufwachen lassen, sie dazu bringen, hinzusehen und vielleicht etwas gegen das Problem zu unternehmen. Wie vieles aber, was im menschlichen Geist abläuft, wurde diese besorgniserregende Angelegenheit sehr schnell wieder von den Titelseiten und aus unserem kollektiven „Geist" verdrängt – von der irakischen Invasion in Kuwait. Die Chance, unschuldige Bürger zu schützen, war wieder verloren.

Hatte die Invasion von Kuwait etwas mit den Morden durch Schußwaffen zu tun? Nein, die Invasion verringerte in keiner Weise das Risiko, auf offener Straße erschossen zu werden. Wenn überhaupt, dann gab es insofern eine Beziehung zwischen den beiden Ereignissen, als durch den Einsatz der militärischen Streitkräfte der USA in Saudi Arabien die Soldaten nicht für die Überwachung der Einhaltung der Drogengesetze und die Konfiszierung von Angriffswaffen zur Verfügung standen und sich dadurch das Risiko vergrößerte. Die Medien reagierten lediglich auf einen stärkeren Reiz, so wie ein Neuron als Reaktion auf einen starken Reiz feuert, während es bereits auf etwas anderes reagiert. So arbeitet eben das ewig gleiche Gehirn: Das Nervensystem von denjenigen, die entscheiden, was als Nachricht oder öffentliche Politik zu gelten hat, unterscheidet sich nicht von dem Nervensystem, mit dem der Rest der Menschen ausgestattet ist.

Den meisten Leuten bemerken die langsamen Preiserhöhungen für Milch, Brot, Wein, Fleisch und andere Dinge, die sie täglich kaufen, kaum. Die Verteuerung von Autos aber führt zu großer Bestürzung, obwohl sie unter dem Durchschnitt des Konsumentenpreisindexes liegt. Die langsamen, monatlichen Preiserhöhungen für so etwas wie zum Beispiel Milch fallen uns nicht auf, aber bei einem Auto, das wir nur alle drei oder vier Jahre kaufen, haben sich alle Preiserhöhungen der Zwischenzeit angesammelt – und das bemerken wir rasch.

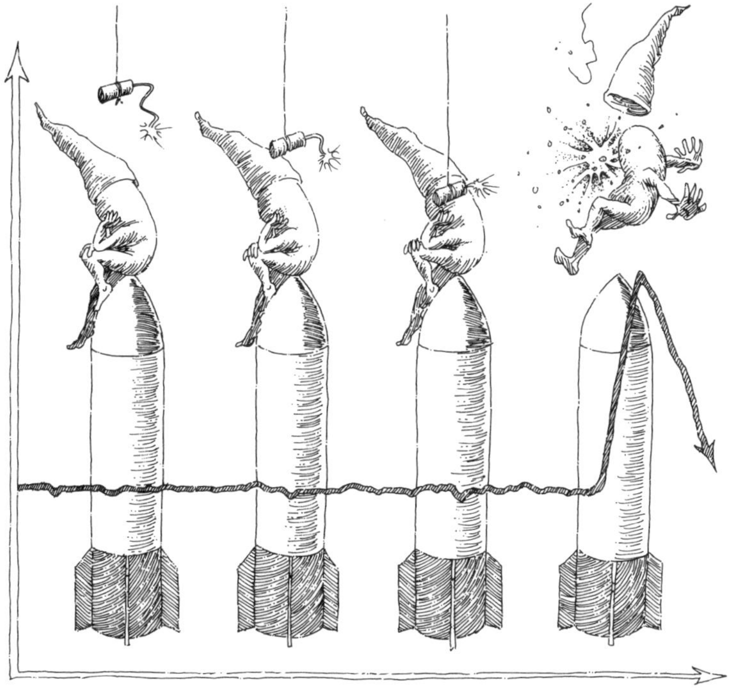

Auf einen Knallkörper können wir rasch reagieren, aber ein ständiges Bombardement ignorieren wir.

Je sensationeller das Ereignis, desto stärker scheint es unsere Gedankenprozesse auf sich zu lenken. Die bestialische Verstümmelung eines Joggers im Central Park, ein kleines Mädchen, das in eine Sickergrube fällt, eine tote Geisel im Iran, die in der Luft baumelt – solche Dinge nehmen unsere Aufmerksamkeit gefangen. Außerdem beeinflußt unsere eigene Situation unsere Einschätzungen: So schätzen Arbeitslose die Arbeitslosenrate höher ein als sie ist.

Airbags retten Leben. Sie werden in den nächsten Jahren aber sehr wenige Leben retten. Ein Fernsehwerbespot, in dem eine Kollision zwischen zwei mit *Airbags* ausgestatteten Wagen gezeigt wird, ist äußerst wirksam. Ein Leben, das von einem *Airbag* gerettet wird, zieht weit mehr Aufmerksamkeit auf sich als eines, das durch die Verringerung der Umweltverschmutzung gerettet würde, die von dem Wagen mit dem *Airbag* mitverursacht wird. Tatsache ist aber, daß eine Verminderung der Luftverschmutzung wesentlich mehr Menschenleben retten würde als ein *Airbag* in jedem Auto. Würde man dafür sorgen, daß die Leute den richtigen Druck in ihren Autoreifen haben, würde das mehr Kraftstoff sparen als die Geschwindigkeitsbegrenzung auf 55 Meilen pro Stunde, aber damit befassen wir uns nicht.

Gegen die chronischen Gefahren auf der Autobahn, die 500 Morde pro Woche oder die 100 Milliarden Zigaretten, die jedes Jahr geraucht werden, wird wenig unternommen – weil es vertraute Probleme sind. Ein einziges „neues" Ereignis, wie zum Beispiel ein Terroristenanschlag, kommt sofort auf die Titelseite aller Zeitungen auf der ganzen Welt. Wir engagieren Kampfpiloten zur Ergreifung von Terroristen, die einen einzigen Menschen umgebracht haben, aber zum Schutz des Lebens derer, die irreversible Verletzungen erleiden und für die Gesellschaft verloren sind, wird wenig getan. Es mutet sinnlos, absurd und bizarr an, aber das geistige System ignoriert die üblichen täglichen Gefahren, sogar solche, die tödlich sein können, und wartet auf den Tiger.

Unfälle sind leider Gottes eine mögliche Methode, um einen Sinneswandel herbeizuführen; sie aktivieren automatisch andere Geisterchen und führen dazu, daß Menschen Fehlurteilen im Ehe- und Geschäftsleben und in der Politik zum Opfer fallen.

Wenn irgendwo im Ausland ein Flugzeug abstürzt, machen wir uns Sorgen über die Sicherheit im eigenen Land. Erst wenn ein Verrückter mit einem für Kriegszwecke entwickelten Gewehr Kinder umbringt, erwägen wir die Möglichkeit, solche Waffen zu verbieten. Wenn eine gefeierte Persönlichkeit von Brustkrebs oder AIDS heimgesucht wird, ist das eine Angelegenheit nationalen Interesses. Wenn Sie der dichte Verkehr gerade frustriert, finden Sie auch Ihr berufliches Fortkommen oder den Zustand Ihrer Ehe frustrierend.

Der Weg des Menschen

Die erste bedeutende Veränderung in der Welt fand mit der Entwicklung der Landwirtschaft statt. Als die Menschen seßhaft wurden, um das Land zu bestellen, begaben sie sich auf die Straße, die zu Wachstum, Städten, Überbevölkerung, Smog und zu Atomwaffen führte. Zu Beginn war es eine gemächliche Reise. Sogar in den 10.000 Jahren zwischen der landwirtschaftlichen Revolution und dem Mittelalter kam es zu keiner grundlegenden Änderung in der Natur des menschlichen Lebens.

Die industrielle Revolution brachte viel mehr Neuerungen mit sich: die weite Verbreitung der Drucktechnik, Fabriken, Dampfmaschinen, Massenproduktion, Eisenbahnen, Elektrizität, Telegrafen und vieles mehr. In dieser neuen Ära häuften sich die Entwicklungen, und die Veränderungen gingen rascher vor sich. Die menschliche Gesellschaft bewegte sich immer schneller, bis sie in eine neue und unbekannte Welt startete. Wo es einst nur Steppen und Wüsten gab, stehen jetzt gutgehende Farmen und Fabriken. Wo einst Sümpfe und Wälder waren, befinden sich nun Laboratorien, Bildungsinstitutionen und Abschußrampen.

All diese Transformationen sind lediglich ein Teil unserer sehr kurzen Geschichte auf der Erde. Selbst wenn man es großzügig betrachtet, stellen diese letzten 20.000 Jahre seit den Höhlen von Lascaux, dem Aufkommen der Landwirtschaft und dem ganzen Rest einen evolutionsmäßig gesehen unbedeutenden Zeitraum dar. In dieser Periode, die wir als recht lang empfinden, war keine Zeit dafür, daß die biologische Evolution die Entwicklung unserer geistigen Anlagen hätte verbessern können, genausowenig wie unsere Fähigkeit, den Herausforderungen der Umwelt zu begegnen, zu denken, logisch zu argumentieren und schöpferisch zu sein. Zwischen uns und dem Neandertaler liegen nur 2.000 Generationen; zwischen uns und den Höhlenmalern von Lascaux sind es gar nur 750. Das ist so gut wie nichts.

Wir, die wir in der heutigen Welt leben, sind daher die gleichen Menschen, die sich entwickelten, als unsere Art aus nur ein paar kleinen Gruppen bestand, die die Savanne Ostafrikas durchstreiften; sie entwickelten sich so, daß sie in einer Welt gedeihen konnten, die sich von der ihrer Eltern oder der ihrer Kinder kaum unterschied. Das primäre Ziel des Systems, das wir angeworben haben und verwenden, bestand darin, rasch auf unmittelbare Gefahren zu reagieren. Wer das tat, lebte lang genug, um zur Entstehung des heutigen Menschen beizutragen. Wer länger nachdachte und sich die richtige Handlungsweise überlegte, wer Panikreaktionen angesichts geringer Bedrohungen vermeiden konnte – wer also vernünftig reagierte -, lebte wahrscheinlich kürzer und hatte weniger Nachkommen. Für die Überlebens- und gegen die Vernunftreaktion unter urzeitlichen Bedingungen spricht die Tatsache, daß die Belohnung sehr einseitig ausfällt.

Versäumt man es, auf eine Gefahr zu reagieren, selbst wenn es sich dabei nur in einem von 10.000 Fällen um eine tatsächliche Gefahr handelt, ist man tot. Vom Standpunkt der Evolution aus gesehen ist man ein paar Jahre später noch „toter", weil es dann weniger Gene von einem gibt. Eine Überreaktion auf eine Gefahr aber führt nur zu einer leichten Hysterie, ein wenig Streß, und vielleicht ein bißchen peinlicher Berührtheit, aber wahrscheinlich zu einem geringen bis gar keinem Verlust der Fortpflanzungsfähigkeit. Vielleicht würde die Aufregung sogar dazu führen, daß man mehr Energie darin investiert, sich fortzupflanzen!

Vor jeder Schlange, jedem Tiger oder jedem lauten Geräusch davonzulaufen, stört das Leben wahrscheinlich nicht allzu sehr. Nicht davonzurennen, selbst wenn die Wahrscheinlichkeit, daß es tödlich endet, nur ein wenig höher ist, kann früher oder später zu bedeutenden Veränderungen in der Bevölkerung führen. Für dieses Beispiel gelten die gleichen Zahlen wie für den bereits erwähnten Größenunterschied. Wenn über alle Fälle hinweg eine Panikreaktion auf eine drohende Gefahr die Überlebenswahrscheinlichkeit auch nur um ein Zehntausendstel erhöht, dann wären die, die in Panik geraten, fortpflanzungsmäßig 484 Millionen mal Erfolg- und damit volk-reicher als jene, die die Ruhe bewahrten. Daher war es gut, emotional und rasch auf die durchschnittlichen Gefahren zu reagieren, die den Großteil unserer Vorfahren bedrohten. Die Vernunft ist eine großartige Idee und ein hohes Ideal, aber wir hatten nie die Zeit dafür; wir haben auch jetzt keine Zeit dafür, und so ist der menschliche Geist auch nicht darauf eingerichtet.

Die Welt und der menschliche Geist

Der menschliche Geist ist also, wie er ist, weil die Welt ist, wie sie ist. Dafür organisieren die Systeme, die sich entwickelt haben, den Geist – damit er uns mit der Welt verzahnt.

Ich erinnere mich an einen Besuch in Fez, in Marokko, bei dem ich das System des Mittelalters in Aktion beobachten konnte: Ein alter Mann machte die Filigranarbeit an einem Kupfertablett, sein Sohn hatte das Tablett gerade fertigpoliert, auf dem die Linien bereits vorgezeichnet waren, ein jüngerer rundete die Kanten eines anderen Tabletts ab und polierte es dann, und die Enkelkinder schnitten die rohen Bleche zu und brachten sie in die Werkstatt. Ich bin sicher, daß es zu Hause darum ging, Brot backen und kochen zu lernen.

Die Welt war unsere ganze Geschichte hindurch für fast die gesamte Menschheit klein, ein Stammesreich, dessen Grenzen man nach höchstens ein paar hundert Kilometern erreichte. Natürlich gab es auch nomadische Stämme, die immer wieder auf Wanderschaft waren. Trotzdem lebten auch sie mit der gleichen geistigen „Stammes-Einstellung" und unter den gleichen Umständen.

Das System angepaßter Mechanismen blühte und gedieh in der Zeit unserer Vorfahren, als die Welt stabil war. Und genau diese Stabilität hat sich in der heutigen Welt so stark verändert. Die Welt, an die wir uns angepaßt haben, gibt es nicht mehr. Um die eingangs gemachte Aussage neu zu formulieren: Der menschliche Geist ist, wie er ist, weil die Welt war, wie sie war, und zwar vor etwa 40.000 Jahren. Vor 40.000 Jahren plus minus ein Dutzend Jahrtausende erreichte unsere Evolution die Form, die sie gegenwärtig hat. 40.000 Jahre sind in der Erdgeschichte fast keine Zeit; sie reichten uns auch nicht, um uns biologisch anzupassen. Das sind eben nur 2000 Generationen.

40.000 Jahre stellen aber einen längeren Zeitraum dar als irgend etwas sonst in der gesamten Geschichte unserer Kultur. Vor so langer Zeit gab es keine Höhlenzeichnungen, keine Schrift, keinen Ackerbau, keine Religion, keine Fabriken, keine Veredelung von Metallen, geschweige denn Plastik oder technische Entwicklungen. Himmel, heutzutage sind vierzig Jahre oder so alles. Nehmen wir zum Beispiel die Bevölkerungszahl auf der Erde. Im Laufe meines eigenen,

Bereit für den Tiger – oder den Löwen oder Bären oder das Krokodil persönlichen Lebens hat sich die Welt genau so sehr verwandelt wie in der ganzen Geschichte der Menschheit davor. Es dauerte grob gesprochen von der Zeit der ersten Menschen bis etwa zur Zeit meiner Geburt 1942, um die ersten 2,65 Milliarden Menschen zu produzieren, die gleichzeitig auf dem Planeten lebten. Es dauerte nur die Anzahl meiner bisherigen Lebensjahre, um diese Zahl zu verdoppeln. Und die Veränderungen finden immer schneller statt; die Entstehung der ersten Milliarde Menschen brauchte ungefähr eine Million Jahre; die der jüngsten Milliarde vierzehn Jahre.

Ich habe bereits darauf hingewiesen, daß unser Verständnis von uns selbst von unseren geistigen Abläufen verarbeitet wird, daher kennen wir uns selbst nicht immer direkt. In unserem Kopf haben wir eine gut organisierte und vereinfachte Version unserer Umwelt, des Wesens anderer Menschen, und sogar unseres Lebens und unserer Überzeugungen.

Wenn sich der Mensch als Gruppe von Geisterchen versteht, die die Bühne betreten und dann wieder abtreten, wird es ihm möglich, sich als Team und nicht als vereinheitlichtes Individuum zu begreifen. Wir versprechen nämlich aus ganzem Herzen, uns besser zu benehmen, ordentlich zu sein, die Gesetze zu beachten, aber trotz unserer allerbesten Absichten können wir unser Verhalten nicht immer ändern. Die Veränderung hat tatsächlich Grenzen, aber sie müssen aus einem anderen Verständnis für uns erwachsen – indem sich der Mensch als Geschwader von Schlichtlingen versteht, nicht als Individuum mit einem homogenen Geist und Verstand. Das Bewußtsein ist etwas Reales und ist potentiell mächtig, aber üblicherweise muß es trainiert werden, damit es nicht von anderen Faktoren überrumpelt wird.

Der anpassungsfähige Geist kommt in die Welt; im Mutterleib und in den ersten Lebensjahren wird sein spezielles Geschwader von Schlichtlingen ausgewählt; er erlernt die Sprache, lernt, was er essen soll und entwickelt bestimmte Fertigkeiten – am Meer, im Haushalt, in der Landwirtschaft – und die geistigen und körperlichen Mechanismen, um in der Welt leben zu können. Fleischesser, Vegetarier, Polygamie, Monogamie, Brutalität, Gelassenheit – wir selegieren und lernen, daß es unmöglich ist, uns allem bewußt zu sein.

Für den mehrheitlichen Teil menschlichen Lebens wurde die Anpassung an die Welt von der biologischen Evolution festgelegt, die ein Überangebot an Geisterchen erzeugte. In der Kindheit und auch noch später wählt die Kultur aus der Palette von Möglichkeiten die Geisterchen aus, die in dieser Kultur benötigt werden. Der dadurch spezialisierte Geist wird dann weiter vorbereitet. Im Alter von drei oder vier bis etwa dreizehn Jahren durchlaufen Kinder in vielen

Manchmal wird unser Schlichtlingssystem von der Komplexität des modernen Lebens überwältigt.

Gesellschaften eine intensive Periode der Indoktrinierung und des Auswendiglernens. Mit dreizehn findet bei den Katholiken die Firmung statt, und auch die Initiationsriten bei den meisten Stammesgemeinschaften sind in diesem Alter angesetzt.

Dieser Prozeß ist anscheinend ziemlich universell. Jede Kultur, die untersucht wurde und im „Human Relations Record" dargestellt ist, verwendet das Auswendiglernen, um ihr Wissen weiterzugeben. Die Buschmänner müssen die Geschichte jedes Gegenstands und jeden Austausch zwischen ihren Stammesfamilien kennen, bevor sie zehn oder zwölf Jahre alt sind.

Können wir uns anpassen?

Gegenwärtig herrscht ernsthafte Besorgnis über das Wesen des menschlichen Bewußtseins und unserer Fähigkeit, uns an die moderne Welt anzupassen. Viele haben das Gefühl, daß die Entwicklung ihres Bewußtseins eine hohe Priorität genießt, weil die Fähigkeit der Menschen, die Erde zu kontrollieren und zu manipulieren, sehr groß geworden ist – eine Fähigkeit, die weit über alles hinausgeht, was wir während der langen Jahrtausende unserer biologischen Evolution kannten. Die Zerstörung der ganzen Erde ist keine Unmöglichkeit mehr.

Die Menschen haben die Savanne als ihren ursprünglichen Lebensraum verlassen und leben nun auf der ganzen Erde, ja, kurzfristig sogar außerhalb der Erde. Von dem Augenblick an, als unsere Vorfahren aufrecht gingen, begannen sie unbekannte Orte zu erforschen und Bedingungen zu schaffen, mit denen nicht zu rechnen war. Als Folge mußten und müssen wir uns weiterhin und ständig an noch nie dagewesene Herausforderungen anpassen.

Es gibt aber einen wesentlichen Unterschied zwischen der heutigen Notwendigkeit, sich anzupassen, und der früherer Generationen: In der Geschichte kam es zwar zu Veränderungen in der Umwelt, aber es gab kaum eine Zeit, in der die Verbindung zwischen der älteren und der jüngeren Generation die Anpassung an diese Veränderungen nicht sichergestellt hätte. Mit dem *Homo erectus* und dem Durchbruch in der Entwicklung des Gehirns begann die Menschheit die Umgebung ihren Wünschen und Bedürfnissen gemäß zu verändern – was René Dubois gedankenvoll als „kreative Adaption“ bezeichnete. Bekleidung, Feuer, Unterkünfte und Ackerbau ermöglichten es den Leuten, an Orten zu leben, wo es zuvor unmöglich gewesen war. Viele Jahrhunderte blieb die Veränderung der Komplexität des Lebens aber langsam genug, um integriert werden zu können: Die Eisenzeit, die Landwirtschaft, sogar die Anfänge der industriellen Revolution führten zu Umbrüchen, Krankheiten und Veränderungen der Lebensweise. Sie konnten aber alle „eingebaut“ werden, weil sich die Veränderungen über Generationen erstreckten.

Heutzutage verändert die Menschheit die Welt in noch kürzeren Zeiträumen als dem von einer Generation zur nächsten. Heutzutage läßt der menschliche Erfindungsreichtum dem menschlichen Anpassungsvermögen keine Zeit mehr. Sobald eine Erfindung weiter verbreitet ist, wie zum Beispiel die Elektronik oder Düsenflugzeuge, steht jeder unter dem Druck, sich an eine neue Situation anzupassen. Als Folge der Art und Weise, wie wir uns weiterentwickelten, hinkt unser Urteilsvermögen unserer Fähigkeit hinterher, Dinge zu erschaffen. Die Gefahren der Zeit, in der wir leben, sind andere als die, mit denen wir es bisher zu tun hatten. Wie schon erwähnt, hat die Evolution niemanden darauf vorbereitet, in Film und Fernsehen 15.000 Morde zu sehen, bevor er die Pubertät erreicht, wie das laut jüngster Studien beim durchschnittlichen (amerikanischen, Anm. d. Red.) Kind der Fall ist. Wie wirkt sich so etwas auf den menschlichen Geist aus, in dem gerade die nötigen Schaltkreise und Verbindungen geschaffen werden? Wie unterscheiden wir, was die Wahrheit unserer realen Welt und was ein verzerrtes Bild ist? Niemand ist biologisch gesehen auf die Zerstörung vorbereitet, die auf den sauren Regen folgt. Wann hätte sich je jemand darüber Sorgen machen müssen, was er verbrennt, wo es doch höchstens ein paar Millionen Menschen auf der Erde gab? Wann mußten wir uns je besorgt fragen, ob unser Wasser sauber ist?

Niemand ist biologisch gesehen auf die Komplexität der vielen Menschen, den Lärm und die Verschmutzung der städtischen Gebiete in vielen Gegenden der Welt vorbereitet. Und es bleibt keine Zeit für die unheimlich langsamen Evolutionsprozesse, in uns die

Veränderungen hervorzurufen, die uns darauf vorbereiten würden. Das menschliche Gehirn brauchte fünfhundert Millionen Jahre für seine Entstehung. So viel Zeit haben wir nicht.

26. Die bewußte Evolution

Neue Wahrnehmungsorgane entstehen, weil ein Bedarf nach ihnen besteht. Wenn du also Not leidest, dann verstärke deine Bedürfnisse.

Rumi

Das Ende der zufälligen Evolution

Hier sind wir nun also, dank unzähliger historischer Zufälle. Wenn der *Australopithecus* nicht aufgestanden wäre, wenn das Gehirn nicht so rasch gewachsen wäre – höchstwahrscheinlich als Anpassungsreaktion an die Hitze des Savannenlebens in Kombination mit vielen anderen Entwicklungen – wären wir nicht hier. Wäre im Verlauf Ihrer Entwicklung die Wahl nicht auf Deutsch als Sprache gefallen, könnten Sie nicht lesen, was in diesem Buch darüber steht. Aber egal, wie wir hierher gerieten – unsere ganze Geschichte, unsere ganze Evolution, all die Zufälle, die zu uns geführt haben, sind aus und vorbei. Jetzt liegt es an uns, unsere zukünftige Evolution zu lenken. Unser Erbe beinhaltet genügend Anpassungsmöglichkeiten an viele Welten und genügend Gehirn für eine bewußte Weiterentwicklung.

Unsere biologische Evolution ist praktisch am Ende. Ohne bewußte Evolution wird es keine weitere biologische Evolution geben. Wir müssen unsere Evolution jetzt in die Hand nehmen und ein massives Programm in Gang setzen, das zum Ziel hat, bewußt zu verändern, wie wir denken, wie wir mit anderen in Beziehung stehen und wie wir uns mit dem Rest der Menschheit identifizieren. Die Geschwindigkeit, mit der sich alles verändert, ist viel zu hoch, als daß wir versuchen könnten, uns unbewußt anzupassen. Wir selbst müssen jetzt das tun, was die Evolution für alles Leben getan hat: uns an eine noch nie dagewesene neue Welt anpassen.

Unser großartiges Gehirn stellt uns die zusätzliche Fähigkeit zur Verfügung, uns unserer selbst bewußt zu werden, in viel höherem Maße als jedes Tier. Es schenkt uns die potentielle Fähigkeit, uns eine Zukunft vorzustellen und die Welt zu verändern. Alle Lebewesen passen sich an die Welt an, die sie vorfinden. Die Menschen tun das auch, aber wir verändern die Welt auch zu unseren eigenen Gunsten. Wir haben das Wesen von Pflanzen verändert, sogar die Gestalt von Tieren; Unterkünfte ermöglichen uns ein Leben an Orten, wo kein Mensch je leben konnte; durch technische Entwicklungen können wir Dinge tun, die vor ein paar Jahren noch unmöglich waren.

Alle Menschen tragen beispiellose Adaptionen in sich: angepaßte neue Verhaltensweisen, die in unseren Schulen, unserer Ausbildung und unserem Leben bewußt genährt werden müssen. Bewußte Veränderungen sind nicht das Allheilmittel, da die dem menschlichen Geist eigenen automatischen Abläufe aus gutem Grund existieren, aber mit einer geringfügigen Umstellung unserer Prioritäten können wir uns möglicherweise wesentlich besser anpassen als wir glauben mögen, und vor allem in die richtige Richtung.

Unsere normale Erziehung, die sich auf den individuellen Geist und die individuellen Prioritäten konzentriert, steht einer Lösung möglicherweise im Weg, sie fördert sie zumindest nicht. Eine Veränderung in Richtung einer Sicht, die die Menschheit als ein Wesen versteht und in Richtung eines Verzichts der Einstellung „Jeder für sich und einer gegen alle“ geht, könnte uns in diesen „selbstlosen“ Schritten unterstützen. Sie könnte einen Beginn für die Lösung unserer kollektiven Probleme setzen. Die Menschen besitzen mittlerweile eine viel größere Fähigkeit, die Erde zu kontrollieren und zu manipulieren, eine Fähigkeit, die weit über das hinausgeht, was uns in den langen Jahrtausenden unserer biologischen Evolution zur Verfügung stand.

Wir brauchen nun einen neuen Lehrplan, der die Natur des menschlichen Geistes zum Inhalt hat, und wir müssen von den Politikern verlangen, die langfristigen Folgen ihrer Handlungen in ihre Überlegungen miteinzubeziehen. Wir müssen unser Erziehungs- und Bildungswesen ständig auf den neuesten Stand bringen, in den Schulen, zu Hause und in den Medien, und den Menschen zeigen, wie sie ihre Kinder anders aufwachsen lassen können. Wir brauchen Lehrpläne in unseren Schulen, die uns erfahren lassen, warum der menschliche Geist auf die Begegnung mit dem Tiger vorbereitet ist (also darauf, rasch auf Notfälle zu reagieren), während aber heute die kleinen, schrittweisen Veränderungen in der Welt die wahre Bedrohung darstellen. Die Menschheit mit ihrer Entwicklung und ihren Grenzen sollte ein Unterrichtsfach sein, das früh gelehrt wird, genau so wie Geographie und ähnliches.

Unsere Zukunft wird es immer nötig machen, daß wir uns an eine noch nie dagewesene Welt anpassen. Wenn wir uns aber die Mühe machen, die größeren Veränderungen in der Welt öffentlich mitzuteilen, wird der sich weiterentwickelnde menschliche Geist eine ganze Menge der nötigen Information „aufschnappen". Wir müssen unsere Kinder so erziehen, daß sie sich mit der Menschheit als solcher identifizieren, und nicht mit einem Stamm oder einer Familie. Anstatt uns auf einzelne Länder zu konzentrieren, muß uns klar werden, daß wir auf einer Erde leben; das müssen wir auch unseren Kindern und Jugendlichen vermitteln, die sich als Erwachsene für ihre Rolle in Kultur und Gesellschaft entscheiden. Wir brauchen einen globalen Patriotismus anstatt eines lokalen. An die Stelle der konzentrierten Berichterstattung über spezifische aufregende Ereignisse müssen die Bemühungen der Medien treten, sich auf die ständig existierenden Probleme zu konzentrieren, damit sich die Denk- und Sichtweise der Menschen ändert.

Wie können wir anderen die Botschaft darüber vermitteln, was wir der Erde antun? Dafür sind auch Veränderungen in unserer Kommunikation nötig. Wir brauchen eine neue Art und Weise, schrittweise Veränderungen wahrzunehmen, und wir müssen unsere Kinder darin unterrichten, ihren Blick auf Veränderungen zu richten, die sich allmählich entwickeln. Wir müssen Petitionen an die Medien richten, damit sie über Dinge berichten, die sich dem Blick des einzelnen entziehen, anstatt weiterhin die sensationellen Morde herauszustreichen.

Es muß uns auch klar sein, daß die verschiedenen Schlichtlinge in uns angesprochen werden müssen. Aufgrund unserer angeborenen Vorliebe für neue Ereignisse und alles, was zu einer inneren Erregung führt, werden Menschen immer aufregende Geschichten ansehen wollen. Die Nachrichtenmedien aber können solche Geschichten auswählen, die aufregend sind und trotzdem den bedeutenden Veränderungen in der Welt nachspüren.

Wie wäre es, wenn wir persönliche Geschichten darüber bringen, welche Folgen die Umweltverschmutzung für ein Einzelschicksal hat, über Menschen, die deshalb besonders leiden? In der Betonung auf dem Individuum liegt der Schlüssel, weil der menschliche Geist am stärksten auf repräsentative Beispiele reagiert. Rumänische Dörfer könnten ein typisches Beispiel dafür sein, was dem Rest der Erde geschehen könnte, und wir sollten zu sehen kriegen, was da vorging. Jemand, der an den Folgen des sauren Regens oder an Hautkrebs stirbt, sollte unser Mitgefühl nicht weniger verdienen als jemand, der von einem Auto aus auf offener Straße erschossen wird. Wir müssen die beständigen Tragödien unserer Zeit stärker dramatisieren und thematisieren als die isolierten Geschichten wie „Wal von schwimmendem Eisfeld eingeschlossen". Wir müssen aber auch anerkennen, daß ein Schlichtling immer etwas über die eine getötete Geisel hören will, über die Wale, die in Alaska in der Falle saßen, und das kleine Mädchen in der Sickergrube. Wir sollten dieses Bedürfnis nicht bekämpfen, sondern müssen lernen, die Botschaft so zu vermitteln, daß die Zuhörer zu einer Reaktion gebracht werden. Deshalb könnte sich auch eine Zusammenarbeit zwischen der Psychologie, der Ökologie und den Medien lohnen.

Kreative Adaptionen

Im menschlichen Geist gibt es viele verschiedene Anpassungsmechanismen, die von Erfahrungen in der Kindheit, in der Schulzeit und den Informationen um uns herum stammen und die nur auf ihren Weckruf warten.

Überlegen Sie einmal: ein riesiges Gehirn, vorangepaßt, um aus vielen verschiedenen „Programmierungen" seine Wahl zu treffen, ein nervliches Auslesesystem, das je nachdem, wo es lebt, unterschiedliche

Schaltkreise und Verbindungen im Nervensystem erschafft. Diese erstaunliche Collage von angepaßten Verhaltensweisen ermöglichte es der Menschheit, überall auf der Erde zu überleben, zu blühen und zu gedeihen, und, gemäß dem biblischen Gebot, fruchtbar zu sein und sich zu vermehren. In diesem ständig anpassungsfähigen und angepaßten Geist wurzelt der Triumph der Menschheit.

Ein Aspekt der Veränderung besteht darin, daß wir uns auf die Entwicklungen konzentrieren müssen, die in den speziellen Phasen der Kindheit stattfinden, wo wir uns am bereitwilligsten anpassen. In den ersten Lebensjahren absorbiert der Geist eine Sicht der ihn umgebenden lokalen „Welt" (Sie erinnern sich – der menschliche Geist kann ja nicht auf genau die Welt vorbereitet werden, in der er lebt). Wir identifizieren uns dann mit der Gruppe, die wir sehen, mit der wir spielen und reden, und über die uns in unserer Jugend Geschichten erzählt werden. Diese Anpassung an die Welt unserer Eltern ist großartig geeignet für die Situation in einer Stammesgemeinschaft, aber das Gefühl tiefgehender Unterschiede zwischen den Völkern bleibt uns ein Leben lang und wird noch verstärkt durch die verschiedenen Sprachen und Akzente, die wir haben.

Wollen wir die Gesellschaft verändern, müssen wir uns dessen bewußt sein, daß die umfassendsten, wenn auch langsamen, Veränderungen dadurch entstehen, daß wir die „Informationswelt" unserer Kinder ändern. Wenn wir Kinder mit Material in Berührung bringen, das ihnen begreiflich macht, daß alle Menschen im gleichen Boot sitzen, dann könnte es gut sein, daß unsere Kinder eine neue Art von Adaption entwickeln – eine, die dazu führt, daß die nächste Generation sich so sehr von uns unterscheidet wie wir uns von den Völkern unterscheiden, die weder Schrift noch Technologie kannten.

Diese Konzentration auf eine Veränderung der angepaßten Mechanismen im menschlichen Geist betont die Bereiche, wo es neues Wachstum und neue Früchte geben kann, anstatt die Förderung von Rationalität und Vernunft. Es mag sich viel stärker lohnen, als wir bislang dachten, in der Zeit einzugreifen, in der der Säugling sich an die Welt anzupassen beginnt. In dieser Periode sollten wir den Großteil unserer Ressourcen für eine neue Art von Unterstützung einsetzen, denn in der frühen Kindheit besitzen alle praktisch die gleichen sprachlichen und geistigen Anlagen. In dieser frühen Umwelt, die von so zentraler Bedeutung ist, können wir den Menschen am meisten helfen.

Wir müssen uns jedoch auch mit den anderen kritischen Entwicklungsperioden befassen. Das gilt insbesondere für die, in denen sich unsere „erwachsenen" Ziele herausbilden, im Alter zwischen ungefähr zwölf und achtzehn. In der Adoleszenz findet eine zweite Verfeinerung des geistigen Systems statt, eine fast endgültige, nochmalige Umorganisation für das Erwachsenendasein. Wir entscheiden uns für einen Beruf, stecken uns Ziele und beschließen, wer wir sein wollen. Unsere Gesellschaft der Zukunft muß sich darauf konzentrieren, Material für ein neues Curriculum in dieser Entwicklungsphase zur Verfügung zu stellen, und zwar bewußt und absichtlich.

Können sich Menschen tatsächlich so unterschiedlich entwickeln? Kann eine andere Art Menschheit entstehen, wenn wir unsere Aufmerksamkeit auf die Art der angepaßten Verhaltensweisen lenken, die in der frühen Kindheit entstehen? Die unterschiedlichen Wirkungen, die die Erziehung haben kann, wird in Tierstudien deutlich, wo die Versuchstiere drastische Veränderungen akzeptieren können. Ronald Melzack zeigt, wie das, womit man in der frühen Kindheit in Berührung kommt, die Art und Weise beeinflussen kann, wie der Geist organisiert wird. In „The Puzzle of the Brain" („Das Rätsel des Gehirns") beschreibt er eine Untersuchung mit jungen Hunden. Die Welpen, die ihre Eltern als Reaktion auf einen Schock nie wimmern gesehen hatten, wuchsen anders auf, als jene, die solches Wimmern erlebt hatten, und anders als normale Welpen. Die Hunde, die keine Schmerzreaktionen gesehen hatten, schreckten als erwachsene Hunde nicht zurück, wenn sie einen Schock erlebten. Diese spartanischen Welpen konnten dem Schmerz standhalten, wohingegen der Rest sich wie normale Hunde verhielt. Nicht ein spezielles Trainings- oder Umlernprogramm hatte eine für ein Lebewesen so grundlegende Funktion wie den Schmerz verändert, sondern nur die Erfahrungen der Kindheit.

Ein neuer Altruismus

Vielleicht ist der wichtigste Bereich, in dem wir damit beginnen sollten, der eines „neuen" Altruismus. Eine der notwendigen Veränderungen betrifft die Kriterien, nach denen wir uns mit anderen identifizieren und sie als zu uns gehörig betrachten. Im Grunde genommen sind alle Tiere altruistisch; keines wird in seinem Verhalten von ausschließlich selbstsüchtigen Motiven geleitet. Alle Organismen funktionieren nach dem Prinzip der alle umfassenden „Verwandtschaft". Altruistisches Verhalten ist tief im System verwurzelt. In der psychologischen Forschung gibt es eine gegenseitige Annäherung von Arbeiten über einen gesunden Altruismus und solchen über die Notwendigkeit einer Art von altruistischer Einstellung, dergemäß wir alle im gleichen Boot sitzen und alle die eine Welt bewohnen – und das gibt mir mehr Hoffnung, als ich sonst vielleicht hätte.

Die Menschen sind einen Schritt über einen schlichten biologischen Altruismus hinaus; es gibt etwas, das den Menschen sehr klar von den Tieren unterscheidet und es ihm möglich macht, sich mit größeren Gruppen als nur der unserer unmittelbaren genetischen Verwandtschaft zu identifizieren. In unserer Kindheit schon beginnen wir uns mit größter Wahrscheinlichkeit mit unseren Artgenossen generell zu identifizieren, und nicht nur mit jenen, deren Gene wir unmittelbar teilen. In einem System, das jenem ähnelt, das Inzest verhindert, lernt so jedes Kind über die Identifikation mit den Menschen, die es bereits in seinen frühen Lebensjahren kennt, wer zu seiner Gruppe gehört. Und die kann groß oder klein sein. Diese grundlegende Fähigkeit zur Zusammenarbeit, diese Fähigkeit, sich in Familien zusammenzutun, ist das, was es den Menschen ermöglicht, sich in dem Ausmaß fortzupflanzen, wie er es tut.

Es ist dieser Zusammenschluß zu einem größeren Verband, der ganz wesentlich für uns zu sein scheint. Dieses Konzept hat die elitäre Gruppe, die für all die Religionen dieser Welt verantwortlich ist, sehr wohl begriffen. Nun aber ist es sowohl aufgrund wissenschaftlicher Erkenntnisse als auch gesellschaftlicher Notwendigkeiten an der Zeit, daß sich auch die breite Masse dieses Wissen zu eigen macht.

Vielen liegt im Grunde ihres Herzens etwas am Wohlergehen aller Menschen. Das Problem besteht nur in der Frage, wer denn nun zu „allen Menschen“ zählt. Viele Indianerstämme bezeichnen sich als „die Menschen“; für andere sind „alle Menschen“ in der arabischen Welt zu suchen; und die Chinesen begreifen sich als das „Volk der Erde“. Zu verschiedenen Zeiten herrschen auch sehr unterschiedliche Auffassungen darüber, wer zu „allen Menschen“ gehört. Der Terrorist des einen ist der Freiheitskämpfer des anderen. Manchen Menschen liegen die Mitglieder ihrer Familie am Herzen, anderen die ihres Stammes, ihrer Firma, ihres Teams, ihrer Armee, ihres Volkes oder ihrer Religion. Immer mehr Menschen allerdings liegt aufgrund der tatsächlichen Veränderungen auf der Erde die gesamte Menschheit als ihre „Familie“ am Herzen – und das ist auch dringend nötig.

Wir müssen in einem langen Prozeß Ideen darüber zusammentragen, wie unsere Zukunft aussehen soll. Sie hängt heutzutage viel stärker davon ab, was eine ganze Menge anderer Menschen auf der Welt tut, und ist viel unsicherer, als wir vielleicht glauben. Brauchen wir unbedingt solche Katastrophen wie AIDS, Kriege und die Umweltverschmutzung, damit wir uns ändern? Wir haben keine Zeit mehr, auf noch zwingendere Anstöße für Veränderungen zu warten, denn das mögliche Ausmaß und die Wahrscheinlichkeit von Katastrophen nehmen im gleichen Umfang zu wie unsere Bevölkerungszahlen ansteigen und die Macht der Menschen größer wird. In die uralten Denk- und Urteilsprozesse, solche, die wir auch heute noch weitergeben, muß ein neuer Wind kommen.

Wenn uns klar wird, daß die Fragen des Überlebens, mit denen wir konfrontiert sind, viel eher kollektiver als individueller Natur sind, werden wir – so hoffe ich – dafür sorgen können, daß sich in der nächsten Generation von Menschen neue und andere Schaltkreise und Verbindungen herausbilden. Man könnte ihnen diese Erkenntnisse „in die Wiege legen“, indem man ihnen bereits in früher Kindheit die richtige Art von Information darüber gibt, wer unsere „Verwandten“ sind.

Nicht nur, daß die menschliche Bevölkerung enorm gestiegen ist – auch die Veränderungen, die wir auf diesem Planeten vornehmen, haben solche Ausmaße angenommen, daß es unsere moralische Verpflichtung ist, eine ganz andere Botschaft zu vermitteln – eine, die religiöse und wissenschaftliche Anliegen vereint. Und die bestünde darin, daß niemand von uns eine Insel ist.

Die religiösen Traditionen, mögen sie mittlerweile auch noch so verkrustet sein, bergen die Möglichkeit einer anderen Auffassung vom Leben in sich, könnten wir sie bloß mit dem Rest des modernen Wissens verbinden. Wir müssen diese Art von Denken aus der engen Umklammerung der Kirchen befreien und dafür sorgen, daß es zum Allgemeingut wird. So heben die Religionen zum Beispiel Mitgefühl, Großzügigkeit und Demut hervor. Wir brauchen eine Gesellschaft, deren Entscheidungen in diesem Sinne getroffen werden. Als Tugenden sollten sie die Grundlage unseres Erziehungs- und Bildungssystems bilden. Wenn jemandem ein Leid oder Unglück widerfährt, fühlen sich die meisten von uns sicherlich recht unwohl. Wenn wir aber anderen helfen können, können wir damit möglicherweise auch die Schuldgefühle und das Unbehagen zum Verschwinden bringen. Außerdem sehen wir unsere eigenen Alltagsprobleme anders, wenn wir anderen helfen. An die zu denken, mit denen es das Schicksal nicht so gut meint, führt zu einer Neubestimmung unseres eigenen Standorts. Das Empfinden von Mitgefühl scheint sogar einen unmittelbaren Nutzen zu haben. David McClelland konnte in einer Untersuchung Immunsystemveränderungen bei Menschen nachweisen, die sich einfach nur einen Film über Mutter Teresa ansahen, wie sie den Kranken half. Wieder einmal, wie fast immer in der Evolution, gibt es möglicherweise eine biologische Grundlage dafür, der Gruppe – das heißt, der Menschheit – zu helfen.

Die tausend Geisterchen – eines Tages unter unserer Leitung?

Seit Jahrtausenden fühlen sich einzelne Menschen von der Vorstellung eines „höheren Selbst" oder einer „mystischen Erfahrung" angezogen. Wir müssen uns jetzt aber alle dessen bewußt werden, daß diese Erfahrungen für unsere Zukunft wichtig sind und anerkennen, daß sie für jeden von uns erreichbar sind.

Wir können unseren Geist umgestalten, indem wir bestimmen, welcher Schlichtling die Bühne betreten soll. Wenn man die Kontrolle über sich hat oder sich selbst beeinflußt, wird das traditionellerweise als „Wille" bezeichnet – ein Begriff, der aus der Mode gekommen ist. Wenn es einen Willen gibt, dann ist er in der Entscheidung zu finden, welches Geisterchen wir wann ins Spiel kommen lassen. So ist das Paradoxon der ständig wechselnden Geisterchen zu lösen. Die bewußte Steuerung und Kontrolle ist in den meisten Menschen ein kleiner und schwacher Aspekt, der aber mit Hilfe der Selbstbeobachtung entwickelt werden kann.

Die Entwicklung des Bewußtseins liegt nicht in weiter Ferne, nicht in einer weltfremden oder wirren mystischen Trance, sondern in der Bereitschaft, sich bewußt zu entscheiden. Das ist die dritte Art von Evolution, der wir unterliegen. Die natürliche Auslese beginnt blind. Die nervliche Auslese in der Jugend stellt mehr oder minder eine automatische Übertragung der Welt in den menschlichen Geist dar. Die bewußte Auslese ist die Möglichkeit, wie wir unsere Evolution selbst in die Hand nehmen können, indem wir nämlich die Fähigkeit entwickeln, zu bestimmen, welche Teile unseres Geistes aktiv sein sollen.

Das Bewußtsein um die Individualität war ein großer Vorteil, als der Überlebenskampf die Existenz des Einzelnen bedrohte: Ein feindliches Tier ließ sich lokalisieren, isolieren und als Nahrungsquelle verwenden. Diese einst grundlegende Notwendigkeit des individuellen Überlebens ist für viele in der westlichen Welt nicht mehr so grundlegend. Die meisten von uns kaufen ihre Lebensmittel; sie gehen dafür nicht mehr auf die Jagd. Wir leben in einer Zeit, in der die bewußte Evolution zu einer Notwendigkeit für die ganze Menschheit geworden ist, nicht nur für ein paar vereinzelte Sonderlinge, die in einem Kloster auf einem Berggipfel fasten und beten. Die Tatsache, daß die Menschheit traditionellerweise als blind oder schlafend beschrieben wird, als Automat, ist Ausdruck der Annahme, daß wir normalerweise die Gefangenen unserer automatisch ablaufenden Selektionsprogramme sind.

Die Anhänger der Vernunft und der Intuition, die Rechtsgelehrten und die Tänzer, die Generäle und die Dichter liegen einander ständig in den Haaren. Ich glaube, daß es uns gelingen könnte, diese unterschiedlichen Fähigkeiten als verschiedene Aspekte der tausend Geistesformen, wie Rumi sie nennt, zu verstehen.

Es gibt ein viel realistischeres und lebenswichtigeres Ziel: nämlich die diversen menschlichen Ichs zu organisieren und zu begreifen, daß das, was etwas archaisch als das „Heilige" und das „Profane" bezeichnet wird, lediglich verschiedene menschliche Potentiale sind – sehr grundlegende Programme ebenso wie solche, die abstrakter sind und einen größeren Weitblick ermöglichen.

Anstatt also anzunehmen, daß es einen Konflikt oder einen ständigen Kampf geben muß, könnten wir uns die Gruppe von Schlichtlingen in uns als verschiedene Teile unseres Geistes vorstellen, die im Leben verschiedene Rollen spielen. Die niedrigeren, „profanen" Ichs gibt es zweifellos. Der Mensch hat mit den Tieren biologische Bedürfnisse als Grundlage des Überlebens gemeinsam: Durst, Hunger, die Regulierung der Körpertemperatur, Ärger und Erregung. Der Mensch lebt aber nicht von Brot und Spielen allein. Die Beziehung zwischen diesen Ichs ist eine andere, als wir vermuten.

Es läßt sich nicht alles mit einer wunderbaren Umwandlung einfach vom Tisch fegen; wir haben immer noch den Rest der Ichs in uns, die sich im Laufe der Evolution herausgebildet haben. Wenn sich unsere normale Gruppe von Geisterchen zum Zweck des Überlebens entwickelt hat, dann sollten wir uns dessen bewußt sein, daß unsere Einschätzungen und Urteile immer entsprechend gefärbt sein werden – Sex und Familie sind sehr wichtige Prioritäten, und sie machen einen großen Teil unseres Geistes aus. Dieses eingebaute System der Anpassung um des Überlebens willen – das Bedürfnis nach Nahrung, Sicherheit und einem Sexualpartner – erklärt, warum eine bewußte Anpassung den durch die Evolution entstandenen und gefestigten Schachzügen des menschlichen Geistes zuwiderlaufen könnte. Viele der klassischen „mystischen" Methoden beinhalten die Bekämpfung der körperlichen Bedürfnisse, um die Bindung des Geistes an den Körper zu lockern; dem zugrunde liegt die Vorstellung von einer Seele, die im „irdischen Wirrsal" gefangen ist. Zahllose Verfahren versuchen, den bewußten Geist zu befreien, damit er neue

Wege suchen kann: Klöster betonen die Befreiung von allen weltlichen Wünschen und schreiben oft eine Einschränkung in den Ernährungsgewohnheiten und der Stimulierung vor. Das Fasten, Singen, die Entbehrungen und die Zerstörung sind lauter Möglichkeiten, um die automatischen Abläufe des Geistes aufzubrechen, die um der biologischen Anpassung willen so tief verwurzelt sind. Diese primitive und grundlose Tortur ist nicht nötig.

In der Türkei des Mittelalters drehten sich die Aspiranten im Kreis; die Buddhisten konzentrieren sich auf den Atem; Yogis heften ihren Blick fest auf ein Mandala oder eine Vase und befinden sich in tiefer Kontemplation über einen bedeutungslosen Satz, wie zum Beispiel „Zeige mir dein Gesicht, bevor dein Vater und deine Mutter einander begegneten." Wie könnte ein Zustand von „kein Geist" oder „mysteriöser Dunkelheit" aussehen? Solche Meditationen lenken das Bewußtsein weg von externen Ereignissen und hin zu internen; so trennt man sich für kurze Zeit vom Fluß des Alltagslebens und schaltet die aktiven mentalen Selektionsprogramme aus. In den meisten Fällen separiert sich der Praktizierende von den normalen alltäglichen Aktivitäten. Er oder sie sitzt üblicherweise allein oder in einer kleinen Gruppe an einem besonderen, abgeschiedenen Ort in der Natur, häufig nahe einem Wasserfall.

Die Selbstbeobachtung erhöht – ähnlich wie bei der Entwicklung einer Gruppe von Nervenzellen, die die Verbindungen stärkt, – die potentielle Fähigkeit, einen Sinnes- und Geisteswandel herbeizuführen. Zwischen willentlichen Handlungen und ihren Folgen lassen sich dann Gedankenverbindungen herstellen. Durch die Selbstbeobachtung lernen wir unser eigenes Geschwader von Schlichtlingen kennen und erkennen, wie peinlich, widersprüchlich, widerstreitend, faul, automatisch, genial, großzügig, habgierig, und so weiter sie sein können. Diese Erkenntnisse können dazu führen, daß die automatische Selektion der „aktiven Geisterchen" aufgeweicht und die bewußte Auswahl gestärkt wird.

Wir haben es dringend nötig, über unseren unbewußten Sinnes- und Geisteswandel hinausgehen zu können. In der bewußten Intuition liegt die Fähigkeit, das für die jeweilige Aufgabe am besten geeignete Ich auszuwählen. Diese potentielle Fähigkeit, etwas sofort zu erfassen und das geistige System entsprechend zu lenken, ist das häufig unverwirklichte Ziel einer „bewußten Entwicklung".

Die Probleme des Überlebens, vor denen wir heutzutage stehen, sind viel eher kollektiver als individueller Natur. Es geht darum, wie wir die Zerstörung der Erde verhindern können; wie wir diverse und scheinbar unvereinbare Ideen, Lehrmeinungen und Völker, die allesamt ihre eigene „Realität" haben, verstehen und zwischen ihnen vermitteln können. Was als spirituelle Wahrnehmung oder ein höheres Bewußtsein bezeichnet wird, bezieht sich auf eine Sicht der Realität, in der sich die Handlungen einzelner zu etwas Organisierterem verbinden.

Das passiert auch auf der ganz gewöhnlichen Ebene. Die einzelnen Spieler einer Mannschaft lassen etwas entstehen, das größer ist als ihre individuellen Bemühungen; auch die Mitarbeiter einer Firma können das tun. Das Konzept dieser „Ebenen" der menschlichen Realität sollte uns also eigentlich gar nicht so fremd sein. Wir sind daran gewöhnt, ihm gemäß zu handeln, wenn wir zum Beispiel sagen: „Ich bin seit 25 Jahren ein Anhänger dieser Mannschaft."

In ähnlicher Weise gibt es eine weitere Ebene der Realitätssicht, an der jeder bereits teilhat. Um Fortschritte zu machen, müssen wir nicht den ganzen Geist zerstören, nicht alle Schlichtlinge, die uns helfen. Wir müssen nur oft genug dazu imstande sein, mittels Selbstbeobachtung die Schlichtlinge ins Spiel zu bringen, die wir brauchen, und die anderen wieder wegzuschicken. Wir brauchen sie nicht zu demütigen oder absterben zu lassen, sondern müssen nur die richtigen Schauspieler verpflichten, wenn wir sie brauchen.

Der menschliche Geist manipuliert diese widerspenstige Verkettung von Ichs, also können wir nie über die im Laufe der Evolution entstandene Gruppe von Spezialgeisterchen hinausgehen. Dadurch entsteht dieses Wesen aus „Biest und Engel". Wir müssen all unsere Ichs miteinbeziehen. Auch in „erleuchtetem" Zustand würden wir die gleiche Person bleiben und würden nicht zu irgendeinem weißgewandeten, sterilen Asketen werden. Wir würden begreifen, daß wir viele Punkte unserer Tagesordnung gleichzeitig behandeln müssen, und in jedem Augenblick wissen, welche geistigen Programme gerade am nützlichsten sind. So würden wir bei einem lauten Geräusch immer noch aufschrecken, Geschmack an einem Abendessen finden und das Familienleben genießen, während wir für unsere Ichs eine zusätzliche neue Ordnung gefunden haben. Manche der Schlichtlinge, über die wir vielleicht eines Tages die Leitung übernehmen, sind möglicherweise keine braven, netten Typen, sondern haben widerstreitende Bedürfnisse, aber sie müssen bewußt in eine Richtung gelenkt werden.

Wenn wir verstehen, daß das geistige System automatisch funktioniert, können wir an die Frage nach unserer Zukunft anders herangehen. Man kann sich mit den Tatsachen und Hinweisen, die in diesem Buch dargestellt sind, nicht beschäftigen, ohne dabei das Gefühl zu bekommen, daß man sich ebenso erbärmlich verhält wie alle anderen auch. Wir haben nur sehr wenig und daher kostbaren Freiraum, und unsere uralten angepaßten Verhaltensweisen halten uns den größten Teil unseres Lebens fest im Griff, ganz egal, wie hochherzig wir sein mögen oder wie groß unser Wunsch sein mag, uns zu verändern. Wir können unsere „grundlegende Natur" nie ganz ausschalten, genauso wenig wie wir uns von unserem Herzschlag befreien können. Ein Teil der Demut, die sich angeblich über eine asketische Lebensweise und über die Selbstverleugnung entwickeln läßt, kann auch durch die Beschäftigung mit der modernen Forschung über die separaten Schlichtlinge im Geist entdeckt werden.

So sehr wir unsere Individualität auch betonen und schätzen mögen, es bleibt die Tatsache, daß fast alle Menschen automatisch gleich handeln. Unsere Handlungsmotive folgen dem gleichen Muster. Jeder glaubt, er wäre einzigartig, aber wir alle haben die gleichen unaussprechlichen Gefühle, wenn wir einen Sonnenuntergang sehen, uns verlieben, unser Kind zum ersten Mal im Arm halten oder plötzlich einen geliebten Menschen verlieren. Sie sind das Geschwader des Geistes. Wir alle wollen mehr als wir haben, erinnern uns mit glänzenden Augen an die gute alte Zeit und lassen uns von der Dramatik eines Ereignisses täuschen. Wir denken gleich. Wir haben die gleiche Art, wütend zu werden, uns zu verlieben, jemanden zu hassen, Farben und Formen zu sehen.

Die Menschheit als ein Wesen

Wenn wir die Menschheit als ein Wesen betrachten, ergibt sich ein anderes Bild, als wir es normalerweise haben; auch die Notwendigkeiten und Möglichkeiten sind dann andere. Dieses Menschheitswesen wurde seit der Zeit von Moses mehr als fünfhundertmal so groß, und seine Macht vergrößerte sich mehrmillionenfach. Der Umgang der Menschheit mit dieser vermehrten Macht ist aber nicht im gleichen Maße bewußter geworden. Wie bei jedem Organismus, der Reifungsprozessen unterliegt, entwickelten sich auch die Anlagen der Menschheit unterschiedlich rasch und in verschiedenen Zeitabschnitten. Die Menschheit ist in ihrem Umfang, ihrer Stärke und ihrer Herrschaft gewachsen, nicht aber in ihrem Bewußtsein.

Religiöse Gruppen brauchen sich nicht, wie sie das in der Geschichte getan haben, mit den Prozessen der biologischen Anpassung zu befassen: mit dem Ackerbau und der Nahrungsproduktion, der Fortpflanzung und Vermehrung, mit Fragen des Wohnens, Sozialeinrichtungen und Gemeinschaftsdiensten verschiedenster Art. Ratschläge bezüglich der Frage, wie, wer und wann geheiratet werden soll, wie die Gesellschaft zu organisieren ist, wie Verwandte und Angehörige zu sehen sind – sie interferieren mit der Evolution. Heutzutage schlagen religiöse Führer vor, „Gott in dir" zu sehen, um ein Leben zu rechtfertigen, das in den Fesseln der Armut gefangen ist.

Ich hoffe, daß wir nun beginnen können, die Einsichten des Rationalen, Emotionalen, Intuitiven und Spirituellen zu vereinen. Sätze wie „Das Königreich des Himmels ist in dir" und „Engel sind die verborgenen geistigen Anlagen im Menschen" beschreiben unter anderem diese Einheit. Bewußtseinsbildung bedeutet, sich der verschiedenen inneren Ichs bewußt zu werden sowie der Tatsache, daß sie parteiisch sind, während man gleichzeitig die größeren Zusammenhänge, in denen Wahrnehmung stattfindet, im Blick behält.

Was die Adaption des klassischen spirituellen Denkens an die moderne Welt betrifft, hat der afghanische Schriftsteller Idris Shah die bedeutendste Arbeit geleistet. In seinen vielen wichtigen Werken hat Shah Geschichten übersetzt und geschrieben, die der Sufi-Tradition entstammen. Er zeigt in diesen Geschichten, wie die verschiedenen

Geisterchen in uns funktionieren können und enträtselt unser gegenwärtiges Dilemma.

In vielen geht es um die Witzfigur Nasrudin, dessen Possen die der Menschheit widerspiegeln. Nasrudin ermöglicht es uns, unsere Situation durch die Brille des Humors zu betrachten, indem er vieles davon zusammenfaßt, was wir über die Starrheit des normalen menschlichen Bewußtseins wissen und die Notwendigkeit, das Denken zu verändern. In einer Geschichte, die ich schon oft zitierte, fliegt Nasrudin mit dem Schwarm seiner Anhänger von irgendwo im Nahen Osten nach London. Das viermotorige Flugzeug startet, und eine Weile geht alles gut. Dann fällt ein Triebwerk aus, und der Pilot sagt: „Machen Sie sich keine Sorgen. Wir werden mit etwa einer halben Stunde Verspätung in London ankommen." Alle sind ruhig. Das zweite Triebwerk fällt aus, und Nasrudins Anhänger beginnen, sich Sorgen zu machen. Der Pilot sagt, daß sie zwei Stunden Verspätung haben werden. Nasrudin beruhigt seine Leute; alles ist in Ordnung. Dann fällt das dritte Triebwerk aus, und der Pilot sagt, daß das Flugzeug keine hohe Geschwindigkeit erreichen kann und mehrere Stunden Verspätung haben wird. Nasrudin als Quelle konventionellen Denkens in dieser Geschichte sagt: „Laßt uns beten, daß dieses Flugzeug nicht abstürzt. Denn wenn es das tut, sitzen wir den ganzen Tag hier drin!"

Bis vor kurzem betrachtete man diese Geschichten nur als moralische oder gesellschaftliche Erzählungen, oder sogar nur als Volkspredigten. Als moderne Version von Rumis Standpunkt dienen sie aber als Blaupause für die verschiedenen Ichs in uns. Shah weist darauf hin, daß die grundlegenden Komponenten ehemaliger spiritueller Systeme auf die moderne Wirtschaft übertragen worden sind – Sicherheit, Zugehörigkeit zu einer Gruppe, Kontrolle der Ernährung und so fort. Man sollte sich die Entwicklungen der modernen Gesellschaft zunutze machen und sich im Zeitalter der Spezialisierung auf das spezialisieren, was wichtig ist. Die Menschen von heute, die daran interessiert sind, sich selbst zu verstehen, sind frei von den Einschränkungen der Vergangenheit.

Die Entwicklung der Fähigkeit, etwas sofort zu begreifen, braucht aber paradoxerweise Zeit und ist ein zu subtiler Prozeß, als daß man alles sofort fordern könnte. Darin unterscheidet sich der Prozeß nicht allzu sehr von einer Berufsausbildung: Man wird nicht zum Atomphysiker, wenn man sich nur wünscht, man wäre einer und dabei nur die explodierenden Sterne anglotzt. Es braucht eine jahrelange Ausbildung und Bemühung. Ist es vernünftig zu glauben, daß die Entwicklung einer geistigen Anlage, die der Sprache ähnlich ist, leichter wäre?

Es ist ein subtiler, aber auch recht schwieriger Vorgang, die gerade aktiven Geisterchen von der Bühne abtreten zu lassen und mit unserer gewohnten Reaktion zurückzuhalten. Und er sieht anders aus als die Konzepte, die von kirchlichen Gruppen, Ashrams und ähnlichen propagiert werden, denn er hängt damit zusammen, daß der menschliche Geist als Ansammlung angepaßter Verhaltensweisen zu betrachten ist und nicht als Hierarchie von Funktionen. Wenn wir den menschlichen Geist verstehen, ist es sehr gut möglich, daß uns das von den verschiedenen Beschränkungen der Gesellschaft befreit, die uns in Gewahrsam gehalten haben. Wir müssen jetzt unsere eigene Evolution vorantreiben, müssen von den evolutionären Mechanismen, die Darwin entdeckt hat, zu denen weitergehen, die Rumi vorschlägt. Mit unserem riesigen Gehirn, das in der Kindheit noch ungebunden ist, befinden sich in uns ganze Reiche noch nicht entwickelter Möglichkeiten, unabhängig von der Welt, in die wir hineingeboren wurden.

Es ist überlebenswichtig geworden, daß sich unsere normale Sicht des Lebens ändert. Der menschliche Geist ist aufgewachsen mit der Vorstellung von einer Welt mit ein paar Quadratkilometern und ein paar Dutzend Menschen. Heute ist es eine Welt mit Milliarden von Menschen, eine Welt der Weltraumfahrt und der Massenzerstörungswaffen; eine Welt, in der alle Menschen insofern dem gleichen Stamm angehören, als wir nun alle das gleiche Schicksal teilen.

Für die Probleme des modernen Lebens gibt es zahllose technische und gesellschaftliche Lösungsvorschläge, und ich lehne keinen davon ab. Wir brauchen alle Umweltschutzgesetze, Waffenkontrollen, Friedensinitiativen, stimmigen Technologien, alle Recycling- und Präcycling- Methoden, die wir nur entwickeln können.

Das Wissen um die Funktionsweise unseres geistigen Systems allerdings könnte jenen, die etwas verändern wollen, den Schlüssel dazu in die Hand geben – wir haben nämlich sehr wohl einige außergewöhnliche Fähigkeiten und nicht nur Beschränkungen, die sich über die Jahrmillionen angesammelt haben. Wenigstens wissen wir jetzt ein bißchen besser darüber Bescheid, wie unsere geistigen Begrenzungen aussehen!

Da wir die Welt so sehr verändert haben, müssen wir als Gesellschaft bewußt neue Arten der Anpassung in allen Lebensabschnitten anregen , in der frühen Kindheit, in der Jugend, in der Gesellschaft im ganzen gesehen, auf dem Planeten und im spirituellen Bereich. Ich kann nicht sicher sagen, daß es der Menschheit gelingen wird. Klar aber ist, daß es erst eine wirkliche Hoffnung auf Veränderung geben kann, wenn wir verstehen, wie wir in der Welt unserer Vorfahren verwurzelt sind, wie wir uns an die Welt anpassen und wie diese angepaßten Verhaltensweisen nun immer noch völlig unpassend an uns kleben. Für das Leben gibt es nur dann eine Zukunft, wenn wir unseren Geist selbst in die Hand nehmen und uns in eine stimmige Richtung verändern können.

Der menschliche Geist, dessen tiefste Wurzeln sich in uralten Programmen zur Analyse simpler Signale befinden, hat sich so entwickelt, daß er auf Gefahren wie zum Beispiel den herannahenden Tiger reagieren kann; in jüngerer Zeit ist er das Produkt eines rapide wachsenden Gehirns geworden, und er kann und wird sich noch weiter anpassen. Er wird die Anpassungsfähigkeit, die die Menschheit schon immer hatte, noch stärker nutzen.

Um es mit den Worten von Darwin und Rumi auszudrücken: Es liegt eine Großartigkeit in dieser Sicht des menschlichen Geistes mit seinem unbegrenzten Reservoir an potentiellen Möglichkeiten, die darauf warten, aufgerufen zu werden – als Reaktion auf die neuen Erfordernisse der neuen Welt, die wir erschaffen haben. Mit dem Wissen um die Komplexität der zahllosen Geisterchen in uns ist es möglicherweise leichter, greifbarer und befreiender, als wir sonst glauben könnten, eine bewußte Evolution in die Wege zu leiten.

Nachwort

Die folgende Geschichte leitete Idries Shahs denkwürdiges Werk ein, in dessen Rahmen er das spirituelle Denken der modernen Welt anpaßte. Sie wurde vor fast dreißig Jahren veröffentlicht und hat die Anpassung des Menschen und die verschiedenen Schichten des menschlichen Geists zum Thema.

In all den verschiedenen Erfahrungen, die wir machen, können wir eine Möglichkeit entwickeln, um uns jeweils für das passende Geisterchen zu entscheiden, und nicht einfach nur das gewohnte. Etwas konservativer ausgedrückt könnte man sagen, daß das zu einer inneren Stabilität führen würde, zu einer Distanziertheit von den verschiedenen inneren Stimmungen und zu einer erhöhten Fähigkeit, sich für die richtige zu entscheiden. Die Geschichte „Die Inselbewohner" beschäftigt sich mit den verschiedenen Arten der Anpassung und den verschiedenen Schlichtlingen des Menschen.

Es war einmal eine ideale Gemeinschaft, die in einem fernen Land lebte. Ihren Mitgliedern waren die Ängste, mit denen wir leben, fremd. Statt Unsicherheit und Wankelmut besaßen sie Zielbewußtheit und reichhaltigere Möglichkeiten, sich selbst auszudrücken. Obwohl es dort keine Belastungen und Spannungen gab, die die Menschheit heute als für ihren Fortschritt unerläßlich erachtet, war das Leben dieser Menschen reicher, da andere, bessere Elemente an die Stelle dieser neuen Faktoren traten. So lebten sie also in einer etwas anderen Existenzform als wir. Man könnte fast sagen, daß unsere gegenwärtigen Erfahrungen nur grobe, unbeholfene Versionen jener wirklichen Erfahrung sind, der die Menschen jener Gemeinschaft fähig waren.

Sie besaßen wahres Leben, kein Halb-und-halb-Leben.

Wir könnten sie das Ar-Hew-Volk nennen.

Sie hatten einen Führer, der entdeckte, daß ihr Land für einen Zeitraum von, sagen wir, zwanzigtausend Jahren unbewohnbar werden würde. Er plante ihr Entkommen, wohl wissend, daß ihre Nachfahren erst nach zahlreichen Prüfungen glücklich in die Heimat würden zurückkehren können. Er fand einen Zufluchtsort für sein Volk; eine Insel, deren natürliche Gegebenheiten nur entfernt jenen ihres Heimatlandes glichen. Wegen der unterschiedlichen klimatischen und sonstigen Umweltbedingungen mußten die Einwanderer eine Umwandlung durchmachen. Diese Transformation paßte sie körperlich und geistig den neuen Umständen an; ein grobes Wahrnehmungsvermögen zum Beispiel trat an die Stelle des feinen, das sie besessen hatten, so wie die Hand des Schwerarbeiters aufgrund der Beanspruchung in seinem Beruf Schwielen bekommt.

Um den Schmerz eines Vergleichs des neuen Zustandes mit dem alten zu lindern, ließ man sie die Vergangenheit beinahe völlig vergessen. Nur ganz schattenhafte Erinnerungen blieben, genug jedoch, um zur rechten Zeit wieder erweckt werden zu können.

Das System war sehr kompliziert, aber geschickt aufgebaut. Die Organe, durch die das Volk auf dieser Insel überlebte, machte man auch zu Organen des physischen und geistigen Vergnügens. Die Organe, die in ihrem alten Heimatland wirklich konstruktiv gewesen waren, wurden auf besondere Weise außer Kraft gesetzt und derart mit den schattenhaften Erinnerungen verknüpft, daß ihre Aktivierung gegebenenfalls möglich war.

Langsam und unter Schmerzen wurden die Einwanderer heimisch und stellten sich auf die gegebenen Bedingungen ein. Zu den natürlichen Gegebenheiten der Insel gehörte die Möglichkeit, unter Anstrengungen und einer besonderen Form der Anleitung auf dem Weg in die ursprüngliche Heimat zunächst auf eine andere Insel übersetzen zu können. Diese war die erste einer ganzen Reihe von Inseln, auf der die schrittweise Akklimatisierung stattfinden sollte.

Die Verantwortung für diese „Evolution“ wurde solchen Individuen anvertraut, die diese Last auch tragen konnten. Es konnten nur wenige sein, denn für die Masse des Volkes war die Anstrengung, beide Wissensbereiche in ihrem Bewußtsein zu behalten, geradezu unzumutbar. Schien doch der eine dieser Bereiche dem anderen zu widersprechen. So bewahrten einige Spezialisten die „besondere Wissenschaft“.

Dieses „Geheimnis", die Methode, den Übergang zu vollziehen, war nicht mehr und nicht weniger als das Wissen um die Kunst der Seefahrt und ihre Anwendung. Zur Flucht von der Insel waren kompetente Anleitung sowie Rohmaterialien, Arbeitskraft, Anstrengungen und Einsicht nötig. Dies alles vorausgesetzt, konnten die Menschen lernen, zu schwimmen und auch Schiffe zu bauen. Die Leute, die anfangs für die Rettungsaktion verantwortlich waren, machten es jedermann deutlich, daß es gewisser Vorbereitungen bedurfte, ehe man schwimmen lernen oder am Bau eines Schiffes teilnehmen konnte. Eine Zeitlang funktionierte diese Vorgehensweise auch zufriedenstellend.

Dann jedoch lehnte sich ein Mann, dem man gesagt hatte, daß ihm – wenigstens zu diesem Zeitpunkt – die nötigen Voraussetzungen noch fehlten, gegen diese Ordnung auf und entwickelte eine meisterhafte Vorstellung. Er hatte nämlich beobachtet, daß die Anstrengungen, die man zum Entkommen unternahm, dem Volk eine schwere und oft anscheinend unwillkommene Bürde aufluden. Gleichzeitig war es geneigt, Gerüchten Glauben zu schenken, die über die Rettungsaktion verbreitet wurden. Er erkannte, daß er mächtig werden und sich zudem an jenen Leuten rächen konnte, die ihn – wie er glaubte – unterbewertet hatten, indem er sich einfach diese beiden Umstände zunutze machte.

Er brauchte sich nur zu erbieten, das Volk von dieser Bürde zu befreien, indem er ihm versicherte, daß es überhaupt keine Bürde gebe.

So verkündete er folgendes:

„Es gibt keinen Grund, warum ein Mensch sein Bewußtsein integrieren und auf die vorgeschriebene Art und Weise schulen sollte. Das menschliche Bewußtsein ist schon jetzt ein stabiles, beständiges und in sich stimmiges Ding. Man hat Euch gesagt, Ihr müßtet Handwerker werden, um ein Schiff bauen zu können. Ich aber sage Euch, Ihr braucht nicht nur keine Handwerker zu werden – Ihr braucht überhaupt kein Schiff! Ein Inselbewohner braucht sich nur an ein paar einfache Regeln zu halten, um zu überleben und einen Platz in der Gesellschaft zu haben. Mit ein bißchen gesundem Menschenverstand, der ja jedermann angeboren ist, kann er alles auf dieser Insel erreichen, die unsere Heimat ist, unser aller gemeinsames Eigentum und Erbe!"

Nachdem dieser Redegewandte bei den Leuten großes Interesse hervorgerufen hatte, „bewies" er nun seine Botschaft:

„Wenn an diesem Gerede über Schiffe und Schwimmen irgend etwas dran ist, dann zeigt uns doch Schiffe, die die Reise gemacht haben, zeigt uns Schwimmer, die zurückgekommen sind!"

Das war eine Forderung, die die Instrukteure nicht erfüllen konnten. Sie ging ja von einer Annahme aus, deren Täuschung die eingelullten Massen nun nicht mehr durchschauten. Denn die Schiffe kehrten ja niemals aus dem anderen Land zurück. Und Schwimmer hatten, wenn sie zurückkamen, eine erneute Anpassung hinter sich, die sie für die Masse nicht mehr erkennbar machte.

Das aufgewiegelte Volk bestand auf einem unleugbaren Beweis.

„Schiffbau", so sagten die Fluchthelfer in einem vergeblichen Versuch, mit den Aufständischen zu diskutieren, „ist eine Kunst und ein Handwerk. Das Erlernen und Ausüben dieser Überlieferung bedarf besonderer Techniken. Diese ergeben zusammen eine Gesamtaktivität, die sich nicht in kleinen Stückchen untersuchen läßt, wie Ihr das verlangt. In dieser Aktivität gibt es ein unfaßbares Element, baraka genannt, von dem sich das Wort „Barke" – Schiff – herleitet. Dieses Wort heißt „Das Feine", und das kann Euch nicht vorgeführt werden."

„Kunst, Handwerk, Gesamtaktivität, baraka – Unsinn!" schrien die Revolutionäre, und sie hängten alle schiffbauenden Handwerker, derer sie habhaft werden konnten. Das neue Evangelium wurde überall als ein Akt der Befreiung willkommen geheißen. Der Mensch hatte entdeckt, daß er bereits reif war. Er fühlte sich, wenigstens für einige Zeit, einer großen Verantwortung enthoben.

Die meisten anderen Denkweisen wurden bald von der Einfachheit und Bequemlichkeit der revolutionären Vorstellungen überschwemmt. Und schon bald hielt man diese für grundlegende Tatsachen, die niemals von einem vernunftbegabten Wesen in Frage gestellt worden waren. Als vernünftig wurde natürlich ein Mensch bezeichnet, der mit der verbreiteten Theorie, auf der nun die gesamte Gesellschaftsordnung beruhte, übereinstimmte.

Vorstellungen, die der neuen Theorie widersprachen, konnte man leicht als irrational hinstellen. Und alles Irrationale war schlecht. In der Folge mußte ein Mensch eventuelle Zweifel unterdrücken oder sich davon ablenken, denn man mußte ihn um jeden Preis für „rational" halten.

Rational zu sein war allerdings nicht schwer. Man brauchte sich nur an die Werte der Gesellschaft zu halten. Außerdem gab es ja genügend Beweise für die Richtigkeit des rationalen Denkens – vorausgesetzt, man dachte nicht über das Inselleben hinaus.

Im Rahmen dieser Insel hatte die Gesellschaft nun ein vorübergehendes Gleichgewicht erreicht, und schien, wenn man sie mit ihren eigenen Augen sah, ein glaubwürdiges Ganzes darzustellen. Sie gründete sich auf Verstand und Emotion und ließ beides plausibel erscheinen. So war zum Beispiel der Kannibalismus aus rationalen Gründen erlaubt. Man hatte herausgefunden, daß der menschliche Körper eßbar ist. Eßbarkeit ist eine Eigenschaft von Nahrung. Also war auch der menschliche Körper Nahrung. Um die Mängel dieser Argumentationsweise zu überspielen, sorgte man für Abhilfe. Kannibalismus wurde im Interesse der Gesellschaft unter Kontrolle gestellt. „Kompromiß" lautete das Gütezeichen des momentanen Gleichgewichts. Zu jeder besseren Gelegenheit kam jemand mit einem neuen Kompromiß, und im Ringen von Vernunft, Ehrgeiz und den Werten der Gesellschaft entstand irgendeine neue soziale Norm.

Da die Fertigkeit, Schiffe zu bauen, in dieser Gesellschaft keine offensichtlichen Anwendungsmöglichkeiten fand, konnte man derlei Bemühungen leicht als absurd abtun. Schließlich brauchte man keine Schiffe – wohin sollte man denn fahren? Die Konsequenzen aus bestimmten Annahmen lassen sich dazu benutzen, diese Annahmen zu „beweisen". Man bezeichnet das als Pseudogewißheit, der Ersatz für wahre Gewißheit. Auch wir machen täglich in Pseudogewißheit, wenn wir voraussetzen, daß wir auch am nächsten Tag noch leben werden. Unsere Inselbewohner wendeten sie allerdings auf alles und jedes an.

Die Worte „ärgerlich" und „unangenehm" bezeichneten auf der Insel alles, was dem neuen Evangelium widersprach, welches selbst unter der Bezeichnung „Gefallen" bekannt war. Damit sollte den

Leuten suggeriert werden, daß sie nun ganz nach ihrem eigenen Gefallen lebten – natürlich im Rahmen der Notwendigkeit, dem Staat zu gefallen. Unter dem Staat verstand man „alle Leute".

Es ist kaum verwunderlich, daß schon seit verhältnismäßig früher Zeit der bloße Gedanke, die Insel zu verlassen, die meisten Menschen mit Schrecken erfüllte. Eine ähnliche, durchaus nicht von der Hand zu weisende Furcht findet man bei langjährigen Gefangenen, die kurz vor der Entlassung stehen. Das „Draußen", das, was jenseits der Gefangenschaft liegt, wird als vage, unbekannte, bedrohliche Welt empfunden.

Die Insel war kein Gefängnis. Aber sie war ein Käfig mit unsichtbaren Gittern, die wirkungsvoller waren, als offensichtliche Gitter es je sein könnten.

Die Inselgesellschaft wurde zunehmend komplexer, und wir können hier nur auf einige ihrer herausragenden Eigenschaften eingehen. Ihre Literatur war sehr vielseitig. Zusätzlich zu den kulturellen Werken gab es eine Vielzahl von Büchern, die einzelne Werte und Errungenschaften der Nation erläuterten. Es gab auch die Kunstform der allegorischen Geschichte, die ausmalte, wie schrecklich das Leben gewesen wäre, wenn die Gesellschaft sich nicht in der gegenwärtigen beruhigenden Struktur arrangiert hätte.

Von Zeit zu Zeit versuchten Instrukteure der gesamten Gemeinschaft das Entkommen zu ermöglichen. So mancher Kapitän opferte sich auf, um ein geistiges Klima wiederherzustellen, in dem die Schiffsbauer, die sich nun verborgen halten mußten, ihre Arbeit fortsetzen konnten. All diese Versuche wurden von den Historikern und Soziologen allein im Hinblick auf die Gegebenheiten der Insel interpretiert. An Kontakte, die über diese geschlossene Gesellschaft hinausgingen, dachten sie nicht. War es doch verhältnismäßig leicht, für nahezu alles eine plausible Erklärung zu finden. Dabei kümmerte man sich nicht um ethische Prinzipien, denn die Gelehrten widmeten sich mit wahrer Begeisterung weiterhin nur dem, was wirklich zu sein schien. „Was können wir denn noch tun?" fragten sie und setzten mit dem Wort „noch" voraus, daß die Alternative eine quantitative Anstrengung sei. Oder sie fragten einander: „Was könnten wir anderes tun?", und nahmen dabei an, die Antwort könnte in dem

„anderen“, also etwas Verschiedenem, liegen. Ihr wahres Problem bestand darin, daß sie sich für fähig hielten, die Fragen zu formulieren, und dabei übersahen, daß die Fragen genauso wichtig sind wie die Antworten.

Natürlich hatten die Inselbewohner innerhalb ihres eigenen kleinen Reiches eine Menge Denk- und Handlungsspielraum. Die verschiedenen Spielarten der Gedanken und Unterschiede in den Meinungen vermittelten den Eindruck von Gedankenfreiheit. Das Denken wurde sogar gefördert, vorausgesetzt, es war nicht „absurd“.

Die Redefreiheit war garantiert. Allerdings war sie ohne die Entwicklung der Einsicht, um die man sich nicht kümmerte, von nur geringem Nutzen. So mußte die Arbeit und die Redegewandtheit der Navigatoren angesichts des Wandels in der Gemeinschaft andere Aspekte hervorkehren. Das machte ihre Wirklichkeit in den Augen der Schüler, die sie vom Standpunkt des Insellebens sahen, noch unverständlicher.

Inmitten der allgemeinen Verwirrung konnte sogar das Vermögen, sich der Möglichkeit der Flucht zu erinnern, bisweilen zum Hindernis werden. Die sich regende Bewußtheit der Fähigkeit zur Flucht schärfte allerdings nicht den Blick. In den meisten Fällen gaben sich die eifrigen Möchtegern-Flüchtlinge mit irgendeiner Ersatzlösung zufrieden. Ohne Richtungsbestimmung bleibt eine vage Vorstellung von der Navigation nutzlos. Sogar die allereifrigsten der potentiellen Schiffsbauer hatte man dazu erzogen, zu glauben, sie hätten dieses Orientierungsvermögen bereits. Man war ja bereits reif. So haßten sie jeden, der sie darauf hinwies, daß sie möglicherweise einer Vorbereitung bedurften.

Die verschrobensten Abarten des Schwimmens und des Schiffbaus verdrängten oft die Möglichkeiten eines wahrhaftigen Fortschritts. Zu einem großen Teil trugen die Verfechter des Pseudoschwimmens oder der allegorischen Schiffe die Schuld daran, reine Krämerseelen, die solchen Menschen Schwimmstunden offerierten, die noch zu schwach zum Schwimmen waren, oder Überfahrten auf Schiffen anboten, die sie gar nicht bauen konnten.

Die Bedürfnisse der Gesellschaft hatten ursprünglich gewisse Leistungen und Denkstrukturen notwendig gemacht, die sich zur sogenannten Wissenschaft entwickelten. Dieser bewunderungswürdige Ansatz, der auf den Gebieten, wo er anwendbar ist, so Wesentliches leistet, ließ schließlich seine wahre Bedeutung weit hinter sich. Die Einstellung, die man als „wissenschaftlich" bezeichnete, wurde bald nach der „Gefallen"-Revolution so weit ausgedehnt, daß sie schließlich alle Gebiete des Denkens umfaßte. Alles, was sich nicht in ihren Rahmen zwängen ließ, wurde „unwissenschaftlich" genannt, ein weiteres bequemes Synonym für „schlecht". So nahm man unbewußt Worte gefangen und versklavte sie dann automatisch.

In Ermangelung einer angemessenen Zielsetzung warfen sich die Inselbewohner – gleich Menschen, die in einem Wartezimmer, sich selbst überlassen, plötzlich fieberhaft Zeitschriften lesen – ganz darauf, Ersatz für die Erfüllung zu finden, die der ursprüngliche (und natürlich auch der letztendliche) Sinn des Exils der Gemeinschaft war.

Einige vermochten ihre Aufmerksamkeit mehr oder weniger erfolgreich auf hauptsächlich gefühlsbetonte Bindungen abzulenken. Es gab verschiedene Spannweiten der Emotion, aber kein geeignetes Instrument, ihr Ausmaß zu messen. So hielt man alle Gefühle für „stark" oder „tief" – jedenfalls für tiefer als Nicht-Gefühle. Ein Gefühl, das die Menschen zu den extremsten körperlichen und geistigen Verrenkungen bewegte, die man sich nur vorstellen konnte, wurde automatisch als „tief" bezeichnet.

Die meisten Menschen setzten sich Ziele – oder erlaubten anderen, die Ziele für sie zu setzen. Sie konnten einem Kult nach dem anderen oder aber dem Geld oder sozialem Rang nachlaufen. Einige huldigten irgendwelchen Dingen und glaubten sich deshalb allen andern überlegen. Andere wieder, die zurückwiesen, was ihrem Verständnis nach Verehrung bedeutete, meinten, sie hätten keine Abgötter und dürften deshalb verächtlich auf die anderen herabsehen.

Nach einigen Jahrhunderten war die Insel schließlich von den Abfällen dieser Kulte übersät. Und schlimmer als bei gewöhnlichem Müll, verewigte sich dieser auch noch selbst. Wohlmeinende Menschen vereinigten die verschiedenen Kulte in immer neuen Kombinationen, und diese verbreiteten sich erneut. Für den

Dilettanten und den Intellektuellen war das eine Fundgrube akademischen und „initiatorischen" Materials, die ihm ein beruhigendes Gefühl der Vielfalt vermittelte.

Prächtige Einrichtungen zum Schwelgen in kleinen Befriedigungen griffen um sich. Paläste und Denkmäler, Museen und Universitäten, wissenschaftliche Institute, Theater und Sportarenen füllten die Insel fast aus. Die Menschen waren natürlich stolz auf diese Errungenschaften; viele davon – so dachte man – hatten irgendwie eine Beziehung zur letztendlichen Wahrheit, wenn die meisten Menschen sich auch nicht vorstellen konnten, worin diese Beziehung nun eigentlich bestehe.

Zwar war der Schiffbau mit einigen Dimensionen dieser Aktivitäten verbunden, aber auf eine Weise, die fast allen Inselbewohnern unbekannt war.

Und heimlich hißten Schiffe ihre Segel, fuhren Schwimmer fort, das Schwimmen zu lehren ...

Die Lebensbedingungen auf der Insel brachten diese entschlossenen Menschen nie ganz zur Verzweiflung. Schließlich entstammten ja auch sie dieser Gemeinschaft und waren mit ihr und ihrem Schicksal unlösbar verbunden.

Aber sie mußten sich oft davor hüten, die Aufmerksamkeit ihrer Mitbürger zu erregen. Einige „normale" Inselbewohner versuchten, sie vor sich selbst zu retten. Andere versuchten – aus ähnlich erhabenen Gründen – sie zu töten. Und einige suchten sogar verzweifelt ihre Hilfe, konnten sie aber nicht finden.

All diese Reaktionen auf die Existenz der Schwimmer waren das Resultat ein und derselben Ursache, gefiltert durch verschiedene Arten von Bewußtsein. Diese Ursache war, daß kaum jemand noch wußte, was ein Schwimmer wirklich war, was er tat oder wo man ihn finden konnte.

Als nun das Leben auf der Insel immer zivilisierter wurde, entstand als logische Entwicklung eine seltsame Industrie. Sie beschäftigte sich damit, Zweifel an der Gültigkeit des Gesellschaftssystems anzumelden. Es gelang ihr, Zweifel an den sozialen Werten zu absorbieren, indem sie sie in satirischer Form abhandelte und dem Gelächter preisgab. Aktivitäten wie diese trugen entweder ein betrübliches oder ein vergnügliches Gesicht – auf jeden Fall gerieten sie zu einem ständig sich wiederholenden Ritual. Potentiell eine wertvolle Industrie, wurde sie doch oft daran gehindert, ihre wirklich kreative Rolle zu spielen.

Die Menschen meinten, die Tatsache, daß sie ihrem Zweifel vorübergehend Gestalt verleihen durften, würde ihn lindern, bannen oder gar ausräumen. Satire gab sich als bedeutungsschwere Allegorie; Allegorie wurde zwar aufgenommen, aber nicht verdaut. Theaterstücke, Bücher, Filme, Gedichte, Witzblätter waren die üblichen Medien dieser Entwicklung, wenngleich sie sich auch auf akademischerem Gebiet breitmachte. Viele Inselbewohner hielten es für emanzipierter, moderner oder progressiver, diesem Kult zu folgen als irgendeinem der alten Kulte.

Ab und zu erschien trotzdem noch ein Anwärter bei einem Schwimmlehrer, um mit ihm handelseinig zu werden. Meistens kam es dann zu einer fast stereotypen Unterhaltung.

„Ich möchte schwimmen lernen."

„Möchten Sie einen Vertrag aushandeln?"

„Das ist nicht nötig. Ich müßte nur mein Faß Sauerkraut mitnehmen können."

„Was für ein Sauerkraut?"

„Na, das Essen, das ich auf der anderen Insel brauchen werde."

„Dort gibt es besseres Essen."

„Wie soll ich das verstehen? Ich kann doch nicht sicher sein. Nein, mein Sauerkraut muß ich mitnehmen."

„Aber mit einem Faß Sauerkraut können Sie nun mal nicht schwimmen!" „Dann kann ich auch nicht mitkommen. Sie nennen es eine Last, für mich ist es meine lebenswichtige Nahrung!"

„Sagen wir einmal allegorisch statt „Sauerkraut" Vermutungen oder destruktive Vorstellungen – was dann?"

„Ich gehe mit meinem Sauerkraut lieber zu einem Lehrer, der versteht, was ich brauche."

Literatur

Antrobus, J.: The neurocognition of sleep mentation: Rapid eye movements, visual imagery and dreaming. In Sleep and cognition, ed. R. R. Bootzin, J. F. Kihlstrom, and D. L. Schacter. Washington, DC., 1990. APA

Asch, S. E.: Forming impressions of personality. Journal of Abnormal and Social Psychology 41:258-90. 1946.

Baars, B. J., and M. E. Mattson: Consciousness and intention: A framework and some evidence. Cognition and Brain Theory 4:247-63. 1981.

Baddeley, A.: Working memory. New York, 1986. Oxford University Press.

Barash, D.: The tortoise and the hare. New York, 1986. Viking-Penguin.

Beck, A.: Cognitive therapy and the emotional disorders. New York, 1976. International Universities Press.

ders.: Kognitive Therapie der Persönlichkeitsstörungen. Weinheim, 1993. Psychologie Verlags Union.

Beloff, J.: Why parapsychology is still on trial. Human Nature l(12):68-76. 1978.

Benton, A. L.: The neuropsychology of facial recognition. American Psychologist 35:176-86. 1980.

Berlin, B., and P. Kay.: Basic color terms: Their universatity and evolution. Berkeley and Los Angeles, 1969. University of Califomia Press.

Bransford, J. D., and M. K. Johnson: Contextual prerequisites for understanding: Some investigations of comprehension and recall. Journal of Verbal Learning and Verbal Behavior 11:717-26. 1974.

Bridges, K. M. B.: Emotional development in early infancy. Child Development 3:324-41. 1932.

Brown, A. M.: Human universale. University of Califomia, Santa Barbara, 1990. Typescript.

Brown, J.: Mind, brain and consciousness. New York, 1977. Academic Press.

Buss, A. H., and R. Plomin.: Temperament: Early developing personality traits. Hillsdale, NJ, 1984. Erlbaum.

Buss, A. H., R. Plomin, and L. Willerman: The inheritance of Temperaments. Journal of Personality 41:513-24. 1973.

Calvin, W. H.: The river that flows uphill: A journey from the Big Bang to the big brain. New York, 1986. Macmillan.

ders.: Calvin, W. H.: Der Strom, der bergauf fließt. München, 1994. Hanser Verlag.

Campbell, B.: Humankind emerging. Boston, 1982. Little, Brown.

Carver, C. S., and M. F. Scheier: Perspectives on personality. Boston, 1988. Allyn and Bacon.

Chess, S., and A. Thomas: Know your child. New York, 1987. Basic Books.

Chomsky, N.: Rules and representations. Cambridge, 1980. MIT Press.

ders.: Regeln und Repräsentationen. Frankfurt, 1981. Suhrkamp Verlag.

Curtis, H.: Biology. New York, 1983. Worth Publishers.

Darwin, C.: The origin of species. Reprint. New York, [1859] 1968. Penguin Books.

ders.: The expression of the emotions in man and animals. London,1872. Longmans.

ders.: Über die Entstehung der Arten durch natürliche Zuchtwahl. Nachdruck der 9. unveränderten Auflage 1920. Wissenschaftliche Buchgesellschaft: Stuttgart, 1992

ders.: Der Ausdruck der Gemüthsbewegungen bei dem Menschen und den Thieren. Zürich, 1901. Schweizerbart Verlag.

Deecke, L.: The natural explanation for the two components of the readiness potential. Commentary on Libet. Behavioral and Brain Sciences 10, 781-82. 1987.

Deecke, L., B. Grzinger, and H. H. Komhuber: Voluntary finger movement in man: Cerebral potentials and theory. Biological Cybernetics 23:99-119. 1976.

De Lumley, H.: A paleolithic camp at Nice. Scientific American 220(5)-.47-59. 1969.

Dement, W. C.: Some must watch while some must sleep. San Francisco, 1972. W. H. Freeman.

Deregowski, J. B.: Illusion and culture. In Illusion in nature and art, ed. R. L. Gregory and G. H. Gombrich. New York, 1973. Scribner.

ders.: Preconscious processing. Chichester, 1981. Wiley.

Dubos, R.,: So human an animal. New York, 1968. Scribner.

ders.: Health and creative adaptation. Human Nature 1(1):l4-21. 1978.

Eagle, M.: The effects of subliminal stimuli of aggressive content upon conscious cognition. Journal of Personality 23:578-600. 1959.

Eibl-Eibesfeldt, I.: Ethology, the biology of behavior. New York, 1970. Holt, Rinehart and Winston.

ders.: Die Biologie des menschlichen Verhaltens. Grundriß der Humanethologie. München, 3.Auflage 1994. Piper Verlag.

ders.: Love and hate: The natural history of behavior patterns. Trans. G. Strachan. New York, 1971. Holt, Rinehart and Winston.

ders.: Liebe und Haß. Zur Naturgeschichte elementarer Verhaltensweisen. München, 11. Auflage 1993. Piper Verlag.

ders.: Similarities and differences between cultures in expressive movements. In Non-verbal communciation, ed. R. A. Hinde. Cambridge, 1972. Cambridge University Press.

ders.: Strategies of social interaction. In Emotion: Theory, research, and experience, ed. R. Plutchik and H. Kelerrnan. New York,1980. Academic Press.

Elsasser, W. M.: A contribution to the theory of memory. Journal of Social and Biological Structures 2:229-34. 1979.

Erdelyi, M. H.: Psychoanalysis: Freud's cognitive psychology. New York, 1986. W. H. Freeman.

Estes, W. K.: Is human memory obsolete? American Scientist 68:62-69. 1980.

Fantz, R. L.: The origin of form perception. Scientific American 204:66-72. 1961.

Fialkowski, K.: On the origins of the human brain: Preadaptation vs. adaptation. Current Anthropology 28:540-43. 1987.

Fodor, J.: The modularity of mind. Cambridge, 1983. MIT Press.

Fox, O.: Astral projection. New Hyde Park, NY., 1962. University Books.

Freud, S.: The interpretation of dreams. Reprint. London, [1900] 1955. The Hogarth Press.

ders.: Die Traumdeutung. Über den Traum. Frankfurt, 7. Auflage 1987. S. Fischer Verlag.

ders.: New introductory lectures on psychoanalysis. London, 1913. The Hogarth Press.

ders.: Neue Folgen der Vorlesungen in der Psychoanalyse. Frankfurt, Neuausgabe 1991. Fischer Taschenbuch Verlag.

Galin, D., and R. Ornstein: Lateral specialization of cognitive mode: An EEG study. Psychophysiology 9:412-18. 1972.

Galin, D., R. E. Orstein and J. Adams: Midbrain stimulation of the amygdala. Journal of States of Consciousness 2:34-4 1. 1977.

Galin, D., R. E. Ornstein, J. Herron, and J. Johnstone: Sex and handedness differences in EEG measures of hemispheric specialization. Brain and Language 16(1):19-55. 1982.

Gardner, H.: Frames of mind. New York, 1983. Basic Books.

Gay, P.: Freud. Life and work. New York, 1989. Doubleday.

Gibson, J. J.: The perception of the visual world. Boston, 1960. Houghton Mifflin.

Goethals, G. R., and R. F. Reckman: Recalling previously held attitudes. In Memory observed, ed. U. Neisser. San Francisco,. 1982. W. H. Freeman.

Goleman, D.: Denial and hope. American Health 3:54-61. 1984.

ders.: To dream the impossible dream. American Health 3:60-61. 1984.

ders.: Vital lies, simple truths: The psychology of self-deception. New York, 1985. Simon and Schuster.

ders.: Lebenslügen und einfache Wahrheiten. Weinheim, 1991. Beltz Verlag.

Gould, S. J.: The panda's thumb. New York, 1987. W. W. Norton.

ders.: Der Daumen des Panda. Betrachtungen zur Naturgeschichte. Frankfurt a. M., 1989. Suhrkamp Verlag.

Gould, S. J.: Ever since Darwin. New York, 1979. W. W. Norton.

ders.: Darwin nach Darwin. Frankfurt a. M., 1994. Ullstein Verlag.

Gould, S. J.: This view of life: Through a lens, darkly. Natural History 99 (September): l6-24. 1989.

Gould, S. J.: The view of life: An earful of jaw. Natural History 100 (March): 12-23. 1990.

Haith, M. M.: Rules that babies look by: The organization Of newborn visual activity. Hillsdale, NJ, 1980. Erlbaum.

Haldane, J. B. S.: On being the right size. London, 1986. Oxford University Press.

Hecaen, H. and R. Angelergues: Agnosia for faces (prosopagnosia). Archives o Neurolog 7:92-100. 1962.

Hilgard, E. R.: Divided consciousness: Multiple controls in human thought and action. New York, 1977. Wiley-Interscience.

ders.: Hypnosis and consciousness. Human Nature 1:4251. 1978.

Hobson, A.: The dreaming brain. New York, 1988. Basic Books.

Hudson, W.: Pictorial depth perception in sub-cultural groups in Africa. Journal of Social Psychology 52:183-208. 1960.

Isen, A. M., T. E. Nygren, and F. G. Ashby. 1988. Influence of positive affect on the subjective utility of gains and losses: it is just not worth the risk. Journal of Personality and Social Psychology 55(5):710-17.

James, W.: The principles of psychology. Vol. 1. Reprint. New York, [1890] 1970. Dover.

ders.: The varieties of religious experience. Reprint. New York, [1917] 1980. Longmans Green.

ders.: Die Vielfalt religiöser Erfahrung. Freiburg, 1979. Walter Verlag.

Johnson-Laird, T. N.: Mental models. Cambridge, 1983. Harvard University Press.

ders.: The computer and the mind. Cambridge, 1988. Harvard University Press.

Kahneman, D.: Attention and effort. Englewood Cliffs, NJ, 1973. Prentice-Hall.

Kahneman, D., and A. Tversky: On the psychology of prediction. Psychological Review 80:237-51. 1973.

Kahneman, D., P. Slovic, and A. Tversky. eds.: Judgment under uncertainty. New York, 1982. Cambridge University Press.

Keyes, D.: The minds of Billy Milligan. New York, 1982. Bantam Books.

ders.: Die Leben des Billy Michigan. München, 1992. Heyne Verlag.

Kosslyn, S. M.: Image and mind. Cambridge, 1986. Harvard University Press.

Lamarck, J. B.: Evolution through environmentally produced modifications. In A source book in animal biology. M. Allman, ed. London, [1809] 1951. Longhmans.

Langer, E. J.: The illusion of control. Journal of Personality and Social Psychology 32:311-28. 1975.

Lawren, B.: Brain launching body. Omni 8 (March):20. 1986.

Locke, J.: An essay concerning human understanding. New York, [1670]. Meridian.

ders.: Über den menschlichen Verstand. Hamburg, 1976. Felix Meiner Verlag.

Lovejoy, C. O.: The origin of man. Science 211:128-30. 1981.

Luria, A. R.: The mind of a mnemonist. New York, 1968. Basic Books.

Marr, D.: Vision. New York, 1982. W. H. Freeman.

Miller, N.: Discrimination without awareness. American journal of Psychology 52:562-78. 1939.

Miller, G. A.: Language and speech. San Francisco, 1981. W. H. Freeman.

Nickerson, R. S., and M. J. Adams. Long-term memory for a common object. Cognitive Psychology 11:287-307. o.J.

Nisbett, R. E., and L. Ross: Human inference: Stratees and shortcomings of socialjudgment. Englewood Cliffs, NJ. 1980. Prentice-Hall.

Ornstein, R. On the experience of time. London, 1969. Penguin Books.

ders.: The mindfield. London, 1976. Octagon Press.

ders.: Multimind. Boston, 1986. Houghton Mifflin.

ders.: Multimind. Paderborn, 1988. Junfermann Verlag.

ders.: The psychology of consciousness. 3d ed. New York,1986. Penguin.

ders.: Die Psychologie des Bewußtseins. Köln, 1974. Kiepenheuer & Witsch.

Ornstein, R., and P. E. Ehrlich: New world, new mind. New York, 1989. Doubleday.

Ornstein, R., J. Herron, J. Johnstone, and C. Swencionis: Differential right hemisphere involvement in two reading tasks. Psychophysiolo,g 16(4):398-401. 1979.

Ornstein, R., and D. S. Sobel: The healing brain. New York, 1987. Simon and Schuster.

dies.: Healthy pleasures. Reading, MA, 1989. Addison-Wesley.

Ornstein, R., R. Thompson, and D. Macaulay: The amazing brain. Boston, 1984. Houghton Mifflin.

Ornstein, R., ed.: The nature of human consciousness. San Francisco, 1973. W. H. Freeman.

ders.: Gesundheit durch Lebensfreude. München, 1994. Hugendubel.

Ornstein; R. Thompson, R.: Unser Gehirn, das lebendige Labyrinth. Reinbek, 1986. Rowohlt Verlag.

Pavlov, I. P.: Conditioned reflexes. London, 1927. Oxford University Press.

ders.: Die bedingten Reflexe. München, 1972. Kindler Verlag.

Penfield, W: The mystery of the mind. Princeton, NJ, 1975. Princeton University Press.

Poppel, E., R. Held, and D. Frost: Residual visual function after brain wounds involving the central visual pathways in man. Nature 243:295-6. 1973.

Rechtschaffen, A.: The single-mindedness and isolation of dreams. Sleep 1:97-109. 1978.

Rock, I.: Perception. New York, 1985. Scientific American.

ders.: Wahrnehmung. Vom visuellen Reiz zum Sehen und Erkennen. Heidelberg, 1987. Spektrum Akademischer Verlag.

Rockstroh, B., T. Elbert, N. Birbaumer, and W. Lutzenberge: Slow brain potentials and behavior. Baltimore and Munich, 1982. Urban and Schwarzenberg.

Rosch, E.: Natural categories. Cognitive Psychology 4:328-50. 1973.

ders.: Cognitive representation of semantic categories. Journal of Experimental Psychology 104:192-233. 1975.

Rumelhart, D. E., and J. L. McClelland: Parallel distributed processing: Explorations in the microstructure of cognition. Cambridge, 1986. MIT Press.

Sackeim, H. A., 1. K. Packer, and R. C. Gurr: Hemisphericity, cognitive set and susceptibility to subliminal perception. Journal of Abnormal Psychology 86:624-30. 1977.

Shah, I.: Tales of the dervishes. New York, 1970. Dutton.

ders.: Die Sufis. Botschaft der Derwische, Weisheit der Magier. München, 9. Auflage 1994. Diederichs Verlag.

ders.: The pleasantries of the incredible Mulla Nasrudin. New York, 1971. Dutton.

ders.: The Sufis. New York, 1971. Anchor Books/Doubleday.

ders.: The exploits and subtleties of Mulla Nasrudin. London, 1986.Octagon Press.

ders.: Die fabelhaften Heldentaten des vollendeten Narren und Meisters Mulla Nasrudin. Freiburg, 2. Auflage 1992. Herder Verlag.

Tomkins, S. S.: Affect, imagery, consciousness. Vol. 1, The positive affects. New York, 1962. Springer-Verlag.

ders.: Affect, imagery, consciousness. Vol. 2, The negative affects. New York, 1963. Springer-Verlag.

Washburn, S.: Tools and human evolution. Scientific American 203(3):67-73. 1960.

Weiskrantz, L.: Blindsight. Oxford, 1986. Clarendon Press.

Wenegrat, B.: Sociobiolog and mental disorder. a new view. Menlo Park, CA, 1984. Addison-Wesley.

Register

Dr. Dawna Markova:

Die Entdeckung des Möglichen. Wie unterschiedlich wir denken, lernen und kommunizieren

Die Autorin geht über die gängige Unterscheidung der drei typischen Wahrnehmungskanäle (visuell, auditiv, kinästhetisch) hinaus und zeigt: Jeder Mensch benutzt alle drei Kanäle – je einen auf der bewußten, unterbewußten und unbewußten Ebene des Geistes; je nachdem auf welcher Ebene welche Wahrnehmungsart benutzt wird, ergibt sich eines von sechs möglichen Mustern. Das Buch hilft Ihnen, Ihr individuelles Wahrnehmungsmuster zu erkennen und bisher verborgene Fähigkeiten zu nutzen; es eröffnet außerdem ganz neue Möglichkeiten für einfühlende Verständigung mit Menschen, deren Denken Ihnen fremd ist.

237 Seiten (18 × 24,5 cm), 29 Abbildungen, Paperback, 39,80 DM/39,80 sFr./311,– öS, ISBN 3-924077-45-2

Maggie la Tourelle/Anthea Courtenay:

Was ist Angewandte Kinesiologie?

Was kann die Angewandte Kinesiologie bewirken, und wann kann sie eingesetzt werden? Wie funktioniert das Muskeltesten, und wie werden Energieblockaden korrigiert?

Dieser einführende Überblick wendet sich an alle, die sich für ganzheitliche Problembearbeitung und natürliche Heilverfahren interessieren – ob für berufliche Zwecke oder zur Pflege der eigenen Gesundheit. Die Autorinnen informieren über die vielfältigen Anwendungsgebiete und Richtungen der Angewandten Kinesiologie, erläutern deren Grundgedanken und Hintergründe und schildern Selbsthilfetechniken und Fallbeispiele.

2. Aufl., 188 Seiten (12 × 18 cm), 5 Abbildungen, Taschenbuch, 18,– DM/18,– sFr./141,– öS, ISBN 3-924077-44-4

Das IAK INSTITUT FÜR ANGEWANDTE KINESIOLOGIE GMBH, Freiburg, veranstaltet laufend Kurse in *Touch For Health (Gesund durch Berühren)*, in *Edu-Kinestetik*, in *Entwicklungskinesiologie* und in allen anderen Bereichen der Angewandten Kinesiologie. Dank enger persönlicher Kontakte zu den Pionieren der AK ist das Institut in der Lage, ständig die neuesten Entwicklungen auf diesem Gebiet zu präsentieren.

Außerdem fördert das Institut die Verbreitung der Angewandten Kinesiologie im deutschsprachigen Raum durch Literaturempfehlungen und Adressenvermittlung. Wer an der Arbeit des Instituts interessiert ist, kann kostenlose Unterlagen anfordern bei:

IAK INSTITUT FÜR ANGEWANDTE KINESIOLOGIE GMBH, Freiburg
Zasiusstraße 67, D-79102 Freiburg, Telefon 0761-73308, Telefax 0761-706384
Kooperationspartnerin in Österreich:
Akademie für Angewandte Kinesiologie, Gabriele Lehner
A-8362 Kräuterdorf Söchau, Tel. 03387-3210, Fax 03387-3212

Robert Ornstein, David Sobel:

Das Gehirn, Schlüssel zur Gesundheit

Das Gehirn gilt als Quelle von Gedanken, Träumen, Sprache und Kunst. Weniger bekannt ist seine Schlüsselrolle für unsere Gesundheit. R. Ornstein, Gehirnforscher, und D. Sobel, Arzt, untersuchen die lebenswichtigen Aufgaben, die das Gehirn ständig zur Sicherung unserer Gesundheit wahrnimmt. Sie zeigen, wie es unser Immunsystem steuert, auf Schmerz reagiert und unsere Emotionen zur Förderung der Gesundheit einsetzt. Gestützt auf die neuesten Erkenntnisse der Gehirnforschung, vermitteln sie einen ebenso informativen wie unterhaltsamen Einblick in das wichtigste Instrument für Heilung – das Gehirn.

1995, 347 Seiten, 2 Abb., Paperback (13 × 20,5 cm)
39,80 DM/39,80 sFr./311,– öS
ISBN 3-924077-55-X

Fred Warnke:

Der Takt des Gehirns. Wie Sie Informationen schneller verarbeiten

Wußten Sie, daß das Gehirn nicht gleichmäßig arbeitet, sondern mit Unterbrechungen, in einer Taktfolge? Deshalb können wir im Normalfall nur alle 20 bis 40 Millisekunden Sinnesreize aufnehmen und verarbeiten. Wird dieser Gehirntakt beschleunigt, so erhöht dies unser Auffassungsvermögen. Andererseits können Probleme wie Lese-Rechtschreib-Schwäche oder Stottern mit einem langsameren Arbeitstempo des Gehirns zusammenhängen. Engagiert und allgemeinverständlich schildert der Autor den derzeitigen Wissensstand über diese Taktfrequenz des Gehirns. Besondere Aufmerksamkeit verdienen zwei Fallbeispiele, mit denen die Wirksamkeit kinesiologischer Techniken empirisch nachgewiesen werden konnte: Schüler mit großen Lernschwierigkeiten erhöhten durch Brain-Gym®-Übungen ihre Taktfrequenz auf normale Werte.

109 Seiten (A 4), Paperback, 34,– DM/34,– sFr./265,– öS,
ISBN 3-924077-71-1

Marilyn Ferguson (Hrsg.):

Neue Türen öffnen. Bausteine für erweiterte Fähigkeiten

Anfang der achtziger Jahre kündigte Marilyn Ferguson mit ihrem Bestseller *Die sanfte Verschwörung* das „New Age" an. Ihre Zeitschrift *Brain/Mind Bulletin* wurde zum Forum für bahnbrechende wissenschaftliche Entdeckungen, für neuartige, aufregende Denkansätze und Ideen in Natur- und Sozialwissenschaften, Psychologie, Erziehungs und Gesundheitswesen. Im vorliegenden Buch hat sie die wichtigsten Forschungsberichte zusammengestellt. Mit Fragebögen, Übungen und Hinweisen auf weiterführende Literatur wird jedes Thema so aufbereitet, daß Sie praktischen Nutzen für Ihren Alltag daraus ziehen können. Dieses Buch liefert Bausteine für neues Denken und erschließt Neuland: eine reichere menschliche Wirklichkeit.

270 Seiten (21 × 29,2 cm), 154 Illustrationen,
Paperback, 49,80 DM/49,80 sFr./389,– öS
ISBN 3-924077-38-X